住房和城乡建设部"十四五"规划教材
教育部高等学校工程管理和工程造价专业教学指导分委员会规划推荐教材

工程总承包管理原理

方 俊 主 编
李 森 孙继德 副主编
冯为民 徐 波
何亚伯 主 审

中国建筑工业出版社

图书在版编目（CIP）数据

工程总承包管理原理 / 方俊主编；李森等副主编. — 北京：中国建筑工业出版社，2024.8. —（住房和城乡建设部"十四五"规划教材）（教育部高等学校工程管理和工程造价专业教学指导分委员会规划推荐教材）.

ISBN 978-7-112-30294-9

Ⅰ. TU71

中国国家版本馆 CIP 数据核字第 2024Y0M907 号

本书以设计施工总承包工程（EPC/DB）全过程项目管理为主线，全面论述了设计施工总承包工程项目管理的理论、方法和工具，主要包括工程、工程项目和项目管理的基本概念，设计施工总承包工程项目的前期策划、范围的确定和系统分析、组织、计划、实施控制、沟通和信息管理等方面内容，介绍了目前设计施工总承包工程项目管理中现代信息技术的应用情况和计算机软件的主要功能。本书注重设计施工总承包工程项目管理理论和工程实践相结合，可作为高等院校工程管理专业和土建类工程技术专业的教科书，也可作为在实际设计施工总承包工程项目中从事工程技术和管理工作的专业人员学习和工作的参考书。

为更好地支持相应课程的教学，我们向采用本书作为教材的教师提供教学课件，有需要者可与出版社联系，邮箱：jckj@cabp.com.cn，电话：（010）58337285，建工书院：https://edu.cabplink.com（PC端）。

责任编辑：张　晶
责任校对：李美娜

住房和城乡建设部"十四五"规划教材
教育部高等学校工程管理和工程造价专业教学指导分委员会规划推荐教材

工程总承包管理原理

方　俊　主　编
李　森　孙继德
冯为民　徐　波　副主编
何亚伯　主　审

*

中国建筑工业出版社出版、发行（北京海淀三里河路9号）
各地新华书店、建筑书店经销
北京雅盈中佳图文设计公司制版
天津安泰印刷有限公司印刷

*

开本：787毫米×1092毫米　1/16　印张：24$\frac{1}{2}$　字数：521千字
2024 年 10 月第一版　　2024 年 10 月第一次印刷
定价：68.00元（赠教师课件）
ISBN 978-7-112-30294-9
（43167）

版权所有　翻印必究
如有内容及印装质量问题，请与本社读者服务中心联系
电话：（010）58337283　　QQ：2885381756
（地址：北京海淀三里河路9号中国建筑工业出版社604室　邮政编码：100037）

出版说明

党和国家高度重视教材建设。2016 年，中办、国办印发了《关于加强和改进新形势下大中小学教材建设的意见》，提出要健全国家教材制度。2019 年 12 月，教育部牵头制定了《普通高等学校教材管理办法》和《职业院校教材管理办法》，旨在全面加强党的领导，切实提高教材建设的科学化水平，打造精品教材。住房和城乡建设部历来重视土建类学科专业教材建设，从"九五"开始组织部级规划教材立项工作，经过近 30 年的不断建设，规划教材提升了住房和城乡建设行业教材质量和认可度，出版了一系列精品教材，有效促进了行业部门引导专业教育，推动了行业高质量发展。

为进一步加强高等教育、职业教育住房和城乡建设领域学科专业教材建设工作，提高住房和城乡建设行业人才培养质量，2020 年 12 月，住房和城乡建设部办公厅印发《关于申报高等教育职业教育住房和城乡建设领域学科专业"十四五"规划教材的通知》（建办人函〔2020〕656 号），开展了住房和城乡建设部"十四五"规划教材选题的申报工作。经过专家评审和部人事司审核，512 项选题列入住房和城乡建设领域学科专业"十四五"规划教材（简称规划教材）。2021 年 9 月，住房和城乡建设部印发了《高等教育职业教育住房和城乡建设领域学科专业"十四五"规划教材选题的通知》（建人函〔2021〕36 号）。为做好"十四五"规划教材的编写、审核、出版等工作，《通知》要求：（1）规划教材的编著者应依据《住房和城乡建设领域学科专业"十四五"规划教材申请书》（简称《申请书》）中的立项目标、申报依据、工作安排及进度，按时编写出高质量的教材；（2）规划教材编著者所在单位应履行《申请书》中的学校保证计划实施的主要条件，支持编著者按计划完成书稿编写工作；（3）高等学校土建类专业课程教材与教学资源专家委员会、全国住房和城乡建设职业教育教学指导委员会、住房和城乡建设部中等职业教育专业指导委员会应做好规划教材的指导、协调和审稿等工作，保证编写质量；（4）规划教材出版单位应积极配合，做好编辑、出版、发行等工作；（5）规划教材封面和书脊应标注"住房和城乡建设部'十四五'规划教材"字样和统一标识；（6）规划教材应在"十四五"期间完成出版，逾期不能完成的，不再作为《住房和城乡建设领域学科专业"十四五"规划教材》。

住房和城乡建设领域学科专业"十四五"规划教材的特点，一是重点以修订教育部、住房和城乡建设部"十二五""十三五"规划教材为主；二是严格按照专业标准规范要求编写，体现新发展理念；三是系列教材具有明显特点，满足不同层次和类型的学校专业教学要求；四是配备了数字资源，适应现代化教学的要求。规划教材的出版凝聚了作者、主审及编辑的心血，得到了有关院校、出版单位的大力支持，教材建设管理过程有严格保障。希望广大院校及各专业师生在选用、使用过程中，对规划教材的编写、出版质量进行反馈，以促进规划教材建设质量不断提高。

住房和城乡建设部"十四五"规划教材办公室

2021年11月

序　言

教育部高等学校工程管理和工程造价专业教学指导分委员会（以下简称教指委），是由教育部组建和管理的专家组织。其主要职责是在教育部的领导下，对高等学校工程管理和工程造价专业的教学工作进行研究、咨询、指导、评估和服务。同时，指导好全国工程管理和工程造价专业人才培养，即培养创新型、复合型、应用型人才；开发高水平工程管理和工程造价通识性课程。在教育部的领导下，教指委根据新时代背景下新工科建设和人才培养的目标要求，从工程管理和工程造价专业建设的顶层设计入手，分阶段制定工作目标、进行工作部署，在工程管理和工程造价专业课程建设、人才培养方案及模式、教师能力培训等方面取得显著成效。

《教育部办公厅关于推荐2018—2022年教育部高等学校教学指导委员会委员的通知》（教高厅函［2018］13号）提出，教指委应就高等学校的专业建设、教材建设、课程建设和教学改革等工作向教育部提出咨询意见和建议。为贯彻落实相关指导精神，中国建筑出版传媒有限公司（中国建筑工业出版社）将住房和城乡建设部"十二五""十三五""十四五"规划教材以及原"高等学校工程管理专业教学指导委员会规划推荐教材"进行梳理、遴选，将其整理为67项，118种申请纳入"教育部高等学校工程管理和工程造价专业教学指导分委员会规划推荐教材"，以便教指委统一管理，更好地为广大高校相关专业师生提供服务。这些教材选题涵盖了工程管理、工程造价、房地产开发与管理和物业管理专业主要的基础和核心课程。

这批遴选的规划教材具有较强的专业性、系统性和权威性，教材编写密切结合建设领域发展实际，创新性、实践性和应用性强。教材的内容、结构和编排满足高等学校工程管理和工程造价专业相关课程要求，部分教材已经多次修订再版，得到了全国各地高校师生的好评。我们希望这批教材的出版，有助于进一步提高高等学校工程管理和工程造价本科专业的教学质量和人才培养成效，促进教学改革与创新。

教育部高等学校工程管理和工程造价专业教学指导分委员会
2023年7月

前 言

工程总承包是我国工程建设组织方式变革的重要内容，自20世纪80年代初以来，我国在工程建设领域大力推行工程总承包模式，取得了较大成就。进入21世纪，我国建筑业面临众多机遇与挑战，在国内石油化工、冶金、建材等工业领域EPC总承包高速发展的行业背景下，我国加快了对传统房屋建筑和市政基础设施领域工程总承包的推进步伐，颁布了《建设项目工程总承包管理规范》《建设项目工程总承包合同（示范文本）》和《房屋建筑和市政基础设施工程总承包管理办法》等管理标准和规范性文件，工程总承包事业发展政策环境不断优化。

本书吸收了我国相关工业领域开展EPC总承包的成功经验，强化了现有项目管理知识体系、工程总承包项目管理规范与工程总承包项目管理实践之间的对接融合，对现有庞杂项目管理知识体系进行了适当裁剪，填补了我国高等学校工程建设及工程管理类专业工程总承包项目管理教材的空白。

本书由武汉理工大学方俊担任主编，武汉大学何亚伯担任主审；中国寰球工程公司李森、同济大学孙继德、重庆大学徐波、广东工业大学冯为民担任副主编；武汉大学杨琳、中南财经政法大学郑弦、郑州航空工业管理学院杜艳华、华北电力大学付亚凡、武汉工程大学谢莎莎、安徽工业大学白娟、武昌理工学院王馨雪、湖北商贸学院叶紫桢参编。具体编写分工如下：第1章 绪论（方俊、王馨雪）；第2章 项目管理的理论与方法（孙继德、李森）；第3章 工程总承包管理基本要求（李森）；第4章 项目招投标管理（方俊）；第5章 项目计价管理（方俊、叶紫桢）；第6章 项目设计管理（郑弦、杜艳华）；第7章 项目采购管理（付亚凡）；第8章 项目施工管理（杨琳）；第9章 项目技术管理（冯为民）；第10章 项目风险管理（白娟）；第11章 项目进度管理（孙继德）；第12章 项目质量管理（杜艳华）；第13章 项目成本管理（付亚凡）；第14章 项目职业健康安全与环境管理（郑弦）；第15章 项目分包管理（杨琳）；第16章 项目数字化管理（冯为民）；第17章 项目合同管理（徐波）；第18章 项目试运行竣工管理（谢莎莎）。本书编写过程中，武汉理工大学PPP研究中心博士研究生李宗亮和黄金艳，硕士研究生姚浩浩、张徐、刘思杨和温燕芳为本书第5章及第6章承担了初稿整理等大量工作。此外，湖北工业建筑集团有限公司设计研究院首席建筑师叶炯、湖北省交通规划设计院股份有限公司EPC事业部副总经理邓丽娟为本书的撰写提供了工程应用案例和资料，在此一并表示感谢！

  由于作者水平有限，加之我国工程总承包事业尚处于快速发展期，行业变革日新月异，国内不同建设领域、不同行业工程总承包模式还存在一定差异性，书中难免有错误或遗漏之处，恳请广大读者批评指正。相信在大家的不懈努力下，我国工程总承包事业必将迎来新的春天！

方俊

2024 年 2 月

目 录

1 绪论 ……………………………………………………………………………… 001
   1.1 工程总承包概述 …………………………………………………………… 002
   1.2 工程总承包模式的历史沿革 ……………………………………………… 006
   1.3 工程总承包项目经理的能力结构与素质结构 …………………………… 010

2 项目管理的相关理论与方法 …………………………………………………… 013
   2.1 组织论 ……………………………………………………………………… 014
   2.2 协同论 ……………………………………………………………………… 025
   2.3 价值工程 …………………………………………………………………… 033
   2.4 赢得值法 …………………………………………………………………… 045
   2.5 本章小结 …………………………………………………………………… 046

3 工程总承包管理基本要求 ……………………………………………………… 047
   3.1 项目组织和策划管理基本要求 …………………………………………… 048
   3.2 项目设计和开发管理基本要求 …………………………………………… 054
   3.3 项目采购管理基本要求 …………………………………………………… 059
   3.4 项目实施过程控制管理基本要求 ………………………………………… 064
   3.5 项目绩效评价管理基本要求 ……………………………………………… 072
   3.6 本章小结 …………………………………………………………………… 075

4 项目招标投标管理 ……………………………………………………………… 077
   4.1 工程总承包项目招标投标管理基本要求 ………………………………… 078
   4.2 工程总承包项目招标方案策划 …………………………………………… 083
   4.3 工程总承包项目评标定标方案策划 ……………………………………… 088
   4.4 本章小结 …………………………………………………………………… 094

5 项目计价管理 …………………………………………………………………… 097
   5.1 工程总承包费用的组成 …………………………………………………… 098

5.2　工程总承包项目发承包阶段计价要求 ………………………………………… 100
5.3　工程总承包项目实施阶段计价要求 …………………………………………… 111
5.4　工程总承包项目竣工阶段计价要求 …………………………………………… 119
5.5　本章小结 ………………………………………………………………………… 123

6　项目设计管理 …………………………………………………………………… 125
6.1　设计管理方案策划 ……………………………………………………………… 126
6.2　设计执行计划的编制 …………………………………………………………… 130
6.3　设计实施 ………………………………………………………………………… 133
6.4　设计控制与限额设计 …………………………………………………………… 136
6.5　设计优化与设计变更管理 ……………………………………………………… 141
6.6　设计与采购施工的信息共享 …………………………………………………… 147
6.7　本章小结 ………………………………………………………………………… 149

7　项目采购管理 …………………………………………………………………… 151
7.1　采购管理方案策划 ……………………………………………………………… 152
7.2　供应商的选择与管理 …………………………………………………………… 154
7.3　采购合同管理 …………………………………………………………………… 155
7.4　采购控制 ………………………………………………………………………… 158
7.5　采购与设计施工过程的接口管理 ……………………………………………… 159
7.6　本章小结 ………………………………………………………………………… 160

8　项目施工管理 …………………………………………………………………… 163
8.1　施工管理规划 …………………………………………………………………… 164
8.2　施工现场管理 …………………………………………………………………… 169
8.3　工程变更管理 …………………………………………………………………… 178
8.4　技术装备管理 …………………………………………………………………… 184
8.5　项目资源管理 …………………………………………………………………… 190
8.6　本章小结 ………………………………………………………………………… 194

9　项目技术管理 …………………………………………………………………… 197
9.1　项目技术管理概述 ……………………………………………………………… 198
9.2　技术管理在项目各阶段的基本内容 …………………………………………… 199
9.3　本章小结 ………………………………………………………………………… 205

10　项目风险管理 ··· 207
10.1　项目风险管理的一般原理 ·· 208
10.2　设计阶段风险管理 ··· 215
10.3　采购阶段风险管理 ··· 223
10.4　施工阶段风险管理 ··· 228
10.5　本章小结 ·· 235

11　项目进度管理 ··· 237
11.1　进度管理概述 ··· 238
11.2　设计进度控制 ··· 244
11.3　采购进度控制 ··· 246
11.4　施工进度控制 ··· 249
11.5　工程总承包进度综合管控 ··· 253
11.6　本章小结 ·· 258

12　项目质量管理 ··· 259
12.1　质量管理概述 ··· 260
12.2　设计质量管理 ··· 263
12.3　采购质量管理 ··· 267
12.4　施工质量管理 ··· 269
12.5　项目质量协同管理 ··· 271
12.6　本章小结 ·· 275

13　项目成本管理 ··· 277
13.1　成本管理概述 ··· 278
13.2　设计阶段成本规划与控制 ··· 278
13.3　施工成本管理 ··· 280
13.4　本章小结 ·· 283

14　项目职业健康、安全与环境管理 ·· 285
14.1　一般规定 ·· 286
14.2　职业健康管理 ··· 289
14.3　安全管理 ·· 292
14.4　环境管理 ·· 297
14.5　本章小结 ·· 302

15 项目分包管理 ··· 303

- 15.1 项目分包方案策划 ·································· 304
- 15.2 采购分包管理 ····································· 308
- 15.3 设计分包管理 ····································· 313
- 15.4 施工分包管理 ····································· 317
- 15.5 分包合同的管理 ·································· 322
- 15.6 本章小结 ······································· 328

16 项目数字化管理 ······································· 329

- 16.1 数字化建造概述 ·································· 330
- 16.2 工程项目管理数字化 ······························· 330
- 16.3 数字化技术在工程总承包项目管理中的应用 ············· 336
- 16.4 本章小结 ······································· 342

17 项目合同管理 ··· 343

- 17.1 FIDIC EPC 合同条件概述 ·························· 344
- 17.2 《建设项目工程总承包合同》核心内容 ················ 347
- 17.3 工程总承包项目索赔管理 ··························· 366
- 17.4 本章小结 ······································· 369

18 项目试运行与竣工管理 ·································· 371

- 18.1 一般规定 ······································· 372
- 18.2 项目试运行管理 ·································· 374
- 18.3 对外竣工管理 ··································· 376
- 18.4 本章小结 ······································· 377

参考文献 ··· 379

1 绪论

【教学提示】

工程总承包是国际工程承包市场通行的工程发承包方式，也是我国建筑业工程实施方式变革的重要组成部分。本章介绍了工程总承包的内涵、特征、适用范围及历史沿革，并从项目管理的角度出发，重点介绍了工程总承包项目经理的能力结构与素质结构。

【教学要求】

本章重点掌握工程总承包的内涵、特征、适用范围，了解工程总承包项目经理的能力结构与素质结构的主要内容。

1.1 工程总承包概述

1.1.1 工程总承包的定义

工程总承包是建设项目众多发承包模式中的一种，迄今为止，不同的文献对工程总承包分别作出了不同的定义，分析工程总承包的不同定义，有助于从不同层面掌握工程总承包的内涵与要义，更好地理解工程总承包的本质属性。

国际咨询工程师联合会认为，工程总承包是指总承包商执行各项工程的设计、采购和施工（Engineer，Procure and Construct，EPC）以提供配套完整的设施，从其整体工程的设计、施工直到营运为止，在一些特定情况下，工程的融资可能也包括在合同范围之内。而DB（Design-Build）模式下的工程总承包只是由总承包商负责工程的全部设计与施工工作。

建设部《关于培育发展工程总承包和工程项目管理企业的指导意见》（建市[2003]30号）中对工程总承包的定义为"工程总承包是指从事工程总承包的企业受业主委托，按照合同约定对工程项目的勘察、设计、采购、施工、试运行（竣工验收）等实行全过程或若干阶段的承包"。

《建设项目工程总承包合同（示范文本）》GF—2020—0216在其"说明"部分将工程总承包定义为"承包人受发包人委托，按照合同约定对工程建设项目的设计、采购、施工（含竣工试验）、试运行等实施阶段，实行全过程或若干阶段的工程承包"。

《建设项目工程总承包管理规范》GB/T 50358—2017在其术语部分将工程总承包定义为"依据合同约定对建设项目的设计、采购、施工和试运行实行全过程或若干阶段的承包"。

住房和城乡建设部、国家发展改革委于2019年发布的《房屋建筑和市政基础设施项目工程总承包管理办法》第三条规定："本办法所称工程总承包，是指承包单位按照与建设单位签订的合同，对工程设计、采购、施工或者设计、施工等阶段实行总承包，并对工程的质量、安全、工期和造价等全面负责的工程建设组织实施方式。"

上述不同文献对于工程总承包的描述，反映了不同视角下工程总承包的不同特征与属性，不同的定义之间没有本质的差异，反映了不同文献和不同组织对于工程总承包的不同理解与思考。

综合以上不同文献的特点，可以将工程总承包定义如下：工程总承包是现代工程建设组织实施方式中的典型范式，是指承包人受发包人委托，按照合同约定对工程建设的设计、采购、施工、试运行或者设计、施工、试运行等阶段实行全过程或若干阶段的总承包，并对工程质量、安全、工期、造价、生态环境及职业健康全面负责，对于工业建设项目或环境修复类建设项目，承包人还应对生产线产品质量或环境修复成果质量全面负责。

1.1.2 工程总承包的分类

按照不同的分类规则和市场惯例，工程总承包可划分为不同的类型。常见的分类规则和惯例包括：1）根据工程总承包工作范围划分；2）根据业主委托工程总承包商工作内容超出建设阶段范围划分；3）根据工程总承包商不同的组织形态划分；4）根据业主或工程总承包商所承担的不同设计阶段划分。

1. 根据工程总承包工作范围划分

根据工程总承包工作范围的不同，可将工程总承包分为：1）设计、采购、施工总承包（EPC），即业主对项目的目的和要求进行招标，承包商中标后签订具体的合同，承包商承担项目的设计、采购、施工全过程工作的总承包；2）设计、采购、施工管理总承包（EPCm），即总承包商与业主签订合同，负责工程项目的设计和采购，并负责施工管理；3）设计、采购、施工监理承包（EPCs），即总承包商与业主签订设计、采购和施工监理总承包合同，负责工程项目的设计和采购工作，监督施工承包商按照设计要求的标准、操作规程等进行施工，并满足进度要求，同时负责物资的管理和试车服务；4）设计、采购和施工咨询总承包（EPCa），即总承包商负责工程项目的设计和采购，并在施工阶段向业主和施工承包商提供咨询服务。

2. 根据业主委托工程总承包商工作内容超出建设阶段范围划分

在工程实践中，按照业主委托工程总承包商工作内容超出建设阶段范围的不同，可以将工程总承包分为：1）传统的设计、采购、施工模式（EPC）；2）设计、采购、施工及运营一体化模式（EPC+O）；3）设计、采购、施工、运营及保养一体化模式（EPC+O+M）。在海外市场，还有设计、采购、施工加融资的一体化模式（EPC+F），在该模式中，一般由承包商负责项目的全部或部分融资，并在合同中约定还款期限及融资成本计算规则。

3. 根据工程总承包商不同的组织形态划分

根据工程总承包商不同的组织形态，可将工程总承包模式分为合伙人形态的工程总承包模式（Joint-Venture）和单一承包商形态的工程总承包模式（Integrated Firm）。

合伙人形态的工程总承包模式即设计机构与施工单位以某种程度的伙伴关系或联合承揽关系，结合为单一组织并成为工程总承包商的形态。

单一承包商形态的工程总承包模式（Integrated Firm），即以兼具设计与施工业务能力的承包商为工程总承包商。

在海外工程中，根据工程总承包商不同的组织形态还可将工程总承包模式分为：1）施工方主导的工程总承包模式（Constructor-Led）；2）设计机构主导的工程总承包模式（Designer-Led）；3）开发商主导的工程总承包模式（Developer-Led）。

施工方主导的工程总承包模式即以施工单位为工程总承包商，设计机构为分包商。由于施工方对工期和成本的控制水平普遍较高，该类型的工程总承包模式在海外市场较为流行。

设计机构主导的工程总承包模式即以设计机构为工程总承包商与业主签订总承包合同，施工单位为分包商。

开发商主导的工程总承包模式，由于开发商本身通常缺乏设计和施工能力，因此经常把设计和施工工作分包给设计和施工单位。

4. 根据业主或工程总承包商所承担的不同设计阶段划分

在海外工程中，以业主或工程总承包商所承担的不同设计阶段为主要依据，可将工程总承包模式分为：1）开发建设模式（Develop and construction），即业主或其设计顾问一直完成到初步设计阶段，而工程总承包商负责项目的施工图设计以及工程的施工建造；2）增强型设计建造模式（Enhanced design-build），即业主或其设计顾问完成项目的方案设计，而工程总承包商负责项目的初步设计、施工图设计以及工程的施工建设；3）传统的设计建造模式（Traditional design-build），即工程总承包商负责所有的设计和建造工作，承包商的设计职能至少到方案设计阶段，业主可以自己准备招标文件或者直接将工程发包给 DB 承包商；4）新型设计建造模式（Novation design-build），即工程总承包商负责施工建造以及施工图的设计（也可以到初步设计阶段，但以施工图设计阶段合宜），而该模式最重要的特征是工程总承包商在中标之后必须聘用业主的设计人员（前阶段为业主设计）以保证设计的连贯性，此后设计人员对工程总承包商负责。

1.1.3 工程总承包的优劣势分析

工程总承包模式同传统的工程建设组织实施方式相比，其优势明显，具体呈现在以下几个方面：

1. 有利于控制项目成本

传统模式下的设计机构为了考虑设计的安全性，对于项目建造成本以及采购方面考虑较少，往往项目成本偏高。相对施工单位而言，设计机构对于施工新工艺、新材料、新设备的信息掌握相对较少，导致设计成果可建造性较差，容易引起工程索赔和工程变更等问题。工程总承包模式中，以总价合同为主，除业主要求的变更、工程地质条件变化、通货膨胀以及因国家政策法规发生变化导致的价款调整外，一般不对合同价格进行调整，有利于总价的控制。此外，工程总承包单位掌握了设计的主动性，有利于在设计过程中综合考虑技术与成本，积极开展限额设计和设计优化。

2. 有利于提高工程质量和缩短工期

工程总承包模式下，工程总承包商负责整个项目的实施过程，可以有效解决设计与施工、设计与采购、采购与施工之间的衔接问题，减少不必要的中间沟通环节，有效解决设计成果的实用性和安全性问题。工程总承包项目在招标前一般尚未完成设计或仅完成部分前期方案设计，初步设计和施工图设计由工程总承包单位完成，工程总承包单位在施工工艺及技术选择上拥有更多的决定权，施工过程中可以根据实际情况进行设计优化，有利于控制工程质量。工程总承包商更加了解施工工艺及现场实际情况，具备丰富的施工经验，由工程总承包单位进行设计，能够有效避免传统模式下设计机构容易出现的质量通病，最大限度地减少工程实施过程中的变更、调整与返工，有利于缩短建设工期。

3. 有利于减轻业主协调工作量

工程总承包模式中，业主与工程总承包商签署合同后，仅需对工程总承包商进行合同目标管理即可，具体的设计、采购、施工均由工程总承包商统筹管理。工作范围和责任界限清晰，建设期间的责任和风险可以最大限度地转移给工程总承包商。此外，随着合同数量的减少，可以减少业主合同管理工作量，减轻业主项目管理协调工作量。业主精力主要放在筹措资金和创造优良建造环境上，有利于保障项目管理目标的顺利实现。

同传统建设组织方式相比，工程总承包模式也有其自身缺陷，具体表现在以下两个方面：

（1）业主对工程实施过程参与程度低，对项目控制力度减弱；

（2）由于业主委托工程总承包商统筹管理设计、施工、采购等多阶段工作，将项目建设的主要风险基本转移给工程总承包商，导致对工程总承包商的选择至关重要，对工程总承包商及其项目管理人员的专业能力、管理能力及综合素质要求更高，而目前市场上能够完全胜任工程总承包模式的工程总承包商数量相对不足，导致业主面临市场选择的风险。

1.1.4 工程总承包的适用范围

1. 建设内容明确、技术方案成熟的房屋建筑和市政基础设施项目

《房屋建筑和市政基础设施项目工程总承包管理办法》第六条规定："建设单位应当根据项目情况和自身管理能力等，合理选择工程建设组织实施方式。建设内容明确、技术方案成熟的项目，适宜采用工程总承包方式。"即在房屋建筑和基础设施领域，采用工程总承包模式的前提是"建设内容明确、技术方案成熟"。

2. 标准化程度高、地下工程较少的房屋建筑和市政基础设施项目

标准化程度高、地下工程较少的项目在建设过程中不确定性相对较小，更有利于在前期进行项目风险的控制。工程总承包合同以总价合同为主，建设过程中不确定性较小的项目更有利于对合同总价的控制。

3. 化工冶金建材等含机电设备采购安装的工业建设项目

该类项目的最终目的在于最后交付的项目能否达到预期设计的功能性效果，而非简单地完成土建项目和设备安装。该类项目的业主一般不具备相应的技术储备和项目管理能力。再加上此类项目投资巨大、灵活性较小、技术要求高，而且设备采购所占

造价比例极高，一旦出现设计、采购、安装衔接沟通不畅等问题，极易导致该项目预期的功能无法实现。

业主将该类项目交付专业工程总承包商，由其统一设计、采购、安装、施工，统一协调、统一负责并承担相应的项目调试和试运行义务，在项目能够满足预期设计要求时再交付业主，有利于降低业主的各类风险。

4. 业主资金欠缺的项目

在海外工程中，通过 EPC+F 模式，业主选择资金实力雄厚或拥有较强融资能力的承包商承担工程总承包工作，通过约定还款节点，能够缓解业主资金压力，让一部分资金欠缺的项目得以早日建成投用，有利于改善建设项目所在地区投资环境，完善基础设施体系，更好地服务当地民生与经济。

1.2 工程总承包模式的历史沿革

20世纪60年代末期和70年代初期，工业发达国家开始将项目管理的理论和方法应用于建设工程领域，并于20世纪70年代中期前后在大学开设了与工程项目管理相关的专业。项目管理的应用首先在业主方的工程管理中，而后逐步在承包商、设计方和供货方中得到推广。国际上，现代工程项目管理发展以美国最具代表性。20世纪80年代，DB模式被列为联邦政府采购方式，这促使工程总承包进入快速发展时期。在2004年，美国16%的建筑企业约有40%的合同额来自DB模式，工程总承包居前的企业，完成的国内外工程总承包营业额超过500亿美元。美国政府的立法也对工程总承包具有巨大的推进作用，在1972年的布鲁克斯法案中，将DBB规定为基础设施的主要建造模式。在1996年"联邦采购条例"中，规定公共部门采用DB进行联邦采购。联邦政府和州政府的相关部门随后依此制定了相关采购法规，对DB模式的使用范围、程序及标准等进行了详细的规定，同时，以美国设计建造协会为首的行业协会编写了DB模式下的合同范本。

从1980年开始，国家推行以设计为龙头的工程总承包。全国勘察设计单位开始在各自设计资质规定的工程范围探索如何开展工程总承包业务。如化工部于1982年印发了《关于改革现行基本建设管理体制，实行以设计为主体的工程总承包制的意见》，化工部直属设计单位借鉴国际大型工程公司经验，在企业内部进行了功能性、体制性改革，建立了与工程总承包相适应的组织机构、管理队伍和人才队伍，努力创建国际型工程公司，取得了优异成绩。经过30多年的发展，石油和化工设计企业每年在国内外完成的工程总承包项目一直名列全国勘察设计行业前茅，中国寰球、SEI、中国天辰、中国成达、中国五环等企业已经成为我国勘察设计单位开展工程总承包的典范。

1992年11月，在总结前一阶段各行业设计单位开展工程总承包试点经验的基础上，为加强对设计单位开展工程总承包活动的市场管理，建设部颁布《设计单位进行工程总承包资格管理的有关规定》（建设〔1992〕805号），提出了设计单位申请《工程总承包证书》的条件及开展工程总承包业务的工作流程。

进入21世纪，国家继续鼓励开展建设项目工程总承包，在完善以设计为龙头的工程总承包模式基础上，不断探索以施工为龙头的工程总承包、设计施工联合体形态工程总承包和同时兼备设计施工资质的单一组织形态工程总承包。与此同时，工程总承包制度建设不断加强，各类建设项目工程总承包管理规范、合同示范文本、部门规章及规范性文件相继出台。

2003年2月，建设部发出《关于培育发展工程总承包和工程项目管理企业的指导意见》（建市〔2003〕30号），该指导意见从推行工程总承包和工程项目管理的重要性和必要性、工程总承包的基本概念和主要方式、工程项目管理的基本概念和主要方式、进一步推行工程总承包和工程项目管理的措施四个方面对如何深化我国工程建设项目组织实施方式改革，如何培育发展专业化工程总承包和工程项目管理企业提出了具体解决方案。该指导意见还宣布废止1992年11月建设部颁布的《设计单位进行工程总承包资格管理的有关规定》（建设〔1992〕805号），对原建设项目工程总承包市场规制进行了调整。

2005年，建设部第1535号公告发布《建设项目工程总承包管理规范》GB/T 50358—2005为国家标准，为实现工程总承包项目管理的标准化和规范化奠定了技术基础。

2011年，住房和城乡建设部、市场监督管理总局联合发布《建设项目工程总承包合同示范文本（试行）》GF—2011—0216，对进一步规范发承包双方工程总承包市场行为，强化工程总承包合同履约管理提供了制度保障。

2016年5月，住房和城乡建设部印发《关于进一步推进工程总承包发展的若干意见》，同时在浙江、上海、福建、广东、广西、湖南、湖北、四川、吉林等多个省市开展了工程总承包试点，房屋建筑和市政工程领域工程总承包市场不断扩大。

2017年2月，国务院办公厅发布《关于促进建筑业持续健康发展的意见》（国办发〔2017〕19号），要求大力推进工程总承包模式，实现建筑业转型发展。

2017年5月，住房和城乡建设部第1535号公告对《建设项目工程总承包管理规范》GB/T 50358—2005进行了修订，发布新版《建设项目工程总承包管理规范》GB/T 50358—2017，新版规范在原规范基础上进行了优化梳理，从质量、安全、费用、进度、职业健康、环境保护和风险管理入手，并将其贯穿于设计、采购、施工和试运行全过程，全面阐述工程总承包项目管理的全过程。

2019年12月，住房和城乡建设部、国家发展改革委发出《关于印发房屋建筑和市政基础设施项目工程总承包管理办法的通知》（建市规〔2019〕12号），该通知从总则、工程总承包项目的发包和承包、工程总承包项目实施和附则四个方面对工程总承包项目招标方式、工程总承包企业准入条件、工程总承包项目风险分担、工程总承包项目管理要求及工程总承包项目经理应具备的条件进行了系统阐述。通知要求，该工程总承包管理办法自2020年3月1日起施行。

2020年11月，住房和城乡建设部、市场监督管理总局发出《关于印发建设项目工程总承包合同（示范文本）的通知》（建市〔2020〕96号），制定了《建设项目工程总承包合同（示范文本）》GF—2020—0216，原《建设项目工程总承包合同示范文本（试行）》GF—2011—0216同时废止。新的示范文本自2021年1月1日起执行。

新的示范文本由合同协议书、通用合同条件和专用合同条件三部分组成。其中：

（一）合同协议书共计11条，主要包括：工程概况、合同工期、质量标准、签约合同价与合同价格形式、工程总承包项目经理、合同文件构成、承诺、订立时间、订立地点、合同生效和合同份数，集中约定了合同当事人基本的合同权利义务。

（二）通用合同条件是合同当事人根据相关法律法规的规定，就工程总承包项目的实施及相关事项，对合同当事人的权利义务作出的原则性约定。通用合同条件共计20条，具体条款分别为：第1条 一般约定，第2条 发包人，第3条 发包人的管理，第4条 承包人，第5条 设计，第6条 材料、工程设备，第7条 施工，第8条 工期和进度，第9条 竣工试验，第10条 验收和工程接收，第11条 缺陷责任与保修，第12条 竣工后试验，第13条 变更与调整，第14条 合同价格与支付，第15条 违约，第16条 合同解除，第17条 不可抗力，第18条 保险，第19条 索赔，第20条 争议解决。前述条款安排既考虑了现行法律法规对工程总承包活动的有关要求，又考虑了工程总承包项目管理的实际需要。

（三）专用合同条件是合同当事人根据不同建设项目的特点及具体情况，通过双方的谈判、协商对通用合同条件原则性约定细化、完善、补充、修改或另行约定的合同条件。

近年来，在国家和行业主管部门大力推动下，我国石油化工、冶金、建材、机械、水利水电及房屋建筑和市政基础设施等行业年完成工程总承包合同额逐年递增，形成良好发展态势。

在传统施工总承包企业大力开拓工程总承包市场份额的同时，我国勘察设计行业工程总承包收入持续平稳上涨。2021年，全国具有勘察设计资质的企业总营业收入为84016.1亿元，其中：工程总承包收入为40041.6亿元，比上一年增长了21.13%，占总营业收入的47.66%。2014~2021年全国勘察设计行业工程总承包收入情况如图1-1所示。

由图1-1可知，2019~2021年全国勘察设计工程总承包收入分别为33638.60亿元、33056.60亿元、40041.60亿元，2019年工程总承包收入比上一年增加了7592.50亿元，增速比上一年增加了3.97个百分点；2020年工程总承包收入比上一年减少了582.00亿元，增速比上一年减少了30.88个百分点，且增速为负；2021年工程总承包收入比上一年增加了6985.00亿元，增速比上一年增加了22.86个百分点，说明近三年工程总承包收入平稳上涨，增速呈现波动上升。

2021年，全国勘察设计工程总承包新签合同额合计57885.8亿元，比上一年增长了5.12%。2017~2021年，全国勘察设计行业工程总承包新签合同额变化情况如图1-2所示。

图 1-1 2014~2021 年全国勘察设计行业工程总承包收入变化情况
（数据来源：2014~2021 年全国工程勘察设计统计公报）

图 1-2 2017~2021 年全国勘察设计行业工程总承包新签合同额变化情况
（数据来源：2017~2021 年全国工程勘察设计统计公报）

由图 1-2 可知，2019~2021 年全国勘察设计工程总承包新签合同额分别为 46071.30、55068.20、57885.80 亿元，分别比上一年增长了 10.79%、19.53%、5.12%。2017~2019 年工程总承包新签合同额增速逐年减少，但 2020 年增速有所提高，比上一年增加了 8.74 个百分点，随后 2021 年增速又继续减少，降低至 5.12%，说明近三年勘察设计工程总承包新签合同额持续增加，但增速呈现波动下降。

随着建筑业转型发展的不断深入和各类管理制度和机制的不断完善，特别是我国"一带一路"倡议下建筑业企业不断拓展沿线国家工程总承包市场，建设项目工程总承包事业必将迎来新的飞速发展阶段。

1.3 工程总承包项目经理的能力结构与素质结构

工程总承包管理过程中，项目经理的能力与素质在一定程度上决定了项目的成败。由于工程总承包活动涉及建设项目设计、采购和施工全过程管理工作，相对传统的施工总承包模式，工程总承包模式对项目经理的能力结构和素质结构提出了更高的要求。

1.3.1 工程总承包项目经理的能力结构

工程总承包项目经理的能力结构是决定项目经理职业水平的关键，其核心能力一般包括决策能力、组织管理能力、沟通能力和创新能力。

1. 决策能力

工程总承包项目需要对项目的多个阶段进行承包管理，需要项目经理做一个合格的掌舵人，与各部门及时沟通，全方面了解项目实际情况，在关键时刻掌握项目的方向。同时，工程项目大都面临错综复杂、竞争激烈的外部环境，项目经理需要了解环境，明确项目目标及项目在公司发展中的定位，及时收集和筛选信息，进行战略决策。

2. 组织管理能力

工程总承包模式对项目经理的综合管理能力提出了更高要求，项目经理需要有效协调解决设计、采购、施工等环节的重大问题。项目经理同时应具备良好的组织能力，能够合理配备项目人员，有效凝聚团队，通过合理的激励机制和奖惩措施，让项目管理团队始终处于受控状态，通过各部门之间的协同管理实现项目进度、质量、成本、环保和生态等目标，能有效运用现代人工智能等信息技术，实现项目信息共享和高效决策。

3. 沟通能力

项目部日常管理工作中，项目经理常常需要与上级企业、业主、审计、分包单位等各方进行口头和书面沟通，如参加各类工程会议和签署各类工程报告。沟通能力包括文字沟通能力和口头沟通能力，沟通能力是对项目经理人文素养和综合素质的充分展示，是决定项目管理成效的基础，沟通能力是项目经理能力结构中的重要组成部分。

4. 创新能力

项目管理过程中，为适应项目工程地质环境、技术环境、市场环境和政策环境的变化，常常需要解决一系列复杂难题，要求项目经理具有较强的创新意识和创新能力，能带领项目部管理团队自主开展或联合开展技术创新与管理创新，以适应项目环境的变化。在建筑业数字化转型发展的现实条件下，创新能力也成为衡量项目经理职业能力的重要指标。

1.3.2 工程总承包项目经理的素质结构

同工程总承包项目经理能力结构一样，工程总承包项目经理素质结构亦是决定项目经理职业水平的关键，其核心素质一般包括政治素质、专业素质、心理素质和身体素质。

1. 政治素质

项目经理应始终把政治意识放在首位，具有家国情怀和崇高理想，爱岗爱企，善于用唯物主义世界观分析和解决项目管理中的实际问题；恪守职业操守，具有高度的政治责任感和事业心，永葆大国工匠精神，勇于进取，攻坚克难，始终把国家利益和集体利益放在首位。

2. 专业素质

工程总承包模式中由承包商对项目的设计、采购、施工等全面负责，项目经理需要更强的专业综合能力，掌握多领域专业知识，具备过硬的专业能力，并能够把知识和经验有机结合起来运用于项目管理中。

3. 心理素质

项目的单件性和一次性特征决定了项目开展过程中存在极大的不确定性，随时可能面临冲突、矛盾与风险，项目经理应具备良好的心理素质，能够承受岗位工作压力，遇到问题时能够沉着冷静、有条不紊地分析问题根源所在直至彻底解决。良好的心理素质是保持项目经理职业能力稳定性的重要保障。

4. 身体素质

项目管理是一项持久艰苦的工作，建设工地环境条件差，管理压力大，健康的身体是做好项目管理工作的重要保障。因此，项目经理要拥有强健的体魄，旺盛的精力，以适应岗位需要。

思考题

1. 工程总承包模式的优劣势各有哪些？
2. 论述工程总承包模式发展的历史沿革。
3. 论述工程总承包项目经理的能力结构。
4. 论述工程总承包项目经理的素质结构。
5. 论述工程总承包模式的发展趋势。
6. 论述工程总承包与施工总承包的区别与联系。

2 项目管理的相关理论与方法

【教学提示】

工程总承包管理的理论基础是工程项目管理，工程项目管理的重要理论基础是组织论，工程总承包的核心是多个生产过程和多方主体的协同，工程总承包的主要利润来源是价值工程。采用赢得值法对项目进行费用、进度综合控制，是衡量承包商项目管理水平和项目控制能力的重要标志。

【教学要求】

本章应让学生了解组织论是工程项目管理的重要理论基础，其中常用的组织工具是开展工程总承包管理必不可少的技能。工程总承包模式改变了设计和施工分离的传统生产方式，要依靠和运用协同理论进行生产过程和多方生产主体的集成。工程总承包模式为开展价值工程创造了条件，是工程总承包过程中的重要活动之一，其核心是进行功能分析和方案创新。赢得值法的基本要素是用费用代替工程量测量工程进度，以资金已经转化为工程成果的量来衡量，是一种有效的工程项目监控方法。

工程总承包管理的理论基础是项目管理学，随着时代的发展，理论研究的不断拓宽与深入，项目管理学的理论、方法和工具也不断创新，本章选取与工程总承包管理相关的几个重要基础理论和基本方法，供学习参考。

2.1 组织论

组织论是项目管理学的母学科。本节主要阐述组织论的基本理论和主要的组织工具，包括组织结构模式、项目管理组织结构、任务分工、管理职能分工及工作流程等。

2.1.1 组织论概述

组织论是一门重要的基础理论学科，是项目管理学的母学科，它主要研究系统的组织结构模式、组织分工，以及工作流程组织如图 2-1 所示。

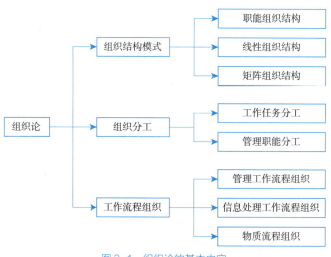

图 2-1 组织论的基本内容

2.1.2 组织结构模式

组织结构模式可用组织结构图来描述，组织结构图如图 2-2 所示，也是一个重要的组织工具，反映一个组织系统中各组成部门（组成元素）之间的组织关系（指令关系）。在组织结构图中，矩形框表示工作部门，上级工作部门对其直接下属工作部门的指令关系用单向箭线表示。

组织结构模式反映了一个组织系统中各子系统之间或各元素（各工作部门）之间的指令关系。组织分工反映了一个组织系统中各子系统或各元素的工作任务分工和管理职能分工。组织结构模式和组织分工都是一种相对静态的组织关系。而工作流程组织则反映一个组织系统中各项工作之间的逻辑关系，是一种动态关系。在一个建设工

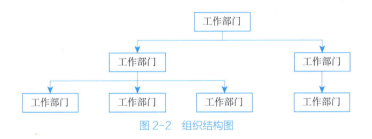

图 2-2　组织结构图

程项目实施过程中，其管理工作的流程、信息处理的流程，以及设计工作、物资采购和施工的流程的组织都属于工作流程组织的范畴。

常用的组织结构模式包括职能组织结构（见图 2-3）、线性组织结构（见图 2-4）和矩阵组织结构（见图 2-5）等。这几种常用的组织结构模式既可以在企业管理中运用，也可在建设项目管理中运用。

1. 职能组织结构

在人类历史发展过程中，当手工业作坊发展到一定的规模时，一个企业内需要设置对人、财、物和产、供、销管理的职能部门，这样就逐步形成了初级的职能组织结构。因此，职能组织结构是一种传统的组织结构模式。

在职能组织结构中，每一个职能部门可根据它的管理职能对其直接和非直接的下属工作部门下达工作指令。因此，每一个工作部门可能得到其直接和非直接的上级工作部门下达的工作指令，这样就会形成多个矛盾的指令源。一个工作部门的多个矛盾的指令源会影响企业管理机制的运行。

在一般的工业企业中，设有人、财、物和产、供、销管理的职能部门，另有生产车间和后勤保障机构等。虽然生产车间和后勤保障机构并不一定是职能部门的直接下属部门，但是，职能管理部门可以在其管理的职能范围内对生产车间和后勤保障机构下达工作指令，这是典型的职能组织结构。在高等院校中，设有人事、财务、教学、科研和基本建设等管理的职能部门（处室），另有学院、系和研究所等教学和科研的机构，其组织结构模式也是职能组织结构，人事处和教务处等都可对学院和系下达其分管范围内的工作指令。我国多数的企业、学校、事业单位目前还沿用这种传统的组织结构模式。许多建设项目也还用这种传统的组织结构模式，在工作中常出现交叉和矛盾的工作指令关系，严重影响了项目管理机制的运行和项目目标的实现。

如图 2-3 所示的职能组织结构中，A、B1、B2、B3、C5 和 C6 都是工作部门，A 可以对 B1、B2、B3 下达指令；B1、B2、B3 都可以在其管理的职能范围内对 C5 和 C6 下达指令；因此 C5 和 C6 有多个指令源，其中有些指令可能是矛盾的。

2. 线性组织结构

在军事组织系统中，组织纪律非常严谨，军、师、旅、团、营、连、排和班的组织关系是指令按逐级下达，一级指挥一级和一级对一级负责。线性组织结构就是来自于这种十分严谨的军事组织系统。在线性组织结构中，每一个工作部门只能对其直接

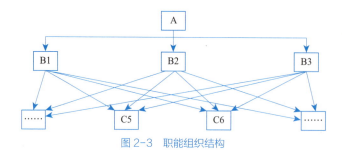

图 2-3 职能组织结构

的下属部门下达工作指令,每一个工作部门也只有一个直接的上级部门,因此,每一个工作部门只有唯一的指令源,避免了由于矛盾的指令而影响组织系统的运行。

在国际上,线性组织结构模式是建设项目管理组织系统的一种常用模式,因为一个建设项目的参与单位很多,少则数十,多则数百,大型项目的参与单位将数以千计,在项目实施过程中矛盾的指令会给工程项目目标的实现造成很大的影响,而线性组织结构模式可确保工作指令的唯一性。

但在一个较大的组织系统中,由于线性组织结构模式的指令路径过长,有可能会造成组织系统运行的困难。

如图 2-4 所示的线性组织结构中:

(1) A 可以对其直接的下属部门 B1、B2、B3 下达指令;

(2) B2 可以对其直接的下属部门 C21、C22、C23 下达指令;

(3) 虽然 B1 和 B3 比 C21、C22、C23 高一个组织层次,但是,B1 和 B3 并不是 C21、C22、C23 的直接上级部门,它们不允许对 C21、C22、C23 下达指令。

在该组织结构中,每一个工作部门的指令源是唯一的。

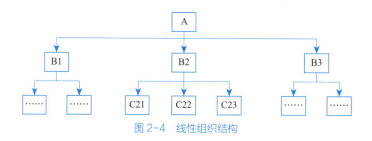

图 2-4 线性组织结构

3. 矩阵组织结构

矩阵组织结构是一种较新型的组织结构模式。在矩阵组织结构最高指挥者(部门)下设纵向和横向两种不同类型的工作部门。纵向工作部门如人、财、物、产、供、销的职能管理部门,横向工作部门如生产车间等。一个施工企业,如采用矩阵组织结构模式,则纵向工作部门可以是计划管理、技术管理、合同管理、财务管理和人事管理部门等,而横向工作部门可以是项目部如图 2-5 所示。

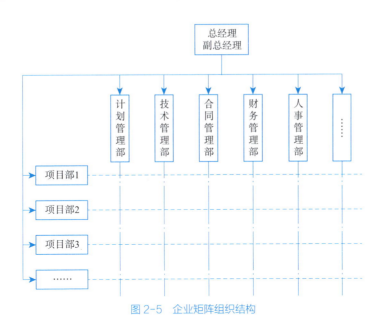

图 2-5　企业矩阵组织结构

一个大型建设项目如采用矩阵组织结构模式，则纵向工作部门可以是投资控制、进度控制、质量控制、合同管理、信息管理、人事管理、财务管理和物资管理等部门，而横向工作部门可以是各子项目的项目管理部。矩阵组织结构适宜用于大的组织系统，在上海地铁和广州地铁一号线建设时都曾采用了矩阵组织结构模式。

在矩阵组织结构中，每一项纵向和横向交汇的工作，指令来自于纵向和横向两个工作部门，因此其指令源为两个。当纵向和横向工作部门的指令发生矛盾时，由该组织系统的最高指挥者（部门）进行协调或决策。

在矩阵组织结构中为避免纵向和横向工作部门指令矛盾对工作的影响，可以采用以纵向工作部门指令为主或以横向工作部门指令为主的矩阵组织结构模式，这样也可减轻该组织系统的最高指挥者（部门）的协调工作量。

2.1.3　管理任务分工

业主方和项目各参与方，如工程管理咨询单位、设计单位、施工单位和供货单位等都有各自的项目管理的任务，上述各方都应视需要编制各自的项目管理任务分工表。每一个建设项目都应视需要编制项目管理任务分工表，这是一个项目的组织设计文件的一部分。

在编制项目管理任务分工表前，应结合项目的特点，对项目实施的各阶段的费用（投资或成本）控制、进度控制、质量控制、合同管理、信息管理和组织与协调等管理任务进行详细分解。

在项目管理任务分解的基础上，定义项目经理和费用（投资或成本）控制、进度控制、质量控制、合同管理、信息管理和组织与协调等主管工作部门或主管人员的工作任务，从而编制管理任务分工表（如表 2-1 所示）。在管理任务分工表中应明确各项工作任务由哪个工作部门（或个人）负责，由哪些工作部门（或个人）配合或参与。无疑，在项目的进展过程中，应视必要对管理任务分工表进行调整。

管理任务分工表　　　　　　　　　　　　　　　　　表 2-1

工作任务＼工作部门	项目经理部	投资控制部	进度控制部	质量控制部	合同管理部	信息管理部			

某大型公共建筑属国家重点工程，在项目实施的初期，项目管理咨询公司建议把工作任务划分成 26 个大块，针对这 26 个大块任务编制了管理任务分工表（如表 2-2 所示），随着工程的进展，任务分工表还将不断深化和细化。

某大型公共建筑的管理任务分工表　　　　　　　　　　　　　　　　　表 2-2

	工作项目	经理室、指挥部室	技术委员会	专家顾问组	办公室	总工程师室	综合部	财务部	计划部	工程部	设备部	运营部	物业开发部
1	人事	☆					△						
2	重大技术审查决策	☆	△	○	○	△	○	○	○	○	○	○	○
3	设计管理			○		☆		○		△	△		○
4	技术标准			○		☆				△	△		
5	科研管理			○		☆			○				
6	行政管理				☆	○	○	○	○	○	○	○	○
7	外事工作			○	☆								
8	档案管理			○	☆	○	○	○	○	○	○	○	○
9	资金保险						○	☆	○				
10	财务管理						○	☆					
11	审计						☆	○					
12	计划管理						○	○	☆	△	△	○	
13	合同管理						○	○	☆	△	△	○	
14	招标投标管理				○	○			☆	△	△	○	
15	工程筹划				○	○			☆	○	○		

续表

工作项目	经理室、指挥部室	技术委员会	专家顾问组	办公室	总工程师室	综合部	财务部	计划部	工程部	设备部	运营部	物业开发部
16 土建评定项目管理			○		○				☆			
17 工程前期工作			○				○	○	☆	○		○
18 质量管理			○		△				☆	△		
19 安全管理				○	○				☆			
20 设备选型			△		○					☆	○	
21 设备材料采购							○		△	☆		☆
22 安装工程项目管理			○				○		△	☆	○	
23 运营准备			○		○				△	△	☆	
24 开通、调试、验收			○		△				△	☆	△	
25 系统交接	○	○	○	○	○				○	○	☆	
26 物业开发					○	○	○	○			○	☆

注：☆—主办；△—协办；○—配合

2.1.4 管理职能分工

每一个建设项目都应视需要编制管理职能分工表，这是一个项目的组织设计文件的一部分。管理是由多个环节组成的有限的循环过程，如图 2-6 所示。这些组成管理的环节就是管理的职能。管理的职能在一些文献中也有不同的表述，但其内涵是类似的。

我国多数企业和建设项目的指挥部或管理机构，习惯用岗位责任制的岗位责任描述书来描述每一个工作部门的工作任务（包括责任、权利和任务等）。工业发达国家在建设项目管理中广泛应用管理职能分工表，以使管理职能的分工更清晰、更严谨，并

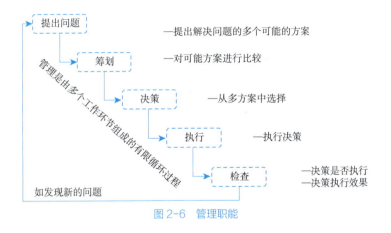

图 2-6 管理职能

会暴露仅用岗位责任描述书时所掩盖的矛盾。如使用管理职能分工表还不足以明确每个工作部门的管理职能,则可辅以使用管理职能分工描述书。

如项目管理班子内部用管理职能分工表(如表 2-3 所示)可反映项目经理、各工作部门和各工作岗位对各项工作任务的项目管理职能分工。表中用拉丁字母表示管理职能。管理职能分工表也可用于企业管理。

管理职能分工表　　　　表 2-3

工作部门 \ 工作任务	项目经理部	投资控制部	进度控制部	质量控制部	合同管理部	信息管理部			

每一个方块用拉丁字母表示管理的职能

表 2-4 是苏黎世机场建设工作的管理职能分工表,它将管理职能分成七个,即决策准备、决策、执行、检查、信息、顾问和了解。决策准备与筹划的含义基本相同。从表 2-4 可以看出,每项任务都有工作部门或个人负责决策准备、决策、执行和检查。

苏黎世机场建设工作管理职能分工表　　　　表 2-4

编号	工作任务 P-决策准备　Ko-检查　B-顾问 E-决策　I-信息　D-执行　Ke-了解	项目建设委员会	项目建设委员会成员	机场经理会	机场经理会成员	机场各部门负责人	工程项目协调部门	工程项目协调工程师	工程项目协调组
1	总体规划的目的/工期/投资	E	BKo	Ke	Ke	Ke	—	—	—
2	组织方面的负责	E	BKo	Ke	Ke	Ke	—	—	—
3	投资规划	E	BKo	Ke	Ke	Ke	—	—	—
4	长期的规划准则	E	Ko	BKo	BKo	DI	B	B	—
5	机场—机构组成方面的问题	E	B	Ke	Ke	Ke	—	—	—
6	总体经营管理	E	B	Ke	Ke	PKe	—	—	—
7	有关设计任务书、工期与投资的控制检查	Ko	Ko	DI	DI	I	—	—	—
8	与机场有关的其他项目	Ke	Ke	E	IKo	P	BKo	BKo	Ke
9	施工方面有关技术问题的工作准则	—	—	E	BIKo	B	Ke	PKo	Ke
10	施工方面有关一般行政管理与组织的工作准则	—	—	E	BIKo	B	PKo	BKo	Ke
11	投资分配	Ke	Ke	E	B	B	Ke	P	

续表

编号	工作任务 P-决策准备 Ko-检查 B-顾问 E-决策 I-信息 D-执行 Ke-了解	项目建设委员会	项目建设委员会成员	机场经理会	机场经理会成员	机场各部门负责人	工程项目协调部门	工程项目协调工程师	工程项目协调组
12	设计任务书及工期计划的改变	Ke	Ke	E	B	D	BKo	BKo	—
13	施工现场场地分配	—	—	E	B	D	PD	BKo	—
14	总协调	Ke	Ke	EKo	D	D	D	D	—
15	总体工程项目管理组织各岗位人员的确定	Ke	Ke	BKo	ED	Ke	BKe	BKe	—
16	对已批准的设计建设规划的监督	Ke	Ke	Ko	Ko	D	D	D	—
17	对已批准的工期计划的监督	Ke	Ke	Ke	Ke	D	D	D	—
18	设计监督	Ke	Ke	Ko	Ko	Ke	BKe	BKe	—
19	在工程项目管理组织内部信息	—	—	Ko	D	D	D	D	—

某大型公共建筑项目编制了管理职能分工表（如表 2-5 所示），该表把项目管理的任务分成几个大类，并对每项任务的规划（筹划）、决策、执行和检查的管理职能明确了由哪一个工作部门承担。但是，该表存在一些问题，在今后编制管理职能分工表时应引起注意：

（1）工作部门标列得太粗，不宜把多个管理组的组长合并为一列，这样合并后，不便分辨投资控制组、进度控制组和质量控制组在相关任务中的管理职能，也不宜把不同专业的专业工程师合并为一列；

（2）任务栏列的任务太粗，如进度、投资和质量出了问题，应采取纠偏措施进行监督和控制，但在表的任务栏中并没有列明监控；

某大型公共建筑的管理职能分工示例　　　　　　　表 2-5

序号	类别	任务	项目经理/执行经理	总工	各管理组组长	专业工程师	信息组
1	策划	项目投资目标规划	PDC	PC	PDE	PEC	E
2		项目进度目标规划	PDC	PC	PDE	PEC	E
3		项目质量目标规划	PDC	PC	PDE	PEC	E
4		项目采购模式的规划	PEC	PC	PEC	E	E
5		施工招标模式的规划	PEC	PC	PEC	E	E
6	信息处理	信息编码	PDC	PC	EC		E
7		信息收集与整理	PDC	PC	PDEC	E	E
8		信息的存档与电子化	PC	PC	PC		
9		网络平台的信息管理与处理	PE	P	P		E

续表

序号	类别	任务	项目经理/执行经理	总工	各管理组组长	专业工程师	信息组
10	进度控制	利用Project进行进度控制，形成报表	PDC	PC	P		
11		设计进度的检查	PEC	PC	EC	E	
12		施工进度的检查	PEC	PC	EC	E	
13	发包与合同管理	参与评标	PEC	PC	PEC	E	
14		利用合同管理软件进行合同管理，形成报表	PD	P	P		
15		合同编码	PDC	PC	PEC		E
16		参与合同谈判			PE	E	
17		合同跟踪管理			PEC	E	
18	投资控制	投资分解与编码	PD	P	EC	E	
19		参与付款审核	PC	PC	PC	E	
20		参与决算审核	PC	PC	PDC	E	
21		参与索赔处理	PDC	PC	PDE	E	
22		利用投资控制软件进行投资控制，形成报表	D		P		
23	质量控制	重要分部分项工程验收	C	C	PE	E	
24		重要材料、设备的检查、验收	C	C	PE	E	
25		参与设备调试	C	C	PE	E	
26		参与系统调试	C	C	PE	E	
27		参与竣工验收	C	C	PE	E	
28	项目管理成果	各专业工作月度报告	PC	PC	PDE	E	
29		各专业项目管理工作总结	PDC	PDC	PDE	E	
30		项目管理工作报告（定期和非定期）	PEC	PC	PEC	E	E
31		重大技术问题咨询及报告	PE	P	PE	E	
32		竣工总结	C	C	EC	E	
33		竣工后项目管理资料的整理归档	PC	PC	EC	E	E

注：P—规划；D—决策；E—执行；C—检查。

（3）承担每一项任务同一个管理职能的工作部门过多，如序号1，项目投资目标规划，承担规划职能"P"的有四个工作部门或人员，承担决策职能"D"的有两个工作部门或人员，承担执行职能"E"的有三个工作部门或人员，承担规划职能"C"的有三个工作部门或人员；

（4）有些任务的有些管理职能没有工作部门或人员承担，如序号9、序号11、序号12、序号13等任务没有承担决策职能"D"的工作部门或人员；如序号10、序号14、序号22等任务没有承担执行职能"E"的工作部门或人员；如序号22、序号31等任务没有承担检查职能"C"的工作部门或人员。

为了区分业主方和代表业主利益的项目管理方和工程建设监理方等的管理职能，也可以用管理职能分工表表示，如表2-6所示是某项目的一个示例。

某项目管理职能分工表示例　　　　　表2-6

序号	任务		业主方	项目管理方	工程监理方
	设计阶段				
1	审批	获得政府有关部门的各项审批	E		
2		确定投资、进度、质量目标	DC	PC	PE
3	发包与合同管理	确定设计发包模式	D	PE	
4		选择总包设计单位	DE	P	
5		选择分包设计单位	DC	PEC	PC
6		确定施工发包模式	D	PE	PE
7	进度	设计进度目标规划	DC	PE	
8		设计进度目标控制	DC	PEC	
9	投资	投资目标分解	DC	PE	
10		设计阶段投资控制	DC	PE	
11	质量	设计质量控制	DC	PE	
12		设计认可与批准	DC	PC	
	招标阶段				
13	发包	招标、评标	DC	PE	PE
14		选择施工总包单位	DE	PE	PE
15		选择施工分包单位	D	PE	PEC
16		合同签订	DE	P	P
17	进度	施工进度目标规划	DC	PC	PE
18		项目采购进度规划	DC	PC	PE
19		项目采购进度控制	DC	PEC	PEC
20	投资	招标阶段投资控制	DC	PEC	
21	质量	制定材料设备质量标准	D	PC	PEC

注：表中符号的含义：P—筹划；D—决策；E—执行；C—检查

2.1.5　工作流程组织

工作流程组织包括：

1.管理工作流程组织，如投资控制、进度控制、合同管理、付款和设计变更等工作流程；

2.信息处理工作流程组织，如与生成月度进度报告有关的数据处理工作流程；

3.物质流程组织，如钢结构深化设计工作流程，弱电工程物资采购工作流程，外立面施工工作流程等。

每一个建设项目应根据其特点，从多个可能的工作流程方案中确定以下几个主要的工作流程组织：设计准备工作的流程、设计工作的流程、施工招标工作的流程、物资采购工作的流程、施工作业的流程、各项管理工作（投资控制、进度控制、质量控制、合同管理和信息管理等）的流程、与工程管理有关的信息处理的工作流程等，这就是工作流程组织的任务，即定义各个工作的流程。

工作流程图应视需要逐层细化，如投资控制工作流程可细化为初步设计阶段投资控制工作流程图、施工图阶段投资控制工作流程图和施工阶段投资控制工作流程图等。

业主方和项目各参与方，如工程管理咨询单位、设计单位、施工单位和供货单位等都有各自的工作流程组织的任务。

某市轨道交通建设项目设计了如下多个工作流程组织：

（1）投资控制工作流程

- □ 投资控制整体流程
- □ 投资计划、分析和控制流程
- □ 工程合同进度款付款流程
- □ 变更投资控制流程
- □ 建筑安装工程结算流程

（2）进度控制工作流程

- □ 控制节点（里程碑）、总进度规划编制与审批流程
- □ 项目实施计划编制与审批流程
- □ 月度计划编制与审批流程
- □ 周计划编制与审批流程
- □ 项目实施计划的实施、检查与分析控制流程
- □ 月度计划的实施、检查与分析控制流程
- □ 周计划的实施、检查与分析控制流程

（3）质量控制工作流程

- □ 建筑安装工程施工质量控制流程
- □ 变更处理流程
- □ 施工工艺流程
- □ 竣工验收流程

（4）合同与招标投标管理工作流程

- □ 标段划分和审定流程
- □ 招标公告的拟定、审批和发布流程
- □ 资格审查、考察及入围确定流程
- □ 招标书编制审定流程
- □ 招标答疑流程

□ 评标流程

□ 特殊条款谈判流程

□ 合同签订流程

(5) 信息管理工作流程

□ 文档信息管理总流程

□ 外单位往来文件处理流程

□ 设计文件提交、分发流程

□ 变更文件提交处理流程

□ 工程进度信息收集及处理流程

□ 工程投资信息收集及处理流程

工作流程图是用图的形式反映一个组织系统中各项工作之间的逻辑关系,它可用以描述工作流程组织。工作流程图是一个重要的组织工具,如图2-7所示。工作流程图中用矩形框表示工作[如图2-7(a)所示],箭线表示工作之间的逻辑关系,菱形框表示判别条件。也可用两个矩形框分别表示工作和工作的执行者[如图2-7(b)所示]。

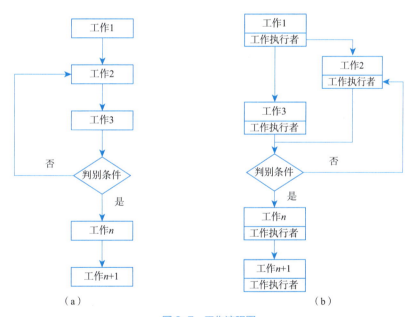

图 2-7 工作流程图

2.2 协同论

2.2.1 协同论概述

协同论(Synergetics)也称协同学或协和学,20世纪70年代后期由联邦德国斯图加特大学教授、著名理论物理学家赫尔曼·哈肯(Haken)创立,是研究不同事物共同特征及其协同机理的新兴学科，它着重探讨各种系统从无序变为有序时的相似性，是近十几年来获得发展并被广泛应用的综合性学科。协同论研究系统从无序到有序转变的规律和特征，既适用于非平衡系统中发生的有序结构或功能的形成，又包括平衡态中发生的相变过程。由于协同论不受一些热力学概念的束缚，因此它一开始就得到了广泛的应用。对有关的自然科学问题，协同论一般能给出定量结果，对有关的社会科学问题，它也能在科学分析的基础上给予定性说明。协同论在发展进程中推动着系统工程的发展。现代耗散结构理论和协同学通常被并称为自组织理论。

协同论作为一门横断科学和边缘科学，研究和揭示了在一定条件下，不同系统通过子系统间的协同作用于自组织，从无序向有序转变的共同规律和特征，在自然科学和社会科学领域有着广阔的应用前景。例如，生态学方面的捕食者与被捕食者群体的消长关系和生物的形态形成；社会学方面的社会舆论形成的随机模型、大众传播媒介的作用、社会体制等问题；经济学中对国家控制的优劣分析、城市发展、经济的繁荣与衰退、技术革新和经济事态的发展，等等。近年来在管理学领域中也引起了许多学者的广泛关注，协同已经成为现代企业管理的必然要求。随着生产力发展和科技进步，现代企业管理系统所具有的规模大、层次多、分工细、关系复杂、目标多样、信息量激增等特征越来越明显，是典型的复杂系统工程，需要有关单位、部门及众多资源共同参与和密切协作。所以，协同是现代企业管理系统复杂化、高效化、自动化的客观要求，是企业自组织的形式和手段，也是企业系统自我完善自我发展的根本途径。

协同论认为，千差万别的系统，尽管其属性不同，但在整个环境中，各个系统间存在着相互影响又相互合作的关系。其中也包括通常的社会现象，如不同单位间的相互配合与协作，部门间关系的协调，企业间相互竞争的作用，以及系统中的相互干扰和制约等。

2.2.2 主要内容

协同理论的主要内容可以概括为三个方面。

1. 协同效应

协同效应是指由于协同作用而产生的结果，是指复杂开放系统中大量子系统相互作用而产生的整体效应或集体效应（《协同学引论》）。对千差万别的自然系统或社会系统而言，均存在着协同作用。协同作用是系统有序结构形成的内驱力。任何复杂系统，当在外来能量的作用下或物质的聚集态达到某种临界值时，子系统之间就会产生协同作用。这种协同作用能使系统在临界点发生质变产生协同效应，使系统从无序变为有序，从混沌中产生某种稳定结构。

2. 伺服原理

伺服原理用一句话来概括，即快变量服从慢变量，序参量支配子系统行为。它从系统内部稳定因素和不稳定因素间的相互作用方面描述了系统自组织的过程。其实质在于规定了临界点上系统的简化原则——"快速衰减组态被迫跟随于缓慢增长的组态",即系统在接近不稳定点或临界点时,系统的动力学和突现结构通常由少数几个集体变量即序参量决定,而系统其他变量的行为则由这些序参量支配或规定,正如协同学的创始人哈肯所说,序参量以"雪崩"之势席卷整个系统,掌握全局,主宰系统演化的整个过程。

3. 自组织原理

自组织是相对于他组织而言的。他组织是指组织指令和组织能力来自系统外部,而自组织则指系统在没有外部指令的条件下,其内部子系统之间能够按照某种规则自动形成一定的结构或功能,具有内在性和自生性特点。自组织原理解释了在一定的外部能量流、信息流和物质流输入的条件下,系统会通过大量子系统之间的协同作用形成新的时间、空间或功能有序结构。

2.2.3 管理研究中的应用

协同论具有普适性特征,正是它的这种普适性,把协同论引入管理研究,必将对管理理论的发展以及对解决现实管理领域中的问题具有启迪意义,提供了新的思维模式和理论视角。

1. 管理系统是一个复杂性开放系统

协同论的自组织原理告诉我们,任何系统如果缺乏与外界环境进行物质、能量和信息的交流,其本身就会处于孤立或封闭状态。在这种封闭状态下,无论系统初始状态如何,最终其内部的任何有序结构都将被破坏,呈现出一片"死寂"的景象。因此,系统只有与外界通过不断的物质、信息和能量交流,才能维持其生命,使系统向有序化方向发展。管理系统是一个复杂性的开放系统,说它具有复杂性是因为管理系统一般由人、组织和环境三大要素组成,而每个要素又嵌套多个次级要素,其内部呈现非线性特征。而它又是开放系统,因为它通过不断地接受各种信息,并经过加工整理后,将管理对象所需的信息输出。管理系统就是在不断地接收信息和输出信息的过程中向有序化方向完善和发展。

2. 协同是现代管理发展的必然要求

协同论告诉我们,系统能否发挥协同效应是由系统内部各子系统或组分的协同作用决定的,协同得好,系统的整体性功能就好。如果一个管理系统内部,人、组织、环境等各子系统内部以及他们之间相互协调配合,共同围绕目标齐心协力地运作,那么就能产生 1+1>2 的协同效应。反之,如果一个管理系统内部相互掣肘、离散、冲突或摩擦,就会造成整个管理系统内耗增加,系统内各子系统难以发挥其应有的功能,致使整个系统陷于一种混乱无序的状态。

现代管理面临着一个复杂多变、不可预测、竞争激烈的环境,如全球经济一体化的趋势日趋明显,企业间的竞争变得激烈纷呈;高新技术的出现和更迭越来越快,产品的生命周期越来越短；消费者导向的时代已经到来，消费趋向多样化、个性化。对企业的生产方式带来了新的挑战；市场环境变化和人们生活质量的提高，对企业的生产与服务提出了更高的要求，等等。在这样的背景下，企业系统要生存和发展。除了协同好内部各子系统之间的关系之外，还需协同一切可以协同的力量来弥补自身的不足，提高自身的竞争优势。

3. 序参量是现代管理发展的主导因素

哈肯在协同论中，描述了临界点附近的行为，阐述了慢变量支配原则和序参量概念，认为事物的演化受序参量的控制，演化的最终结构和有序程度决定于序参量。不同的系统序参量的物理意义也不同。比如，在激光系统中，光场强度就是序参量。在化学反应中，取浓度或粒子数为序参量。在社会学和管理学中，为了描述宏观量，采用"测验"、调研或投票表决等方式来反映对某项"意见"的反对或赞同。此时，反对或赞成的人数就可作为序参量。序参量的大小可以用来标志宏观有序的程度，当系统是无序时，序参量为零。当外界条件变化时，序参量也变化，当到达临界点时，序参量增长到最大，此时出现了一种宏观有序的有组织的结构。

序参量是协同论的核心概念，是指在系统演化过程中从无到有的变化，影响着系统各要素由一种相变状态转化为另一种相变状态的集体协同行为，并能指示出新结构形成的序参量。因此，在现代管理中，尽管影响管理系统的因素很多，但只要能够区分本质因素与非本质因素、必然因素与偶然因素、关键因素与次要因素，找出从中起决定作用的序参量，就能把握整个管理系统的发展方向。因为序参量不仅主宰着系统演化的整个进程，而且决定着系统演化的结果。

序参量概念对现代管理提供了新的理论视角，解释了系统如何在临界点上发生相变以及序参量如何主导系统产生新的时间、空间或功能结构。序参量的特征决定了它是管理系统发展演化的主导因素，只要在管理过程中审时度势，创造条件，通过控制管理系统外部参量和加强内部协同，强化和凸现我们所期望的序参量，就能使管理系统有序、稳定地运行。

4. 自组织是管理系统自我完善的根本途径

协同论的自组织原理旨在解释系统从无序向有序演化的过程，实质上就是系统内部进行自组织的过程，协同是自组织的形式和手段。由此可以认为，现代管理系统要想从无序的不稳定状态向有序的稳定状态发展，实现自我完善和发展，自组织是达到这一目的的根本途径。

当然。管理系统要实现自组织过程，就必须具备自组织实现的条件。首先，管理系统必须具有开放性。能与外界进行物质、能量和信息的交流，确保系统具有生存和发展的活力；其次，管理系统必须具有非线性相干性，内部各子系统必须协调合作，减少内耗，充分发挥各自的功能效应。

2.2.4 协同效应

协同论认为整个环境中的各个系统间存在着相互影响而又相互合作的关系。社会现象亦如此，例如，企业组织中不同单位间的相互配合与协作关系，以及系统中的相互干扰和制约等。

协同效应 Synergy Effects，简单地说，就是"1+1>2"的效应。协同效应可分外部和内部两种情况，外部协同是指一个集群中的企业由于相互协作共享业务行为和特定资源，因而将比作为一个单独运作的企业取得更高的赢利能力；内部协同则指企业生产、营销、管理的不同环节、不同阶段、不同方面共同利用同一资源而产生的整体效应。

一个企业可以是一个协同系统，协同是经营者有效利用资源的一种方式。安德鲁·坎贝尔等（2000）在《战略协同》一书中说："通俗地讲，协同就是'搭便车'。当从公司一个部分中积累的资源可以被同时且无成本地应用于公司的其他部分的时候，协同效应就发生了"。他还从资源形态或资产特性的角度区别了协同效应与互补效应，即"互补效应主要是通过对可见资源的使用来实现的，而协同效应则主要是通过对隐性资产的使用来实现的"。蒂姆·欣德尔（2004）概括了坎贝尔等人关于企业协同的实现方式，指出企业可以通过共享技能、共享有形资源、协调的战略、垂直整合、与供应商的谈判和联合力量等方式实现协同。

工程总承包中的协同效应就是指工程总承包企业或联合体在项目的设计、采购和施工的不同环节、不同阶段、不同方面共同作用而产生的整体效应，或者是成本下降，或者是进度加快、效率提升等。

20世纪60年代美国战略管理学家伊戈尔·安索夫（H. Igor Ansoff）将协同的理念引入企业管理领域，协同理论成为企业采取多元化战略的理论基础和重要依据。伊戈尔·安索夫（1965）首次向公司经理们提出了协同战略的理念，他认为协同就是企业通过识别自身能力与机遇的匹配关系来成功拓展新的事业，协同战略可以像纽带一样把公司多元化的业务联结起来，即企业通过寻求合理的销售、运营、投资与管理战略安排，可以有效配置生产要素、业务单元与环境条件，实现一种类似报酬递增的协同效应，从而使公司得以更充分地利用现有优势，并开拓新的发展空间。安索夫在《公司战略》一书中，把协同作为企业战略的四要素之一，分析了基于协同理念的战略如何可以像纽带一样把企业多元化的业务有机联系起来，从而使企业可以更有效地利用现有的资源和优势开拓新的发展空间。多元化战略的协同效应主要表现为：通过人力、设备、资金、知识、技能、关系、品牌等资源的共享来降低成本、分散市场风险以及实现规模效益。哈佛大学教授莫斯·坎特（R. Moss Kanter）甚至指出：多元化公司存在的唯一理由就是获取协同效应。

协同效应有很多种类型，最常见的有：经营协同效应、管理协同效应和财务协同效应。

1. 经营协同效应（Operating Synergies）

经营协同效应主要指实现协同后的企业生产经营活动在效率方面带来的变化及效率的提高所产生的效益，其含义为协同改善了公司的经营，从而提高了公司效益，包括产生的规模经济、优势互补、成本降低、市场份额扩大、更全面的服务等。

经营协同效应其主要表现在以下几个方面：

（1）规模经济效应。规模经济是指随着生产规模扩大，单位产品所负担的固定费用下降从而导致收益率的提高。显然，规模经济效应的获取主要是针对横向协同而言的，两个产销相同（或相似）产品的企业进行协同后，有可能在经营过程的任何一个环节（供、产、销）和任何一个方面（人、财、物）获取规模经济效应。

（2）纵向一体化效应。纵向一体化效应主要是针对纵向协同而言的，在纵向协同中，目标公司要么是原材料或零部件供应商，要么协同公司产品的买主或顾客。

纵向一体化效益主要表现在：

第一，可以减少商品流转的中间环节，节约交易成本；

第二，可以加强生产过程各环节的配合，有利于协作化生产；

第三，企业规模的扩大可以极大地节约营销费用，由于纵向协作化经营，不但可以使营销手段更为有效，还可以使单位产品的销售费用大幅度降低。

（3）市场力或垄断权。获取市场力或垄断权主要是针对横向协同而言的（某些纵向协同和混合协同也可能会增加企业的市场力或垄断权，但不明显），如横向并购，两个产销同一产品的公司相合并，有可能导致该行业的自由竞争程度降低；并购后的公司可以借机提高产品价格，获取垄断利润。因此，以获取市场力或垄断权为目的的协同往往对社会公众无益，也可能降低整个社会经济的运行效率。所以，对横向并购的管制历来就是各国反托拉斯法的重点。

（4）资源互补。协同可以达到资源互补从而优化资源配置的目的，比如有这样两家公司A和B，A公司在研究与开发方面有很强的实力，但是在市场营销方面十分薄弱，而B公司在市场营销方面实力很强，但在研究与开发方面能力不足，如果我们将这样的两个公司进行合并，就会把整个组织机构好的部分同本公司各部门结合与协调起来，而去除那些不需要的部分，使两个公司的能力达到协调有效的利用。

2. 管理协同效应（Management Synergies）

管理协同效应又称差别效率理论。管理协同效应主要指的是协同给企业管理活动在效率方面带来的变化及效率的提高所产生的效益。如果协同公司的管理效率不同，在管理效率高的公司与管理效率不高的另一个公司协同之后，低效率公司的管理效率得以提高，这就是所谓的管理协同效应。管理协同效应来源于行业和企业专属管理资源的不可分性。

以并购为例，管理协同效应主要表现在以下几个方面：

（1）节省管理费用。如，开展并购，通过协同将许多企业置于同一企业领导之下，企业一般管理费用在更多数量的产品中分摊，单位产品的管理费用可以大大减少。

（2）提高企业运营效率。根据差别效率理论，如果 A 公司的管理层比 B 公司更有效率，在 A 公司收购了 B 公司之后，B 公司的效率便被提高到 A 公司的水平，效率通过并购得到了提高，以至于整个经济的效率水平将由于此类并购活动而提高。

（3）充分利用过剩的管理资源。

如果一家公司有一高效率的管理队伍，其一般管理能力和行业专属管理能力超过了公司日常的管理要求，该公司便可以通过收购一家在相关行业中管理效率较低的公司来使其过剩的管理资源得以充分利用，以实现管理协同效应，这种并购之所以能获得协同效应，理由主要有两个：

第一，管理人员作为企业的雇员一般都对企业专属知识进行了投资，他们在企业内部的价值大于他们的市场价值，管理人员的流动会造成由雇员体现的企业专属信息的损失，并且一个公司的管理层一般是一个有机的整体，具有不可分性，因此剥离过剩的管理人力资源是不可行的，但并购提供了一条有效的途径，把这些过剩的管理资源转移到其他企业中而不至于使它们的总体功能受到损害；

第二，一个管理低效企业如果通过直接雇佣管理人员增加管理投入，以改善自身的管理业绩是不充分的或者说是不现实的，因为受规模经济、时间和增长的限制，无法保证一个管理低效的企业能够在其内部迅速发展其管理能力，形成一支有效的管理队伍。

管理协同效应对企业形成持续竞争力有重要作用，因此它成为企业协同的重要动机和协同后要实现的首要目标。深入理解管理协同的含义及作用机理是取得管理协同效应的前提。在操作中首先要选择合适的协同对象，其次要通过恰当的人力资源政策使得管理资源得到有效的转移和增加，最后还不能忽视文化整合的作用。

3. 财务协同效应（Financial Synergies）

财务协同效应是指协同的发生在财务方面给协同公司带来收益：包括财务能力提高、合理避税和预期效应。例如在企业并购中产生的财务协同效应就是指在企业兼并发生后通过将收购企业的低资本成本的内部资金投资于被收购企业的高效益项目上从而提高兼并后的企业资金使用效益。

财务协同效应能够为企业带来效益，同样以企业并购为例，财务协同效应主要表现在：

（1）企业内部现金流入更为充足，在时间分布上更为合理。企业兼并发生后，规模得以扩大，资金来源更为多样化。被兼并企业可以从收购企业得到闲置的资金，投向具有良好回报的项目；而良好的投资回报又可以为企业带来更多的资金收益。这种良性循环可以增加企业内部资金的创造机能，使现金流入更为充足。就企业内部资金而言，由于混合兼并使企业涵盖了多种不同行业，而不同行业的投资回报速度、时间存在差别，从而使内部资金收回的时间分布相对平均，即当一个行业投资收到报酬时，可以用于其他行业的投资项目，待到该行业需要再投资时，又可以使用其他行业的投资回报。通过财务预算在企业中始终保持着一定数量的可调动的自由现金流量，从而达到优化内部资金时间分布的目的。

（2）企业内部资金流向更有效益的投资机会。混合兼并使得企业经营所涉及的行业不断增加，经营多样化为企业提供了丰富的投资选择方案。企业从中选取最为有利的项目。同时兼并后的企业相当于拥有一个小型资本市场，把原本属于外部资本市场的资金供给职能内部化了，使企业内部资金流向更有效益的投资机会，这最直接的后果就是提高企业投资报酬率并明显提高企业资金利用效率。而且，多样化的投资必然减少投资组会风险，因为当一种投资的非系统风险较大时，另外几种投资的非系统风险可能较小，由多种投资形成的组合可以使风险相互抵消。投资组合理论认为只要投资项目的风险分布是非完全正相关的，则多样化的投资组合就能够起到降低风险的作用。

（3）企业资本扩大，破产风险相对降低，偿债能力和取得外部借款能力提高。企业兼并扩大了自有资本的数量，自有资本越大，由于企业破产而给债权人带来损失的风险就越小。合并后企业内部的债务负担能力会从一个企业转移到另一个企业。因为一旦兼并成功，对企业负债能力的评价就不再是以单个企业为基础，而是以整个兼并后的企业为基础，这就使得原本属于高偿债能力企业的负债能力转移到低偿债能力的企业中，解决了偿债能力对企业融资带来的限制问题。另外那些信用等级较低的被兼并企业，通过兼并，使其信用等级提高到收购企业的水平，为外部融资减少了障碍。无论是偿债能力的相对提高，破产风险的降低，还是信用等级的整体性提高，都可美化企业的外部形象，从而能更容易地从资本市场上取得资金。

（4）企业筹集费用降低。合并后企业可以根据整个企业的需要发行证券融集资金，避免了各自为战的发行方式，减少了发行次数。整体性发行证券的费用要明显小于各企业单独多次发行证券的费用之和。

2.2.5　工程总承包中的协同价值

协同的价值最终体现在成本降低和收入增长，工程总承包中的协同价值在于工程总承包项目成本的降低，项目利润的提高和项目工期的缩短等。

成本降低是最常见的一种协同价值，而成本降低主要来自规模经济的形成。如在企业并购行为中，首先，规模经济由于某些生产成本的不可分性而产生，例如人员、设备、企业的一般管理费用及经营费用等，当其平摊到较大单位的产出时，单位产品成本得到降低，可以相应提高企业的利润率。规模经济的另一个来源是由于生产规模的扩大，使得劳动和管理的专业化水平大幅度提高。专业化既引起了由"学习效果"所产生的劳动生产率的提高，又使专用设备与大型设备的采用成为可能，从而有利于产品的标准化、系列化、通用化的实现，降低成本，增强获利能力。由企业横向合并所产生的规模经济将降低企业生产经营的成本，带来协同效应。收入增长是随着规模的扩张而自然发生，例如，在企业交购中，进行并购之前，两家公司由于生产经营规模的限制都不能接到某种业务，而伴随着并购的发生、规模的扩张，并购后的公司具有了承接该项业务的能力。此外，目标公司的分销渠道也被用来推动并购方产品的销售，从而促进并购企业的销售增长。

工程总承包中的协同，对工程总承包企业或对工程总承包联合体的各方来说，其价值也是巨大的，具体价值将在后续章节中进一步阐述。

2.3 价值工程

开展价值工程活动是工程总承包单位获得利润，提高项目效益的重要方法之一，在国际工程总承包实践中，价值工程得到较广泛和普遍的应用。近年来，在国内越来越多的建设工程项目中也得到重视和应用探索，取得了较好的效果。

2.3.1 价值工程的基本概念

价值工程是一种技术与经济紧密结合而又十分注重经济效益的现代管理技术。它是以提高研究对象（包括产品、工艺、工程、服务或它们的组成部分）的价值为目的，以功能系统分析为核心，以创造性思维、开发集体智力资源为基础，以最低的全寿命周期费用来实现研究对象的必要功能的一种科学方法。

对于价值工程的定义，有各种不同的表述。价值工程的创始人迈尔斯的定义是"价值分析是用整套专门技术，广泛知识和熟练技巧来实现的一种解决问题系统，又是一种以有效识别不必要成本（即既不提供质量，又不提供用途、寿命、外观或顾客要求特性的成本）为目的的有组织的创造性方法。"日本价值工程研究专家玉井正寿认为：价值分析是以最低的寿命周期费用，可靠地实现必要的功能，着重于产品或作业的功能分析的有组织的活动。我国国家标准对价值工程的定义是："价值工程是通过各相关领域的协作，对所研究对象的功能与费用进行系统分析，不断创新，旨在提高所研究对象价值的思想方法和管理技术。"

以上对价值工程的定义，尽管表述不同，但其概念的精髓是一致的，其基本含义包括：

（1）价值工程的核心是对研究对象进行功能分析，通过功能分析，找出并剔除不合理的功能要求和过剩的功能，从而降低成本，提高效益。定义中的"必要的功能"，一方面是指"必不可少的功能，一定要实现"，另一方面也意味着"过高的、超出了必要水平的功能是不需要的"。

（2）价值工程的目的是为了提高研究对象的价值，价值与功能和成本有关，不同的研究对象，其价值的体现不同，提高价值的方法也不同。不论功能是否得到提高或降低，也不论成本是否上升或降低，只要价值能够提高，就是价值工程活动的最终目的。比如，我们可以在保持功能不变的条件下降低成本从而提高价值，也可以在保持成本不变的情况下努力改善功能，提高质量，从而提高价值。

（3）对价值工程研究对象的成本分析要进行全寿命成本分析（Life-cycle cost，简称 LCC），包括一次性生产成本和经常性的使用成本，要注重降低全寿命周期成本，而不应仅仅考虑生产成本。

（4）价值工程是一种系统的、有组织的研究方法，其系统性和组织性体现在价值工程研究活动需要由一个组织来实施，依靠集体智力资源；而且价值工程研究活动要按照一定的程序和步骤进行。一方面，有组织的集体活动有利于创造更多、更有效的方案；另一方面，多专业人员参加，能够从多专业、多视角地观察和分析问题。

价值工程中的价值是研究对象的功能与成本即费用的相对比值：

$$价值 = 功能 / 费用；或记为 V=F/C \quad (2-1)$$

费用 C 的衡量比较容易，如前所述，应该扩大到全寿命周期。

功能 F 怎样衡量呢？迈尔斯认为也是可以量化比较的，这就是用金额来衡量功能 F。迈尔斯认为，人是根据功能的必要程度（需要程度）来相应付钱的。我们可以把功能的必要程度以金额来表示，说它值多少钱。这就是说金额是衡量功能的尺度。例如，对于"发光"的功能，根据它的必要程度，判断出它值 100 元。如果为了得到这种功能而要付出 200 元费用的话，就可以断定它的价值是低的。用金额来衡量功能，在价值分析中称为功能评价。于是，价值 V 就成为能够量化比较的了。上例中发光这个功能，价值系数只有 0.5，实在是低，这就成了提高价值的研究对象。为了使价值系数达到 1，让顾客满意，必须把费用从 200 元减到 100 元才行，如果顾客花了 200 元，但得到的功能不值 200 元，他是不满意的。

2.3.2 价值工程的组织

价值工程是"着重于功能分析的有组织活动"。所谓有组织的活动，就是指价值工程由谁来做，什么时候做和怎样做。

价值工程由谁来做？原则上不是由个人去做。个人不是不能做，但由于个人的知识有限，所以需要由各方面的专家组成的小组来做，这就是小组设计或集体设计。

价值工程需要超脱各部门之间的利害关系，发挥各部门专门技术的作用，组成任务强制小组（也称为经营的机动战略部队）或设计小组，进行集体设计。

同样，在建设项目中进行价值工程活动，应该有业主方、设计方、施工方以及物业管理等单位的代表参加，组成一个研究小组，依靠集体的力量解决工程中的问题，可能会取得更好的效果。当然，要根据项目的功能、价值工程研究的对象和开展价值工程研究活动的时间等因素确定参加价值工程活动的具体人员。

经验证明，参与价值工程研究活动的人数最好保持在6~12人的范围内，以保证价值工程研究活动的效率和效果。如果人数超过这个范围，可能会产生相反的效果。由于价值工程研究小组的人数应该受到限制，所以要仔细挑选参与价值工程研究活动的每一位成员，以适应不同项目的要求。由于项目的特点和复杂程度不同，不同项目的价值工程研究小组的人员组成也不同。

如前所述，价值工程研究能否成功的一个关键是多专业人员共同参与。除了不同专业的设计人员和施工人员参与以外，有时其他方面的人员也是十分必要的，比如负责运行阶段物业维护的物业管理人员、用户代表和其他专家等。物业维护和管理人员常常能够以他们自己的知识和经验提出有价值的意见和建议，而这些经验通常是设计者所不具备的。比如，某学校的一幢教学楼，原设计者将建筑物正面的外墙设计为花岗岩，尽管很漂亮，但物业管理者提出，学校内涂鸦现象比较严重，校内的建筑经常会遭到调皮学生的乱涂乱画，所以他们不得不经常重新喷涂或油漆，在这种建筑物中用花岗岩无疑是一种浪费，还不如索性在混凝土外墙上直接刷涂料，以便于经常维护。该建议被采纳，自然节约了很大一笔钱。

用户代表也是一个重要的角色。有时候，他们可以帮助价值工程研究小组理解工艺生产过程，这种理解相当重要，可以帮助价值工程研究人员集中精力研究有潜力的领域或问题。用户代表尽管不是建设领域的专家，但常常也能提出非常有价值的想法，对建筑生产过程一窍不通的人有时会产生灵感，这些灵感是那些被规范、经验或常识灌满头脑的各专业人士所想象不出的，他们对许多问题的质疑可能会被业内人士认为无知，但却可以帮助我们探索因果关系，明确目的和手段。即使在一个相对简单的项目中，由相对独立的运行管理专家参与价值工程研究也是很有效的。尽管这个专家对工程建设可能一窍不通，但由于他对项目运行的深入了解，也可能对工程建设方案提出有价值的建议。在下面这个案例中，邀请了图书馆管理方面的专家参与图书馆项目的价值工程研究，就起到了很好的作用。

价值工程研究小组中应当包括各个专业的人员。在传统的价值工程研究组织中，通常都是邀请项目外部的人员参与研究，被邀请的人员应该具有相当的水平和知名度，其能力应该比原设计人员能力强，至少不能低于原设计人员的能力，越是水平高的人参与，对项目越有利。

项目的特点不同，要求参与价值工程研究的设计人员组成也不同。对房屋建筑来说，价值工程研究小组可能包括建筑师、结构工程师、机械工程师和电气工程师等，而对其他项目则可能要求不同的专业，如铁路项目可能要求土木工程、轨道工程、信号工程和电气工程专业的人员等。

除了不同专业的设计人员参与以外，价值工程研究小组中尚应包括不同的施工专业人员，同时还应包括造价工程师，以便对不同的建议或方案进行经济评估。在后续将会进一步详细说明，造价工程师对于不同方案的成本进行估算，并全面考虑各种相关的费用，对价值工程活动是相当重要的。如果不能精确地估算各方案的费用，就会影响方案的选择和决策。

施工管理人员的参与也是必要的，一般情况下，施工管理人员可以就项目的可施工性和现场的操作问题对设计提出建议，可能会对项目的费用产生显著影响。

2.3.3 价值工程的方法

国际上一般将建设项目的价值工程研究活动分为三大阶段，即：研究准备前阶段（Pre-study phase）、研究阶段（Study or workshop phase）、研究后阶段（Post-study phase）。

在研究准备阶段，主要是进行组织准备和技术准备。首先是召开准备会议，由业主、设计者、价值工程专家参加，目的是统一思想、明确价值工程目标，了解项目的约束条件和有关问题。其次，建立费用模型（Cost Models），即对项目的成本进行分析、分解，了解成本的分布情况。最后，建立价值工程研究的组织，明确参加价值工程研究的人员等。

在正式研究阶段，按照通常的价值工程研究活动计划（Job plan），通常分为以下5个步骤。

（1）收集情报，包括功能定义和功能系统分析阶段的有关内容，如功能的成本是多少？功能的价值（Worth）是多少？功能要求是如何实现的？等。收集项目的有关情报，包括对项目充分理解，了解业主的建设意图、功能要求，设计者介绍设计成果等。

（2）方案创造，分析还有什么方法可以实现功能要求？每个具体的功能是如何实现的？

（3）方案分析，分析方案创造所产生的每个建议都能实现功能要求吗？每个建议又是如何实现功能要求的？

（4）方案发展与评价，通过前面的分析、筛选，将可行的建议进一步完善发展，形成提案，并分析每个提案如何实现功能要求，能否正好满足顾客要求，实现功能要求的成本是多少，全寿命周期成本是多少，等。

（5）最终提案，分析每个提案的优点是什么？缺点是什么？实施这些提案应该做什么？怎么做？

在研究后阶段，主要任务是形成价值工程研究报告，包括所有提案的详细介绍和概括介绍，然后提交业主审核，由业主决定是否采纳。若决定采纳，则开始实施，并且跟踪、检查、鉴定与总结。

1. 功能要求

价值工程的核心是进行功能分析，功能分析的前提是理解产品的功能要求。

所谓功能（Function），根据辞典可解释为功用、任务、工作、作用、目的、职务等。根据迈尔斯的意见，对于"这是干什么用的？"或"这是干什么所必须的？"这类问题的答案就是功能。功能是人或物所必须完成的事项。功能是通过设计或计划分配给某种对象的东西。这个对象如果指的是人，就是任务、职务、工作、操作。这个对象如果指的是物，就是功用、作用、用途。因此，可以理解：功能是指价值工程研究对象所具有的能够满足某种需求的一种属性，即某种特定效能、功用或效用。对于一个具体的建筑产品来说，"它是干什么用的？"问题答案就是该产品的功能。例如，"住宅是干什么用的？"答案是"提供居住空间"，"建筑物的基础是干什么用的？"答案是"承受荷载"，这些问题答案描述的就是它们的具体功能。

就建筑产品而言，功能是某一建筑产品区别于另一建筑产品的主要划分标准，是建筑产品得以存在的根本理由。例如住宅、教学楼、办公楼、宾馆、体育馆、剧院等建筑物的功能各不相同。人们需求住宅，实质是需求住宅的"提供居住空间"的功能；人们需求教室，实质是需求教室的"提供教学场所"的功能。从这个意义上说，建筑企业所生产的实际上是功能，用户所购买的实际上也是功能。由此可见，用户的功能要求是企业生产的契机，功能是企业和用户联系的纽带，是他们共同关心的东西。

对于价值分析定义中的"必要功能"，必须要有正确的理解。同必要功能相反的是不必要功能。区别必要功能与不必要功能是非常重要的，但是一般来说，要把这两种功能区别开来是困难的。如果有人问："这个必要吗？"你根据什么理由说是必要的呢？这样去分析，本来是必要的可能出乎意料地变成不必要的了。即使在价值分析中认为是必要的功能，经过认真分析研究，发现它是不必要的功能，这种情况也是有的。一般认为是必要的功能，可能有30%是不必要的功能。

费用本来是为了实现功能而支付的。为了实现30%的不必要功能，就要花一笔额外的费用。如果消除了这些不必要的功能，费用自然就可以减少30%。价值分析之所以被称为降低成本的新方法，因为它能明确并消除不必要的功能。这不是凭空想出来的节省材料费、劳务费和管理费的方法，而是以研究提高功能的必要性和排除不必要功能为目的的科学方法。

除功能不同形成产品种类差异以外，即使功能相同的不同产品，由于其技术性能等方面的不同，其功能实现的程度也是有差别的。我们把功能的实现程度称作产品的功能水平，并用有关的技术经济指标和综合特性指标来测定功能水平的高低。例如住宅建筑常用的空间布局、平面指标（包括平均每套建筑面积、使用面积系数、平均每套面宽）、厨卫（厨房布置、卫生间不止）、物理性能（采光、通风、保温隔热、隔声）、安全性、建筑艺术等指标来测定功能水平的高低。一般而言，功能水平有差别的建筑产品，其满足用户的程度也有差异。显而易见，同样具有"提供居住空间"功能的住宅和宾馆，用户得到的满足程度决不会相同。

但是，并不是功能水平越高就越符合用户的要求，价值工程强调产品的功能水平必须符合用户的要求。这里的用户要求，其含义有三：

（1）功能本身必须适合用户的某种用途；

（2）功能必须适合用户使用条件和环境；

（3）功能必须适合用户的支付能力。

第一点一般都容易做到，但第二点和第三点往往容易被忽视。例如，某地区使用液化气作为燃料，但建设住宅却在其中设置煤气管道；住宅建在低洼的地区，电视信号受到严重的干扰，但却未设置共用天线；上海地区建设多层住宅，为了保温而把外墙设计成一砖半厚。显然这样的建筑产品是不符合用户要求的，因为它未考虑用户的具体使用环境和条件。同时功能还须适合用户的支付能力。从人们的主观愿望上讲，功能水平越高越好，但是较高的功能水平一般意味着较高的支付费用。所以功能水平要受到用户经济支付能力的制约。用户购买的功能只能在自己支付能力之内。在一定的生产技术条件之下，建筑企业生产的产品功能必须符合用户的要求，达到恰当的功能水平。

在实际建筑产品中，存在着大量高于或低于用户要求的恰当功能水平的情形，表现为功能过剩和功能不足。过分强调技术上的可靠性、先进性，会在建筑产品中产生功能过剩。例如，采用砖石等刚性材料做建筑物基础，若把基础砌筑成矩形则会产生功能过剩，因为刚性基础压力传递是在刚性角之内，只要根据刚性角把基础砌筑成大放脚形式即可。还有把梁的断面尺寸做得过人，采用过大尺寸钢材或提高配筋率等。相反若忽视结构安全、建筑物的耐久性等，或过分强调缩短工期、降低造价，会在建筑产品中造成功能不足。例如，在潮湿的地基中砌筑基础采用石灰砂浆就会造成功能不足。由于石灰属于气硬性胶结材料，在潮湿环境中难以达到规定强度，势必影响建筑物的结构安全。还有基础等构件所采用的材料的耐久性低于整个建筑物的耐久性，也造成功能不足等。无论是功能过剩还是功能不足，都是与用户的要求相悖的，功能过剩使功能成本增加，给用户造成不合理的负担，功能不足则会影响建筑产品正常安全使用，最终也将给用户造成不合理的负担。我们的目标是努力实现用户要求的功能，尽量消除功能过剩和功能不足。

2. 功能分析

价值工程的核心是功能分析，包括功能定义、功能整理与功能评价。功能定义与功能整理的过程，是明确价值工程研究对象应具有何种功能的过程，同时也是系统分析功能及其之间联系的过程。通过功能定义与功能整理，既为功能评价创造条件，又为以后的方案创造奠定基础。

（1）功能定义

价值工程对象一般可以分为若干个组成部分，每个部分相互作用以实现整体功能。要改善价值工程对象的价值，不仅要从整体来考虑功能，还应分别找出每个部分的功能。把大问题分成小问题，解决起来就容易一些。如一个房屋建筑，可以分为建筑、结构、机械、电气等，而结构又可以分为梁、板、柱等构件。一个项目的整体可以分解为具体的组成构件分别研究，更容易解决问题。

项目的功能又可以分为不同的层次，最高层次的功能是与项目本身的宏观要求、整体目的相关的，是根据业主的目标确定的，与项目的根本目的或者说项目为什么建设有关。相对低层次的功能包括项目的功能区、部件或构件。在功能定义时考虑不同的层次可以加深对项目的理解。

在价值工程研究方法中，功能通常用两个词来定义，即一个动词和一个名词。通过这两个词来界定研究对象的功能内容，并与其他功能概念相区别。根据语词的词性及语词的搭配结构，功能定义可以分为动宾词组型和主谓词组型两种方式。

用户的功能要求和建设项目所具备的功能是多种多样的。功能的性质不同，其重要程度也不同。为使建设项目的价值工程研究活动能够确保必要功能，剔除不必要的功能，我们有必要把功能加以分类，以便区别对待。

功能的分类有以下几种方法：

从产品角度看，根据功能的重要程度，功能可分为基本功能（Basic Functions）、次要功能（Secondary Functions）和必需的次要功能（Required secondary Functions）。

基本功能是与建设项目或构配件的使用目的直接有关系并不可或缺的功能，也是建设项目或构配件得以存在的条件和理由。它回答的是"建设项目或构配件必须提供什么"。对一个建设项目而言，基本功能是满足业主的需求和要求的功能，而其期望的功能则不一定是基本功能。如对一个图书馆项目，"储藏书籍"就是基本功能，而其周围的停车场能够停放汽车则不是基本功能。

对建筑的组成部分而言，基本功能是指要求该部分或构件所应该具备的基本用途。例如承重墙的基本功能是承受荷载；室内分割墙的基本功能是分隔空间等。

基本功能可以大致从回答以下三个方面的问题来确定：它的作用是不是不可或缺的？它的作用是不是主要的？如果它的作用发生了变化，那么产品的结构和构配件是否也会发生根本变化？如果上述回答是肯定的，则这个功能就是基本功能。

一个项目或一个部分、一个构件的基本功能也可能有多个。例如，学校里的图书馆，其基本功能除了"储藏书籍"以外，还包括"容纳学生"在其中阅览等，也就是说，图书馆是一个提供信息的场所或者提供人们学习的场所。对空调系统而言，"冷却设备"和"凉爽体感"就是基本功能。

次要功能是那些既不是基本功能，对实现基本功能也没有贡献的特征或功能。应该说，除了基本功能以外的所有功能都是次要的。如屋盖的基本功能是遮盖空间，而涂刷防护漆以保护防水层就是次要功能；同样，在图书馆项目中，具备停车场，能够停放汽车就是次要功能。次要功能通常是与所选择的实现基本功能的方法有关的，例如，在屋盖上涂刷防护漆或铺设碎石是为了保护沥青防水层，而如果用橡胶防水层则不需要这样做。

次要功能中有些是可以取消的，而有的则不可以取消，我们称这些不可取消的次要功能为"必需的次要功能"（Required secondary Functions）。在工程建设领域，有许多规范、规定和标准是必须遵守的，比如安全方面的规定。我们将"为了满足规范、标准和法律规范方面的要求而必须具备的功能"叫作"必需的次要功能"。

例如，一幢医院大楼的基本功能是"救治病人"，其中的"防火"功能就是次要的。没有这个功能，医院照样可以去"救治病人"，有了这个功能，也不会对"救治病人"功能更有帮助。可以认为，"防火"功能的价值为零，即没有必要。但是，谁会造一幢没有防火消防功能的医院？根据消防部门的法规，这样的项目是不符合要求的。所以，在功能定义时分清基本功能、次要功能和必需的次要功能是很重要的，不仅可以深化对项目和项目组成部分的理解，而且可以使人们知道哪些是必需的次要功能，不要试图取消这些功能。

1）根据用户的功能要求，功能可分为必要功能与不必要功能

必要功能是指为满足用户的需求而必须具备的功能。不必要功能是指建筑产品所具有的与满足用户的需求无关的功能。

在现有技术条件下，对任意一种结构的建筑产品来说，我们总是可以根据用户的功能要求，把建筑产品所具有的功能分为必要功能和不必要功能。划分必要功能与不必要功能的意义在于，可以促使建筑产品的技术经济性能更加合理，以更好地满足用户的要求。

2）根据功能的使用性质，功能可分为使用功能与美学功能

使用功能是指与建筑产品所具有的技术经济用途直接有关的功能。美学功能是指与建筑产品的技术经济用途无关的外观功能和艺术功能。

建筑产品的使用功能一般包括用途和可靠性、安全性和维修性等。建筑产品的美学功能一般包括造型、色彩、图案等。不论是使用功能还是美学功能，它们都是通过基本功能和次要功能来实现的。有的建筑产品或构配件只要求有使用功能而不要求有美学功能，如地下管道、输电暗线、基础等；有的则只要求有美学功能，而不要求有使用功能，如门窗贴脸、陶瓷壁画、塑料墙纸等。但是绝大多数的产品则要求二者兼备，只是侧重点有所不同。随着生产力的发展，人们生活水平的提高，人们对美学功能的要求会越来越高，造型美观大方、色彩柔和悦目、式样新颖别致将成为人们选购建筑产品的重要条件之一。

区分使用功能和美学功能的意义在于，可以发现一些建筑产品存在的不必要功能。通过剔除这些不必要功能，降低建筑产品的成本。例如对只要求使用功能，不要求美学功能的产品，就不应在外观上多花成本。

3）根据标准功能水平，功能可分为过剩功能与不足功能

过剩功能是指建筑产品所具有的、超过用户要求的功能，即相对标准功能水平来说存在过剩部分的功能。不足功能是指建筑产品尚未满足用户要求的那部分功能，即相对标准功能水平来说有一部分未达到要求的功能。

例如建筑物的条形基础，若采用刚性材料砌筑，就要符合刚性角的要求。若砌筑成矩形断面，那么基础的功能就有一部分是过剩功能；反之基础的砌筑小于刚性角，则会造成功能不足。再如在潮湿环境中用石灰砂浆砌筑基础，其功能与标准功能水平比较就会存在不足功能。

（2）功能整理

所谓功能整理，就是按照一定的逻辑顺序，把建筑产品等价值工程研究对象各组成部分的功能相互连接，从局部功能与整体功能以及局部功能之间的相互关系上分析建筑产品功能系统的一种方法。一般而言，建筑产品的结构复杂，功能繁多，功能之间存在着复杂的联系。因此，仅仅把建筑产品的功能给定义出来是远远不够的，还要在大量的功能定义基础上进行功能整理，即理清功能之间的关系，找出哪些是建筑产品的基本功能，哪些是不必要功能，以便围绕必要功能这个重点创造和选择更加合理的方案。

功能整理有一套成熟的方法程序，即功能分析系统技术（Function Analysis Systems Technique，简称FAST）。所谓功能系统图（即FAST图），就是一种由功能定义为组成单元，将其按照目的功能居左、手段功能居右、同级功能上下并列的逻辑顺序、由左向右扩展加以排列的用以表示价值工程研究对象功能体系内在联系的图形。功能系统图可以使功能之间的关系明了，有助于功能分析，发现不必要功能，找出提高研究对象价值的途径。现以建筑物的平屋顶为例，说明功能系统图的绘制。图2-8为建筑物的平屋顶功能系统图的主要部分。

功能整理一般是按照先整体后局部的方法，即按照从上位功能开始到下位功能逐步深入的方法。对一个建设项目而言，首先是项目的总体功能，其次才是空间区域，再次是部位、区域、组成单元，可能的话，才具体到构件。

（3）功能评价

功能整理的结果是形成功能系统图（FAST图或功能层次模型图），以发现多余的、不必要的功能，掌握重要功能领域，但还不能完整把握功能的成本和价值。要提高产

图2-8　平屋顶功能系统图

品的价值，就要找到成本高和价值低的功能或功能领域，有重点地进行研究和创新，这就需要进行功能评价。

所谓功能评价，就是要了解功能的成本、功能的价值（worth）以及用户对产品或功能的态度或接受程度，从而了解其价值是否偏离了成本，是否需要改进和提高。因此，功能评价就是要回答"它的成本是多少？""它的价值（worth）是多少？"，从而明确价值工程研究的重点目标和方向。

功能评价的方法主要有两种：一是功能成本化评价方法，即用费用表示功能的方法；二是功能评分化评价方法，即通过用户调查或专家打分获得人们对功能的接受程度的方法。

1）功能成本化评价方法

功能成本化是一种功能量化形式，即功能被定量地表示为实现这一功能所需要的成本金额，称之为功能成本化功能评价。功能的单位是货币。

由于功能成本化评价的功能定量地表示为功能评价值，也就是实现某功能的目标成本，所以功能成本化评价又叫作功能评价值法、目标成本法等。

功能成本化评价首先要计算功能的成本（cost），然后再评价功能的评价值（worth），根据评价值和成本的比值，判断或选择价值工程研究的重点方向。

我们知道，功能与成本是相互关联的。在一定的生产技术条件下，实现一定的功能需要投入一定的成本，一定的成本只能实现一定的功能。功能成本化评价的目的在于找出实现功能的社会最低成本，并以这个成本作为评价标准，来衡量自身的成本是高还是低。只有通过功能评价值与实际成本的比较，才能作出正确的决策，采取适宜的措施达到先进水平。

2）功能评分化评价方法

所谓功能评分化评价，是根据功能的重要程度和实现难度，通过各评价对象的相对评分，计算其功能指数和成本指数，从而进一步确定评价对象目标成本的方法。因此，功能评分化评价方法又叫作相对值法。在功能评价值不易求解，或者求解的功能评价值可靠性较差时，应用这种方法可以较准确地进行功能评价。

在进行评分时，有时需要依据评价对象的功能重要程度和实现难度打分，即功能重要程度和实现难度是功能评分的客观基础。功能重要程度是指某项功能在整个功能体系中所具有的作用等级。一般而言，功能体系中包含的各项手段功能在实现其总的目的功能时所起的作用是不尽相同的。作用等级高的，其功能重要程度就高，作用等级低的，其功能重要程度就低。相应地，我们在给功能评分时，功能重要程度高的评高分，功能重要程度低的评低分。

功能实现难度是指某项功能在一定的生产技术条件下实现的难易程度。产品的结构、材质以及施工方法等均影响着功能实现难度。一般而言，结构复杂、材料消耗大、施工麻烦、工期长的评价对象，说明其功能实现难度大，反之则说明功能实现难度小。

相应地，我们在给评价对象评价时，功能实现难度大的评高分，功能实现难度小的评低分。

一般情况下，功能重要程度和功能实现难度是一致的。实际工作中，我们可以任意选取一种作为依据来给功能评分。但是由于生产技术和经营等方面的原因，功能重要程度与功能实现难度出现不一致甚至严重偏差时，就应该依据实际情况，选择与本企业、本项目最贴近的作为评分依据。

3. 方案创造和评价

方案创造的目的是在前一阶段功能分解和评价的基础上，发挥创造性思维，针对不同的功能要求创造出尽可能多的代用方案。要充分利用团队的力量，运用创造性思维方法，创造出尽可能多的新方案。

方案评价的目标是筛选创造阶段的建议和设想，选择最好的建议和设想来发展细化，形成提案。评价工作也必须客观公正，既要看到某建议的优点，又要注意其不利的方面，也不应因为某个建议有缺点就轻易放弃，相反，要想办法克服其缺点，必要时可再利用创造阶段的技巧和方法，对其缺点进行再讨论、再创造。

4. 方案发展

本阶段的目标是将上一阶段筛选出来的建议和设想进一步发展细化，形成可操作的提案。这可能是价值工程研究过程中最艰苦的阶段，也是最重要的阶段。

在方案发展阶段，技术方面专家的作用更加重要，对每个建议都应该深入研究，努力转化成推荐方案，应该有计算数据的支持，有方案图，有关于费用估算的说明以及其他方面的解释。本阶段的工作性质决定了这是最耗费时间的阶段，差不多需要占用整个价值工程研究时间的一半左右。

有时候，多个建议组合才会形成一个推荐方案，因此每个推荐方案需要单独分析。通常价值工程研究小组提出的方案可能会相互排斥，即当一个方案被选中，另一个则被排除。例如，在对某室外地面的铺设问题进行研究时，价值工程研究小组提出了两个方案。原方案是采用花岗岩铺设，价值工程研究小组提出的两个方案分别是用混凝土砖和小磨石地面。这主要是基于花岗岩的维护保养问题而不仅仅是费用高的问题。两个方案在美观方面都是可靠的，这就给了设计人员选择的机会，有了挑选的余地。美观方面的考虑是很重要的方面，多提供几个费用低的方案是很有帮助的，如果只提出一个推荐方案，被否定的概率很大，而两个方案全部被否定的可能性就大大降低了。

所有建议的潜在影响将在本阶段被揭示或评估，通过计算，如结构的荷载等可以被量化，设计简图也可以画出。通过计算和深入分析，原来认为是某个建议的优点可能又被否定了，这是很正常的现象。没有详细的分析计算，不经过严格的发展细化阶段，有些不可行的建议也可能被作为推荐方案提交给业主。如果设计人员经过进一步的分析计算，证明价值工程研究小组的某个价值工程提案不可行，其他价值工程提案在人们心目中的可信度就会下降，也会引起人们对价值工程研究的抵触情绪。而且，推荐了不可行的方案,也会影响设计进度,浪费设计人员的时间,对日益紧迫的设计进度而言,这种影响的代价是很大的。

如果价值工程提案的描述不够详细,没有足够的数据支持,就很难被决策者准确理解,这种误解很容易导致提案被否决,尽管这可能确实是一个可行的、经济的方案。

2.3.4 价值工程的应用与成效

美国最早在建设项目中开展价值工程研究活动的专家 Dell'Isola 对 500 个开展价值工程研究活动的项目进行过统计分析,结果表明,其建设成本降低了 5%~35%,而运行费用的降低额度,则随开展价值工程活动的投入和重点不同而有不同的结果。如有的项目,因为建设成本预算超过了投资计划,所以通过开展价值工程活动,注重对建设成本的控制,暂时不考虑或者放松对运行成本的考虑。还有的项目,因为业主只负责建设,不负责经营,所以不必要关心运行成本,因而价值工程活动中对降低运行成本的要求不太强烈,所以价值工程活动对降低运行成本的幅度是与业主的重视程度和投入价值工程活动的力量有关的。统计情况表明,价值工程活动可降低运行成本的幅度为 5%~20%。表 2-7 为 Dell'Isola 调查的一些典型的价值工程活动效果的统计。

国外开展价值工程活动的经验表明,即使按照保守估计,开展价值工程活动也可以降低建设成本的 5%~10%,每年的运行成本可以降低 5%~10%,而开展价值工程活动的投入成本则很小,仅为总造价的 0.1%~0.3%。

由于建设项目总投资一般都比较大,开展价值工程活动所产生的经济效益是十分巨大的,少则几十万,多则几百万,甚至上千万元。在建设项目中推广价值工程活动前景十分广阔。

价值工程的典型应用和效果(单位:百万美元)　　　　表 2-7

机构	年平均投资额	统计时间	价值工程年均成本	年均节约总额	节约百分比(%)
环境保护局	1100	1981—1996 年	3~5	30	2~3
联邦公路局	10~20000	1981—1996 年	差别很大	150~200	1.5
陆军工兵部队	3400	1965—1996 年	3	200	5~7
华盛顿州海军设施管理局	2400	1964—1996 年	2.5	100	3~5
退伍军人事务局	200	1988—1996 年	0.5	10	3~5
华盛顿州教育设施管理局	200	1984—1996 年	4	5~10	3~5
纽约市预算管理办公室	2000 1700	1984—1987 年 1988—1996 年	1~1.5	80 200~400	3~5 10~20
设计和施工技术联合会	300	1981—1985 年	0.5	36	12
沙特阿拉伯 CDMW~MODA	2000	1986—1996 年	3	150	5~10

2.4 赢得值法

赢得值法是一种能全面衡量工程进度、成本状况的整体方法，其基本要素是用费用代替工程量来测量工程的进度，它不以投入资金的多少来反映工程的进展，而是以资金已经转化为工程成果的量来衡量，是一种完整和有效的工程项目监控指标和方法。赢得值具有反映进度和费用的双重特性。采用赢得值法对项目的费用、进度综合控制，可以克服费用、进度分开控制的缺点。

用赢得值法进行费用、进度综合控制，基本参数有三项：

（1）计划工作的预算费用（BCWS）；

（2）已完工作的预算费用（BCWP）；

（3）已完工作的实际费用（ACWP）。

在项目实施过程中，以上三个参数可以形成三条曲线，即 $BCWS$、$BCWP$、$ACWP$ 曲线，其中 $BCWP$ 即所谓赢得值。如图 2-9 所示。

采用赢得值法进行费用、进度综合控制，可以根据当前的进度、费用偏差情况，通过原因分析，对趋势进行预测，预测项目结束时的进度、费用情况。

项目费用控制部门应不断地对认可的预计费用和执行中实际发生的费用进行评价，即在设计、采购、施工、试运行各阶段对费用实耗值和已完成工作量的预算值定期进行比较，以评估和预测其费用的执行效果。同时，项目费用控制部门应每月或按项目计划规定的时间向项目经理提交《项目费用执行报告》，及时向项目经理报告项目费用执行情况，存在的问题及原因，以及后续建议采取的措施。

现代大型工程项目要求采用科学的方法来实行项目的进度控制和费用控制。20 世纪 80 年代以来，国际知名承包商普遍采用赢得值法对项目执行效果进行评价，对项目进行进度/费用综合控制，从而使工程建设的经济效益显著提高。这已成为衡量承包商项目管理水平和项目控制能力的重要标志，国际上越来越多的业主出于自身利益的

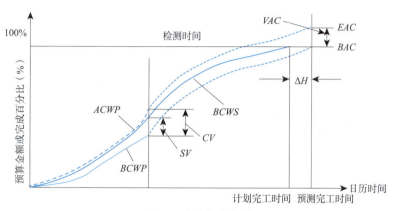

图 2-9　赢得值曲线图

考虑，也都要求工程公司用赢得值法对项目进行管理和控制。

2.5 本章小结

本章主要阐述四个方面的内容。

一是组织论，组织论是项目管理的母学科，其中有很多组织工具，如组织结构图、任务分工表、工作流程图等，这些工具可以应用于项目管理，也可以应用于工程总承包管理，业主方可以应用，工程项目的各个参与方都可以应用。

二是协同论，介绍了协同论的思想和基本内容，协同论在管理科学中的应用。阐述了协同效应的概念和表现，引申出工程总承包单位或工程总承包联合体各方之间相互协同的必要性和价值。

三是价值工程，价值工程是工程总承包过程中非常重要的活动，是获取和提高利润的重要方法之一。较详细地阐述了价值工程活动的组织、方法、过程等。

四是赢得值法，赢得值法是一种能全面衡量工程进度、成本状况的整体方法，它不以投入资金的多少来反映工程的进展，而是以资金已经转化为工程成果的量来衡量，是一种完整和有效的工程项目监控指标和方法。

思考题

1. 简述组织论的基本内容。
2. 简述三种基本的组织结构模式及特点。
3. 试做工程总承包模式下设计、采购和施工的管理任务分工。
4. 试做工程总承包模式下设计、采购和施工的管理职能分工。
5. 试做工程总承包模式下设计管理流程组织。
6. 试做工程总承包模式下采购管理流程组织。
7. 简述协同论的基本内容。
8. 简述序参量的概念。
9. 简述协同效应的类型和含义。
10. 分析工程总承包中的协同价值。
11. 简述价值工程活动的特点。
12. 简述建设项目价值工程活动的特点。
13. 简要分析价值工程活动需要哪些人员参与。
14. 解释功能分析系统图（FAST）的含义和作用。
15. 什么是功能评价成本化方法？
16. 什么是功能评价评分化方法？
17. 简述赢得值原理的三个基本参数。

3 工程总承包管理基本要求

【教学提示】

本章结合现行规范《建设项目工程总承包管理规范》GB/T 50358—2017 和《质量管理体系要求》GB/T 19001—2016 两个国家标准,从工程总承包项目的组织和策划、设计和开发、采购管理、实施过程控制和绩效评价五个方面,对工程总承包管理提出基本要求。

【教学要求】

本章旨在让学生了解工程总承包管理的理念、方法,为工程总承包管理和控制提供基本要求及评价准则。

3.1　项目组织和策划管理基本要求

3.1.1　工程总承包方式的确定

1. 确定工程总承包方式的基本原则

发包人对工程总承包方式的确定，一般与工程项目的行业特点和发包人的资源等有很大的关系，确定工程总承包方式的基本原则如下：

（1）石油、化工、冶金、电力、新能源等行业建设的流程工业项目，项目工艺技术复杂，技术含量高，对一体化、全过程管理要求高。如果发包人管理资源不足，通常会确定 EPC 工程总承包方式。

（2）房屋建筑、市政基础设施、公路、水利、水运等行业建设项目，一体化管理程度不如流程工业项目高，发包人可确定 DB 等方式。

2. 工程总承包项目各方主体的目标差异

对于项目发包人、项目承包人和项目分包人所确定的项目目标各有所异。在项目执行过程中，只有项目发包人为项目承包人做好支持和服务工作，项目承包人为项目分包人做好指导和帮助工作，项目承包人才能做好项目发包人管理的延伸，项目分包人才能做好项目承包人管理的延伸，实现一个项目、一个团队和一个目标。

（1）项目发包人是具有项目发包主体资格和支付工程价款能力的当事人或取得该当事人资格的合法继承人，也称项目业主。通常项目业主确定的项目目标是：最优方案，最大收益。

（2）项目承包人是在合同协议书中约定，被项目发包人接受的具有工程总承包主体资格的当事人或取得该当事人资格的合法继承人，也称总承包商。通常总承包商确定的项目目标是：最大利益，客户满意。

（3）项目分包人是项目承包人依据与项目发包人签订的工程总承包合同约定，依法将项目中的部分工程或服务发包给具有相应资格的当事人，也称分包商。项目分包人按照分包合同的约定对项目承包人负责。通常分包商确定的项目目标是：最大利润，满足要求。

特别提示

在市场多样化的环境下，各个工程项目可根据工程自身特性适当选择工程总承包方式（模式），避免千篇一律。房屋建筑、市政基础设施、公路等行业的承包商，宜以 DB 方式进入国际市场承接项目，以避免在施工阶段出现争议。如果出现争议之后，承包商再想重新建立 DB 方式是很艰难的。

3.1.2 转换工程总承包

1. 转换工程总承包合同

转换工程总承包合同（Converted EPC Contract）是发包人和工程总承包商在相互开放、透明的费用估算（Open Book Conversion Estimate，简称 OBCE）基础上，实现共赢的合同管理模式。

2. 国内外采用 OBCE 合同管理模式的现状

在北美能源企业集团内部，以荷兰壳牌和英国艾麦克集团公司为代表的百分之百的项目采用 OBCE 合同管理模式。在中东能源企业也有约百分之七十的项目采用 OBCE 合同管理模式。

我国新能源项目率先采用了 OBCE 合同管理模式。

3. 采用 OBCE 合同管理模式的基本要求

一般来说，OBCE 合同管理模式是发包人通过竞标形式，先与选择的工程总承包商签订 EPCM（设计、采购服务和施工管理）合同，在工程总承包商详细设计达到一定深度后（如 30% 或 60%），在双方对项目的技术选用、工厂布置与结构形式、工程量比较清楚，认为可以较准确地估算项目的总承包费用以后，由工程总承包商按照双方预先商定的费用估算方法，进行工程总承包费用估算，并经发包人审核批准后正式转换为工程总承包合同。

4. OBCE 合同模式转换完成之前双方的责任和义务

在 OBCE 合同模式转换完成之前，为了保证项目必须在前期进行的一些采购活动（如长周期设备订货）和施工活动（如现场的三通一平、部分土建活动）能得以顺利实施，工程总承包商以 EPCM 承包方的名义，协助发包人进行这些采购和施工活动的招标、谈判、合同签订和施工管理工作，所签订的这些合同是以发包人的名义进行的，由发包人进行最终审定和签署。

5. OBCE 合同模式转换成工程总承包合同

一旦项目通过 OBCE 合同模式转换成了 EPC 工程总承包合同，则发包人将已签订的采购和施工分包合同，加上一定的风险费用和没签订的采购和施工分包合同，按照工程总承包商的合理估算（双方审定），来确定工程总承包项目费用，从而将原先的 EPCM 合同转换成整个项目的工程总承包合同。

6. 规避风险实现共赢

按照 OBCE 合同模式方式进行工程总承包合同的转换，在满足项目及时、顺利开展工作的前提下，可以最大限度地减少发包人和工程总承包商因为项目前期诸多不确定因素而产生的各类风险（费用和进度控制等），有利于发包人和工程总承包商在正确的理论，成功的实践基础上，建立起真挚的伙伴关系，达到双方共赢的目的。

应用案例 3-1

本案例为我国在新能源领域率先采用 OBCE 合同管理模式的项目：

2006 年，A 公司（发包方）在青海投资的电子级多晶硅项目采用了 OBCE 合同管理模式，该项目技术先进、工艺复杂、流程长、难度大，科技含量高，设备台数多材料要求高，仪表控制有近万个点，厂房洁净度要求高，施工安装过程质量要求十分严格，发包方和工程总承包商在相互信任、优势互补、协作共赢的理念下，成功转换成 EPC 工程总承包合同。真正做到了一个项目，一个目标，一个团队，保证了项目的成功率。

本案例是我国第一套电子级多晶硅项目，产品纯度为 11 个 9（即 99.999999999%）。产品主要应用于大规模集成电路，液晶显示屏等电子行业和军事工业。以往电子级多晶硅生产技术基本被美国、日本和德国垄断，具有成熟技术的国外大企业拒绝向中国企业转让。我国目前在建的多晶硅项目都是太阳能级的多晶硅，它的纯度为 7 个 9 以下，电子级多晶硅产品纯度是太阳能级的 10000 倍。由于该技术打破了国外对我国电子级多晶硅生产技术的封锁，有力地保障我国高科技电子行业和国防工业发展。国家工信部拨专款对该项目进行资金扶持。该工程项目成功建设，对我国高科技行业和国防工业发展有着重大的深远意义。

3.1.3 工程总承包合同管理的理念、方法和要求

1. 项目的执行标准和依据

工程建设项目通常是以公开招投标的方式进行，业主对承包方的技术标和商务标进行评估后，最后确定中标者，中标的技术标和商务标将成为合同文件的一部分。发包人与工程总承包商签定的合同规定了合同双方所承担的责任、权利和义务，明确了合同双方的法律责任和经济关系。在合同执行过程中，对任何一方来讲都是以自身利益为重的，要求工程项目加强过程管理，必须以合同及其文件作为整个项目的执行标准和依据。

2. 合同管理的理念和方法

工程建设项目要做到高起点策划、高质量建设、高效能管理，必须提升项目管理理念。应从 HSE、质量、进度、费用、合同和风险管理入手，贯穿到整个设计、采购、施工全过程的管理之中。项目执行过程更是合同履行的过程，要求在项目实施中，严格按照合同中规定的工作范围和标准履行合同，从细节上、高度上和技巧上进行合同管理。

除此之外，加强项目的过程管理，使大家在执行合同过程中进一步加深理解合同条款和合同文件的内涵、避免违约，并充分利用合同中有利条款，规避风险，预防合同纠纷，及时收集有关索赔和反索赔资料、依据，使整个项目在执行中能处于有利地位。项目执行中要及时进行阶段性的工作总结，逐步探索合同管理经验。尤其在处理

问题解决纠纷时，要站在合同的角度上进行考虑，仔细研究合同条款与条款之间的内在联系，特别是从细节上对提出的问题给予关注。要用项目管理的观点统一全局，对出现的问题高度重视，把合同双方的注意力逐步引导到以合同管理为中心的轨道上来。

3. 合同管理的原则和技巧

随着工程项目管理工作的不断深入，项目协调管理工作越来越凸显它的重要性。要想有效的进行协调管理，最重要的是以合同为准绳，寻找双方共同点和利益区。简单地说，应以"求同存异，协调矛盾，解决问题"为原则，使得各自的利益或意愿按照合同要求得以保障。在协调矛盾、解决纠纷过程中，要注意以下三个环节：

第一是沟通，一切协调都是从沟通开始。沟通不是说教的产物，而是各方按合同要求共同努力的结果。只有掌握正确的方法进行有效的沟通，矛盾和纠纷就能及时化解，问题就能妥善得到解决。

第二是磋商，磋商是协调的重要环节。磋商的核心内容是求同，求同是建立在合同文件基础上取得的协调成果。磋商不是指责、谴责，更不是强加于人，而是从合同条款中和工作界面中寻求各个方面的共同点和各自利益区。

第三是妥协，即不失原则的妥协。妥协的核心内容是存异，也是运用谈判技巧的具体体现。通过适当的妥协和退让，双方最终达成共识。

缺乏沟通就难以协调，有效的沟通能减少矛盾，避免合同纠纷，要做好项目合同管理，沟通、磋商、妥协三个环节缺一不可。高水准的沟通与协调交织在一起，是项目成功的关键。

4. 合同管理人员的素质和能力

工程总承包合同涉及面广，要求合同管理人员具备很强的沟通能力、业务能力、应变能力、外语能力和综合协调能力。特别在起草合同时，文字表述应准确、严谨，涉及专业和法律方面的术语应标准、规范，防止和减少日后在项目执行中发生不必要的矛盾和争议。合同条款按照规定要求全面、准确和严密，严格遵守有关法律、法规和规定。对于涉外合同不仅要强调本国法律，还应考虑工程所在国法律、工程设计施工及验收标准、国际公约和国际惯例。

5. 合同评审和复评要求

工程总承包合同签订前要组织管理和专业人员按项目合同评审程序进行合同评审，合同评审主要从合同主体及合同内容两个方面进行，重点为合同条款的合理性、全面性和可操作性，主要目的是规避合同风险，保护自身的利益。

合同签订后要及时做合同复评，要组织专业人员对合同文件认真研究分析及时发现问题，并有针对性地制定对策，采取各项预防性措施保证合同的顺利履行，提前预知发生争议的可能性，提前采取行动，通过沟通、协商和妥协等方式解决问题，弥补漏洞。在合同复评基础上，要有针对性地开展培训，提高全体人员履行合同的意识和能力。

6. 合同培训相关内容要求

项目经理要根据项目进展有计划地组织培训，培训内容包括：投标报价策略和前期准备，对项目前期条件复核，现场实地勘查及项目调研情况，合同谈判总结，合同履行关注点，合同总价所包含的货币种类和比率以及使用要求，合同及其文件结构与组成，合同文件优先权次序，工作范围与界面分工，项目计划和里程碑管理，合同价格组成和款项支付，质量标准和目标，合同变更程序，HSE 相关规定和要求，奖罚条款及条件，项目索赔和风险管理，设计、采购和施工管理原则及要求等。涉外项目还要对项目所在国的法律、法规，清关、运输、保险、通讯、防恐、供货商和施工分包商资源等内容进行培训。

7. 项目合同风险管控要求

工程总承包合同风险存续于项目的整个生命期，除了具有一般意义风险特征外，由于项目的一次性、独特性、组织的临时性和开放性等特征，对于不同项目，其风险特征各有所异。在项目全过程管理中，合同风险管理应贯穿其中，更加强调项目管理是以合同管理为中心，按合同要求对项目组织、项目风险等各阶段过程进行动态性、全过程、有效性管理。

除此之外，项目部应遵守规范和程序，建立项目管理和风险管理体系，做好合同主体、合同订立和合同履行的风险提示及应对措施，并进行动态管控，把项目风险管理融入工程总承包项目管理活动中，使得合同双方不仅是经济合同的认同，更是文化的认同，建立真挚的伙伴关系，达到双方共赢的目的。

特别提示

本节所阐述的工程总承包项目风险管理，是指项目部在项目经理领导下，依据工程总承包合同性质、项目规模、项目特点、项目风险状况以及工程总承包企业风险管理规定与要求，编制项目风险管理程序，建立项目风险管理组织机构，明确各岗位风险管理职责与要求，并对项目全过程的风险管理进行统一组织协调、风险识别、风险评估和风险控制。风险管理是企业管理核心的基础，彰显企业组织管理能力。

3.1.4 工程总承包管理组织有关要求

最高管理者应确保组织相关岗位的职责、权限得到分配、沟通和理解。在 GB/T 19001—2016 中，"组织"被定义为实现目标，由职责、权限和相互关系构成自身功能的一个人或者一组人。组织结构就是组织正式确定的使工作任务得以分配、组合和协调的框架体系。在实际的工程项目管理活动中，最高管理者应合理地设置组织机构，建立项目管理机制，分配职能和权利，包括选择合适的人员从事某项工作等。组织结构和组织的岗位不是一成不变的，应结合组织内外部环境进行优化和调整，以提高组织绩效，实现组织目标。从组织行为角度看工程总承包全过程管理，组建工程总承包项目团队在工程项目管理中非常重要，没有高质量的团队就没有高质量的项目，而根据项目目标组建适合的项目管理团队、建立项目管理体系和塑造项目管理文化是工程项目成功的前提和保障。

特别提示

1. 在工程总承包项目实施过程中，解决问题应上升到项目管理体系和风险管理层面，要弄清楚项目组织管理的内涵，要从根本上树立项目管理体系和风险管理的理念等。

2. 项目管理文化应从建立项目团队、管理授权、建立适合的组织结构模式、共享资源分配方式、项目激励政策、团队建设方式、个人职业发展规划、构建适合项目的合规环境、营造变革文化等方面进行塑造。

3.1.5 工程总承包项目有关要求

在 GB/T 19001—2016 中，"要求"是顾客或其他相关方的需求或期望的具体、明确的体现。顾客和相关方的需求和期望有时候比较模糊、抽象，将这些需求和期望变得比较明确、显性和直接，就形成了要求。组织不仅要理解顾客对产品和服务的要求，由于相关方对组织稳定提供符合顾客要求及适用法律法规要求的产品和服务的能力具有影响或潜在影响，也应理解相关方的要求。在充分理解顾客和其他相关要求的基础上，对相关要求进行评审，确定组织是否具有满足顾客和相关方要求的能力。顾客资源是工程总承包企业最重要的战略资源之一，是工程总承包企业赖以生存发展的前提和基础，赢得和拥有顾客就意味着工程总承包企业拥有了在市场中继续生存的理由，而赢得顾客、拥有顾客和管理顾客是工程总承包企业获得可持续发展的动力源泉。工程总承包企业应以顾客满意为目标，而满足顾客要求，是顾客满意的前提与基础。工程总承包企业应在满足顾客及相关要求的前提下，与其保持良好、有效的沟通，减少与顾客及相关方之间的冲突，为顾客提供优质服务。在提高顾客满意度的同时，构建适合项目的合规环境，提高企业声誉并赢得市场。

特别提示

构建项目的合规环境应做好合同管理、采购管理、财务管理、变更和索赔管理、责任界定等。

3.1.6 工程总承包策划控制有关要求

为满足产品和服务提供的要求，并实施应对风险和机遇所确定的措施，组织应通过以下措施对所需质量管理体系及其过程进行策划、实施和控制：确定产品和服务的要求；建立过程、产品和服务接收的准则；确定所需的资源以使产品和服务符合要求；

按照准则实施过程控制；在必要的范围和程度上，确定并保持、保留成文信息，以确信过程已经按策划进行，以证实产品和服务符合要求。

策划的输出应适合于组织的运行。组织应控制策划的变更，评审非预期变更的后果，必要时，采取措施减轻不利影响。组织应确保外包过程受控。项目策划应满足合同要求。同时应符合工程所在地对社会环境、依托条件、项目干系人需求以及项目对技术、质量、安全、费用、进度、职业健康、环境保护、相关政策和法律法规等方面的要求。项目策划的范围应涵盖项目活动的全过程所涉及的全要素。项目策划还要涉及项目优化与深化，考虑应急条件、模块化、装配式建筑等费用问题。项目策划应结合项目特点，根据合同和工程总承包企业管理的要求，明确项目目标和工作范围，分析项目风险以及采取的应对措施，确定项目各项管理原则、措施和进程。

3.1.7　工程总承包组织和策划关注的重点工作

1. 在工程总承包组织管理中关注：工程总承包项目管理原则；任命项目经理和组建项目部；项目部的职能和岗位设置及管理；项目部各岗位人员能力要求；项目经理的职责和权限等。

2. 在工程总承包项目有关要求中关注：顾客沟通；确定项目有关要求；项目有关要求的评审；项目有关要求的风险评审；项目有关要求的更改；项目投标管理要求；项目有关要求和投标报价知识管理等。

3. 在工程总承包策划控制中关注：企业工程总承包业务策划和控制；项目的策划和控制；项目风险和机遇管理的策划；项目知识管理的策划和控制等。

3.2　项目设计和开发管理基本要求

3.2.1　设计定义

设计是将项目发包人的要求转化为项目产品描述的过程，即按合同要求编制建设项目设计文件的过程。

3.2.2　设计师做好工程总承包项目的前提

组织应建立、实施和保持适当的设计和开发过程，以确保后续的产品和服务的提供。产品和服务的设计与开发是产品实现的一个重要过程，对生产的产品和提供的服务最终能否满足顾客和法律法规要求，能否满足组织的战略要求，包括相关方的要求有着极其重要的作用。组织应做好设计和开发的策划、输入、控制、输出及更改工作。

从设计出发，并将质量、安全、费用、进度、职业健康、环境保护和风险管理等贯穿于其中，使设计更好地指导采购、指导施工和试运行工作，并为设计、采购、施工和试运行围绕工程总承包项目各阶段合理交叉与有效衔接奠定基础及提供保障,以有效发挥工程总承包设计在工程建设过程中的龙头作用。

3.2.3 设计应满足合同要求

1. 项目设计策划控制要求

根据工程总承包项目的特性,充分体现工程总承包项目特点,考虑投标报价时的方案优化,设计阶段的深化设计,新材料、新设备、新工艺、新技术的应用,以及信息技术(包括BIM的应用等)、项目创优、施工图审核配合、设计与采购和施工接口关系、设计对试运行的指导作用等方面的要求,综合确定工程总承包项目设计策划控制要求。

2. 项目设计策划

项目设计策划应编制项目设计计划。项目设计计划应满足项目合同要求,还应满足应急条件,并以项目总体计划为指导。

3. 项目设计计划的主要内容

编制项目设计计划应明确项目背景及工程概况;应明确项目定位和项目目标,其中,项目目标应包括质量目标、进度目标、费用目标等;应识别项目风险,制定应对措施;应根据设计项目的性质、设计周期、项目的复杂程度等,明确设计内容、范围;应明确项目进度要求;项目总进度计划应充分考虑设计工作内部逻辑关系及其资源分配、外部约束等条件,并与工程勘察、采购、施工和试运行等阶段的进度相协调;对资源的特殊要求,应包括确定设备、软件、成果表达所需的技术要求、BIM等技术的应用、特殊或专用的技术标准等要求;组建项目团队,应明确参与项目人员的职责;明确参与工程设计项目的不同部门或不同专业之间的接口关系和接口方式;明确分包方或其他合作方的职责、工作内容、工作要求及成果验收标准、验收方式及时间要求;对设计输出文件的深度、内容、格式要求;根据项目的规模、技术复杂程度、项目目标、参与设计人员水平等因素确定设计评审的内容、方式和时机;对施工参与设计方案评审作出安排,通过可施工性分析,提出设计应考虑的措施或意见等。

4. 项目设计风险应对措施

在设计策划阶段应根据项目的特点,对工程设计风险进行识别、分析和评价,针对评价结果提出风险应对措施。

5. 项目活动应与设计文件保持一致

工程总承包项目管理活动应与设计文件保持一致,只有从设计出发对工程总承包项目实施全过程的管理,才能使设计有效地指导采购、施工和试运行工作,才能使项目全过程管理活动得以有效控制。项目活动和文件的统一是项目管理的实质和精髓。

3.2.4 设计和开发关注的重点工作

1. 项目设计输入

（1）设计输入

应根据工程设计的类型、设计阶段、专业特点、技术复杂程度等确定设计输入的要求。设计输入包括项目级、专业级的输入，各级输入应明确负责人。

（2）设计输入评审

应采取适宜的方式，对设计输入进行评审，确保设计输入充分、适宜、完整、清楚、正确，避免矛盾的信息，保证设计输入能够满足开展工程设计的需要。应保存设计输入的记录。

（3）设计输入相关要求

专业之间委托的设计条件必须经校审。合作方提供的外部技术条件应经合作方和项目负责人双方确认。设计输入应进行动态管理，当涉及输入发生变化，特别是顾客要求发生变化时，应及时更改设计输入，且将更改后的设计输入文件传递到相关部门及相关设计人员。

2. 项目设计控制

（1）设计控制要求

应对设计过程进行控制，控制内容包括质量、进度、费用、软件等，控制方式应包括设计评审、设计验证、设计确认（包括对工程项目使用的软件确认）等。根据项目具体情况，设计评审、设计验证和设计确认可单独或以任意组合方式进行，以实现不同的控制目的。应对设计评审、设计验证和设计确认发现的问题进行收集、统计分析和相互作用的评价，形成组织的知识。

（2）设计评审

应按设计策划的安排，在设计的适当阶段（一般在设计方案确定前，或设计方案初稿完成后）实施设计评审活动，以评价工程设计结果满足要求的能力。

（3）设计验证

应按策划的安排对设计输出结果进行验证，确保设计输出满足设计输入要求。

（4）设计确认

应按策划的安排对工程设计实施确认活动，确保项目规定的用途得到满足。

（5）设计质量控制

设计应遵循国家有关的法律法规和强制性标准，并满足合同约定的技术性能、质量标准和工程的可施工性、可操作性及可维修性的要求等。

（6）设计进度控制

制定设计进度计划应充分考虑与采购、施工和试运行计划的衔接。制定设计进度计划主要控制点并实施控制。项目部应根据设计计划进行进度控制，检查设计计划的执行情况。当设计进度计划拖延影响到合同规定或整体工程进度时，项目进度管理人员应及时报告项目经理，必要时报告项目发包人。应系统地分析进度偏差，制定有效措施。

3. 项目设计输出

（1）设计输出

设计输出包括设计图纸、计算书、说明书、各类设计表格等阶段性设计成果和最终设计成果。设计输出应满足设计输入要求，以保证能够实现工程设计的预期目的，为后续的采购、施工、生产、检验和服务过程提供必要的信息。

（2）设计输出的形式和深度要求

1）设计输出成果应符合行业通行要求，特殊形式的输出（如电子数据、BIM模型等）应与相关方沟通，确保输出的结果满足相关方的要求；

2）设计输出应满足规定的编制内容和深度要求，符合各类专项审查以及工程项目所在地的相关要求。当设计合同对设计文件编制深度另有要求时，应同时满足合同要求；

3）设计边界条件和选用的设计参数，必须在行业标准规范规定的范围内，对超出规定的某些尝试应进行严格的论证或评审，并经主管部门批准；

4）已按照策划的安排实施了设计评审、验证和确认，并满足预期的要求；

5）项目负责人应核验各专业设计、校核、审核、审定、会签等技术人员在相关设计文件上的签署，核验注册执业人员在设计文件上签章，并对各专业设计文件验收签字；

6）应明确设计输出文件的批准要求等。

4. 项目设计变更

（1）设计变更

工程总承包企业应对设计过程及后续施工安装期间所发生的更改进行适当的识别、评审和控制，以确保这些更改满足要求，不会产生不利影响。

（2）设计变更记录

设计变更应按设计变更程序进行，并应保留设计变更的记录：1）变更的原因、依据、内容、时间等；2）必要的评审、验证、确认记录；3）批准设计变更的授权人；4）为防止变更造成不利影响而采取措施的记录等。

5. 项目设计分包控制

（1）应识别外部供方提供的工程设计、过程或服务并实施控制

包括由外部供方提供的工程设计（或其中的组成部分）、过程或服务；外部供方直接提供给顾客的工程设计、过程或服务等。

（2）分包方的评价与选择

应用基于风险的思维对设计分包方的资质等级、综合能力、业绩等方面进行系统评价，并保存评价记录，建立合格分包方资源库。

（3）控制的类型和程度

由于分包项目的范围、内容、复杂程度以及性质的不同，对外部供方提供的设计成果、过程和服务的控制可能存在差异。在确定控制的类型和程度时，应考虑外部供方提供的设计成果、过程和服务对本企业稳定地满足顾客要求和适用法律法规能力的潜在影响，应确保外部供方提供的设计成果、过程和服务不会影响本企业稳定地向顾客提供合格的产品和服务。

（4）设计分包合同的签订

当发生设计分包时，工程总承包企业应与设计分包单位签订分包合同。分包合同内容应完整、准确、严密、合法。

6. 项目设计与采购、施工和试运行的接口控制

（1）设计与采购接口控制

工程总承包项目的设计应将采购纳入设计程序，确保设计与采购之间的协调，保证物资采购质量和工程进度，控制工程投资。

（2）设计与施工接口控制

设计应具有可施工性，以确保工程质量和施工的顺利进行。

（3）设计与试运行接口控制

设计应考虑试运行阶段的要求，以确保试运行的顺利进行。

7. 项目设计全过程管理的重点工作

（1）设计策划的重点工作

应对设计过程进行设计策划，编制设计计划，设计计划应经审批。设计应按设计计划实施；编制设计计划应能体现工程总承包项目的特点，考虑投标报价时的方案优化，设计阶段的深化设计，新材料、新设备、新工艺、新技术的应用，以及信息技术（包括BIM的应用等）、项目创优、施工图审核配合、设计与采购和施工接口关系、设计对试运行的指导作用等方面的要求，综合确定工程总承包项目设计的控制要求；设计计划应体现合同约定的有关技术性能、质量标准和要求、项目费用控制指标等；设计计划应明确设计与采购、施工和试运行的接口关系及要求；应任命设计经理，对各级设计人员的资格（包括人数）进行确认和批准。

（2）设计质量控制的重点工作

设计经理应组织采购、施工和试运行、顾客等项目相关人员参加设计评审并保存记录；应组织对设计基础数据和资料等设计输入进行检查和验证，确保设计输入的充分、正确性；初步设计或基础工程设计文件应能满足编制招标文件、主要设备、材料订货和编制施工图设计的需要；施工图设计应能满足设备、材料采购，非标准设备制作和施工及试运行的需要；选用的设备、材料，应在设计文件中注明其规格、型号、性能、数量等技术指标，其质量要求应符合合同要求和现行标准规范的有关规定；应按策划的安排组织设计验证、设计会签、设计评审、设计确认、设计变更；对采用新

材料、新设备、新工艺、新技术或特殊结构的项目，应评审新技术、新工艺的成熟性，新设备、新材料、特殊结构的可靠性，并提出保证工程质量和施工安全的措施和要求；应根据项目文件管理规定，收集、整理设计图纸、资料和有关记录，组织编制项目设计文件总目录并存档；应组织编制设计完工报告，将项目设计的经验与教训纳入本企业知识库。

（3）设计进度控制的重点工作

项目部应依据设计进度计划进行进度控制，设计进度计划应充分考虑与采购、施工和试运行计划的主要控制点衔接；应跟踪设计进度计划，定期检查设计计划的执行情况，及时发现偏差并采取纠偏措施。

（4）设计与采购、施工和试运行接口控制的重点工作

1）设计与采购、施工和试运行应有效配合和协调，落实计划并配备资源；

2）设计应将采购纳入设计程序，应负责请购文件的编制、报价技术评审和技术谈判、供货厂商图纸资料的审查和确认等工作；

3）设计应具有可施工性，以确保工程质量和施工的顺利进行；

4）设计应考虑应急条件要求，确保应急状态在设计中得到体现；

5）设计应考虑试运行阶段的要求，以确保试运行的顺利进行。设计应依据合同约定，承担试运行阶段的技术支持和服务，在试运行期间，设计对试运行进行指导和技术服务，并协助试运行负责人解决试运行中发现的设计问题，评审其对试运行进度的影响，设计应接收试运行提出的试运行要求，参与试运行条件的确认、试运行方案审查，设计应提交试运行原则和要求。

（5）设计变更控制的重点工作

应评审设计变更对采购、施工的影响，对工程完工部分的影响，可能对费用、进度、合同履约的影响；对设计变更的技术可行性、安全性和适用性进行评估。

特别提示

1. 本节引用《建设项目工程总承包管理规范》GB/T 50358—2017 中的设计定义。

2. 工程总承包管理应从设计出发，设计指导采购、施工和试运行等。

3.3 项目采购管理基本要求

3.3.1 采购的界定

1. 采购定义

采购是为完成项目而从执行组织外部获取设备、材料和服务的过程。包括采买、催交、检验和运输的过程。

通常说的广义采购，包括设备、材料的采购和设计、施工及劳务采购。本章介绍

的采购是指设备、材料的采购,而把设计、施工、劳务及租赁采购称为项目分包。

2. 采购合同

采购合同是指工程总承包商与供应商签订的供货合同。采购合同可称为采买订单,采购合同或采买订单要完整、准确、严密、合法,采买是从接受请购文件到签订采购合同(订单)的过程。

3. 采购工作内容

采购是工程总承包管理中的重要环节,是项目的利润核心。其工作内容包括:选择询价厂商、编制询价文件、获得报价书、评标、合同谈判、签订采购合同、催交与检验、运输与交付、仓储管理等。

3.3.2 实施采购

1. 实施采购要求

(1)采购部门应按照设计部门提出的技术要求及采购文件进行物资采购,严格控制采购产品的质量。依据采购计划并结合工程实际进度,通过招标、谈判等方式,选择合格的供应商,以经济合理的价格签订物资供货及服务合同,优质高效的组织监造、催交货、物流运输、安装调试、验收、资料交接以及项目所有物资的收发存储等工作,通过工程项目采购全流程管理,控制好物资采购的数量、价格与进度,贯彻项目采购全生命周期成本管理的理念。

(2)工程总承包企业应对工程总承包项目采购过程和采购产品的质量实施控制,确保采购物资满足合同要求和工程使用要求。

1)工程总承包企业应根据工程总承包项目的技术、质量、职业健康安全、环境、供货能力、价格、售后服务和可靠的供货来源等要求,并基于供应商的资质、能力和业绩等,确定并实施供应商评价、选择、再评价以及绩效监视和后评价的准则。

2)应保持对供应商的评价、选择、绩效监视和再评价的记录。

2. 供应商管理

(1)供应商评价与选择

工程总承包企业应对供应商进行综合评价,建立合格供应商名录。应根据合同要求和项目具体特点,通过招标、询比价和竞争性谈判等方式,经过项目级评价,并按照工程总承包企业规定的程序,在合格供应商名录中选择供应商。对于重要物资供应商的考察可采取对供应商进行体系审核、现场实地考察等形式确定。

(2)供应商后评价

工程总承包企业应建立供应商后评价制度,定期或在项目结束后对其进行后评价。

(3)对供应商控制的类型和程度

工程总承包企业应确保外部供应商提供的过程、产品和服务不会对本企业稳定地向顾客交付合格工程总承包产品和服务的能力产生不利影响。

（4）采购合同管理

工程总承包企业应确保与供应商就产品或服务的相关要求进行充分沟通，并在招标文件、采购合同/协议中明确相关要求。工程总承包企业应建立采购合同管理制度，明确采购合同管理的职责和职能部门。应按制度规定对项目采购合同进行审批，经审批后合同方可实施。

3. 采购工作程序

工程总承包企业应建立采购管理制度，明确采购工作程序和控制要求；应建立工程总承包项目采购管理组织机构，明确各岗位职责、具体工作内容和要求。

4. 采购执行计划

项目部应依据项目合同、项目管理计划、项目实施计划、项目进度计划，以及企业有关采购管理程序、规定和要求，编制项目采购执行计划，并对采购过程进行管理和监控。

3.3.3 采购控制管理

1. 采购控制要求

工程总承包企业应对工程总承包项目采购过程和采购产品的质量实施控制，确保采购物资满足合同要求和工程使用要求。

（1）工程总承包企业应根据工程总承包项目的技术、质量、职业健康安全、环境、供货能力、价格、售后服务和可靠的供货来源等要求，并基于供应商的资质、能力和业绩等，确定并实施供应商评价、选择、再评价以及绩效监视和后评价的准则。

（2）应保持对供应商的评价、选择、绩效监视和再评价的记录。在下列情况下，应确定对供应商提供的过程、产品和服务实施控制。

2. 采购控制

（1）采买

1）采买工作应包括接收请购文件、确定采买方式、实施采买和签订采购合同或订单等内容。采买工程师应按批准的请购文件及采购执行计划确定的采买方式实施采买。

2）确定采买方式是指根据项目的性质和规模、工程总承包企业的相关采购制度，以及所采购设备或材料对项目的影响程度，包括质量和技术要求、供货周期、数量、价格以及市场供货环境等因素，来确定采用招标、询比价、竞争性谈判和单一来源采购等方式。

3）工程总承包企业应依法与供方签订采购合同或者订单，采购合同或订单应完整、准确、严密、合法。依据工程总承包企业授权管理原则，按采购合同审批流程进行审批。

（2）催交与检验

1）项目部根据设备、材料的重要性划分催交与检验等级，确定催交与检验方式和频度，制定催交与检验计划，明确检查内容和主要控制点并组织实施。催交方式包括驻厂催交、办公室催交和会议催交等。

2）检验方式可分为放弃检验（免检）、资料审阅、中间检验、车间检验、最终检验和项目现场检验。检验人员负责制定项目总体检验计划，确定检验方式以及出厂前检验或驻场监造的要求，应按规定编制驻厂监造检验报告或者出厂检验报告等。

（3）运输与交付

1）项目部应依据采购合同约定的交货条件制定设备、材料运输计划，并组织实施。对超限和有特殊要求的设备、危险品的运输，应制定专项运输方案，可委托专业运输机构承担运输。

2）对于国际运输，应依据采购合同约定、国际公约和惯例进行，做好办理报关、商检及保险等手续。设备、材料运至指定地点后，接收人员应对照送货单进行清点，签收时应注明到货状态及其完整性，填写接收报告并归档等。

（4）仓储管理

1）项目部应制定物资出入库管理制度，设备、材料正式入库前，依据合同规定进行开箱检验，检验合格的设备、材料按规定办理出入库手续，建立物资动态明细台账等。

2）所有物资应注明货位、档案编号和标识码等。仓库管理员要及时登账，定期核对，使账物相符。应建立和实施物资发放制度，依据批准的领料申请单发放设备、材料，办理物资出库交接手续等。

3. 采购与设计、施工和试运行的接口控制

（1）在采购与设计的接口关系中，应重点控制以下接口内容：采购接收设计提交的请购文件；采购接收设计提交的报价技术评价文件；采购向设计提交订货的设备、材料资料；采购接收设计对制造厂图纸的评阅意见；采购评估设计变更对采购进度的影响；采购邀请设计参加产品的中间检验、出厂检验和现场开箱检验等。

（2）在采购与施工的接口关系中，应重点控制以下接口内容：所有设备、材料运抵现场；现场的开箱检验；施工过程中发现与设备、材料质量有关问题的处理对施工进度的影响；采购变更对施工进度的影响等。

（3）在采购与试运行的接口关系中，应重点控制以下接口内容：试运行所需材料及备件的确认；试运行过程中发现的与设备、材料质量有关问题的处理对试运行进度的影响等。

3.3.4 采购管理关注的重点工作

1. 外部供方管理的重点

外部供方管理的重点包括以下内容：对外部供方的评价、绩效监视和再评价；外部提供的产品、服务和过程的控制；与外部供方的沟通。

2. 采购管理过程的重点工作

（1）采购执行计划

项目部应依据项目合同、项目管理计划、项目实施计划、项目进度计划以及相关规定和要求，编制项目采购执行计划。采购执行计划应按规定审批后实施，采购执行计划内容应完整，对采购活动具有指导性；应对采购执行计划的实施进行管理和监控，当采购内容、采购进度或采购要求发生变化时，应对采购执行计划进行调整。

（2）供应商选择

项目部应根据合同要求和项目具体特点，通过招标、询比价和竞争性谈判等方式，经过项目级评价，并按照工程总承包企业规定的程序选择供应商，新的供应商应纳入本企业合格供方名录。

项目部应依法与供应商签订采购合同或者订单，依据工程总承包企业授权管理原则，按采购合同审批流程进行审批，并根据设备、材料的重要性划分催交与检验等级，制定催交与检验计划（包括催交与检验方式和频度），催交与检验计划应包括检验内容和催交控制点，催交人员应按规定编制催交状态报告，审查供应商的制造进度计划，并进行检查和控制，对催交过程中发现的偏差提出解决方案。此外，项目部还应编制项目总体检验计划，项目总体检验计划应明确检验方式，对驻场监造的应编制驻场监造报告或出厂检验报告。

项目部应依据采购合同约定的交货条件制定设备、材料运输计划，对超限和有特殊要求设备、危险品的运输，应制定专项运输方案。同时，项目部应制定物资出入库管理制度，采购物资入库前应有检验合格证明，出入库手续应齐全，设备、材料正式入库前，依据合同规定进行开箱检验，检验合格的设备、材料按规定办理出入库手续，建立物资动态明细台账，所有物资应注明货位、档案编号和标识码等。仓库管理员要及时登账，定期核对，使账物相符。

最后，项目部还应建立和实施物资发放制度，依据批准的领料申请单发放设备、材料，办理物资出库交接手续。物资台账应动态管理、账目清晰。

（3）采购变更管理

项目部应明确采购变更管理的流程、职责和审批要求，应按规定对采购变更实施控制。

（4）采购纳入设计管理程序

工程总承包管理中，采购是按项目的技术、质量、安全、进度和费用要求，获得所需的设备、材料及有关服务。因此，把采购纳入设计管理程序中进行管控，设计才能更好地指导采购、施工和试运行，才能符合《建设项目工程总承包管理规范》GB/T 50358—2017 和《质量管理体系 要求》GB/T 19001—2016 等国家标准要求，才能为工程总承包项目实施过程控制创造有利条件。

特别提示

本节引用《建设项目工程总承包管理规范》GB/T 50358—2017 中的采购和采购合同定义。通常说的广义采购，包括设备、材料的采购和设计、施工及劳务采购。本章介绍的采购是指设备、材料的采购，而把设计、施工、劳务及租赁采购称为项目分包。

3.4 项目实施过程控制管理基本要求

工程总承包组织应在受控条件下提供生产和服务。生产和服务提供过程直接影响产品和服务的质量，组织应确定要求，针对产品或服务的性质，对所有与生产服务提供过程相关的活动进行考虑和有效控制，以满足组织或顾客的各种要求。

3.4.1 项目实施过程控制

控制是项目管理的重要活动之一，控制的目的就是使产品和服务质量满足顾客以及法律法规等方面提出的要求。控制的对象包括产品和服务形成全过程各个阶段的活动。为使项目相关活动得到有效控制，组织需要规定适宜的要求，让所有相关人员遵守规定要求，采取措施达到要求，提供预期产品和服务并识别需要改进之处。

控制具有动态性，因为项目要求会随着时间的进展而不断变化，因此，组织需要不断研究新的控制方法，才能更好地满足新的要求。

项目控制是项目管理者根据项目跟踪所获取的信息，对比原计划（或既定目标）找出偏差并分析原因，研究纠偏对策、实施纠偏措施的全过程。工程总承包项目实施过程控制主要包括综合变更控制、范围变更控制、质量控制、风险控制、费用控制和进度控制等内容。

工程总承包项目部应对工程总承包项目实施过程进行控制，工程总承包项目实施过程包括项目启动、策划、实施、控制和收尾等，项目管理内容包括项目进度、质量、安全和环境、费用、资源、沟通和信息、合同、风险、收尾等。

3.4.2 项目实施过程控制要求

1. 项目经理应行使项目管理职能，实行项目经理负责制；

2. 项目部应获得适用的法律法规、技术标准规范及验收规范、作业指导书、工程图纸、工程总承包合同、设计分包合同、采购合同、施工分包合同等文件，并按要求实施；

3. 应配置与项目匹配的监控和测量资源，并实施监控和测量。对于工程总承包中过程结果不能由后续的检查、试验加以验证的过程，在策划时应予以确定，并明确对所使用的设备认可和人员资格的认定、使用的特定方法和程序等，必要时实施再确认；

4. 在工程勘察、设计阶段，工程总承包企业应按照合同要求进行深化设计，做好投资控制，并控制施工图设计进度。施工图应进行可施工性分析，确保工程质量。施工图设计完成后，设计应配合项目变更进行施工图审查及修改工作；

5. 在项目采购（或分包）工作中，组织签订采购（或分包）合同，进行采购（或分包）合同交底，执行采购（或分包）合同，进行采购（或分包）总结及评价等；

6. 在施工和试运行管理过程中，应重点做好质量、安全、职业健康和环境保护、进度控制以及合同费用管理、档案（信息）管理、风险管理和沟通协调管理等；

7. 项目进入收尾阶段后应进行现场清理、项目竣工结算、竣工资料移交、项目总结、项目团队绩效考核、工程保修与回访、项目部解散等工作；

8. 项目应根据工程技术特点及规模确定质量控制点数量与控制级别以及检验批；

9. 项目部应对原材料、设备、构配件进行进场检查验收，有复试要求的材料按规定要求进行复验；

10. 项目应正确使用监控和测量资源，实施监控和测量；

11. 应采取措施防范人为错误。措施可包括：增加标识；设置警示、联动、限位装置；改进工器具的性能；用自动化代替手工作业；实行班前培训、班后检查，必要时实施样板引路；创造良好的作业环境和人文环境，安排合理台班时间，防止操作人员过度疲劳等；

12. 应对过程工序、最终产品的验收交付和交付后活动按规定要求实施控制。

3.4.3 项目实施过程控制的重点工作

项目实施过程控制过程中，应重点关注如下工作：项目施工管理；施工与设计、采购和试运行的接口控制；项目试运行管理；试运行与设计、采购和施工的接口控制；项目风险管理；项目质量管理；项目职业健康安全和环境管理；项目进度管理；项目费用管理；项目资源管理；项目沟通与信息管理；工程总承包合同管理；项目收尾；标识和可追溯性管理；顾客或外部供方的财产的控制；工程总承包项目的防护；工程总承包项目移交后的服务；工程总承包项目更改的控制；工程总承包项目放行的控制；工程总承包项目不合格品的控制；工程总承包项目总结；工程总承包项目后评价等。

1. 项目施工管理

（1）施工阶段是工程总承包项目建设全过程中的重要阶段。施工管理包括项目着手准备、施工问题研究、施工管理策划、施工阶段管理，直至项目竣工验收的所有管理活动。项目经理代表企业法人，按发包人招标文件及工程总承包合同要求，行使对施工承包商的管理责任，对项目施工全过程进行管理和控制。

（2）施工过程控制的重点工作：施工分包方入场条件审核；交底和培训；对施工分包单位文件审核；施工分包目标责任书及协议签订；施工过程控制；施工分包

方履约能力评价；施工与设计接口控制；施工与采购接口控制；施工与试运行接口控制等。

2. 施工与设计、采购和试运行的接口控制

（1）施工与设计的接口控制

施工与设计接口关系中，应重点控制以下主要内容：对设计的可施工性分析；接收设计交付的文件；图纸会审、设计交底；评估设计变更对施工进度的影响等。

（2）施工与采购的接口控制

施工与采购的接口关系中，应重点控制以下主要内容：现场开箱检验；接收所有设备、材料；施工过程中发现与设备、材料质量有关问题的处理及其对施工进度的影响；评估采购变更对施工进度的影响等。

（3）施工与试运行的接口控制

施工与试运行的接口关系中，应重点控制以下主要内容：施工执行计划与试运行执行计划不协调时对进度的影响；试运行过程中发现的施工问题的处理对进度的影响等。

3. 项目试运行管理

（1）依据合同约定，在工程完成竣工试验后，由项目发包人或项目承包人组织进行的包括合同目标考核验收在内的全部试验。试运行在不同的领域表述不同，例如试车、开车、调试、联动试车、整套（或整体）试运、联调联试、竣工试验和竣工后试验等。

（2）试运行管理过程的重点工作：试运行组织机构和人员；试运行计划和方案；试运行准备；试运行考核等。

4. 试运行与设计、采购和施工的接口控制

（1）试运行与设计的接口控制

试运行与设计的接口关系中，应重点控制以下主要内容：试运行对设计提出的要求；设计提交的试运行操作原则和要求；设计对试运行的指导与服务，以及在试运行过程中发现有关设计问题的处理对试运行进度的影响等。

（2）试运行与采购的接口控制

试运行与采购的接口关系中，应重点控制以下主要内容：对试运行所需材料及备件的确认；试运行过程中发现的与设备、材料质量有关问题的处理对试运行进度的影响等。

（3）试运行与施工的接口控制

试运行与施工的接口关系中，应重点控制以下主要内容：施工执行计划与试运行执行计划不协调时对进度的影响；试运行过程中发现的施工问题的处理对进度的影响等。

5. 项目风险管理

（1）在 GB/T 19001—2016 中，"风险"是指不确定性的影响。"基于风险的思维"

应贯穿于项目管理全过程，它可以帮助组织建立主动预防的价值观和企业文化，也可以帮助组织更好地完成使命、达成目标以及改进工作方式。

（2）项目风险管理过程的重点工作：编制风险管理计划；风险管理；风险监控等。

6. 项目质量管理

（1）质量管理是一个组织管理工作的重要组成部分。质量管理通常包括制定质量方针、质量目标以及质量策划、质量保证、质量控制和质量改进等活动。质量管理涉及组织的各个方面，在进行质量管理活动时，要基于风险的思维，最大限度地降低不利影响，尽可能地平衡组织、顾客和其他相关方的利益，从而提供符合顾客要求和其他相关方要求的产品。

（2）项目质量管理过程的重点工作：质量管理机构及其职责；质量计划；质量检查验收；质量信息收集和反馈。

7. 项目职业健康安全和环境管理

（1）职业健康安全管理体系、环境管理体系是组织管理体系的重要组成部分，组织应将其控制下的或在其影响范围内的可能影响组织职业健康安全及环境绩效的活动、产品和服务纳入职业健康安全管理和环境管理，并不断寻求改进机会，实现企业既定目标。

（2）项目职业健康安全和环境管理过程的重点工作：职业健康、安全和环境管理的策划；危险源、环境因素识别、风险评价；施工过程职业健康、安全和环境风险控制；施工过程的事故事件管理；合规管理等。

8. 项目进度管理

（1）工程总承包项目进度管理是一项专业性强且十分复杂的技术工作，需要梳理项目设计、采购、施工、试运行等各阶段工作之间错综复杂的逻辑关系和接口，应借助信息化手段或工具进行进度管理，提升项目进度管控水平，降低项目进度风险。

（2）项目进度管理过程的重点工作：项目进度计划编制；项目进度控制等。

9. 项目费用管理

（1）项目费用控制是一项复杂的系统工程，既包含许多技术理论，又有大量的经验成分。熟练掌握并有效进行项目费用控制，是一个长期积淀和循序渐进的过程。项目费用控制需要对项目资源、项目策划、项目实施乃至项目收尾等进行全过程控制，提前分析、预测影响项目费用控制的主要因素，做到有主有次，抓大不能放小，才能确保项目费用始终受控。

（2）项目费用管理过程的重点工作：费用计划编制；费用控制；费用变更管理；项目费用分析报告等。

10. 项目资源管理

（1）组织应确定并提供所需的资源，以建立、实施、保持和持续改进项目管理。资源可以是内部的也可以是外部的，在确定所需资源时，组织应从人员、基础设施、过程运行环境、监控和测量资源、组织的知识五个方面考虑，评审组织目前所具有的能力，同时应识别为减少不利影响或达成目标，目前还有哪些受限条件，以满足这些条件需要在资源配置上采取哪些措施。

（2）项目资源管理过程的重点工作：项目部应识别人力、基础设施、材料、技术、资金等资源需求，制定资源需求计划；工程总承包企业应为工程总承包项目合理投入资源；项目部的资源配置应合理，满足项目质量、安全、费用、进度等运行需求；项目资源投入应在满足实现工程总承包项目的质量、安全、费用、进度以及其他目标需要的基础上，进行优化配置；项目部应按计划对项目岗位人员进行培训；项目部应对项目各岗位人员进行绩效考核和评价，并将考核结果反馈本企业人力资源管理部门和项目管理职能部门；项目部应进行技术资源管理，开展技术管理活动；项目部应确定并配置适宜的监控和测量资源。测量设备应按规定检定、校准，测量设备的保管应满足要求。

11. 项目沟通与信息管理

（1）组织应明确与项目相关的内部和外部沟通，包括：沟通什么；何时沟通；与谁沟通；如何沟通；谁来沟通。有效的沟通是组织内部及其有关相关方建立共识的重要手段，组织应进行沟通策划，确保沟通是系统的并且具有自己的特色，要将组织关于组织环境、顾客及其他相关方的需求和期望准确地传递给全体员工以及供应商、合作伙伴和其他相关方。

（2）项目沟通与信息管理过程的重点工作：建立信息管理系统；制定项目沟通计划；信息沟通管理等。

12. 工程总承包合同管理

（1）合同管理是工程总承包管理的重要组成部分，必须贯穿于整个工程项目管理过程中。在工程总承包项目管理过程中，没有合同意识，则工程项目整体目标不明；没有合同管理，则项目管理难以成系统，成本难以受控。加强合同管理有利于实现工程总承包企业经济效益最大化。

（2）工程总承包合同管理过程的重点工作：合同的管理；合同变更和索赔管理；合同文件管理；合同收尾等。

13. 项目收尾

（1）项目收尾管理是项目管理过程的最后阶段，当项目的阶段目标或最终目标已经实现，项目就进入了收尾工作过程。只有通过项目收尾这个工作过程，项目才有可能正式投入使用，才有可能提供预定的产品或服务。

（2）项目收尾过程的重点工作：项目部应建立收尾组织，明确项目收尾内容，由项目经理组织对项目收尾情况进行检查、确认；项目部应按时完成竣工验收和工程结算，按时完成项目资料归档；按时办理工程移交手续及项目考核与审计；项目部应进行项目总结，编制总结报告，项目总结内容应包括项目全过程管理控制的经验及教训；

应依据项目管理目标责任书对项目部进行考核，项目部应依据项目绩效考核和奖惩制度对项目部成员进行考核；项目部应对外部供方进行后评价，并将评价结果反馈本企业相关职能部门。

14. 标识和可追溯性管理

（1）组织应采用适当的方法识别输出，以确保产品和服务合格。组织应在生产和服务提供的整个过程中按照监控和测量要求识别输出状态，当有可追溯性要求时，应按控制输出的唯一性标识，并应保留所需的成文信息以实现可追溯。

（2）标识和可追溯性管理过程的重点工作：项目部应在项目现场设置产品标识，对进场的设备、原材料、构配件进行标识，防止混乱和误用。产品标识是唯一性的；项目部应对进场的设备、原材料、构配件检验状态进行标识，对施工质量验收状态进行标识，同时对上述验收状态加以记录；对有可追溯性要求的施工工序使用唯一性标识并加以记录。

质量记录内容应具有可追溯性。

15. 顾客或外部供方的财产的控制

（1）组织应爱护在组织控制下或组织使用的顾客或外部供方的财产。

（2）顾客或外部供方财产控制过程的重点工作：项目部应对顾客和外部供方财产予以识别、验证、保护和防护，识别应准确、充分；使用顾客财产（如甲方提供的工艺包、甲供设备与材料等）或供方财产（如施工分包单位的测量设备等），应对适用性、完整性等进行验证，并按规定保护；当顾客提供财产在接收、贮存、使用、交付中出现质量不合格、有缺陷、损坏或加工使用过程中出现质量降低、功能缺陷等情况时，应按不合格品控制要求将其隔离存放，并与顾客沟通，取得一致的处理意见；当顾客或外部供方的财产发生丢失、损坏、失密或发现不适用情况，应及时向顾客或外部供方报告。

16. 工程总承包项目的防护

（1）组织应在生产和服务期间对输出产品进行必要的防护，以确保符合要求。防护可包括标识、处置、污染控制、包装、储存、传输或运输以及保护。

（2）工程总承包项目防护过程的重点工作：项目部应对现场工程原材料、设备、构配件，以及分项、分部完工的工程等进行有效的防护，避免由于防护不当导致损坏、破坏、腐蚀、变形、污染等情况；对工程总承包项目文件、资料防护采取防护措施，以免发生丢失、不清晰、不完整的情况。

17. 工程总承包项目移交后的服务

（1）组织应满足与产品和服务相关的交付后活动的要求。在确定所有要求的交付后活动的覆盖范围和程度时，组织应考虑：法律法规要求；与产品和服务相关的潜在不良的后果；产品和服务的性质、使用和预期寿命；顾客要求；顾客反馈。

（2）工程总承包项目移交后的服务过程重点工作：工程总承包合同中应明确交付后活动的范围；应按合同要求、法规要求策划和安排交付后的活动，例如责任期内的保修和非保修范围的维修；应明确对缺陷责任期内的设备、设施的操作和维护的责任；应保持交付后服务过程和结果的适当记录；应收集项目交付后发生的质量问题和顾客反馈的意见或建议，作为质量改进的依据。

18. 工程总承包项目更改的控制

（1）组织应对生产或服务提供的更改进行必要的评审和控制，以确保持续地符合要求。组织应保留成文信息，包括有关更改评审的结果，授权进行更改的人员以及根据更改评审所采取的必要措施。

（2）工程总承包项目更改控制过程的重点工作：项目部应制定变更管理程序；工程总承包项目更改应综合考虑整个项目的进度、质量、费用、安全等因素，也要考虑施工承包商自身条件和现场条件的限制；项目部应对影响工程的变更进行评审，确定对项目实施的影响，并采取措施；项目部应对变更进行审批，并保留评审、审批、授权更改人等记录；项目部应将变更分发到所有相关人员，防止作废文件的非预期使用。

19. 工程总承包项目放行的控制

（1）组织应在适当阶段实施策划的安排，以验证产品和服务的要求已得到满足。组织除非得到有关授权人员批准，或得到顾客的批准，否则在策划安排完成之前，不应向顾客放行产品和交付服务。组织应保留有关产品和服务放行的成文信息。成文信息包括：符合接收准则的证据和可追溯到授权放行人员信息。

（2）工程总承包项目放行控制过程的重点工作：应根据工程项目特点进行单位工程、分部、分项工程划分，工程划分应经审批，并报监理签认。应根据工程划分确定质量控制点及检验级别；应按规定的检验级别，对进场的原材料、设备、构配件进行进场检查验收，并保存记录，检验记录内容应完整并签署齐全。有复试要求的材料应按规定要求进行复验；现场应设置防范人为失误所必要的标识、警示标志、限位装置等；分部工程、单位工程验收、工程竣工验收应与工程同步，并保留授权责任人签署和批准的证据，相关资料应齐全完整；现场应有为确保施工质量满足要求所必要的施工样板；应按规定对项目实施过程中形成的质量记录进行标识、收集、保存和归档；竣工验收的准备应充分、资料应完整，并与参建各方做好沟通、协调。

20. 工程总承包项目不合格品的控制

（1）组织应确保对不符合要求的输出进行识别和控制，以防止非预期的使用或交付。组织应根据不合格的性质及其对产品和服务符合性的影响采取适当措施。这也适用于在产品交付之后，以及在服务提供期间或之后发现的不合格产品或服务。组织应通过下列一种或几种途径处置不合格输出：纠正；隔离、限制、退货或暂停对产品和服务的提供；告知顾客；获得让步接受的授权。对不合格输出进行纠正之后应验证其是否符合要求。组织应保留下列成文信息：描述不合格；描述所采取的措施；描述获得的让步；识别处置不合格的授权。

（2）工程总承包项目不合格品控制过程的重点工作：项目部应明确不合格的处置方式；应明确不合格处置的流程和权限；不合格的处置应满足规定要求，不合格处置后应重新验证合格；应对不合格进行原因分析，必要时采取纠正措施；应保留不合格处置的记录，记录应完整。

21. 工程总承包项目总结

工程项目竣工投产或投入使用后，项目部应根据合同要求协助项目发包人对项目情况进行全面、系统的总结，出具总结报告，总结报告内容如下：

（1）前期决策总结：归纳项目立项的依据、决策的过程和目标、项目评估和可行性研究批复情况；

（2）项目实施准备工作总结：简述工程勘察设计、资金筹措、采购招标、征地拆迁和开工准备情况；

（3）项目建设实施总结：重点说明项目实施期间的组织管理模式、合同执行与管理情况、工程设计变更情况、项目投资管理情况、工程质量控制情况、竣工验收情况；

（4）项目经验、教训、结论和建议：通过从项目实施过程的回顾和总结，找出项目的主要经验与教训。

22. 工程总承包项目后评价

工程总承包项目后评价应由项目发包人负责组织完成，项目部应根据合同要求协助完成相关内容。

（1）建设项目竣工投产后，一般经过一段时间的生产运营，要进行一次系统的项目后评价，对项目的目标、执行过程、效益、作用和影响进行系统的、客观的分析和总结。通过对投资活动实践的检查总结，确定投资预期的目标是否达到，项目的主要效益指标是否实现。项目后评价包括项目建设目标后评价，项目效果和效益后评价，项目环境影响和社会效益后评价，项目可持续性后评价，项目管理后评价，主要经验教训、结论和相关建议。

（2）工程总承包项目后评价报告是评价结果的汇总，是反馈经验教训的重要文件。通过建设项目后评价以达到总结经验、研究问题、吸取教训、提出建议、改进工作、不断提高工程总承包项目决策水平和投资效果的目的。

特别提示

本节所涉及的项目进度管理和项目费用管理，可采用赢得值管理技术进行费用、进度综合控制，还可以根据当前的进度、费用偏差情况，通过原因分析，对趋势进行预测，预测项目结束时的进度和费用情况，并做好实际进度与计划进度的比较等，为工期索赔奠定基础。

3.5 项目绩效评价管理基本要求

3.5.1 绩效评价

组织应通过监控、测量、分析和评价、内部审核以及管理评审活动对绩效进行评价，确定和选择改进机会，并采取必要措施，以满足顾客要求和增强顾客满意。工程总承包项目应明确检查的内容、范围和频次，应分阶段、多维度组织对项目实施的中间成果和最终成果进行检查。采取总结、统计分析、调查对标等方式，确定改进需求并实施改进，以不断增强顾客满意度。

3.5.2 检查

1. 项目策划阶段的检查

工程总承包企业生产管理部门应依据项目策划的有关规定，对工程总承包项目的策划过程和策划文件进行监督检查，重点检查策划的及时性，策划文件的适宜性、完整性，以及策划要求实施的有效性，确保策划过程和策划结果满足要求。

2. 项目实施过程的监督检查

工程总承包企业生产部门应根据项目具体情况制定监督检查计划，根据项目特点及实施的不同阶段，确定检查内容和检查重点。监督检查人员按照监督检查计划实施监督检查，监督检查结束后编制并下发监督检查报告。监督检查报告应包括检查内容、检查发现的问题及整改要求。应跟踪确认问题整改到位。相关职能部门应按照与项目部签订的项目管理目标责任书，对项目部进行考核。

3. 中间成果和最终成果的检查

工程总承包企业应建立设计成品质量检查和评定制度，对设计成果进行抽查或复查，及时发现设计文件存在的质量问题，减少对工程质量的影响。对检查结果进行评定和通报，减少同类设计错误的重复发生。此外，工程总承包企业应在项目竣工验收前，组织相关设计人员对已完工程与设计要求的符合性进行检查。项目部在项目竣工验收前组织施工分包单位自查，查找工程质量隐患并及时整改。工程完工后，项目部应向建设单位提出竣工验收申请，并配合其组织的工程竣工验收。建设单位（发包人）、监理、质量检测机构、政府工程质量监督部门对项目质量检查发现的问题，应组织相关施工分包单位或供应商进行整改或处理，保留相关记录。项目实施过程中对检验批、分项、分部（子分部）工程的质量要求验收，应按工程总承包项目的放行控制要求进行。

3.5.3 改进

1. 工程总承包业务的改进需求

工程总承包企业应建立工程总承包业务的改进机制，采取总结、统计、分析、调查、对标等方式，确定改进需求并实施改进。

（1）收集、整理各层面、各类检查发现的工程总承包项目管理的典型问题，进行归类、统计和原因分析，确定需改进的内容；

（2）收集工程总承包项目发生的各类采购和施工质量不合格、质量事故及事件，进行原因分析，确定改进需求；

（3）在项目实施过程中通过与外部相关方沟通，收集与项目管理有关的意见和建议，确定改进的需求；

（4）通过工程项目回访、顾客意见调查等方式收集顾客或相关方意见，进行统计分析，确定改进需求；

（5）通过调研、交流、学习，或开展同行业先进企业对标，查找本企业工程总承包管理的差距，确定改进需求；

（6）通过工程总承包项目总结，对项目运行管理中的经验、创新点予以总结和积累，对出现的问题或教训认真分析原因，确定改进需求；

（7）对合同履行情况进行总结和评价，查找问题，确定改进需求等。

2. 确定质量改进措施

（1）对设计成果质量抽查或复查、设计文件外部审查、设计回访、设计原因导致的设计变更等设计质量问题进行统计、分类，分析原因，确定改进措施；

（2）对工程总承包项目质量事故、事件的调查分析，确定原因，制定改进措施；

（3）对工程总承包项目施工过程中和验收过程中发现的质量不合格进行原因分析，确定改进措施；

（4）对采购的设备、材料、构配件在进厂检验或安装、使用后发现的不合格品进行统计分析，确定改进措施；

（5）在工程保修期内收集发生的保修事项，分析故障原因，确定改进措施等。

3.5.4 实施改进

工程总承包企业应根据确定的改进内容制定有针对性的改进措施，确保改进措施的实施能够实现改进的效果：

（1）改进管理方法。

（2）采取措施提高管理人员、技术人员的能力和水平。

（3）调整或增加项目资源配置（人员、软件、标准规范、作业指导文件、测量设备等）。

（4）完善管理体系、项目管理制度、管理流程、管理界面、技术和管理接口等。

（5）改进知识管理程序，如编制设计模板、标准化设计等。

（6）必要时，可考虑业务的调整等。

工程总承包企业应实施确定的改进措施，并验证措施的有效性和实施效果。

3.5.5 绩效评价

1. 工程总承包业务的经营绩效评价

工程总承包企业应通过以下方面的内容，评价工程总承包业务的经营绩效：

（1）工程总承包业务年度经营目标的制定及完成情况。

（2）制定和完成的年度经营指标应适应企业中长期发展规划的目标。

（3）一年来，工程总承包业务新市场的拓展情况、总承包业务增长情况。

（4）一年来，工程总承包业务中标率增长情况。

（5）工程总承包业务人均产值指标增长情况。

（6）工程总承包业务的盈利能力、利润率指标在同行中所处的位置等。

针对上述绩效指标与竞争对手、同行标杆企业进行对比分析，找出优势、劣势和差距。

2. 工程总承包业务的管理绩效评价

工程总承包企业应通过以下方面的内容，评价工程总承包业务的管理绩效：

（1）本企业项目管理体系、绩效考核体系、激励机制、人才培养机制等对工程总承包业务发展的支撑作用。

（2）工程总承包项目获得的相关方的赞扬、表扬，以及获得的优质工程奖、鲁班奖、专利，或其他奖项。

（3）工程总承包项目应用新材料、新设备、新工艺、新技术成果的情况。

（4）管理人员队伍建设、人员培养等方面取得的成效。

（5）通过学习、培训、项目管理实践，培养工程总承包管理高素质人才的情况。

（6）对项目管理体系、管理流程的改进情况。

（7）工程总承包业务的外部评价情况等。

3. 工程总承包项目的绩效

工程总承包企业可通过对已完成的工程总承包项目，通过以下方面评价项目的绩效：

（1）项目管理目标责任书的完成情况。

（2）项目绩效指标的完成情况。

（3）项目知识管理取得的成效。

（4）项目风险控制的效果。

（5）项目进度控制、费用控制的效果。

（6）工程质量状况：工程竣工验收、试运行、开车及性能考核的情况。

（7）对分包方实施控制的效果：对分包方重复发现同类问题的情况、分包方问题整改的及时性及效果等。

（8）项目实施过程中是否发生质量、职业健康、安全和环境事故的情况。

（9）保修责任期内出现故障的情况。

（10）项目资料的完整性及整理归档的及时性。

（11）发包方或监理单位对项目部的评价等。

4. 工程总承包企业最高领导者的角色和作用

工程总承包企业最高领导者的角色和作用应体现在文化构建、沟通激励、机制建设、质量安全、品牌建设、风险管理和绩效评价等方面：

（1）文化构建

如何确定和贯彻组织的使命、远景和价值观。

（2）沟通激励

如何与全体员工和其他相关方坦诚、双向沟通。

（3）机制建设

如何营造诚信守法、改进创新、快速反应和自主学习的环境。

（4）质量安全

如何履行质量安全职责。

（5）品牌建设

如何推进品牌建设，提高品牌美誉度。

（6）风险管理

如何强化风险意识，培养未来领导者，以推进企业可持续经营。

（7）绩效评价

如何评价绩效，采取行动提升绩效，以实现企业战略和愿景。

特别提示

企业最高领导者应有效地专注项目的贡献，杜绝项目管理与总部业务管理和绩效管理之间的背离。

3.6　本章小结

本章从质量、HSE、进度、费用和风险管理等入手，并将其贯穿于项目设计、采购、施工和试运行全过程，全面阐述工程总承包项目管理的全过程。在应用《建设项目工程总承包管理规范》GB/T 50358—2017 基础上，工程总承包项目全过程管理组织行为与《质量管理体系 要求》GB/T 19001—2016 中的"策划-实施-检查-处置"过程方法以及基于风险的思维是一致的。在新时代做好工程总承包管理，关键是制定规则和遵守规则，制定规则是管理精神的呈现，而企业管理者只有遵守规则，才能最终实现企业高质量发展，增强企业组织动力，使企业行稳致远。

特别提示

1. 遵守规范，建立体系，企业才能在高质量的轨道上发展。
2. 通过教学、研究、培训、应用，才能为企业项目管理和咨询创造更大的价值。

思考题

1. 简述工程总承包管理基本要求。
2. 简述 EPC 工程总承包。
3. 简述 EPC 工程总承包项目的特点。
4. 简述项目设计全过程管理的重点工作。
5. 简述何为采购、广义采购。
6. 简述采购工作内容。
7. 简述供应商管理。
8. 简述采购管理过程的重点工作。
9. 项目实施控制原则是什么？
10. 简述施工与设计的接口控制。
11. 简述施工与采购的接口控制。
12. 简述施工与试运行的接口控制。
13. 简述项目绩效评价管理基本要求。
14. 简述工程总承包业务的管理绩效评价。
15. 企业最高领导者如何进行绩效评价？

4

项目招标投标管理

【教学提示】

工程总承包项目招标投标是项目实施过程中的一个重要环节,项目招标的方式有多种,其中公开招标是项目主要招标方式。工程总承包招标投标是以实现工程总承包项目设计、采购和施工以及获得相关服务为目标而进行的一系列交易活动。本章介绍了工程总承包项目招投标管理基本要求、工程总承包项目招标方案策划和工程总承包项目评标定标方案策划等内容。

【教学要求】

本章重点掌握招标方案的组成;工程总承包项目招标投标应遵循的基本要求;综合评估法和经评审的最低投标价法的优缺点;初步评审内容和详细评审内容;评标基本程序及定标原则等。

4.1 工程总承包项目招标投标管理基本要求

4.1.1 工程总承包招标投标概述

1. 工程总承包招标投标的概念与特点

（1）工程总承包招标投标概念

工程总承包招标投标是以实现工程总承包项目设计、采购和施工以及获得相关服务为目标而进行的一系列交易活动，是指建设单位或业主通过招标方式，将建设工程的设计、施工、材料设备采购供应等业务一次发包，由具有相应资格的工程总承包单位通过投标竞争的方式承接的行为。工程总承包招标投标包括招标、资格审查、投标、开标、评标、中标和签订合同七个程序。

（2）工程总承包招标投标的特点

①程序规范

《招标投标法》等法律法规和规章对招标人从招标准备至选择中标人并签订合同的招标投标过程中各个环节的工作流程都有严格规范的限定，不能随意改变。任何违反法律程序的招投标行为，都可能侵害其他当事人权益，必须承担相应的法律后果。同时，对各工作流程的工作条件、内容、范围、形式、标准，以及参与主体的资格、行为和责任都作出了严格的规定。

②公平竞争

工程总承包招投标的核心是竞争，按规定每一次招标必须有3家以上投标者，这就形成了投标人之间的竞争，他们以各自的实力、信誉、服务、质量、报价等优势，战胜其他投标人。竞争是市场经济的本质要求，也是招标投标的根本特点。

③一次成交

一次性特点表现为三层意思：第一层意思是"一标一投"，即对于同一个工程，每一个投标人只能递交一份投标文件，不允许提交多份投标文件；第二层意思是"一次性报价"，即双方不得在招标投标过程中就实质性内容进行协商谈判，讨价还价；第三层意思是招标成功后，不得重新招标或二次招标，确定中标人后，招标人和中标人应及时签订合同，不允许反悔或放弃、剥夺中标权利。

④技术性强

工程总承包招标投标具有极强的技术性，包括标的物的使用功能及技术标准，设计、建造、设备采购与生产服务过程的技术管理要求等。

2. 招标投标的原则

《中华人民共和国招标投标法》（以下简称《招标投标法》）第五条规定了招标投标活动必须遵循的基本原则，即"公开、公平、公正和诚实信用"的原则。

（1）公开原则

1）招标信息公开。采用公开招标方式应做到：①发布招标公告；②需要进行资格预审的还应当事先公开发布资格预审公告；③采用邀请招标方式的，应当向3个以上的特定法人或者其他组织发出投标邀请书；④资格预审公告、招标公告或投标邀请书应当载明能大致满足潜在投标人决定是否参加投标竞争所需要的信息。

2）开标活动公开。①开标时间、地点应当在招标文件中载明；②所有潜在投标人代表均要参加开标；③所有投标文件在开标时当众拆封，并出具投标文件中的主要内容。

3）评标标准公开。评标标准应当在给所有投标人的招标文件中载明。

4）完标结果公开。评标结束后，应对中标候选人进行公示，确定中标人后，招标人应当向中标人发出中标通知书，并同时将中标结果通知所有未中标的投标人。

（2）公平原则

招投标双方以及各投标者之间法律地位平等。招标人不能歧视任何一方当事人，应给所有投标者平等竞争的机会。

在招标投标过程中，招标单位不得有下列不正当竞争行为：

1）收受贿赂；

2）收受回扣；

3）索取其他好处。

在招标投标过程中，投标单位不得有下列不正当竞争行为：

1）以行贿的手段承揽工程；

2）以提供回扣的手段承揽工程；

3）以提供其他好处等不正当手段承揽工程。

（3）公正原则

招标人对所有投标人一视同仁，监督管理机构对招标、投标双方要公正监督，不能偏袒任何一方。

例如：某招标人对招标进行中的关键信息只向其中一个投标人提供或对该投标者降低资格审查标准和减少审查程序，这种行为违背了招投标的公正原则。

（4）诚实信用原则

在招投标活动中，招标人或招标代理机构、投标人等均应以诚实、善意的态度参与招标投标活动，并严格按照法律的规定行使自己的权利和义务，不弄虚作假，不欺骗他人，不通过不正当手段牟取不正当利益，不得损害对方、第三者或社会的利益。

3. 招标的方式、组织形式与招标条件

（1）招标的方式

按照《招标投标法》第十条规定：招标分为公开招标和邀请招标两种形式。

①公开招标

公开招标是指由招标人按照法定程序、在国家规定的媒体上发布招标公告，公开招标信息及提供招标文件，使所有符合条件的潜在投标人都可以平等参与投标竞争，招标人从中择优选定中标人的一种招标方式。

公开招标的特点：招标人发出招标公告，所有符合资格条件的、对招标项目感兴趣的投标人都可以参加投标，且对参加投标的潜在投标人在数量上并没有限制，具有广泛性；可以大大提高招标活动的透明度。

②邀请招标

邀请招标是指招标人根据自己了解掌握的情况，对符合招标项目基本要求的熟悉的投标人或通过征询意向的投标人发出投标邀请，然后由被邀请的潜在投标人参加投标竞争，招标人按照法律程序和招标文件规定的评标方法、标准选择中标人的招标方式。

邀请招标的特点：邀请招标不必发布公开招标公告或招标资格预审文件，但应组织必要的资格审查，且投标人不少于3个。

只有接受投标邀请书的法人或者其他组织才可以参加投标竞争，其他没有接受投标邀请书的法人或组织则无权参与投标。

（2）招标的组织形式

招标的组织形式分为自行招标和委托代理招标。依法必须招标的项目经批准后，招标人根据项目实际需要和自身条件，可以自主选择招标代理机构进行委托招标。如招标人具备自行招标的能力，按规定向招投标主管部门备案批准后，也可进行自行招标。

1）自行招标

自行招标是指招标人自行组织招标小组进行工程总承包项目的招标采购活动。

招标人自行组织招标的，招标人应具备以下条件：

①具有独立法人资格；

②具有与招标项目规模和复杂程度相适应的工程技术、工程造价、财务和工程管理等方面专业技术力量；

③有从事同类工程总承包项目招标的经验；

④设有专门的招采机构或者拥有一定数量的招标专业人员；

⑤熟悉和掌握《招标投标法》及有关法律法规及部门规章。

2）委托代理招标

委托代理招标是指招标代理机构接受招标人委托，通过签订委托招标代理合同，代为办理合同招标范围内的招标事宜。

招标代理机构是指依法设立、从事招标代理业务并提供相关服务的社会中介组织，与行政机关和其他国家机关没有行政隶属关系或者其他利益关系。招标代理机构应当具备下列条件：

①有从事招标代理业务的营业场所和相应资金；

②具备编制招标文件和组织评标的相应专业力量；

③有依法可以作为评标委员会成员人选的技术、经济等方面的专家库。

（3）招标条件

工程招标项目必须具备一定条件方可进行招标，按照《招标投标法》第九条规定：招标项目按照国家规定需要履行项目审批手续的，应当先履行审批手续，取得批准。招标人应当有进行招标项目的相应资金或者资金来源已经落实。也就是说，履行项目审批手续和项目的相应资金或者资金来源已经落实是项目招标的必要条件。

4.1.2 工程总承包项目招投标管理的基本要求

工程总承包招标投标市场存在诸多问题，如招标人主体责任落实不到位；各类不合理限制和隐性壁垒尚未完全消除等。为发挥招标投标制度的竞争择优功能，工程总承包项目招标投标管理应满足以下基本要求：

1. 落实工程总承包项目招标人自主权

切实保障业主在选择招标代理机构、编制招标文件、在统一公共资源交易平台体系内选择电子交易系统和交易场所、组建评标委员会或定标委员会、委派代表参加评标、确定中标人、签订合同等方面依法享有的自主权。任何单位和个人不得以任何方式为招标人指定招标代理机构，不得违法限定招标人选择招标代理机构的方式，不得强制具有自行招标能力的招标人委托招标代理机构办理招标事宜。任何单位不得设定没有法律、行政法规依据的招标文件审查等前置审批或审核环节。

2. 严格执行强制招标制度

依法经项目审批、核准部门确定的招标范围、招标方式、招标组织形式，未经原主管机关批准，不得随意变更。依法必须招标项目拟不进行招标的、依法应当公开招标的项目拟邀请招标的，必须符合法律法规规定情形并履行规定审批程序，除涉及国家秘密或企业商业秘密的外，应当在实施采购前公示具体理由和法律法规依据。不得以肢解发包、化整为零、设定不合理暂估价或通过虚构涉密项目、应急项目等形式规避招标；不得以战略合作、招商引资等理由搞"明招暗定""先建后招"的虚假招标；不得通过集体决策、会议纪要、函复意见、备忘录等方式将依法必须招标项目转为采用竞争性谈判、询价、单一来源采购等非招标方式。对于涉及应急抢险救灾、疫情防控等紧急情况，以及重大工程建设项目经批准增加的少量建设内容，可以按照《招标投标法》第六十六条和《招标投标法实施条例》第九条规定不进行招标，同时应强化项目单位在资金使用、质量安全等方面的责任。

3. 规范招标文件编制和发布

招标人应当高质量编制招标文件，鼓励通过市场调研、专家咨询论证等方式，明确招标需求，优化招标方案；对于委托招标代理机构编制的招标文件，应组织审查，确保合法合规、科学合理、符合工程总承包管理基本要求；对于涉及公共利益、社会关注度较高的项目，以及技术复杂、专业性强的项目，鼓励就招标文件公开征求社会公众意见。依法必须招标项目的招标文件，应当使用国家规定的标准文本，根据项目的具体特点与实际需要编制。招标文件中资质、业绩等投标人资格条件要求和评标标准应当以符合项目具体特点和满足实际需要为限度审慎设置，不得通过设置不合理条件排斥或者限制潜在投标人。依法必须招标项目不得提出注册地址、所有制性质、特定行政区域或特定行业业绩、取得非强制资质认证、设立本地分支机构、本地缴纳税收社保等要求，不得套用特定生产供应者的条件设定投标人资格、技术、商务条件。

4. 规范招标人代表条件和行为

招标人应当选派或者委托责任心强、熟悉业务、公道正派的人员作为其代表参加评标，并遵守利益冲突回避原则。严禁招标人代表私下接触投标人、潜在投标人、评标专家或相关利害关系人；严禁在评标过程中发表带有倾向性、误导性的言论或者暗示性的意见建议，干扰或影响其他评标委员会成员公正独立评标。招标人代表发现其他评标委员会成员不按照招标文件规定的评标标准和方法评标的，应当及时提醒、劝阻并向有关招标投标行政监督部门报告。

5. 加强评标报告审查

招标人应当在中标候选人公示前认真审查评标委员会提交的书面评标报告，发现异常情形的，依照法定程序进行复核，确认存在问题的，依照法定程序予以纠正。重点关注评标委员会是否按照招标文件规定的评标标准和方法进行评标；是否存在对客观评审因素评分不一致，或者评分畸高、畸低现象；是否对可能低于成本或者影响履约的异常低价投标和严重不平衡报价进行分析研判；是否依法通知投标人进行澄清、说明；是否存在随意否决投标的情况。加大评标情况公开力度，积极推进评分情况向社会公开、投标文件被否决原因向投标人公开。

6. 落实合同履约管理责任

招标人应当高度重视合同履约管理，健全管理机制，落实管理责任。依法必须招标项目的招标人应及时主动公开合同订立信息，并积极推进合同履行及变更信息公开。加强对依法必须招标项目合同订立、履行及变更的行政监督，强化信用管理，防止"阴阳合同""低中高结"等违法违规行为发生。

7. 强化内部控制管理

招标人应当建立健全招标投标事项集体研究、合法合规性审查等议事决策机制，积极发挥内部监督作用；对招标投标事项管理集中的部门和岗位实行分事行权、分岗设权、分级授权，强化内部控制。依法必须招标项目应当在组织招标前，按照权责匹配原则落实主要负责人和相关责任人。鼓励业主建立招标项目绩效评价机制和招标采购专业化队伍，将招标投标活动合法合规性、交易结果和履约绩效与履职评定、奖励惩处挂钩。

4.2 工程总承包项目招标方案策划

4.2.1 招标方案的概念

招标方案是指招标人为了有效实施工程、货物和服务招标，通过分析和掌握招标项目的技术、经济、管理特征，以及招标项目的功能、规模、质量、价格、进度、服务等需求目标，依据有关法律法规、技术标准和市场竞争状况，组织实施招标采购工作的总体策划。

招标方案是科学、规范、有效地组织实施招标采购工作的必要基础和主要依据。

4.2.2 工程总承包项目招标方案策划前期准备工作

1. 选择合适的招标组织形式

招标人在编制招标方案前，首先应依法选择合适的招标组织形式。招标组织形式有自行招标和委托招标两种。招标投标活动是一项专业技术要求较高的工作。选择合适的招标组织形式是成功实施招标采购工作的前提。招标人自行招标的，应具有编制招标文件和组织评标的能力；不具备自行招标条件的，应当委托具有相应专业资格能力的招标机构进行委托招标。自行招标受招标人的法律、技术专业水平以及公正意识的限制，有可能影响招标工作的规范和成效。因此，即使招标人具有一定的自行招标能力，仍应鼓励优先采用委托招标。

2. 分析项目基本特征和需求信息

招标方案编制之前，应当查阅项目审批的有关文件和资料，了解掌握项目的基本情况，主要包括：项目名称、项目招标人、项目主要功能用途、项目投资性质、规模标准、技术性能、质量标准、实施计划等需求特点和目标控制要求。此外，还应了解项目进展和所处阶段，如项目策划、项目批复、项目规划设计等，依法确定招标项目的主要内容、范围、招标条件等。

3. 分析市场供求状况

编制招标方案，既要研究掌握项目技术特征和需求情况，也需要调查分析市场供求状况，可以通过网络、媒体、已完工类似项目历史资料、实地调查等市场调研方式，了解有可能参与招标项目的潜在投标人的数量、资质能力、设备、类似业绩、技术特长等有关信息，分析研判有兴趣的潜在投标人数量、成本管控能力等情况，为投标人资格条件的设置、评标标准和方法的选择提供基础依据。

4. 落实招标条件

按照《招标投标法》及有关规定，招标项目按照国家有关规定需要履行项目审批、核准及备案手续的，应当先履行有关手续。招标人应当确保招标项目的相应资金或者资金来源已经落实。

（1）工程总承包项目实施招标的基本条件

①招标人已经依法成立；

②国家实行立项审批、核准的依法必须招标的项目，招标人应当先履行项目审批、核准以及招标范围、招标方式和招标组织形式的审批、核准手续；

③项目资金或资金来源已经落实。招标人应当已经落实招标项目的相应资金或者资金来源，并在招标文件中如实载明资金性质和落实情况，便于投标人结合自己的条件和需求作出投标决策选择。其中，资金来源已经落实是指资金虽然没有到位，但其来源已经确定，如银行已经承诺贷款，已签订贷款协议等。

（2）依法必须招标的工程总承包项目实施招标的特别条件

按照不同招标阶段和工程总承包方式，工程总承包项目应当分别具有工程可行性研究报告或工程初步设计或实施性工程方案设计。项目立项、规划、建设用地、环境评估、总投资等经有关行业主管部门审批、核准或备案。

5. 招标的经济性和适用性分析

组织招标采购能够节省资金，也需要付出经济成本和时间成本。只有招标节省的资金大于招标成本，才有经济意义。对于单项合同估算金额较小的项目而言，招标付出的成本可能会大于招标节约的资金。因此，对于依法必须进行招标的项目，国家规定了招标的最低限额标准。

凡是低于规定最低限额标准的项目，可以采用其他方式进行采购。如属于同一企业集团或者一个大型项目内部的各种零星小额货物，可以通过组织集中采购的方式，将多个同类内容的小额货物合并，组包成为一个较大的合同标包进行招标。一些特殊项目由于供应商数量有限而不能形成有效招标竞争的，也可采用竞争性谈判、竞争性磋商、询价、单一来源采购等方式进行采购。对于最低限额以下的工程总承包项目可采用直接发包方式。

4.2.3　工程总承包项目招标方案的主要内容

1. 工程总承包项目概况

主要介绍工程总承包项目的名称、用途、建设地址、项目业主、资金来源、规模、标准、主要功能等基本情况，工程建设项目投资审批、规划许可、初步设计及其相关核准（或备案）手续等有关依据，是否具备招标条件。

2. 招标内容范围、招标需求、投标人资格

（1）招标内容范围

招标人应根据法律法规确定必须招标的项目内容、范围，正确清晰地描述工程总承包项目的设计服务、施工、采购等内容。

①设计服务：投标人应进行限额设计，并按要求完成项目的初步设计和施工图设计（项目可行性研究报告批复为招标时点）或施工图设计（初步设计批复为招标

时点)、项目涉及的所有专业工程深化设计、变更设计、建筑信息模型(BIM)、施工阶段、竣工验收阶段及缺陷责任期内的所有设计服务,并主导完成设计阶段审批手续的办理等工作,按时按质提交设计成果,并取得相关行政主管部门的批准;按要求完成工程所涉及的所有相关专业设计和服务。

②施工:包括但不限于项目审定的施工图设计、工程变更及招标人指定范围内的所有内容的工程施工,至竣工验收交付使用、工程缺陷责任期保修以及所有试验、检测等。具体按照项目实际要求执行,施工内容必须达到国家、行业相关标准要求及招标人使用需求,直至竣工验收合格、取得竣工验收备案证,向招标人整体移交完工工程;

③采购:工程总承包项目涉及的物资(设备)采购、运输、保管以及设备的检测、调试、办证等相关手续的办理。

(2)招标需求

工程总承包项目一般应至少明确以下招标需求:

①细化建设规模:对于房屋建筑工程,应包括地上建筑面积、地下建筑面积、层高、户型及户数、基础做法、室外工程类别及技术指标、停车位数量或比例等;对于市政道路工程,应包括道路红线宽度、车道数、非机动车道和人行道宽度、绿化带宽度等。

②细化建设标准:房屋建筑工程包括天、地、墙各种装饰面材的材质种类、规格和品牌档次,机电系统包含的类别、机电设备材料的主要参数、指标和品牌档次,各区域末端设施的密度,家具配置数量和标准,以及室外工程、园林绿化的标准;市政道路工程应包括各种结构层、面层的构造方式、材质、厚度等。

③划分工作责任:除设计施工以外的其他服务工作的内容、分工与责任。

④房屋建筑工程和市政工程还应明确是否采取装配式建造方式、是否采用BIM技术等。

(3)投标人资格

工程总承包项目一般具有投资大、工期长等特点,有的项目技术要求高,其投资成本及质量直接影响项目的经济效益和项目功能的发挥,因此,对投标人资格必然有相应的要求,主要根据拟招标项目规模、专业特点、承包范围、合同类型和相关法律法规确定投标人资质、业绩标准等条件。投标人资格应满足法定条件和招标人在招标文件中规定的投标人资格条件。

3. 质量、进度、价格等目标

招标人在招标准备工作中,应全面熟悉工程总承包项目的功能、特点和条件,并根据相关法律法规、项目可行性研究报告、项目初步设计文件、工期等总体要求,合理设置工程总承包项目的质量、进度、投资、安全、环境管理等目标,以此作为设置和选择投标人资格条件、评标方法、评标因素和评标标准、合同条款等内容的依据;

这也是招标人提出的实质性要求，投标人必须对此进行实质性响应。

（1）工程质量目标。工程总承包项目质量必须依据招标人的使用功能要求，满足工程使用的适用性、安全性、经济性、可靠性、环境的协调性等要求设定工程质量等级目标和保证体系的要求；工程质量必须符合国家有关法律法规和设计施工质量验收标准、规范。

（2）工程进度目标。招标人应根据工程总承包项目总体进度计划要求、发包范围和阶段及可能的变化因素，在招标文件中明确提出工程总承包项目进度的目标要求，包括总工期、开工日期、阶段目标工期、竣工日期以及各阶段工作计划。

（3）工程造价目标。为了实现招标人对招标项目的成本控制和工程建设投资的期望值，同时防止投标人在投标活动过程中相互串通，人为抬高投标报价，给招标人造成成本损失，故招标前应编制最高投标限价作为造价控制目标。

4. 工程总承包项目招标的方式及方法

招标方式包括公开招标、邀请招标。

招标方法：主要指传统的纸质招标或电子招标、一阶段一次招标或二阶段招标。

5. 工程总承包项目的发包模式与合同类型

（1）工程总承包项目发包模式

招标人应依法采用招标或直接发包等方式选择工程总承包单位。其中，工程总承包项目范围内的设计、采购或者施工中，有任一项属于依法必须进行招标的项目范围且达到国家规定最低招标限额标准时，应采用招标方式选择工程总承包单位。

直接发包遵循发承包双方间意思自治原则，只要双方就项目价格、工期、质量等达成一致，招标人就可将项目交由承包商承建。

（2）合同类型

工程总承包项目合同类型一般分为固定总价合同、可调总价合同和其他总价合同。

固定总价合同：合同不设置调价条款，合同价款按签约合同价一次包死，合同结算价等于签约合同价，但合同中标价中应包含预估的工程总承包风险费用。

固定总价合同一般适用于初步设计后招标，且建设项目技术要求和工程地质条件明确，设计施工标准化程度较高，建设工期较短（如一年以内），建筑市场供应链稳定等情形。

可调总价合同：当发生合同约定的调价情形，合同总价允许按实调整，合同结算价可能超过签约合同价或低于签约合同价；当未发生合同约定调价情形时，合同结算价等于签约合同价。

可调总价合同一般适用于可行性研究后或初步设计后招标，且建设项目技术要求和工程地质条件复杂，设计施工标准化程度较低，建设工期较长（如一年以上），建筑市场供应链不稳定等情形。

其他总价合同：如总价封顶合同，在该合同模式下，即使发生合同约定调价情形，合同结算价亦不得超出签约合同价，应在签约合同价限额内，按照合同约定结算。

总价封顶合同一般适用于初步设计后招标，且建设项目技术要求和工程地质条件明确，设计施工标准化程度较高，建设工期较短（如一年以内），建筑市场供应链较稳定的情形。

发承包双方应在合同中约定如下主要条款：

1）设备及工器具购置费、工程总承包其他费支付比例或金额以及支付时间；
2）工程进度款支付比例或金额以及支付时间；
3）设计文件提交发包人和图审机构审查的时间及审结时限；
4）合同价款的调整因素、方法、程序；
5）允许调整价差的材料范围、发承包双方承担材料价格风险的幅度及调价方法；
6）竣工结算编制时间、审核程序及审核时限；
7）提前竣工奖励及误期赔偿额度；
8）质量保证金的比例或数额、预留方式及缺陷责任期；
9）违约责任以及争议解决的办法；
10）不可抗力的范围约定；
11）与合同履约有关的其他约定。

企业投资项目的工程总承包宜采用总价合同，政府投资项目的工程总承包应当合理确定合同价格形式。采用总价合同的，除合同约定可以调整的情形外，合同总价一般不予调整；招标人和工程总承包单位可以在合同中约定工程总承包计量规则和计价方法；依法必须进行招标的项目，合同价格应当在充分竞争的基础上合理确定。

6. 招标工作目标和计划

招标工作目标和计划应该依据招标项目的特点和招标人的需求、工程建设程序、工程总体进度计划和招标必需的程序编制，包括招标工作的专业性与规范性要求以及招标各阶段工作内容、工作时间及完成日期等目标要求。招标工作时间安排需特别注意法律法规对某些工作时间的强制性要求。

7. 招标工作分解

招标工作分解是对整个招标工作任务、内容、工作目标和工作职责，依据招标投标的基本程序和工作要求，按照招标人岗位职责、人力资源、设备条件及相互关系分解配置，明确落实。

8. 招标方案实施的措施

为有效实施工程招标方案，实现工程招标工作目标和计划，应结合工程总承包的类型特点、内容范围，抓住设计施工紧密结合的根本要求，采取相应措施，主要包括组织管理措施和技术保证措施。

4.3 工程总承包项目评标定标方案策划

4.3.1 评标办法分析

《评标委员会和评标方法暂行规定》（国家发展改革委等七部委令第12号）第二十九条规定：评标方法包括经评审的最低投标价法、综合评估法或者法律、行政法规允许的其他评标方法。目前在我国工程建设招标采购活动中应用最广泛的方法主要是综合评估法和经评审的最低投标价法。

1. 综合评估法

（1）综合评估法的含义

综合评估法是指评标委员会对满足招标文件实质性要求的投标文件，按照招标文件中规定的评分标准进行打分，并按得分顺序推荐中标候选人，或根据招标人授权直接确定中标人，但投标报价低于其成本的除外。建设工程项目综合评估法包括一般综合评估法和两阶段综合评估法，由评标委员会对评审有效的投标文件技术部分和商务部分进行量化评审后，计算出投标单位的综合评估得分按投标人综合得分从高到低依次排序，并根据排序推荐1~3名中标候选人。

（2）综合评估法的优缺点

1）优点

综合评估法具有科学、量化的优点，它与我国目前的建筑市场环境基本相适应，因而被广泛地接受和选用，该方法有利于评选出综合实力强、投标报价较合理的投标人为中标单位。

该方法通常适用于大型复杂建设项目的招标投标。

2）缺点

由于企业资质、业绩、信誉、财务状况、项目管理方案等因素均参与量化计分，导致部分投标人为谋求中标，其投标报价往往是为了谋求评标时得高分，其价格并不是企业竞争力的真实体现，甚至出现高价中标的情形。

2. 经评审的最低投标价法

（1）经评审的最低投标价法的含义

经评审的最低投标价法是指在满足招标文件实质性要求的条件下，评标委员会对投标报价以外的价值因素进行量化并折算成相应的价格，再与报价合并计算得到折算投标价，从中确定折算投标价最低的投标人作为中标候选人的评审方法。

经评审的最低投标价法一般适用于具有通用技术、性能标准或者招标人对其技术、性能没有特殊要求的招标项目。

采用经评审的最低投标价法的，中标人的投标应当符合招标文件规定的技术要求和标准，但评标委员会无需对投标文件的技术部分进行价格折算。

（2）经评审的最低投标价法的优缺点

1）优点

有利于为建设单位节约投资，提高投资效益，适度增加投标竞争性；有利于激励承包商不断改善经营管理，提高技术装备水平，加强项目成本核算，提升企业价格竞争力，提高企业资源配置效率。

2）缺点

该方法对招标前准备工作要求较高，特别是对于关键的涉及技术和商务的指标，需要慎重考虑；虽然多数情况下，避免了"最高价者中标"的问题，但由于难以准确划定"技术指标"与价格的折算关系，往往难以表现出"性价比"的真正含义。

此外，由于我国目前建筑市场法制环境和诚信体系建设尚处于发展阶段，对于"恶意低价"中标行为的处罚尚属监管盲区；最低价中标的市场保障机制亦不健全。因此，该评标办法的使用仍有一定的市场局限性。

4.3.2 评标标准分析

《中华人民共和国招标投标法实施条例》第四十九条规定：评标委员会成员应当依照招标投标法和本条例的规定，按照招标文件规定的评标标准和方法，客观、公正地对投标文件提出评审意见。招标文件没有规定的评标标准和方法不得作为评标的依据。

《标准设计施工总承包招标文件（2012版）》和《标准设计施工招标文件（2007版）》分别规定了工程总承包招标初步评审和详细评审的标准。针对综合评估法和经评审的最低投标价法分别规定了初步评审标准和详细评审标准。

1. 综合评估法

综合评估法下的评审包括初步评审和详细评审。

（1）初步评审

1）形式评审：见表4-1评标办法前附表。

2）资格评审：见表4-1评标办法前附表。

3）响应性评审：见表4-1评标办法前附表。

（2）详细评审

1）分值构成

承包人建议书、资信业绩部分、承包人实施方案、投标报价和其他评分因素见表4-1评标办法前附表。

2）评标基准价计算

评标基准价计算方法：见表4-1评标办法前附表。

3）投标报价的偏差率计算

投标报价的偏差率计算公式：见表4-1评标办法前附表。

4）评分标准

①承包人建议书评分标准：见表 4-1 评标办法前附表；

②资信业绩评分标准：见表 4-1 评标办法前附表；

③承包人实施方案评分标准：见表 4-1 评标办法前附表；

④投标报价评分标准：见表 4-1 评标办法前附表；

⑤其他因素评分标准：见表 4-1 评标办法前附表。

评标办法前附表（综合评估法） 表 4-1

序号		序号	评审因素	评审标准
1	形式评审标准	1	投标文件	投标文件能正常打开
		2	投标人名称	与营业执照、资质证书、安全生产许可证（如有）一致
		3	投标文件签字盖章	符合招标文件"投标人须知"相关条目规定
		4	投标文件格式、内容	符合招标文件"投标文件格式"要求，实质性内容齐全、关键字迹清晰可辨、"复印件"关键字迹清晰可辨
		5	联合体投标人（如有）	提交联合体协议书，并明确联合体牵头人
		6	报价唯一	只能有一个有效报价
		7	多标段投标	符合招标文件"投标人须知"相关条目规定
2	资格评审标准（适用于资格后审）	1	营业执照	具备有效的营业执照
		2	资质等级	符合招标文件"投标人须知"相关条目规定
		3	财务状况	符合招标文件"投标人须知"相关条目规定
		4	类似业绩	符合招标文件"投标人须知"相关条目规定
		5	信誉	符合招标文件"投标人须知"相关条目规定
		6	项目负责人资格	符合招标文件"投标人须知"相关条目规定
		7	设计负责人资格	符合招标文件"投标人须知"相关条目规定
		8	施工负责人资格	符合招标文件"投标人须知"相关条目规定
		9	施工机械设备	符合招标文件"投标人须知"相关条目规定
		10	项目管理机构及人员	符合招标文件"投标人须知"相关条目规定
		11	其他要求	符合招标文件"投标人须知"相关条目规定
		12	联合体投标人（如有）	符合招标文件"投标人须知"相关条目规定
		13	不存在禁止投标的情形	不存在招标文件"投标人须知"相关条目规定的任何一种情形
3	响应性评审标准	1	投标报价	符合招标文件"投标人须知"相关条目规定
		2	投标内容	符合招标文件"投标人须知"相关条目规定
		3	工期	符合招标文件"投标人须知"相关条目规定
		4	质量标准	符合招标文件"投标人须知"相关条目规定
		5	投标有效期	符合招标文件"投标人须知"相关条目规定
		6	投标保证金	符合招标文件"投标人须知"相关条目规定
		7	权利义务	符合招标文件"合同条款及格式"规定的权利义务
		8	承包人建议	符合招标文件"发包人要求"的规定

续表

序号	评审因素		评审标准
4	其他		投标人不得存在的其他情形： （1）不按评标委员会要求澄清或说明； （2）串通投标、弄虚作假、行贿或有其他违法违规行为； （3）串通投标，包括但不限于下列情形：不同投标人的投标文件记录的IP地址相同且无法提供合理解释的，投标文件记录的网卡（MAC）地址、硬盘序列号、电脑运行环境等硬件信息有一条（含一条）以上相同的，计价软件密码锁序列号相同的
5	分值构成（总分100）		投标报价：＿＿分 承包人实施方案：＿＿分 承包人建议书：＿＿分 资信业绩部分：＿＿分 其他评分因素：＿＿分
6	评标基准价计算方法		（1）如果通过初步评审的投标人大于5家，则：评标基准价＝通过初步评审的投标人中去掉一个最高报价和一个最低报价以后的各投标人报价的算术平均值乘以98%。 （2）如果通过初步评审的投标人少于等于5家，则：评标基准价＝所有通过初步评审的投标人报价的算术平均值乘以98%。 说明：上述评标基准价的计算方法适用于设计部分、施工部分报价得分的计算
7	投标报价的偏差率计算公式		偏差率＝100%×（投标人报价－评标基准价）/评标基准价
8-1	承包人建议书	设计文件说明　2	对项目深化设计理解透彻，提供详细的设计方案图或相关分析，分析内容包括但不仅限于各专业设计说明或图表等。设计图纸分析内容详实具体、理解透彻完善且契合项目实际情况得＿＿分；设计图纸分析内容完善、理解得当得＿＿分；设计图纸分析内容一般，与项目匹配度一般得＿＿分。设计图纸分析内容差或未提供不得分
		工程详细说明	
		……	
8-2	资信业绩部分	类似项目业绩	投标人近＿＿年（从投标截止之日起往前推算，施工项目业绩、工程总承包项目业绩以竣工验收时间为准，设计项目业绩以合同签订时间为准）具备一个类似项目业绩或同时具备一个类似设计项目业绩和一个类似施工项目业绩，每个业绩得分，本项最多得＿＿分 注：1.投标人为独立投标的，应具有独立承接的类似项目业绩或同时具有类似设计项目业绩和类似施工项目业绩；投标人为联合体投标的，承担设计任务的一方应具有类似设计项目业绩或类似项目业绩，承担施工任务的一方应具有类似施工项目业绩或类似项目业绩。其他情况不计分。 2."类似项目"是指单项合同额不低于＿＿亿元或建筑面积不小于＿＿万平方米的＿＿工程总承包项目；"类似设计项目"是指单项合同投资额不低于＿＿亿元或建筑面积不小于＿＿万平方米的工程设计项目；"类似施工项目"是指单项合同额不低于＿＿亿元或建筑面积不小于＿＿万平方米的房屋建筑工程施工项目；设计项目业绩提供中标通知书（如有）、合同等证明材料，施工、工程总承包项目业绩提供中标通知书（如有）、合同和竣工验收等证明材料
		设计团队	设计技术团队技术人员设置合理，专业配备齐全，职能健全，分工明确，至少应包含＿＿等专业人员，根据以上设计技术团队配备情况进行综合评审，相对较好者得＿＿分，相对一般者得＿＿分，相对较差者得＿＿分

续表

序号	评审因素		评审标准
8-2	施工团队		施工管理团队管理人员设置合理，专业配备齐全，职能健全，分工明确，至少应包含_____等专业管理人员，根据以上施工管理团队配备情况进行综合评审，相对较好者得分，相对一般者得____分，相对较差者得____分
	荣誉奖项		投标人近____年（投标截止日往前推算____年，以奖项颁发的时间为准）承担_____项目获国家级奖项（如鲁班奖、国优银质奖等）的每个得____分，省级优秀工程设计或施工奖项的，每个得____分，最高得____分
	施工负责人业绩		
	其他主要人员业绩		
8-3 承包人实施方案	1	总体实施方案	针对本项目有科学可行的总体实施方案和计划，体现设计与施工的深度融合。优秀者得____分，较好者得____分，一般者得____分，较差或未提供者得____分
	2	项目实施要点	项目的特点、重难点把握准确到位，关键问题解决方案完整、切实可行。优秀者得____分，较好者得____分，一般者得____分，较差及未提供者得____分
	3	项目管理控制措施	1. 项目总体进度计划及保障措施____分。 2. 质量控制要点及保证措施____分。 3. 成本控制要点及保证措施____分。 4. 安全生产控制要点及保证措施____分。 5. 文明施工、消防、环保以及保卫控制要点及保证措施____分
8-4 投标报价	1	设计部分报价得分 C1	设计部分投标报价得分： F1=C1−（投标价−评标基准价）÷评标基准价×100×1（投标价>评标基准价时） F1=C−（评标基准价−投标价）÷评标基准价×100×0.5（投标价≤评标基准价时） 其中：F1≥0
	2	施工部分报价得分 C2	施工部分投标报价得分： F2=C2−（投标价−评标基准价）÷评标基准价×100×2（投标价>评标基准价时） F2=C2−（评标基准价−投标价）÷评标基准价×100×1（投标价≤评标基准价时） 其中：F2≥0
8-5	其他评分因素		

2. 经评审的最低投标价法

经评审的最低投标价法下的评审包括初步评审和详细评审。

（1）初步评审

经评审的最低投标价法的初步评审包括形式评审、资格评审、响应性评审、承包人建议书评审和承包人实施方案评审，其具体评审标准见表4-2评标办法前附表（经评审的最低投标价法）。

评标办法前附表 表 4-2

序号	评审因素		评审标准
1	形式评审标准	投标文件	投标文件能正常打开
		投标人名称	与营业执照、资质证书、安全生产许可证（如有）一致
		投标文件签字盖章	符合招标文件"投标人须知"相关条目规定
		投标文件格式、内容	符合招标文件"投标文件格式"的要求，实质性内容齐全、关键字迹清晰可辨
		联合体投标人（如有）	提交联合体协议书，并明确联合体牵头人
		报价唯一	只能有一个有效报价
		多标段投标	符合招标文件"投标人须知"相关条目规定
2	资格评审标准（后审）	营业执照	具备有效的营业执照
		资质等级	符合招标文件"投标人须知"相关条目规定
		财务状况	符合招标文件"投标人须知"相关条目规定
		类似业绩	符合招标文件"投标人须知"相关条目规定
		信誉	符合招标文件"投标人须知"相关条目规定
		项目经理资格	符合招标文件"投标人须知"相关条目规定
		设计负责人资格	符合招标文件"投标人须知"相关条目规定
		施工负责人资格	符合招标文件"投标人须知"相关条目规定
		施工机械设备	符合招标文件"投标人须知"相关条目规定
		项目管理机构及人员	符合招标文件"投标人须知"相关条目规定
		其他要求	符合招标文件"投标人须知"相关条目规定
		联合体投标人（如有）	符合招标文件"投标人须知"相关条目规定
		不存在禁止投标的情形	不存在招标文件"投标人须知"相关条目规定的任何一种情形
3	资格评审标准（预审）	本项目资格预审文件"资格审查办法"	满足本项目资格预审文件"资格审查办法"的审查标准并且不影响本次招标的公正性
4	响应性评审标准	投标报价	符合招标文件"投标人须知"相关条目规定
		投标内容	符合招标文件"投标人须知"相关条目规定
		工期	符合招标文件"投标人须知"相关条目规定
		质量标准	符合招标文件"投标人须知"相关条目规定
		投标有效期	符合招标文件"投标人须知"相关条目规定
		投标保证金	符合招标文件"投标人须知"相关条目规定
		权利义务	符合招标文件"合同条款及格式"规定的权利义务
		……	……
5	承包人建议书评审标准	图纸	……
		工程详细说明	……
		设备方案	……
		……	……

续表

序号		评审因素	评审标准
6	承包人实施方案评审标准	总体实施方案	……
		项目实施要点	……
		项目管理要点	……
		……	……
7		投标人不得存在的其他情形： （1）不按评标委员会要求澄清或说明； （2）串通投标、弄虚作假、行贿或有其他违法违规行为	

		类似项目业绩	
条款号		量化因素	量化标准
1	详细评审标准	付款条件	……
		……	……

（2）详细评审

详细评审标准见表4-2评标办法前附表（经评审的最低投标价法）。

采用经评审的最低投标价法时，评标委员会对满足招标文件实质性要求的投标文件，根据招标文件规定的量化因素及标准进行价格折算，计算出评标价，并编制价格比较一览表。按照经评审的投标价由低到高的顺序推荐中标候选人，或根据招标人授权直接确定中标人，但投标报价低于其成本的除外。经评审的投标价相等时，投标报价低的优先；投标报价也相等的，由招标人或者招标人授权的评标委员会自行确定。

评标委员会发现投标人的报价明显低于其他投标报价，或者在设有标底时明显低于标底，使得其投标报价可能低于其成本的，应当要求该投标人作出书面说明并提供相应的证明材料。投标人不能合理说明或者不能提供相应证明材料的，由评标委员会认定该投标人以低于成本报价竞标，评标委员会应当否决其投标。

4.4 本章小结

工程总承包项目招标投标是项目实施过程中的重要环节，其招标方式有多种，公开招标是主要的招标方式。工程总承包项目招标投标是以实现工程总承包项目设计、施工、工程材料和设备采购，以及获得相关服务为目标而进行的一系列交易活动。

工程总承包项目招标应首先编制招标方案，招标方案是科学、规范、有效地组织实施招标工作的必要基础和主要依据。招标方案应包括项目背景概况；招标内容范围、招标需求、投标人资格；质量、进度、价格目标要求；工程总承包项目招标的方式、方法；工程总承包项目的发包与承包、合同类型；招标工作目标和计划；招标工作分解；招标方案实施的措施。

评标定标是招标投标过程中的重要一环,直接影响招标结果,目前常用的评标办法是综合评估法和经评审的最低投标价法。无论是综合评估法还是经评审的最低投标价法,其评审标准都包括初步评审标准和详细评审。综合评估法的初步评审包括形式评审、资格评审和响应性评审三个方面。经评审的最低投标价法的初步评审包括形式评审、资格评审、响应性评审、承包人建议书评审和承包人实施方案评审。综合评估法的详细评审一般对承包人建议书、资信业绩部分、承包人实施方案、投标报价和其他评分因素等多项指标评分,推荐得分最高者为中标候选人。经评审的最低投标价法在详细评审时,则根据招标文件规定的量化因素及标准进行价格折算,计算出评标价,并编制价格比较一览表。按照经评审的投标价由低到高的顺序推荐中标候选人,或根据招标人授权直接确定中标人。

思考题

1. 简述招标方案的主要内容。
2. 简述工程总承包项目招投标应遵循的基本要求。
3. 分析评标主要方法。
4. 简述评标主要程序。
5. 简述综合评估法的优缺点。
6. 简述经评审的最低投标价法的优缺点。
7. 简述采用综合评估法时初步评审的主要内容。
8. 简述采用经评审的最低投标价法时初步评审的主要内容。
9. 简述采用综合评估法时详细评审的主要内容。
10. 简述采用经评审的最低投标价法时详细评审的主要内容。

5

项目计价管理

【教学提示】
　　项目计价管理是指在项目的整个生命周期中依据相应计价规则，通过对项目成本的估算、控制和分析，以及对项目价值的评估和优化，来实现项目目标的有效管理。本章介绍了建设项目工程总承包费用的组成，并按项目发生的不同时段重点介绍了工程总承包项目的计价要求，并对合同价款争议的解决方式进行了阐述与分析。

【教学要求】
　　本章重点掌握工程总承包费用的组成及工程总承包项目在发承包阶段、实施阶段及竣工阶段的计价管理要求及合同价款争议的解决措施。

5.1 工程总承包费用的组成

5.1.1 建筑安装工程费

建筑安装工程费指为完成建筑安装工程和（或）市政基础设施工程施工所需的费用，不包括应列入设备及工器具购置费的被安装设备本身的价值。

建设单位应根据建设项目工程发包在可行性研究后或初步设计后的不同要求和工作范围，分别按照现行的投资估算、设计概算或其他计价方法编制计列。

5.1.2 设备及工器具购置费

设备及工器具购置费包括为建设项目购置或者价值达到固定资产标准的各种国产或者进口设备及备品备件、工具、器具、家具的购置费用。

设备及工器具购置费计算公式如下：

$$C_1 = A + B \tag{5-1}$$

式中　C_1——设备及工器具购置费，计量单位为元；
　　　A——设备购置费，一般由设备原价和设备运杂费组成。其中，设备运杂费主要由运费和装卸费、包装费、设备供销部门手续费、采购与保管费组成，计量单位为元；
　　　B——工器具购置费，一般由设备购置费为基数乘以费率，计量单位为元。其中，工器具购置费费率可按不同行业相关规定计列。

5.1.3 工程总承包其他费

工程总承包其他费是指由与工程总承包相关的且由发包人委托及承包人完成的工程建设其他费用和工程总承包管理费之和组成。其中：工程总承包管理费是工程总承包单位对设计、采购和施工等工作之间的协调及综合管理所发生的费用。

工程总承包其他费计算公式如下：

$$C_2 = M + N \tag{5-2}$$

式中　C_2——工程总承包其他费，计量单位为元；
　　　M——与工程总承包相关的工程建设其他费用，一般由勘察费、设计费、BIM应用费、研究试验费、土地租用占道及补偿费、场地准备及临时设施费、专利及专有技术使用费、工程保险费和其他费用之和组成，计量单位为元；
　　　N——工程总承包管理费，一般由建筑安装工程费、设备及工器具购置费以及与工程总承包相关的工程建设其他费用之和乘以工程总承包管理费费率，计量单位为元。

工程总承包管理费费率应按照工程规模、技术难度、工期和质量要求，由发包人在招标文件中约定工程总承包管理费费率上限值，若无约定，最高投标限价编制单位及投标单位可参考1%~5%综合取定。招标文件合同条款中专门约定了工程总承包方项目管理服务内容的，可视工作量大小，适当调整费率。

工程总承包管理费的计取应注意以下事项：

1）工程总承包管理费不同于建设单位管理费

建设单位管理费是指建设单位从项目开工之日起至办理竣工财务决算之日止发生的管理性质的开支。

建设单位管理费 = 扣除征地拆迁费用后的工程总概算 × 费率

2）工程总承包管理费也不同于建筑安装工程费中的总承包服务费

建筑安装工程费中的总承包服务费是指施工总承包人为配合协调发包人进行的工程分包、采购设备材料等进行管理、服务所需的费用。

发包人应根据工程总承包项目的发包范围，对工程总承包其他费用予以增加或减少。

5.1.4 暂估价

暂估价指发包人在招标项目清单中提供的用于必然发生但由于设计深度不够等原因暂时无法确定价格的材料设备单价、工程总承包其他费以及技术要求不明确的专业工程的金额。

工程总承包项目暂估价分为建筑安装工程费暂估价、设备及工器具购置费暂估价和工程总承包其他费暂估价。

5.1.5 暂列金额

暂列金额指建设单位为工程总承包项目预备的用于建设期内不可预见的费用。

暂列金额计算公式如下：

$$C_4 = (C_0 + C_1 + C_2 + C_3) \times i\% \quad (5-3)$$

式中 C_0——建筑安装工程费，计量单位为元；

C_3——暂估价，计量单位为元；

C_4——暂列金额，计量单位为元；

$i\%$——暂列金额费率。

以可研批复作为招标起点的工程总承包项目，暂列金额费率可按5%~8%计取。

以初步设计批复作为招标起点的一般工程总承包项目，暂列金额费率可按3%~5%计取。对于建设场地条件复杂、功能较多的大型公共建筑或复杂市政基础设施项目，暂列金额费率可按5%~8%计取。

根据不同的招标起点，暂列金额应控制在批复的可研报告投资估算基本预备费和批复的设计概算基本预备费限额以内。

5.2 工程总承包项目发承包阶段计价要求

5.2.1 项目清单编制要求

工程总承包项目清单是指由发包人提供的载明工程总承包项目勘察费、设计费、建筑安装工程费、设备购置费、总承包其他费、暂估价和暂列金额的名称及相应数量等内容的项目明细，应由具有编制能力的招标人或委托具有相应资格与能力的工程造价咨询人编制。工程总承包项目清单是工程量清单计价的基础，应作为编制最高投标限价、投标报价、施工索赔等的依据之一，投标人应结合自身实际在项目清单上自主报价，形成价格清单。

工程总承包项目清单由建筑安装工程费清单、设备及工器具购置费清单、工程总承包其他费清单、暂估价清单和暂列金额清单组成，根据发包时间节点的不同可分为可行性研究后清单、初步设计后清单。

编制工程总承包项目清单的依据如下：

（1）相关的国家计量规范；

（2）省级、行业建设主管部门颁发的投资估算、设计概算计价办法；

（3）经批准的工程项目建设规模、建设标准、功能要求、发包人要求；

（4）经批准的项目可行性研究报告、方案设计或初步设计文件；

（5）工程地质初步勘察文件；

（6）经审定的招标方案；

（7）其他相关资料。

1. 可行性研究后清单

可行性研究后清单编制包括建筑安装工程费清单、设备及工器具购置费清单、工程总承包其他费清单、暂估价清单以及暂列金额清单，相关清单编制内容及编列格式要求如下。

（1）建筑安装工程费清单

建筑安装工程费清单编制内容要求及编列格式要求如下：

1）可行性研究后发包的工程总承包项目，其建筑安装工程费清单编制应满足现行投资估算计价方法要求；

2）建筑安装工程费清单应按照具体计量办法规定的项目名称、计量单位、计算规程进行编制；

3）建筑安装工程费清单按表5-1格式编列。

建筑安装工程费清单汇总表　　　　　　　　　　　　　表 5-1

序号	项目名称	项目内容	单位	数量	备注
一	建筑安装工程费				
	其他				
二					

其中：

①单位工程由分部分项工程清单、单价措施项目清单，总价措施项目清单、其他项目清单组成，分别按表 5-2~ 表 5-5 格式编列；

②对于难以提出建设标准和技术参数的专业工程，直接在暂估价清单中列出暂定金额。

分部分项工程清单与计价表　　　　　　　　　　　　　表 5-2

序号	项目名称 / 材料名称	项目特征 / 规格型号	工作内容 / 是否暂定	计量单位	工作量 / 数量	金额（元）	
						综合单价 / 主材单价	合价
1							
2							
3							
合计							

单价措施项目清单与计价表　　　　　　　　　　　　　表 5-3

序号	项目名称	项目特征	工作内容	计量单位	工程量	金额（元）	
						综合单价	合价
1							
2							
3							
合计							

总价措施项目清单与计价表　　　　　　　　　　　　表 5-4

序号	项目名称	工作内容	金额（元）
1			
2			
3			
合计			

其他项目清单与计价表　　　　　　　　　　　　　　表 5-5

序号	项目名称	工作内容	金额（元）
1			
2			
3			
合计			

（2）设备及工器具购置费清单

设备及工器具购置费清单编制内容要求及编列格式要求如下：

1）设备及工器具购置费清单根据工程总承包范围按表 5-6 格式编列；

2）设备及工器具购置费清单应列出设备名称、技术参数、计量单位、数量等。《建设项目工程总承包合同（示范文本）》GF—2020—0216 第二部分通用合同第 6 条规定："发包人自行供应材料、工程设备的，应在订立合同时在专用合同条件的附录《发包人供应材料设备一览表》中明确材料、工程设备的品种、规格、型号、主要参数、数量、单价、质量等级和交接地点……承包人应按照专用合同条件的约定，将各项材料和工程设备的供货人及品种、技术要求、规格、数量和供货时间等报送工程师批准"。据此规定，工程建设所需的设备及工器具可由发包人自行提供，也可以按照合同约定由承包人提供，因此在编制设备及工器具购置费清单时，应当载明由承包人提供的设备名称、技术参数或规格、型号、计量单位、数量。

设备及工器具购置费清单汇总表　　　　　　　　　　表 5-6

序号	设备及工器具名称	技术参数	单位	数量	备注
一	设备及工器具购置费				
二	其他				

（3）工程总承包其他费清单

工程总承包其他费清单编制内容要求及编列格式要求如下：

1）工程总承包其他费清单应结合工程总承包范围进行编列，具体格式参照表5-7；

2）可行性研究完成后发包的工程总承包项目，工程总承包其他费可包括勘察费，设计费，BIM应用费，研究试验费，土地租用、占道及补偿费，场地准备及临时设施费，专利及专有技术使用费，工程保险费及工程总承包管理费等。具体费用组成由发包人根据项目前期工作开展情况及拟委托范围确定，其中：

①设计费应结合工程总承包范围按照表5-7规定的内容选列。以可行性研究报告批复为招标起点的工程总承包项目，设计费应包括方案设计费、初步设计费（含概算编制费）、施工图设计费、非标准设备设计费、施工图预算编制费、竣工图编制费以及工程建设需要的其他设计费；

② BIM应用费应根据其应用阶段、应用内容和应用规模计取。土地租用、占道及补偿费，专利及专有技术使用费根据工程建设期间是否需要计列；

③工程总承包管理费参照本章5.1节"工程总承包费用项目的组成"中工程总承包管理费用计算规定计取。工程总承包其他费项目可以详细列项，也可以几项合并列项。

工程总承包其他费清单汇总表　　　　　表5-7

序号	项目名称	项目内容	备注
1	勘察费		
2	设计费		
3	BIM应用费		
4	研究试验费		
5	土地租用、占道及补偿费		
6	场地准备及临时设施费		
7	专利及专有技术使用费		
8	工程保险费		
9	工程总承包管理费		
10	其他		
	合计		

注：表中项目如有特殊说明的，需备注中注明。

（4）暂估价清单

暂估价清单编制内容要求及编列格式要求如下：

1）对于难以提出建设标准和技术参数的专业工程，可以只列项目名称和暂估价，不列工程量；

2）可行性研究完成后发包的工程总承包项目，暂估价清单编制应满足现行投资估算相关规定要求，具体表格格式参照表5-8；

暂估价清单汇总表　　　　　　　　　　　　　　表 5-8

序号	项目名称	项目内容	金额（元）	备注
	暂估价			
	合计			

3）考虑项目前期估价风险，应根据难以准确描述建设标准和技术参数的专业工程建设规模及市场行情预估暂估价项目金额。待施工图完成后再根据实际建设标准及技术参数，视暂估价项目预估费用是否达到必须招标的费用范围，通过市场询价后直接确定暂估价项目合同价格或采用二次招标确定暂估价项目合同价格及实施主体。

（5）暂列金额清单

暂列金额即指招标人暂定并包括在合同中的一笔款项。工程总承包项目应当采用总价合同形式，其希望合同价格就是其最终竣工结算的价格。当前出台的有关政策规定也要求尽可能准确预测项目投资并科学合理地进行投资控制，但工程建设自身的特性决定了工程建设过程中必然存在一些不可预见、不能确定的因素，特别是在可行性研究后发包的工程总承包项目，其招标时设计图纸还未明确，对早期投资控制更为不利。消化这些因素必然引起合同价格的调整，因此暂列金额就是为消除这类不可避免的价格调整而设立，以便达到合理确定和有效控制工程造价的目标。

暂列金额清单编制内容要求及编列格式要求如下：

1）可行性研究完成后发包的工程总承包项目暂列金额清单编制，应满足现行投资估算相关规定要求，具体表格格式参照表 5-9；

2）暂列金额的设定比例一般为建筑安装工程费、设备及工器具购置费、工程总承包其他费及暂估价之和的 5%~8%，不宜高于 10%。

暂列金额清单汇总表　　　　　　　　　　　　　　表 5-9

序号	项目名称	项目内容	金额（元）	备注
	暂列金额			
	合计			

2. 初步设计后清单

初步设计后清单编制包括建筑安装工程费清单、设备及工器具购置费清单、工程总承包其他费清单、暂估价清单以及暂列金额清单，相关清单编制内容及编列格式要求与可行性研究后清单基本一致，但应当要区分建筑安装工程费清单、工程总承包其他费清单因发包阶段不同，其计列内容有所差别。

（1）建筑安装工程费清单

建筑安装工程费清单编制内容要求及编列格式要求如下：

1）初步设计后发包的工程总承包工程项目，建筑安装工程费清单应满足现行设计概算编制方法要求；

2）建筑安装工程费清单应按照具体计量办法规定的项目名称、计量单位、计算规则进行编制；

3）建筑安装工程费清单，应按表 5-1 格式编列。其中：单位工程由分部分项工程清单、单价措施项目清单、总价措施项目清单、其他项目清单组成，分别参照表 5-2~表 5-5 格式编列。

（2）设备及工器具购置费清单

设备及工器具购置费清单编制内容要求及编列格式要求如下：

1）设备及工器具购置费清单应根据拟建工程的实际需求列项，具体编列依据工程总承包范围按表 5-6 格式编列；

2）设备及工器具购置费清单应列出设备名称、技术参数、计量单位、数量等。

（3）工程总承包其他费清单

工程总承包其他费清单编制内容要求及编列格式要求如下：

1）招标人应根据工程总承包范围按照表 5-7 格式进行编列；

2）初步设计后发包的工程总承包项目，工程总承包其他费可包括设计费、BIM 应用费、研究试验费、土地租用占道及补偿费、场地准备及临时设施费、专利及专有技术使用费、工程保险费及工程总承包管理费等。具体费用组成由发包人根据项目前期工作开展情况及拟委托范围确定。其中：

①设计费应结合工程总承包范围按照表 5-7 规定的内容选列。以初步设计批复为招标起点的工程总承包项目，设计费应包括施工图设计费、非标准设备设计费、施工图预算编制费、竣工图编制费以及工程建设需要的其他设计费；

② BIM 应用费应根据其应用阶段、应用内容和应用规模计取。土地租用占道及补偿费，专利及专有技术使用费根据工程建设期间是否需要计列；

③工程总承包管理费参照本章 5.1 节"工程总承包费用项目的组成"中工程总承包管理费用计算规定计取。总承包其他费项目可以详细列项，也可几项合并列项。

（4）暂估价清单

暂估价清单编制内容要求及编列格式要求如下：

1）对于难以提出建设标准和技术参数的专业工程，可以只列项目名称和暂估价，不列工程量；

2）初步设计完成后发包的工程总承包项目，暂估价清单编制应满足现行设计概算相关规定要求，具体编列格式参照表 5-8；

3）考虑项目前期估价风险，应根据难以准确描述建设标准和技术参数的专业工程建设规模及市场行情预估暂估价项目金额，待施工图完成后再根据实际建设标准及技术参数，视暂估价项目预估费用是否达到必须招标的费用范围，通过市场询价后直接确定暂估价项目合同价格或采用二次招标确定暂估价项目合同价格及实施主体。

（5）暂列金额清单

暂列金额清单编制内容要求及编列格式要求如下：

1）初步设计完成后发包的工程总承包项目，暂列金额清单编制应满足现行设计概算相关规定要求，详细编列格式参照表5-9；

2）暂列金额的设定比例一般为建筑安装工程费、设备及工器具购置费、工程总承包其他费及暂估价之和的3%~5%。对于建设场地条件及功能较复杂的大型公共建筑或市政基础设施项目，暂列金额费率可按5%~8%计取。

5.2.2 最高投标限价编制要求

最高投标限价即指招标投标中招标人在招标文件中明确的投标人的最高报价。最高投标限价应由招标人自主确定，应满足现行相关法律法规及工程建设标准强制性条文规定要求，最高投标限价计价原则如图5-1所示。

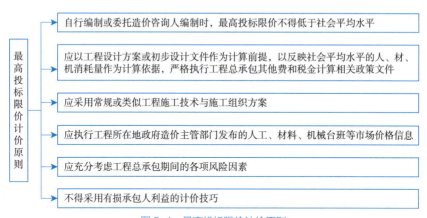

图5-1 最高投标限价计价原则

依据招标起点的不同，最高投标限价编制可分为可行性研究后最高投标限价编制和初步设计后最高投标限价编制。最高投标限价编制的一般规定如下：

（1）全部使用国有资金投资或者以国有资金投资为主的建设项目工程总承包招标的，应当设有最高投标限价；

（2）最高投标限价由招标人在招标文件中公布；

（3）招标人应在发布招标文件时公布最高投标限价。投标人的投标报价高于最高投标限价的，其投标报价应视为无效；

（4）最高投标限价应由具有编制能力的招标人或受其委托具有资格的工程造价咨询人编制和复核。咨询人接受招标人委托编制最高投标限价，不得再就同一工程接受投标人委托编制投标报价；

（5）编制最高投标限价的依据包括：①国家及省级行业建设行政主管部门发布的相关文件；②经批准的项目可行性研究报告或初步设计文件；③与设计施工总承包工程项目相关的标准、规范、规程等技术文件；④拟定的招标文件；⑤其他相关资料。

1. 可行性研究后最高投标限价编制

可行性研究完成后发包的工程总承包项目最高投标限价金额可选择以下方法之一进行确定：①依据现行的投资估算方法，按照招标项目的标段划分范围，确定相应标段的投资估算分解值，作为最高投标限价；②依据招标标段的招标清单编制最高投标限价。依据招标清单编制最高投标限价的编制人应复核招标清单，并与招标清单编制人进行沟通协调，对以下事宜进行审核确认：

（1）招标清单与投标人须知、专用合同条款、通用合同条款、设计图纸、技术标准和要求等招标文件组成内容保持口径一致，具有较好的完整性和准确性；

（2）措施项目应符合招标工程（标段）特点，按照合理的常规施工方法和施工方案计列，无明显遗漏。基坑支护、高边坡、高支模、大型构件（设备）吊装、桥梁转体施工、水下钢围堰等需要考虑专项施工方案的措施项目不应遗漏；

（3）若招标工程（标段）有某些特殊要求，发生以下情形之一的，招标清单及其编制说明应当明示：存在现行费用定额规定费用项目范围之外的清单费用项目；存在现行费用定额规定费用项目包含工作内容之外的工作内容；存在与现行工程量计算规范的计量单位、计量规则不一致的清单项目；

（4）对于招标清单组成内容的发包人提供材料和工程设备一览表、材料和工程设备暂估单价表、专业工程暂估价表等列表，注意核实其中有关价格取定的合理性，以保证据此编制的最高投标限价的一致性和有效性。

此外，招标人按规定无需提供项目清单的，最高投标限价应按工程总承包费用组成参照同类或类似项目编制。

2. 初步设计后最高投标限价编制

初步设计完成后发包的工程总承包项目最高投标限价金额可以选择以下方法之一进行设定：①依据招标项目经批准（核定）的初步设计，按照项目的标段划分范围，确定相应标段的概算分解值，作为最高投标限价；②依据招标标段的招标清单编制最高投标限价。

（1）初步设计完成后发包的工程总承包项目清单费用应按下列规定计列：

1）招标人按规定需提供项目清单的，最高投标限价应依据初步设计后清单相关规定进行编制；

2）招标人按规定无需提供项目清单的，最高投标限价应按工程总承包费用组成参照同类或类似项目编制；

3）最高投标限价中的暂列金额可按经批准（核定）的设计概算中的建筑安装工程费、设备及工器具购置费、工程总承包其他费及暂估价之和占设计概算的比例乘以设计概算中的预备费进行预估，但不作为工程结算的依据。该项费用是否动用，由发包人决定。根据招标项目的具体情况，最高投标限价也可以不包括经批准的设计概算中的预备费。

（2）依据初步设计后项目清单编制最高投标限价时，应按下列规定编制：

1）建筑安装工程费应参照类似项目同类费用并考虑价格指数计列，满足现行设计概算编制方法要求；

2）设备及工器具购置费由设备购置费、工器具及生产家具购置费组成，按数量乘以综合单价计列；

3）工程总承包其他费根据初步设计后发包人的不同要求和工作范围计列；

4）暂估价参照本章第 5.2 节"项目清单编制要求"中"初步设计后清单"的"暂估价清单"规定计列；

5）暂列金额的计列应满足现行设计概算基本预备费计取规则要求。

5.2.3 投标报价编制要求

投标报价即指投标人投标时结合自身能力对发包人提供的资料进行研究深化，根据设计施工总承包招标文件中提供的项目清单填报价格，汇总后形成的总价。投标报价应由投标人自主确定，应当满足相关建设标准强制性条文规定要求，投标报价计价原则如下：

（1）自行编制或委托造价咨询人编制时，投标报价不得低于成本；

（2）投标报价应以发包人要求为基础，以工程设计方案或初步设计文件施工技术方案作为计算前提，以企业定额作为人、材、机消耗量计算依据，以人、材、机市场价格信息作为组价依据，严格执行工程规费和税金计算相关政策文件；

（3）报价计算方法应科学严谨，逻辑清晰；

（4）不得采用有损发包人利益的不平衡报价等报价技巧。

根据招标起点的不同，投标报价编制可分为可行性研究后投标报价编制和初步设计后投标报价编制。投标报价的一般规定如下：

（1）投标人根据项目实际情况，在充分阅读与理解招标文件、发包人要求、合同价形式、项目清单、有关计价与支付条款、市场风险等基础上，结合本企业综合实力和市场经营策略自主报价；

（2）投标报价不得低于成本，也不得高于招标文件中规定的最高投标限价。投标人编制的投标文件应对已发布招标文件的实质性要求进行响应，为进一步促进竞争，投标人可以根据企业专业技术能力和经营管理水平自主报价。国有资金投资的工程，招标人编制并公布的最高投标限价相当于招标人的采购预算，根据《中华人民共和国政府采购法》第三十六条规定："在招标采购中，出现下列情形之一的，应予废标……（三）投标人的报价均超过了采购预算，采购人不能支付的"。此外，国有资金中的财政性资金投资的工程在招标时还应符合《中华人民共和国招标投标法》第四十一条规定："中标人的投标应当符合下列条件……（二）能够满足招标文件的实质性要求，并且经评审的投标价格最低；但是投标价格低于成本的除外"；

（3）投标报价的编制依据包括以下内容：①国家及省级、行业建设行政主管部门发布的有关文件；②经批准的可行性研究报告或初步设计文件；③与工程总承包相关的标准、规范、规程等技术资料；④招标文件、补充通知、答疑纪要；⑤市场价格信息或本企业积累的同类工程成本指标；⑥其他相关资料。

投标人应自主组织对发包人提供招标文件中的项目清单进行复核，当发现存在项目清单偏差时，应在招标文件规定时限内用书面形式向发包人提出。发包人给予回复的，按回复意见调整投标报价；发包人未予回复的，应视风险大小及企业市场经营策略，对原投标报价进行调整或者不予调整。

1. 可行性研究后投标报价编制

可行性研究报告完成后投标的，投标人应按照本章第5.2节"项目清单编制要求"中"可行性研究后清单"约定的内容自主报价。当发现与投资估算、发包人要求不一致时，投标人应当在招标文件规定时限内向招标人提出。根据《招标投标法实施条例》第二十二条规定："对招标文件有异议的，应当在投标截止时间10日前提出。招标人应当自收到异议之日起3日内作出答复"。依据该条例，招标人和投标人应当注意相应时间截止日期。

投标总价应当与建筑安装工程费、设备及工器具购置费、工程总承包其他费、暂估价、暂列金额的合计金额一致。

2. 初步设计后投标报价编制

初步设计后投标的，投标人应按照本章第5.2节"项目清单编制要求"中"初步设计后清单"约定的内容自主报价。投标人在投标前应认真核对最高投标限价，发现与初步设计文件、发包人要求等不吻合的，投标人应当在招标文件规定时限内向招标人提出异议。最高投标限价存在错误的，招标人应当予以更正。

在初步设计完成后发包的工程总承包项目，若投标人发现招标图纸和项目清单有不一致，如项目增减、内容描述、工程量以及做法不一致等情况，投标人应依据招标图纸按照招标文件约定的项目清单偏差处理规定执行。

5.2.4 合同价款确定

合同价款是合同文件中的核心要素，即按有关规定和协议条款约定的各种取费标准计算、用以支付承包人按照合同要求完成工程内容时的价款。建筑项目工程总承包合同宜采用以下总价合同形式：

（1）固定总价合同：合同不设置调价条款，合同价款按签约合同价一次包死，合同结算价等于签约合同价，但合同中标价中应包含预估的工程总承包风险费用。固定总价合同一般适用于初步设计后招标，且建设项目技术要求和工程地质条件明确，设计施工标准化程度较高，建设工期较短（如一年以内），建筑市场供应链稳定等情形；

（2）可调总价合同：当发生合同约定的调价情形，合同总价允许按实调整，合同结算价可能超过签约合同价或低于签约合同价；当未发生合同约定调价情形时，合同结算价等于签约合同价。可调总价合同一般适用于可行性研究后或初步设计后招标，且建设项目技术要求和工程地质条件复杂，设计施工标准化程度较低，建设工期较长（如一年以上），建筑市场供应链不稳定等情形；

（3）其他总价合同：如总价封顶合同，在该合同模式下，即使发生合同约定调价情形，合同结算价亦不得超出签约合同价，应在签约合同价限额内，按照合同约定结算。总价封顶合同一般适用于初步设计后招标，且建设项目技术要求和工程地质条件明确，设计施工标准化程度较高，建设工期较短（如一年以内），建筑市场供应链较稳定等情形。

1. 发承包双方约定的主要条款

《中华人民共和国建筑法》第十八条规定："建筑工程造价应当按照国家有关规定，由发包单位与承包单位在合同中约定。公开招标发包的，其造价的约定，须遵循招标投标法的规定"。发承包双方应在合同中约定如下主要条款：

（1）设备及工器具购置费、总承包其他费支付比例或金额以及支付时间；
（2）工程进度款支付比例或金额以及支付时间；
（3）设计文件提交发包人和审图机构审查的时间及审结时限；
（4）合同价款的调整因素、方法、程序；
（5）允许调整价差的材料范围、发承包双方承担材料价格风险的幅度及调价方法；
（6）竣工结算编制时间、审核程序及审核时限；
（7）提前竣工奖励及误期赔偿额度；
（8）质量保证金的比例或数额、预留方式及缺陷责任期；
（9）违约责任以及争议解决的办法；
（10）不可抗力的范围约定；
（11）与合同履约有关的其他约定。

合同生效后，承包人应及时编制工程总进度计划和工程项目管理及实施方案报送发包人审批。承包人报送的工程总进度计划和工程项目管理及实施方案是控制合同进度和工程款分解支付的依据，应按工程准备、勘察、设计、采购、施工、初步验收、竣工验收、缺陷修复和保修等阶段编制。

2. 以可行性研究报告批复为招标起点的合同价款确定原则

以可行性研究报告批复为招标起点的合同价款确定原则如下：

（1）招标文件及工程总承包合同中应明确总承包单位提交设计概算和施工图预算的时间，提交的设计概算和施工图预算编制依据应明确采用何时何地发布的市场造价信息。对于按规定应纳入财政投资评审范围的，应明确财政部门审核施工图预算的时限；

（2）以可行性研究报告批复作为招标起点，其工程总承包价格风险较大，应采用可调总价合同，但工程总承包其他费可以作为固定包干价，实际合同价款的确定应以经审定批准的施工图预算作为依据；

（3）此类招标起点的工程总承包项目不宜采用固定总价合同。

3. 以初步设计批复为招标起点的合同价款确定原则

以初步设计批复为招标起点的合同价款确定原则如下：

（1）招标文件及工程总承包合同中应明确总承包单位提交施工图预算的时间。对于按规定应纳入财政投资评审范围的，应明确财政部门审核施工图预算的时限；

（2）中标价中的设备及工器具购置费、工程总承包其他费可以作为固定包干价进入合同价款；

（3）此类招标起点的工程总承包项目可以采用固定总价合同、可调总价合同或总价封顶合同；

（4）当采用固定总价合同时，应允许投标人在合同总价中，视工程总承包风险大小计入一定数额的风险金。

5.3 工程总承包项目实施阶段计价要求

5.3.1 合同价款调整

1. 允许合同价款调整的因素

工程总承包合同宜采用总价合同形式，招标文件和总承包合同中有约定调价原则的，按约定的调价原则进行调价，没有约定的，合同价款一般不予调整。

允许合同价款调整的因素主要包括：

（1）发包人调整工程总承包范围和设备及工器具采购方案、提高建设标准、变更材料设备技术参数及品牌等级、缩短建设工期等；

（2）发包人变更设计方案、初步设计文件及施工图，但承包方自身原因引起的变更除外；

（3）法律法规及政策变化；

（4）人工费和主要材料设备价格波动超过合同约定的风险范围和幅度；

（5）合同约定的地质条件变化；

（6）发包人延期支付工程价款超过合同约定的免责期限；

（7）发生合同约定的不可抗力事件；

（8）招标文件未包含工作内容的现场签证费用，合同已约定此部分由承包人承担并已考虑相应风险费用的除外。

2. 变更

变更是指在不改变工程功能和规模的情况下，发包人书面通知或书面批准的，对工程所作的任何更改。工程总承包实施过程中发生的工程变更，承包人应按照经发包人认可的工程变更文件进行合同价款调整和施工。

（1）变更程序

工程变更涉及工程价款调整的，承包人应在工程变更确定后14天内向发包人提出，并经发包人审核同意后调整合同价款。承包人未在工程变更确定后14天内向发包人提交变更工程价款报告，发包人可根据所掌握的资料自行决定是否调整合同价款以及调整的具体金额。

发包人应在收到变更工程价款报告后14天内，予以确定或提出协商意见。发包人在收到变更工程价款报告后14天内未确认也未提出协商意见的，可视为变更工程价款报告已被确认。确认增（减）的工程变更价款作为追加（减）合同价款与工程进度款同期支付。

其中，政府投资项目重大变更，需按基本建设程序审批后方可施工。重大工程变更涉及工程价款变更报告和确认的时限由发承包双方协商决定。

（2）变更合同价款计算方法

工程变更涉及工程价款调整的，变更合同价款按以下3种方法进行：

①报价清单中有适用于变更工程项目的，应采用该项目的单价；

②报价清单中没有适用但有类似于变更工程项目的，可在合理范围内参照类似项目的单价；

③报价清单中没有适用也没有类似于变更工程项目的，可参照企业定额和工程造价管理机构发布的价格信息组价，采用费率下浮的方式确定价格。最高投标限价和投标报价已区分不同造价内容的，浮动率按下浮率（L_1）计算，最高投标限价和投标报价没有区分不同造价内容的，按下浮率（L_2）计算。

下浮率（L_1）和下浮率（L_2）计算公式如下：

$$L_1=(1-P_1/P_2)\times 100\% \qquad (5-4)$$

$$L_2=(1-P_3/P_4)\times 100\% \qquad (5-5)$$

式中　P_1——中标价中的相应费用，计量单位为元；

　　　P_2——最高投标限价中的相应费用，计量单位为元；

　　　P_3——中标价，计量单位为元；

　　　P_4——最高投标限价，计量单位为元。

3. 市场价格波动

市场价格波动超过合同当事人约定的范围，合同价格应当调整。调价方法应按招标文件中的合同条款约定方式执行。如无约定，当人工费、主要材料和工程设备价格变化的范围和幅度超出 ±5%（合同另有约定幅度，从其约定），影响合同价格时，根据合同约定的价格指数和权重表，超出部分的价格按照公式（5-6）计算调整材料、工程设备费。

$$\Delta P = P_0 \times [A + (B_1 \times \frac{F_{t1}}{F_{01}} + B_2 \times \frac{F_{t2}}{F_{02}} + B_3 \times \frac{F_{t3}}{F_{03}} + \cdots + B_n \times \frac{F_{tn}}{F_{0n}}) - 1] \quad (5-6)$$

式中　　ΔP——调整差额，计量单位为元；

　　　　P_0——约定的付款证书中承包人应得到的已完成工程量的金额。计量单位为元。此项金额应不包括价格调整、不计质量保证金的扣留和支付、预付款的支付和扣回。约定的变更及其他金额已按现行价格计价的，也不计在内；

　　　　A——定值权重（即不调部分的权重）；

$B_1, B_2 \cdots\cdots B_n$——各可调因子的变值权重（即可调部分的权重），为各可调因子在投标函投标总报价中所占的比例；

$F_{t1}, F_{t2} \cdots\cdots F_{tn}$——各可调因子的现行价格指数，指约定的付款证书相关周期最后一天的前42天的各可调因子的价格指数；

$F_{01}, F_{02} \cdots\cdots F_{0n}$——各可调因子的基本价格指数，指基准日期的各可调因子的价格指数。

运用公式（6-6）时，在计算调整差额时得不到现行价格指数的，可暂用上一次价格指数计算，并在以后的付款中再按实际价格指数进行调整。

①关于权重调整，当约定的变更导致原定合同中的权重不合理的，由承包人和发包人共同协商达成一致后进行调整。关于承包人工期延误后的价格调整。由于承包人原因未在约定的工期内竣工且后续继续实施的工程，应采用原约定竣工日期与实际竣工日期的两个价格指数中较低（高）的一个作为现行价格指数。

②工程总承包合同中约定了提前竣工每日历天补偿额度的，此项费用应作为增加合同价款列入竣工结算文件中，与结算款一并支付。

③承包人原因造成合同工程发生误期，承包人应赔偿发包人由此造成的损失，并应按照合同约定的额度向发包人支付误期赔偿费。工程完成之前，承包人按照合同约定应承担的任何责任和应履行的义务不可免除。误期赔偿费列入竣工结算文件，在结算款中扣除。

4. 不可抗力

不可抗力是指合同当事人在签订合同时不可预见，在合同履行过程中不可避免且不能克服的自然灾害和社会性突发事件，如地震、海啸、瘟疫、骚乱、戒严、暴动、战争等。

不可抗力引起的后果及造成的损失由合同当事人按照法律规定及合同约定各自承担。不可抗力发生前已完成的工程应当按照合同约定进行计量支付。

不可抗力导致的人员伤亡、财产损失、费用增加和（或）工期延误等后果，由合同当事人按以下原则承担并调整合同价款和工期：

（1）合同工程本身的损害、因工程损害导致第三方人员伤亡和财产损失以及运至施工场地的材料和工程设备的损害，由发包人承担；

（2）发包人、承包人的人员伤亡和其他财产损失各自承担；

（3）承包人的施工机械设备损坏及周转材料的损失，由承包人承担；

（4）导致承包人停工的费用损失由发承包双方合理分担。停工期间，承包人应发包人要求照管工程的人员费用由发包人承担；

（5）工程所需清理、修复费用由发包人承担。

但因承包人原因导致工期延误后发生不可抗力，不免除承包人的违约责任。

不可抗力解除后复工的，若不能按期竣工，应合理延长工期。发包人提出要求赶工的，赶工费用应由发包人承担。

5. 索赔

工程索赔是在工程承包合同履行中，当事人一方由于另一方未履行合同所规定的义务或者出现了应当由对方承担的风险而遭受损失时，向另一方提出补偿要求的行为。

当合同一方向另一方提出索赔时，应有正当的索赔理由和有效证据，并应符合合同的相关约定。

根据合同约定，承包人认为其有权从发包人处得到追加付款和（或）延长工期；发包人认为其有权从承包人处得到减少付款和（或）延长缺陷责任期，应按下列程序向对方提出索赔：

（1）索赔方应在知道或应当知道索赔事件发生后28天内，向对方提交索赔通知书，说明发生索赔事件的事由。除专用合同条件另有约定外，索赔方逾期未发出索赔通知书的，索赔方无权获得追加/减少付款、延长工期/缺陷责任期，并免除对方与造成索赔事件有关的责任。

（2）索赔方应在发出索赔通知书后28天内，向对方正式提交索赔报告。索赔报告应详细说明索赔理由以及要求追加/减少付款的金额，延长工期/缺陷责任期的天数，并附必要的记录和证明材料。

（3）索赔事件具有连续影响时，索赔方应每月提交延续索赔通知，说明连续影响的实际情况和记录，列出累积的追加/减少付款的金额和（或）延长工期/缺陷责任期的天数。

（4）在索赔事件影响结束后的28天内，索赔方应向对方提交最终索赔报告，说明最终索赔要求的追加/减少付款的金额和（或）延长工期/缺陷责任期的天数，并附必要的记录和证明材料。

索赔应按下列程序处理：

（1）被索赔方收到索赔方的索赔报告后，应及时审查索赔报告的内容，查验索赔方的记录和证明材料。

（2）被索赔方应在收到索赔报告或有关索赔的进一步证明材料后的42天内，将索赔处理结果答复索赔方。如果被索赔方逾期未作出答复，视为索赔已被认可。

（3）索赔方接受索赔处理结果，索赔款项在当期进度款中进行追加/减少；索赔方不接受索赔处理结果，应按合同约定的争议解决方式处理。

当承包人就索赔事项同时提出费用索赔和工期索赔时，发包人认为二者具有关联性的，应结合工程延期，综合作出费用赔偿和工程延期的决定。

发承包双方在按合同约定办理了竣工结算后，承包人在提交的最终结清申请中，只限于提出竣工结算后的索赔，提出索赔的期限应自发承包双方最终结清时终止。

5.3.2 过程结算与支付

1. 预付款支付

（1）预付款的约定

除合同另有约定外，发包人支付承包人预付款的比例应按签约合同价（扣除预备费）或年度资金计划计算，不得低于10%。

在工程未完工之前解除合同时，预付款尚未扣清的余额，应纳入解除合同后的结算与支付。

（2）预付款支付程序

承包人应按合同约定向发包人提交预付款支付申请，并在发包人支付预付款7天前提供预付款担保，在预付款完全扣回之前，承包人应保证预付款担保持续有效。发包人应在收到支付申请的7天内进行核实，并在核实后的7天内向承包人支付预付款。预付款应按合同约定从应支付给承包人的进度款中扣回直到扣回的金额达到发包人支付的预付款金额为止。

2. 进度款支付

（1）进度款的约定

发承包双方应按照合同约定的时间、程序和方法，在合同履行过程中根据完成进度计划的里程碑节点办理期中价款结算，并按照合同价款支付分解表支付进度款，进度款支付比例不应低于80%。发承包双方可在确保承包人提供质量保证金的前提下在合同中约定进度款支付比例。

里程碑相邻节点之间超过一个月的，发包人应按照下一里程碑节点的工程价款，按月按约定比例预支付人工费。

采用工程量清单计价的项目，应按合同约定对完成的里程碑节点应予计算的工程量及单价进行结算，支付进度款，如已预支付人工费的予以扣减。

（2）进度款支付程序

承包人应根据实际完成进度计划的里程碑节点到期后的 7 天内向发包人提出进度款支付申请，支付申请的内容应符合合同的约定。

发包人应在收到承包人进度款支付申请后的 7 天内，对申请内容予以核实，确认后应向承包人出具进度款支付证书并在支付证书签发后 7 天内支付进度款。

发包人逾期未签发进度款支付证书且未提出异议的，视为承包人提交的进度款支付申请已被发包人认可，承包人应向发包人发出要求付款的通知，发包人应在收到承包人通知 14 天内，按照承包人支付申请的金额向承包人支付进度款。

发承包双方对进度款支付不能达成一致时，发包人应对无异议部分予以支付，有异议部分应按争议解决办法处理。

发包人未按合同约定支付进度款的，可再次通知发包人支付，发包人收到承包人通知后仍不能按要求付款时，可与承包人协商签订延期付款协议，经承包人同意后可延期支付，协议应明确延期支付的时间和在应付期限逾期之日起应支付的应付款的利息。

发包人不按合同约定支付进度款，双方又未达成延期付款协议，导致施工无法进行，承包人有权暂停施工，发包人应承担由此增加的费用和延误的工期，向承包人支付合理利润，并承担违约责任。

在对已签发的进度款支付证书进行阶段汇总和复核中发现错误、遗漏或重复的，发包人和承包人均有权提出修正申请。经发包人和承包人同意的修正，应在下期过程结算进度款中支付或扣除。

3. 过程结算与支付

（1）过程结算的约定

发承包双方应按照合同的节点、程序和方法，办理过程结算，发承包双方和受委托的造价咨询企业应在施工合同约定的过程结算时限内进行。

过程结算的相关资料包括设计施工总承包合同、补充协议、施工图纸、招投标文件、工程变更、现场签证、工程索赔、与本节点过程结算相关的其他资料，其中设计施工总承包合同、施工图纸、招标投标文件为与本节点过程结算相关部分。

工程质量合格或达到合同约定目标的，应予计量、计价和支付；工程质量不合格或未达到合同约定目标的，不予计量、计价和支付，直至工程质量达到要求。

勘察费应根据勘察工作进度，按约定节点分期支付，勘察工作结束并经发包人确认后，发包人应全额付清。

设计费应根据分阶段出图进度，按约定节点分期支付，设计工作结束并经发包人审查确认后，发包人应全额支付设计费。

设备及工器具采购前，承包人应按合同约定价款将拟采购的设备名称、技术参数、数量等报送发包人，经发包人确认后方可采购。发包人按合同约定节点分期支付设备及工器具预付款、进度款，经发包人验收合格且扣除质量保证金后全额支付设备及工器具购置费。

工程总承包其他费应按合同约定节点分期进行支付。

（2）过程结算的程序

工程进度款、过程结算支付周期应与合同约定的形象进度节点计量周期一致。承包人应在每个计量周期计量后 7 天内向发包人提交已完工程进度款或过程结算款支付申请。支付申请应详细说明此周期应得的款额，包括承包人已达到形象进度节点所需要支付的价款、承包人按照合同约定调整的价款、已经发包人确认的索赔金额。其中，承包人按照合同约定调整的价款和经发包人确认的索赔金额应列入本节点应增加金额中。

发包人应在收到承包人中间价款支付申请后 14 天内，根据形象进度和合同约定对申请内容予以核实，确认后向承包人支付进度款。

发包人未按照约定支付中间价款的，承包人可催告发包人支付，并有权获得延迟支付的利息。发包人在付款期满后的 7 天内仍未支付的，发包人承担由此增加的费用和（或）延误的工期并承担违约责任。

应用案例 5-1

某直辖市城区道路扩建项目进行工程总承包招标，投标截止日期为 2022 年 8 月 1 日。通过评标确定中标人后，签订的工程总承包合同中建安工程费总价为 80000 万元，工程于 2022 年 9 月 20 日开工施工。合同中约定：

（1）建安工程费预付款为工程总承包合同中建安工程费总价的 5%，分 10 次按相同比例从每月应支付的工程进度款中扣还。

（2）工程进度款按月支付，进度款金额包括当月完成的清单子目的合同价款、当月确认的变更与索赔金额、当月价格调整金额、扣除合同约定应当抵扣的预付款和扣留的质量保证金。

（3）质量保证金从月进度付款中按 5% 扣留，最高扣至合同总价的 5%。

（4）建安工程费价款结算时人工单价、钢材、水泥、沥青、砂石料以及机械使用费采用价格指数法给承包商以调价补偿。

各项权重系数及价格指数如表 5-10 所列。

工程调价因子权重系数及造价指数　　　　表 5-10

工程调价因子	人工	钢材	水泥	沥青	砂石料	机械使用费	定值部分
权重系数	0.12	0.10	0.08	0.15	0.12	0.10	0.33
7月指数	91.7元/日	78.95	106.97	99.92	114.57	115.18	—
8月指数	91.7元/日	82.44	106.80	99.13	114.26	115.39	—
9月指数	91.7元/日	86.53	108.11	99.09	114.03	115.41	—

续表

工程调价因子	人工	钢材	水泥	沥青	砂石料	机械使用费	定值部分
10月指数	95.96元/日	85.84	106.88	99.38	113.01	114.94	—
11月指数	95.96元/日	86.75	107.27	99.66	116.08	114.91	—
12月指数	101.47元/日	87.80	128.37	99.85	126.26	116.41	—

2022年9月~12月工程完成情况　　　　　　　　　　　表5-11

支付项目（万元）	9月份	10月份	11月份	12月份
截止当月完成的清单子目价款	1200	3510	6950	9840
当月确认的变更金额（调价前）	0	60	−110	100
当月确认的索赔金额（调价前）	0	10	30	50

根据表5-11所列工程前4个月的完成情况，计算11月份应当实际支付给承包人的工程款数额。

案例分析

（1）计算11月份完成的清单子目的合同价款：6950−3510=3440（万元）

（2）计算11月份的价格调整金额。

说明：

①由于当月的变更和索赔金额不是按照现行价格计算的，所以应当计算在调价基数内。

②基准日为2022年7月3日所以应当选取7月份的价格指数作为各可调因子的基本价格指数。

③人工费缺少价格指数，可以用相应的人工单价代替。

价格调整金额：

$$（3440-110+30）\times$$

$$[（0.33+0.12\times\frac{95.97}{91.7}+0.1\times\frac{86.75}{78.95}+0.08\times\frac{107.27}{106.97}+0.15\times\frac{99.66}{99.92}+$$

$$0.12\times\frac{116.08}{114.57}+0.1\times\frac{114.91}{115.18}）-1]\approx 56.11（万元）$$

（3）计算11月份应当实际支付的金额。

① 11月份的应扣预付款：80000×5%÷10=400（万元）

② 11月份的应扣质量保证金：（3440−110+30+56.11）×5%≈170.81（万元）

③ 11月份应当实际支付的进度款金额：3440−110+30+56.11−400−170.81≈2845.30（万元）

5.4 工程总承包项目竣工阶段计价要求

5.4.1 竣工结算与支付

1. 工程总承包项目竣工结算

竣工结算是指工程竣工验收合格，发承包双方依据合同约定办理的工程结算，是所有中间结算的汇总。竣工结算包括单位工程竣工结算、单项工程竣工结算和建设项目竣工结算。单项工程竣工结算由单位工程竣工结算组成，建设项目竣工结算由单项工程竣工结算组成。

发承包双方应在合同约定时间内办理工程竣工结算，在合同工程实施过程中已经办理并确认的期中结算的价款应直接进入竣工结算。

竣工结算价为扣除暂列金额后的签约合同价加（减）合同价款调整和索赔。

（1）竣工结算申请

承包人应在工程竣工验收之后的 28 天内，向发包人提交竣工结算文件的申请单，并且提交完整的结算资料。竣工结算文件应包括下列内容，并应附证明文件：

1）截止工程完工，按照合同约定完成的所有工作、工程的合同价款；

按照合同约定的工期，确认工期提前或延后的天数和增加或减少的金额；

2）按照合同约定，调整合同价款应增加或减少的金额；

3）按照合同约定，确认工程变更、工程签证、索赔等应增加或减少的金额；

4）实际已收到金额以及发包人还应支付的金额；

5）其他主张及说明。

（2）竣工结算审核

发包人应在收到承包人提交的竣工结算资料后的约定期限内审核完毕，工程总承包项目的竣工结算审核按如下约定执行：

1）仅对符合工程总承包合同约定的合同价款允许调整部分及按实结算的暂估价进行审核，对合同中固定总价包干部分不再另行审核，其中，总承包单位降低建设标准、缩小建设范围、减少使用功能等情况仍需进行审核；

2）工程总承包合同中应约定已签约合同价中暂列金额的结算办法。暂列金额由发包人掌握使用，按合同约定支付后，如有余额归发包人所有；

3）发包人对承包人提交的竣工结算文件有异议，要求承包人进一步补充资料或修改结算文件的，应在收到承包人提交的竣工结算文件后的 28 天之内向承包人提出书面核实意见，承包人在收到核实意见后的 14 天内按照发包人提出的合理要求补充材料，修改竣工结算文件，并再次提交给发包人复核；

4）发包人应在收到承包人再次提交的竣工结算文件的规定期限内予以复核，并将复核结果书面通知承包人；

5）发包人在收到承包人再次提交的竣工结算文件后的规定期限内，不审核竣工结算文件或未提出核实意见的，可视为承包人提交的竣工结算文件已被发包人认可，竣工结算办理完毕。承包人在收到发包人提出的核实意见后的 14 天内，未确认也未提出异议的，视为发包人提出的核实意见已被承包人认可，竣工结算办理完毕。

发承包双方对竣工结算不能达成一致时，发包人应对无异议部分结算支付，有异议部分应按争议解决办法处理。

发包人核实竣工结算的程序如图 5-2 所示：

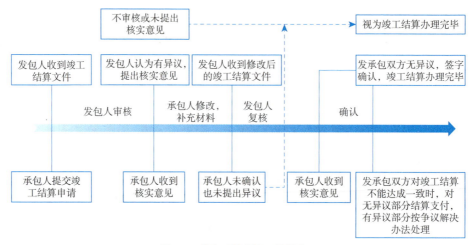

图 5-2　发包人核实竣工结算流程

2. 工程总承包项目竣工支付

工程竣工结算文件经发承包双方签字确认的，应作为工程结算的依据，承包人应根据发包人确认的竣工结算文件，向发包人提交竣工结算支付申请。该申请应包含下列内容：

1）竣工结算总额；

2）已支付的合同价款；

3）应扣留的质量保证金；

4）应支付的竣工付款金额。

发包人应在收到承包人提交的竣工结算申请后的规定期限内予以核实，并向承包人支付竣工结算款。

发包人未按照约定支付竣工结算价款的，承包人可催告发包人支付，并有权获得延迟支付的利息，利息计付标准有约定的，应按照约定处理，没有约定的，按照同期同类贷款利率或者同期贷款市场报价利率计息。竣工结算核实后约定天数内仍未支付的，除法律另有规定外，承包人可以与发包人协商将工程折价，或申请人民法院将工程依法拍卖，承包人就该工程折价或拍卖的价款优先受偿。

发包人根据确认的竣工结算文件向承包人支付竣工结算价款，应保留合同约定的质量保证金，待工程交付使用且缺陷责任期到期后清算（合同另有约定的，按约定执行），缺陷责任期内如有返修，发生费用应在质量保证金内扣除。保证金可采用下列方式：

1）质量保证金银行保函；

2）相应比例的工程款；

3）工程质量保证担保；

4）工程质量保险；

5）双方约定的其他方式。

缺陷责任期终止后，承包人应按照合同约定的期限向发包人提交最终结清支付申请，缺陷责任期终止后，承包人应按照合同约定的期限向发包人提交最终结清支付申请。发包人对最终结清支付申请有异议的，有权要求承包人进行修正和提供补充资料。承包人修正后，应再次向发包人提交修正后的最终结清支付申请。除合同另有约定外，发包人应在收到最终结清支付申请后的14天内予以核实，向承包人支付最终结清款。

若发包人未在合同约定的时间内核实，又未提出具体意见的，视为承包人提交的最终结清支付申请已被发包人认可。发包人未按期最终结清支付的，承包人可催告发包人支付，并有权获得延迟支付的利息。承包人对发包人支付的最终结清款有异议的，按照合同约定的争议解决方式进行处理。

5.4.2 终止结算与支付

发承包双方协商一致解除工程总承包合同，或因发包方原因、承包方原因及不可抗力事件发生导致合同无法履行或无法全面履行，需解除合同时，发承包双方应按合同约定开展终止结算与支付。当原合同未约定终止结算规则时，可参照过程结算及竣工结算相关规则执行。

工程总承包合同解除后，发承包双方均应做好保护现场工作，及时采取以下措施做好清点与结算工作：

（1）清点已完成的勘察和设计工作以及总承包其他费的应付价款；

（2）清点已完成的里程碑节点以及相邻里程碑节点之间的工程部位、测量工程量；

（3）清点施工现场人员、材料、设备、施工机械数量以及采购合同；

（4）核对工程变更、工程签证、索赔所涉及的有关资料；

（5）将清点结果汇总造册，发承包双方签认；

（6）按照合同约定或相关规范办理结算与支付。

合同解除后，发承包双方对清点工作不能达成一致的，发承包双方的任一方均应单方做好清点工作，可采取拍照、摄像等有效方式留取证据材料，以避免现场破坏后双方的争议进一步扩大。发承包双方不能就解除合同后的清点与结算达成一致的，应按照合同约定的争议解决方式处理。

1. 协议解除合同后的结算与支付

发承包双方协商一致解除工程总承包合同的，应按照达成的协议办理终止结算并支付结算价款。

发承包双方虽对解除合同达成一致，但对合同解除后的终止结算发生争议时，应按照合同约定的争议解决方式处理。

2. 承包人违约解除合同后的结算与支付

因承包人违约导致合同解除的，发包人应暂停向承包人支付任何价款。除合同另有约定外，发承包双方应在合同解除后 28 天内，清点合同解除时承包人已完成的合同工作并办理结算，结算应包括下列内容：

（1）已完成的勘察设计等总承包其他工作的价款；

（2）已完成的里程碑节点及相邻里程碑节点之间的工程合同价款；

（3）按工程进度计划已运至现场的材料和设备的价款；

（4）工程签证、发包人索赔的金额；

（5）按合同约定核算承包人应支付的违约金以及给发包人造成损失的赔偿金额；

（6）其他应由承包人承担的费用。

3. 发包人违约解除合同后的结算与支付

因发包人违约导致合同解除的，除合同另有约定外，发承包双方应在 28 天内清点核实合同解除时承包人已完成的合同工作并办理结算，结算应包括下列内容：

（1）已完成的勘察设计等总承包其他工作的价款；

（2）已完成的里程碑节点及相邻里程碑节点之间的工程合同价款；

（3）承包人为本工程订购并已付款或外包加工定制的材料、设备和其他物品的价款，以及因本工程合同解除造成的损失（如承包人已签订采购合同但还未付款，若撤销合同应付的违约金）；

（4）工程签证，承包人索赔的金额；

（5）按合同约定核算发包人应支付的违约金以及给承包人造成损失的赔偿金额；

4. 因不可抗力解除合同后的结算与支付

由于不可抗力致使合同无法履行而解除合同的，发承包双方应办理清点与结算。除合同另有约定外，结算应包括下列内容：

（1）已完成的勘察设计等总承包其他工作的价款；

（2）已完成的里程碑节点及相邻里程碑节点之间的工程合同价款；

（3）因不可抗力事件导致的由发包人承担的费用；

（4）承包人为本工程订购并已付款或外包加工定制的材料、设备和其他物品的价款，以及发包人指示承包人退货或解除订货合同而产生的费用，或因不能退货或解除合同而产生的损失；

（5）承包人撤离现场所需的合理费用，包括员工遣送费和临时工程拆除、施工设备运离现场的费用；

（6）承包人为完成合同工程而预期开支的其他合理费用，且该项费用未包括在其他各项支付之内。

5.5 本章小结

计价管理是工程总承包项目管理的重要组成部分。在工程总承包项目整个生命周期中，应依据计价规则，通过对工程总承包项目成本的估算、控制和分析，以及对项目价值的评估和优化，以实现对工程总承包项目投资目标或成本目标的有效管理。

本章结合相关工程计价管理办法、工程总承包计价地方标准和行业协会团体标准，立足于厘清发承包人之间的工程总承包合同关系，针对工程总承包费用的组成、工程价款确定、工程计价管控以及竣工结算等方面中的各类计价问题，解析了工程总承包项目费用控制的关键点和控制手段，具体介绍了建设项目工程总承包费用的组成以及项目清单、最高投标限价和投标报价的编制要求，对合同价款的确定与调整、如何进行工程结算与支付作了梳理分析，有利于指导和规范工程总承包项目发承包双方的计价行为。

思考题

1. 简述工程总承包费用的基本组成。
2. 根据发包时间节点的不同，项目清单可分为哪几类？选择一类简述其清单编制内容。
3. 简述最高投标限价计价原则和投标报价计价原则。
4. 发承包双方需要在合同中约定的条款有哪些？工程总承包项目如何确定合同价款？
5. 简述工程总承包项目竣工结算的程序。
6. 某工程总承包项目的承包人向发包人提交了竣工结算支付申请，约定期限内未收到发包人的任何通知，承包人应该如何处理？（合同规定按天计算时间的，开始当天不计入，从次日开始计算，期限最后一天的截止时间为当天的 24:00）

习题

某工程总承包合同约定采用价格指数及价格调整公式调整建安工程费价格差额，调价因素及有关数据见下表。某月完成进度款为 1500 万元，则该月应当支付给承包人的价格调整金额为（ ）万元。

调价因子	人工费	钢材	水泥	砂石料	施工机具使用费	定值部分
权重系数	0.10	0.10	0.15	0.15	0.20	0.30
基准日价格或指数	80元/日	100	110	120	115	—
现行价格或指数	90元/日	102	120	110	120	—

A. 30　B. 36.45　C. 112.5　D. 130.5

6 项目设计管理

【教学提示】

工程总承包项目设计是为了完成工程总承包项目的设计任务，对设计所配置的资源进行合理的计划、组织、控制和协调的过程。在工程总承包项目的全过程中，设计工作贯穿始终，对项目的成本、进度、质量控制和组织协调等方面均负有重要的责任。项目从启动到后期投产试运行，都离不开设计的支持和协作。

设计管理是工程总承包项目管理的重要组成部分。工程总承包的优势在于发挥设计的主导作用，通过整体优化项目的实施方案，实现设计、采购和施工各阶段的合理交叉和充分协调，特别是利用工程总承包商的项目管理和技术创新优势，达到节省投资、缩短工期和提高质量的建设目标。设计管理的内容一般包括设计前期考察、方案制定、工艺谈判、设计中往来文件、设计施工图以及图纸的审查确认等内容，以及在采购、施工过程中的技术评阅、现场技术交底、设计变更和设计优化等。从工程总承包设计管理的角度出发，主要是对项目设计策划、设计实施、设计控制、设计变更等过程的管理，同时充分考虑设计管理对工程项目整体的成本、质量和进度目标的影响。

【教学要求】

理解工程总承包项目设计管理的意义和内容，设计计划编制的总体要求和依据，设计计划执行的内容和程序、设计控制和限额设计的概念和管理方法。掌握设计管理方案策划的要求、设计优化管理的流程和关键活动、设计变更管理的方法。了解设计与采购施工信息共享的重要性。

6.1 设计管理方案策划

6.1.1 工程总承包项目设计管理概述

1. 工程总承包项目设计管理的意义

工程总承包项目通过组织、技术、经济等措施加强设计管理，从而实现降本增效。作为国际通行的工程项目建设组织实施方式，工程总承包模式的意义并不只在于总价包干和"交钥匙"，还在于借鉴工业生产组织的经验，实现建设过程的组织集成化，克服由设计、采购、施工分离导致的投资增加等问题，通过设计、采购、施工过程的组织集成实现项目增值。

设计是工程总承包项目的核心工作之一。设计部门交付的文件，是项目采购、施工、试运行、考核、竣工验收工作开展的基础，加强设计管理、提升设计管理水平对项目履约意义重大。只有加强设计管理、发挥设计的龙头作用才能实现设计、采购和施工的深度融合，才能从设计管理中要效益，实现项目成本、进度和质量目标。

2. 工程总承包项目设计管理的流程

工程总承包项目的设计管理主要包括设计进度管理、设计方案管理、设计图样会审管理、设计交底管理和设计费控管理等。从项目实施流程上看，设计管理分为方案设计管理、初步设计管理、施工图设计管理、设计变更管理和优化、深化设计管理。工程总承包项目的设计管理贯通项目的全周期，具有完整、连续、逐步深化的特点，采用标准化设计管理流程，是提高设计管理效率、保证设计进度及设计质量的需要。

工程总承包项目设计管理流程如图6-1所示。

6.1.2 工程总承包项目设计管理方案策划的含义

工程总承包项目设计管理方案策划是在工程总承包合同生效时开始进行，由设计经理负责，专门研究项目的建造特点，针对项目的决策和实施中需要由设计来解决的问题进行分析和论证的过程。

设计方案策划应根据项目的特点、规模和要求，在项目立项、投标阶段已完成的技术方案论证、设计资源组织等基础上，由设计部门负责，工程总承包项目部负责组织评审。

6.1.3 工程总承包项目设计管理方案策划的目标

工程总承包项目设计管理方案策划的目标包括：

1. 保证工程总承包合同规定的使用功能和标准符合业主投资决策所明确的项目定位要求；

2. 保证项目的设计工作质量和设计成果质量，为工程或产品质量打好基础；

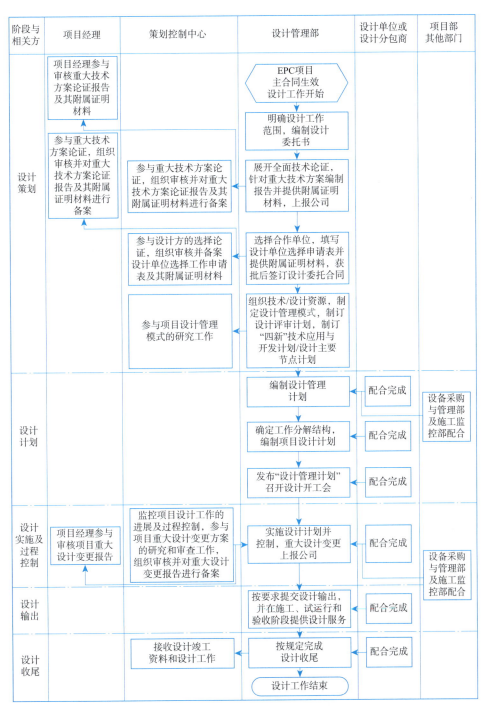

图 6-1 工程总承包项目设计管理流程

3. 在保证质量的前提下,做好设计阶段的项目投资(概算造价)控制;

4. 进行设计总进度目标控制,保证设计进度和施工进度的配合;

5. 贯彻建设法律法规和各项强制性标准,执行建设项目安全、职业健康和环境保护的方针政策。

6.1.4 工程总承包项目设计管理方案策划的内容

根据工程总承包项目设计方案策划的目标，其主要内容一般包括：

1. 研究、熟悉合同文件

设计经理组织设计人员研究、熟悉合同文件的内容和要求，向工程总承包项目经理提出执行合同的有效措施，编写设计委托书，获得总承包项目经理批准。

2. 明确设计管理目标及体系

在工程总承包模式下，设计管理方案策划由设计人员主导，需要各专业成员共同协商敲定，方案策划必须有明确的目标和体系，符合实际情况方能着手实施。

3. 建立项目设计协调程序并明确设计管理权责分工

项目设计协调程序要明确工程总承包商与业主之间在设计工作方面的关系、联络方式和报告制度，以及设计部门与工程总承包项目部及其他部门的协调。

4. 确定工作分解结构及其编码

工作分解结构及其编码将成为编制进度计划、人力资源使用情况的重要依据。

5. 编制项目设计策划书

设计经理负责编制项目设计策划书，设计策划主要包括项目概况，项目的质量目标和要求，设计部门人员，项目设计进度计划，设计评审、验证、确认活动的时机和方式，对资源的特殊要求（如软件要求、环境要求等），对设计策划批准、交付和交付后提供现场服务的要求等。

6. 形成最后的文件并进行评估

项目设计策划书编制完成，经工程总承包项目经理批准、监理单位审查后，提交业主审批，确认最终设计方案策划书的可行性。

7. 召开设计开工会

待上述工作完成后，由设计经理主持召开项目设计开工会，发布项目设计计划，说明设计任务的范围、内容、目标、实施原则、设计工作计划安排以及其他有关事项，宣布项目设计正式启动。

6.1.5 工程总承包项目设计管理方案策划的重点

结合工程总承包项目的特点，设计方案策划的重点应包含以下几个方面：

1. 提高设计策划方案的经济性

设计方案策划对工程造价具有决定性的作用。设计方案直接制约了项目工程费用，如不同的建筑方案，桩基形式、维护体系、主体结构体系等，将对整个工程造价产生巨大影响。机电设计对设备方案的选择也直接制约项目投资，甚至对项目运营成本也将产生较大影响。同时，设计质量的好坏会影响施工过程的设计变更，也可能对造价产生较大影响。

因此，项目设计方案要充分考虑项目全生命周期成本，通过方案的经济性比较，最大限度地满足当地政府有关经济技术指标和业主等各项要求。特别是在桩基选型、基坑围护方案、机电设备方案等方面，进行多方案对比，综合考虑建造费用、工期要求及运行成本等因素，提高设计方案的经济性，力争实现工程项目的全寿命周期费用最低。

2. 加强设计方案策划同采购、施工的融合

设计文件制约采购进度及采购设备的技术参数要求，设计确定的设备技术参数和要求的准确性能加快采购进度，也可以避免采购中出现错误而导致后续进场的设备不符合实际需求。同时采购过程中了解的有关设备性能，特别是新材料、新设备参数，也影响项目设计和创新。

设计方案与施工融合是指将施工经验和施工规范最佳地应用到设计文件中，以方便快捷地实现设计意图，最大限度地减少技术变更，从源头实现项目质量目标、实现项目施工的本质安全。在工程总承包项目中，有经验的施工部门管理人员应该尽早参与到工程设计中，将施工经验尽可能地融入项目设计中。对于施工技术复杂、工期紧的项目，工程总承包商必须组织设计、施工、商务、采购、运营等管理团体，进行全系统的优化设计，以保证项目设计、采购、施工及制造等主要环节的协调性。同时，还要将施工可行性研究始终贯穿项目设计阶段，进行全过程的施工设计优化。确保项目造价、工期及质量安全目标的实现。

3. 确保设计方案策划的质量

一般工程总承包项目合同约定，由于工程总承包商的设计错误造成的有关损失由工程总承包商自行负责，这就要求工程总承包商必须加强对设计人员的管理，提高设计质量。各专业设计文件必须严格执行校核、审定流程，以保证设计成果质量。重大项目的校审最好能让现场施工管理人员参与进来。同时，对于各专业设计范围要明确，避免出现设计错项、漏项等问题。

6.1.6 工程总承包项目设计管理方案策划存在的共性问题

1. 对设计管理方案策划的重要性认识不足

设计管理方案策划能为项目设计实施提供科学依据，不合理的设计管理方案策划往往直接影响设计阶段的进度、质量和成本控制。然而，目前很多工程人员对项目设计策划的重视程度不够，对项目设计策划的论证分析不够深入，使得项目设计工作缺乏具有指导性意义的文件。对于工程总承包项目而言，各部门对设计策划的重视不够，设计工作的开展将会受到影响，导致项目后续采购、施工的不确定性增加。因此，在设计前期，必须提高工程总承包商各部门对设计策划重要性的认识。

2. 设计策划准备工作不充分

在设计策划工作开展前，设计策划人员可以提前到现场进行调研，通过与现场工作人员沟通交流，掌握项目所在地的工程所处环境、材料价格等。在此基础上对合同文件进行研究学习，才能对合同文件中的相关条款有更深入的理解，从而更加准确地

把握业主需求。在实际中，部分项目的设计策划缺少了现场调研环节，主要依靠业主或勘察部门提供的二手设计基础资料，导致设计策划阶段编制的设计执行计划可能与实际情况存在一定偏差。

3. 设计策划组织分工不明确

工程总承包项目通常不设置专门的设计策划部门，设计方案策划工作由设计经理组织设计部门人员完成，同时涉及与工程总承包商其他职能部门的协调配合。设计策划人员流动性较大，在实际工作中的分工不够明确，且设计工作内容繁杂，设计策划人员往往还需要处理很多其他的日常工作，导致设计策划工作难以建立起责任制度，设计人员于匆忙中制定的设计执行计划可能会存在不同程度的错误和漏洞。

针对上述设计管理方案策划存在的共性问题，可以从以下几个方面探讨对策：首先，要提高工程总承包商各部门对设计管理方案策划重要性的认识。其次，要注重设计方案策划过程的系统性，工程总承包项目设计管理方案策划不应仅仅局限于设计阶段，还应在前期调研工程现场，充分考虑项目的整体要求、采购和施工阶段的工作内容，关注项目整体成本、进度和质量目标，确保设计、采购和施工过程的连续性和完整性。最后，应注重设计管理方案策划的科学性，要求设计部门与工程总承包商其他相关职能部门建立合理分工，在策划阶段大量收集信息，对后续设计实施过程和实施目标进行充分的分析论证，确保设计管理方案策划的科学性和可行性。

6.2 设计执行计划的编制

设计管理方案策划书经批准后，还需联合业主、设计单位或设计管理部门及其他部门，建立协调程序，编制本项目的设计执行计划。设计执行计划应满足合同约定的质量目标与要求、相关的质量规定和标准，同时应满足本企业的质量方针与质量管理体系及相关管理体系的要求。

6.2.1 设计执行计划编制的一般规定

1. 工程总承包项目的设计必须由具备相应设计资质和能力的企业承担；
2. 设计应遵循国家有关的法律法规和强制性标准，并满足合同约定的技术性能、质量标准、工程的可施工性、可操作性及可维修性的要求；
3. 设计管理由设计经理负责，并适时组建设计部门；
4. 工程总承包项目应将采购纳入设计程序。设计部应负责采购文件的编制、报价技术评审和技术谈判、供货厂商图纸资料的审查和确认等工作。

6.2.2 设计执行计划编制的总体要求

1. 设计执行计划应在项目初始阶段由设计经理负责组织编制，经工程总承包商有关职能部门评审后，由项目经理批准实施；

2. 设计执行计划编制的依据应包括合同文件、本项目的有关批准文件、项目计划等；

3. 设计执行计划应包括设计依据、设计范围、设计的原则和要求、组织机构及职责分工、标准规范等；

4. 设计执行计划应满足合同约定的质量目标与要求相关的质量规定和标准；

5. 设计执行计划应明确项目费用控制指标和限额设计指标；

6. 设计执行计划应符合项目总进度计划的要求，充分考虑设计工作的内部逻辑关系及资源分配、外部约束等条件，并与工程勘察、采购、施工、试运行等的进度匹配；

7. 设计执行计划应动态调整。

6.2.3　设计执行计划的编制依据

作为工程总承包项目设计管理策划的主要成果，设计执行计划是在取得政府部门相关规划设计批复文件后，以合同文件为基础，结合项目具体特征，充分考虑工程总承包管理体系有关要求所编制的满足国家或行业有关规定，指导项目设计工作开展的文件。

设计执行计划的编制依据包括：

1. 合同文件；

2. 项目的相关批准文件；

3. 项目总体进度计划；

4. 项目的具体特性；

5. 国家或行业的有关规定和要求；

6. 工程总承包商管理体系的有关要求。

6.2.4　设计执行计划的主要内容

为了更加准确、高效地指导设计实施阶段的工作，设计执行计划应当清晰、明确。其内容通常包括设计依据，设计范围，设计的原则和要求，组织机构及权责分工，适用的标准规范清单，质量保证程序和要求，进度计划和主要控制点，技术经济要求，安全、职业健康和环境保护要求以及与采购、施工和试运行的接口关系及要求等。

1. 设计依据

设计计划编制时应遵循国家有关的法律法规和强制性标准。设计依据一般包括项目批复、环境影响评价报告、用地红线图、政府有关主管部门对项目报告的批文、技术附件、适用的法律法规和主要技术规范及设计基础资料（如气象、地形地貌、水文地质等）。

2. 设计范围

设计范围是设计阶段的纲领性内容，在设计执行计划中应严格确定，不能出现缺失和错误。设计范围通常指物理界限意义上的范围，在编制过程中需要基于工程概况的内容，明确设计工作的边界。设计范围是进行后续设计工作分解的基础，对于规避业主与工程总承包商之间因设计范围产生的纠纷意义重大。

3. 设计的原则和要求

设计原则是设计工作的准则和依据，根据设计原则可以确定设计的要求。对于工程总承包项目而言，对设计的要求与项目的总体目标紧密联系在一起，因此，工程总承包项目设计的原则和要求应充分考虑项目的总体特征和项目的质量、进度和成本目标。

4. 组织机构及权责分工

基于工程总承包模式在设计、采购和施工过程中的灵活性和一体化，不同的工程总承包项目的组织机构设置有所不同。在设计执行计划中，应明确设计组织人员的职责，明确工程总承包与各分包商以及其他合作方的职责、工作内容、工作要求及成果验收标准、验收方式及时间要求。

5. 适用的标准规范清单

项目拟选用的设备、材料，应在设计执行计划中注明其规格、型号、性能、数量等指标，其质量要求应符合合同要求和现行标准规范的有关规定。

6. 质量保证程序和要求

设计执行计划应制定质量保证程序，满足合同约定的质量目标和要求，同时应符合工程总承包商的质量管理体系要求。

7. 进度计划和主要控制点

设计进度计划应符合项目总进度计划的要求，满足设计工作的内部逻辑关系及资源分配、外部约束等条件，与工程勘察、采购、施工和试运行的进度协调一致。根据项目合同竣工日期，工程总承包方可以采用倒排工期法，结合现场及自身实际情况，制定设计总进度计划。同时，将关键环节根据合同分包情况拆分设计进度计划，明确各专业提资、出图、审图等环节的具体时间节点及保证措施。

8. 技术经济要求

对采用新材料、新设备、新工艺、新技术或特殊结构的项目，应评审新技术、新工艺的成熟性，新设备、新材料、特殊结构的可靠性，并提出保证工程质量和施工安全的措施和要求。对资源的特殊要求，包括确定设备、软件、成果表达所需的技术要求、BIM等技术的应用、特殊或专用的技术标准等要求。

9. 安全、职业健康和环境保护要求

设计执行计划应当明确安全、职业健康和环境保护的要求，将安全、健康和环保的意识贯穿整个设计阶段。

10. 与采购、施工和试运行的接口关系及要求

在工程总承包项目中，设计、采购、施工不再以独立分包商的身份建设项目，而是在工程总承包项目经理的统筹下以设计部门、采购部门、施工部门、运营管理部门等形式推进项目的实施。因此，工程总承包项目的设计应与采购、施工和试运行进行合理搭接，设计执行计划应明确各专业之间的接口关系和搭接思路，以保障后续工作的连续性。

6.3 设计实施

6.3.1 工程总承包项目设计实施概述

工程总承包项目设计实施即设计部门在工程总承包项目部和设计经理的领导下，执行已经批准的设计执行计划，满足计划控制目标要求的过程。

在工程总承包项目设计实施过程中，设计经理统筹设计部门设计和管理工作，组织设计部门对设计基础数据和资料进行检查和验证。设计人员负责制定项目技术方案，提交设计图纸，确保项目工程设计满足相关标准和规范；按照项目设计评审程序和计划进行设计评审，保存评审活动证据；按照项目协调程序，对设计进行协调管理，并按工程总承包商有关专业条件管理规定，协调和控制各专业之间的关系；按照设计执行计划与采购和施工等进行有序的衔接并处理好接口关系。

6.3.2 工程总承包项目设计实施的一般规定

1. 设计部门应严格执行已批准的设计计划，满足计划控制目标的要求；
2. 设计经理应组织对全部设计基础数据和资料进行检查和验证，经业主确认后，由工程总承包项目经理批准发布；
3. 设计部门应建立设计协调程序，按照规定协调和控制各专业之间的接口关系；
4. 工程总承包商应建立设计评审程序，并按计划进行设计评审，做好评审记录；
5. 编制初步设计，应当满足编制主要设备材料订货和编制施工图设计或详细工程设计文件的需要。编制施工图设计或详细工程设计文件，应当满足设备材料采购、非标准设备制作和施工以及试运行的需要；
6. 设计选用的设备及材料，应在设计文件中注明其规格、型号、性能、数量等，其质量要求必须符合现行标准的有关规定；
7. 在施工前，设计部门应进行设计交底，说明设计意图，解释设计文件，明确设计要求；
8. 根据合同约定，设计部门应提供试运行阶段的技术支持和服务。

6.3.3 工程总承包项目设计实施的基本流程

工程总承包项目设计实施即设计部门在工程总承包项目部和设计经理的领导下，执行已经批准的设计执行计划，满足计划控制目标要求的过程。

在工程总承包项目设计实施过程中，设计经理统筹设计部门设计和管理工作，组织设计部门对设计基础数据和资料进行检查和验证。设计人员负责制定项目技术方案，提交设计图纸，确保项目工程设计满足相关标准和规范；按照项目设计评审程序和计划进行设计评审，保存评审活动证据；按照项目协调程序，对设计进行协调管理，并按工程总承包商有关专业条件管理规定，协调和控制各专业之间的关系；按照设计执行计划与采购和施工等进行有序的衔接并处理好接口关系。

1. 一般建设项目的设计流程

一般来说，一个符合国家基本建设程序的建设项目，其设计流程可以划分为以下四个阶段：设计前期、方案设计、初步设计和施工图设计，如图6-2所示。

图6-2 一般建设项目设计流程

设计前期阶段，设计单位应对所承接的项目进行分析和评估，即对项目进度、质量要求、所需的人力资源、项目风险、技术可行性和成本收益等进行分析，根据项目设计的总体构想和目标制定详细的设计进度计划表，标注出重要的控制节点，把设计各阶段的具体工作责任落实到个人。

方案设计阶段，设计单位应根据设计任务书的要求收集相关资料，与业主沟通，了解业主对项目的意图和需求；结合周边环境和交通，对交通组织进行分析，对未明确的方面提出疑问。设计人员根据设计任务书的要求，按照规划管理技术规定（指标、建筑红线、间距及日照等）和消防要求及不同功能建筑的设计标准，结合项目特点进行总体基本功能布局，确定设计原则，明确定位，并制作工作模型。设计人员将初步设计资料提交结构、机电等专业，同时深化完善方案设计图纸，编写方案设计说明，完成设计后，应将设计依据性文件、文本和电子文件完成归档。

初步设计阶段，设计单位应该针对建筑工程项目设计范围和时间的要求，确定项目进度、设计及验证人员、设计评审与验证活动，各专业负责人应根据项目特点，编写设计原则、技术措施、质量目标。项目经理应组织各专业负责人仔细准备和整理与项目相关的政策、法规、技术标准、方案审批文件、依据性文件、设计任务书、设计委托协议、设计合同、业主提供的各类资料、勘察资料等。初步设计文件应满足主要设备、材料订货和编制施工图设计文件的需要。

施工图设计阶段，项目经理根据初步设计批复和各主管部门批复，召集专业负责人商定进度计划，组织建筑专业、结构专业及设备专业协调（结构布置、设备用房、管井），向各专业提交详细资料，与业主、施工单位、设备供应商等沟通，对各类资料进行确认。在设计过程中，各专业会有多次互提资料、拍图、调整，每次均应做到追踪和确认并留存及记录。业主常常会提出变更，如按照业主要求进行重大变更，应重新评审设计，修改设计进度计划表，并重提资料。设计验证过程中，校审人员应根据校对、审核、审定的工作内容对计划书、设计文件、设计图纸的标识、深度、内容进行校审并填写校审记录。设计人员应填写消防设计审核申请表和建筑节能设计主要参数汇编表等报审表格，完成验证的文件经设计及验证人员的签字和过程总负责人签字后交付审定人批准,送交审图公司。通过审图公司审查后,应将设计依据性文件、文本、盖章蓝图和电子文件完成整理归档,施工图设计文件应满足设备、材料采购、非标准设备制作和施工以及试运行的需要。

2. 工程总承包项目设计实施流程

在工程总承包项目中,业主可以将工程项目的设计、采购、施工整体发包给工程总承包商,但是大多数情况下,业主可能在招标前就完成了方案设计甚至初步设计,原因在于,业主在仅有设计方案和投资估算的情况下使用工程总承包招标,很难进行有效的投资控制。因此,在工程总承包招标结束后,根据业主与工程总承包商签订的合同,工程总承包商设计部门的主要任务是完成项目扩大的初步设计和施工图设计。在设计实施过程中,设计人员应严格执行已编制的设计计划,工程总承包项目部应负责进度的监控和纠偏,工程总承包项目经理组织各部门专业人员进行图纸会审。设计实施的一般流程如图 6-3 所示。

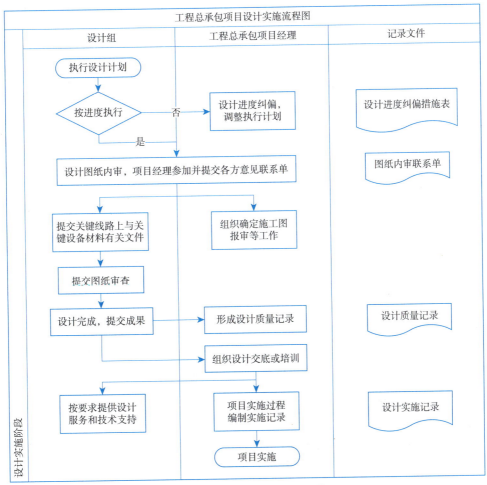

图 6-3 工程总承包项目设计实施

6.4 设计控制与限额设计

6.4.1 工程总承包项目设计控制

工程总承包项目的设计控制是指设计经理组织检查设计执行计划的执行情况，分析执行偏差，制定有效措施的过程。工程总承包项目的设计控制应充分体现项目特点，考虑新材料、新设备、新工艺、新技术的应用，以及信息技术（包括BIM的应用等）、项目创优、施工图审核配合、深化设计、设计与采购和施工接口关系等，从而综合确定项目设计的控制要求。

对于工程总承包项目而言，其设计管理的核心内容是通过设计规划、过程控制和管理达到设计质量、设计进度和设计成本之间的最佳平衡，进而实现项目的总体目标。工程总承包项目的设计管理贯穿项目始终，因此，设计控制不仅仅要考虑设计本身的质量、进度和成本，还需要把握设计工作对项目整体质量、进度和成本的影响。具体而言，设计控制的工作包括以下三个方面：

1. 设计质量控制

设计质量是工程总承包项目质量控制的源头，对整个项目的安全可靠有决定性的影响。加强项目设计质量控制，应在"重标准、强自查、勤巡检"方面狠下功夫。首先，重视规范化、标准化，是确保设计质量的关键。设计人员要加强对设计标准、规范的把控，保证设计工作的合规性；加强对外部设计输入资料的管控，对地质勘察报告中有关地质条件、气候条件、地下管线敷设等情况进行深度研究，为设计工作的开展提供准确可靠依据。其次，加强设计自查、专业复查、项目间互查，是确保设计质量的重要手段。设计经理应与业主就总体规划设计条件进行确认，保证项目方案资料的准确性和完整性，与业主及项目所在地的相关市政接口部门对项目的外网情况、接口位置、管径压力、走向等逐一进行落实。设计管理要加强设计专业会审会签工作的管控，保证各专业资料的一致性，避免由于资料不一致导致的碰撞、遗漏、错误等问题。加强对设计输出成果的审核，确认图纸满足现行规范要求，并符合规划部门、初步设计审查咨询单位、图审机构等各阶段对图纸设计深度及质量要求。加强二次设计、专项设计质量的管控，保证二次设计、专项设计跟总体设计要求匹配，接口关系正确。在设计工作前期严格审查的基础上，严格控制项目施工过程中设计变更的发生。最后，勤于现场巡检、督促按图施工，也是确保设计质量的必要手段。

具体而言，设计质量控制措施如下：

（1）加强设计输入资料审核管理，确保原始设计资料的有效性和可靠性；

（2）定期组织召开技术会议，施工人员参与共同讨论确定合理方案，实现设计、施工阶段的搭接和信息共享；

（3）对重大技术方案提请项目部组织召开专题评审会议，必要时邀请外部专家召开论证会，确保方案的技术先进性和经济合理性；

（4）严格执行多专业及工程总承包项目部会审会签制度，避免错、漏、碰、撞等质量问题；

（5）严格执行设计成果文件三级校审审核制度，最大限度地发现问题、解决问题。

2. 设计进度控制

设计进度关系着项目工期的履约，做好设计进度控制工作至关重要。设计进度计划应根据项目总进度计划制定，同时确保设计、采购、施工阶段的有效衔接。设计人员要详细分解设计进度，提出匹配项目总体进度要求的设计节点，例如设计输入资料提资时间、资料互提时间、方案论证时间、施工图预算编制时间、两算对比时间、施工图送审时间、施工图图审合格、深化设计、二次专项设计完成和提交等时间节点，要详细到周计划表。推进过程中，设计管理应严格监测实际进展与计划是否存在偏差，根据需要适时组织进度控制协调会，充分发挥协调推动机制。设计进度计划的内容需要与业主、设备供应商、施工部门等共同确认，保证计划的有效性和严肃性。在项目设计实施过程中建立关键节点预警机制，督促设计部门分阶段按时出图，确保设计进度计划如期完成。

设计进度控制的具体措施如下：

（1）初步设计报批工作与施工图设计要合理搭接，缩短时间间隔；

（2）合理细化内部设计时间节点，结合项目施工进度策划完善设计进度，根据需求及时调整；

（3）将采购纳入设计程序，尤其是采购周期长的关键设备和配套件时，需要提前尽早订货；

（4）在设计过程中充分考虑施工需求，在保证质量安全的前提下，考虑材料清单先行、分批发图、阶段设计交底等措施，加强设计和施工的沟通协调，同时避免窝工；

（5）为便于施工过程中对设计问题及时沟通，有条件的情况下可以采取驻场设计模式，提高解决现场设计问题效率；

（6）建立设计进度完成情况与考核挂钩的管理机制，强化实施过程监督考核。

3. 设计成本控制

工程总承包项目具有成本可控的优势，在项目实施的全过程中，设计阶段对工程造价的影响是决定性的。对于工程总承包商而言，通过加强设计管理控制工程成本不仅是合同履约的需要，更是追求自身利润最大化的重要途径。因此，设计控制的过程要高度关注设计方案的经济合理性，通过多方案技术经济论证比较，选用技术安全可靠、价值系数大的设计方案。

设计成本控制的具体措施如下：

（1）严格实施限额设计。按照批准的可行性研究报告及投资估算额进行初步设计，在初步设计的概算额基础上进行施工图设计，根据施工图预算额对各专业设计进行限额分配，使各专业在分配的投资限额内进行设计。

（2）做到预算先行。预算完成要在施工前，进行合同价清单、初设概算与施工图预算三算对比，对超概子项内容提前预警，及时向项目部进行反馈以预防超概风险。

（3）应用"价值工程"实施优化设计。在各个设计阶段、各种专业设计中进行多方案设计，追求安全经济和功能完善，摒弃纯美观的单一设计追求，通过细分需求（工艺、设备、公共辅助、三电的适配）和等级（分类、分档、分级），进行有深度、可持续的设计优化，在保证质量和安全的前提下合理降低成本。

（4）严控设计变更。开展设计变更不仅要满足必要性、可行性等要求，还应充分考虑由此引起的成本因素，对于业主合同外要求造成的变更，工程总承包商可以进行索赔，以降低设计变更对工程造价的影响。

（5）实施过程中应及时与业主沟通开展材料设备认价工作，提前策划好采购成本，防止认价过低风险。同时，严格控制好初步设计概算时所计入的材料费用，做好材料采购计划，合理安排采购工作。

（6）实施设计优化与设计绩效挂钩制度，弥补仅仅依据设计产值进行收入分配的传统分配方式的缺陷，为参与设计优化的员工提供特殊激励，调动设计人员主动参与设计优化的积极性。

6.4.2 工程总承包项目限额设计

1. 工程总承包项目限额设计的含义

工程总承包项目限额设计即工程总承包商在中标合同约定的工程总价范围内展开初步设计或施工图设计，编制初步设计概算或施工图预算，按照项目审批机关批准的初步设计概算严格控制施工图设计和施工图预算，逐项分解工程量和投资额的过程。

在工程总承包项目实施过程中，工程造价一旦超出中标时的合同价款，不仅会使工程总承包商在项目投标中的预期收益受到损失，还有可能造成各种经济纠纷，给后期审计带来巨大风险。通常情况下，设计阶段对最终工程造价形成的影响程度约为75%，对于签订总价合同的工程总承包项目的影响则更大。因此，限额设计对遏制造价失控具有至关重要的作用，限额设计是工程总承包项目前期造价控制的重要措施。

2. 工程总承包项目限额设计的控制手段

限额设计在工程总承包项目中有两种控制手段，一种是纵向控制，另一种是横向控制。

限额设计的纵向控制，指在工程设计的每个阶段中将每一道工序都当作重点，全部融合进来，纳入限额设计中，制定、研究并明确限额设计的各项目标，指导设计人员从源头上去实行工序管理，逐步完成其制定的各项控制目标及总投资目标。

限额设计的横向控制，属于工程总承包设计过程中的一种管理控制，主要是建立、健全工作机制，将各阶段、各专业的工作责任落实到个人，并制定相关的限额设计节约和超支奖惩等相关制度。

3. 工程总承包项目限额设计的实施流程

（1）"技术"与"经济"紧密配合

长期以来，工程设计技术人员和造价人员的工作没有密切联系，设计过程只重视出图速度和设计产值等因素，忽视成本控制和技术经济分析，造价人员只是依据设计图纸进行工程量及价格的计算，不参与项目的设计、采购和施工。实行限额设计，必须要求所有参与项目的人员坚持以成本为导向的设计原则，以科学的设计和精细化的操作来达到成本控制的目的，要求设计人员、采购人员、施工人员和造价人员在项目推进过程中加强沟通、互相协调，确保在每个环节都能达到限额设计的要求。

（2）建立限额设计经济责任制

实施限额设计要建立健全经济责任制，将各阶段、各专业的限额目标责任落实到人，制定相应限额设计奖惩制度，明确各个专业及个人的工作职责和经济责任，调动设计人员、造价人员积极性。如不实行经济责任制，只依靠强制规定，很大程度上会导致限额设计流于形式，不能达到优化设计和控制造价的目标。

（3）确定项目限额设计目标

限额设计一般是将投资估算作为初步设计阶段限额设计目标，初步设计概算作为施工图阶段限额设计目标。在激烈的市场竞争中，工程总承包项目多采用固定总价合同模式，故限额设计目标不能以单一的传统流程来确定，工程总承包单位应立足于《政府投资条例》及工程所在地相关政策法规，在满足合同约定、设计技术规范要求及验收规范的要求下，根据自身生产经营目标，以控制工程费用的方式，减去预期的利润和风险费用后，再将差值作为限额设计费用目标值。实现以最少的资源消耗取得相对最佳的社会效益和经济效益。

（4）限额设计指标的分解和下达

工程项目确定限额设计总体目标值后，造价人员应根据项目规模、技术标准、设备材料标准等按各单位工程、各专业工程进行指标和工程量分解，并对成本进行分析，形成项目成本分析报表，以此来确定限额设计的分部分项目标及关键控制部位。将各个项目的实际数量和项目成本的控制指标，原因分析及相应支撑资料报工程总承包项目部进行审核。审核通过后向设计人员下达限额设计指标书，并从经济的角度给出建议性的控制方法，供设计人员参考。

（5）组织召开成本分析会议

工程总承包商就项目的限额设计指标书、现场情况、工期要求等明确工程项目实施的基本任务和重点任务，组织设计部门、造价部门、施工部门等相关部门负责人，集中研究，重点分析，统一决策，明确限额设计的具体任务，避免在实施过程中引起不必要的偏差，造成不必要的返工甚至重大设计变更，有效控制项目各项指标。

（6）限额设计结果验证及限额目标修正

造价人员在限额设计服务过程中，应及时跟踪核查各专业限额设计成果，将实际设计成本与限额设计成本的偏差进行比较，并对偏差原因进行分析，提出相应的改进意见。这是一个层层分解、逐步细化、确定目标的过程，在限额指标设定后，该指标应为设计上限，不可随意更改。当工程造价或工程量超过相应指标时，应尽量采取最优的方法来求解；如有必要超出，则由设计经理提出变更申请，详细说明变更原因，项目部相关管理人员审核后提出修正意见，由总承包项目经理审核后，以书面形式发送设计部门各专业主管，由各专业主管按照要求对限额设计目标进行重新修正。

（7）限额设计工作总结

限额设计工作完成后，应组织设计部门对施工过程进行跟踪及指导，就各单项工程、单位工程、分部工程和分项工程等从总体方案、投资控制、实施过程、管理等方面进行全面总结，分析各个环节的成本控制经验和教训，为后续类似项目提供有参考价值的信息。

4. 工程总承包项目限额设计的改进建议

（1）启动前厘清设计外部条件

通过对项目合同和招投标文件等相关条款进行分析，深刻理解交付标准、计价方式、变更条款和项目设计要求，进而形成清晰的设计实施范围和各设计专业间边界，是做好限额设计的重要前提。工程总承包设计部门在此基础上对设计总限额设计控制指标进行分解，制定项目各专业构成及其限额清单。经工程总承包项目经理审批后，该表的内容直接作为限额设计管理目标，用于指导后续设计限额管理工作。

（2）造价团队超前介入设计过程

考虑工程总承包项目设计贯穿施工全过程的特点，设计计划可采取动态管理的方式。通过各专业合理规划出图时间，利用分阶段出图为项目限额设计争取更大的调整及纠偏空间。在制定设计分阶段出图计划时可遵循以下原则：第一，先施工的部分先出，后施工的部分后出；第二，造价弹性较小的专业先出，造价弹性较大的专业后出；第三，不影响项目实施的前提下，信息价格波动幅度较大的施工图可适当后出。同时，建立造价工作与设计工作的信息互通渠道，造价信息的及时反馈能让设计人员掌握项目最新的限额设计情况，通过及时比较实际设计费用、工程量与限额目标的偏差，分析偏差原因，造价汇总信息由设计经理统一管理，上报工程总承包项目经理进行决策。结合分阶段出图，造价人员在设计过程中的超前介入能有效减少后续设计返工工作量。

（3）施工图完成后进行"两道确认"

设计管理是工程总承包项目管理的重点板块，一旦后续项目推进不畅，特别是涉及设计图纸超限或其他缺陷时，业主与工程总承包商之间、工程总承包项目经理与各专业负责人之间，极易围绕施工图设计产生矛盾纠纷。因此，非常有必要进行"两道确认":一道是内部确认,指设计经理、施工经理、采购经理和工程总承包项目经理共同进行施工图确认;另一道是外部确认,由工程总承包项目经理向业主或业主委托的代表申请施工图确认。"两道确认"既能合理规避项目履约风险,又能调动参建各方积极审查设计文件,从而提高设计质量,有利于项目推进。

(4)将限额要求融入出图流程

管理流程应基于各部门一致的管理思路和相匹配的组织模式,并明确各节点操作细则和具体责任人。结合各部门意见,最终制定融合限额设计要求的施工图出图管控流程。

6.5 设计优化与设计变更管理

6.5.1 工程总承包项目设计优化

1. 工程总承包项目设计优化的含义

工程总承包项目设计优化是指设计部门通过对工程设计方案进行改进和调整,在不改变项目基本要求和范围的前提下,提高设计方案的经济性、可靠性、可持续性和可操作性等方面的性能。设计优化的目的是在保持工程质量的前提下,提高工程效益,实现最佳结果。

设计优化的主要目的是降低项目建设成本和工程总承包项目风险。在中标报价范围内,本着限额设计的原则,以采购、施工为导向,开展设计优化工作,保证项目的功能性、可靠性、安全性和可维护性,为顺利实现项目的工期、质量、安全等目标奠定基础。

传统的工程设计方法是先根据经验判断给出或假定一个设计方案和做法,用必要的工程方法进行分析,以检验是否满足功能和规范等方面的要求,若符合要求,则将其作为可用的方案。传统的设计思路尽管在设计流程中设置了方案审定的环节,对合理性和合规性方面进行了把关,但往往只关注到了方案的合规性,而很大程度上忽略了其合理性和经济性。根据工程总承包项目设计的基本特点,项目设计人员不仅要考虑项目的质量,还要考虑进度和成本,因此,工程总承包商为了获取更多的利润,往往会选择在设计阶段后期进行大量的优化设计,实现降本增效、提高利润的目的。

2. 工程总承包项目设计优化的原则

对重大方案进行研究与优化应在正式施工图设计开展前完成,细部优化可与正式施工图设计一并开展。施工图阶段开展设计优化,应遵循以下原则:

(1)依据国家和工程所在地相关政策法规以及行业相关标准规范等;

(2)不降低项目建设标准和使用功能,不突破工程主管部门批复的工程范围;

(3)设计优化应对照初步设计批复、业主招标要求及总承包合同要求,严格控制工程投资;

（4）根据项目定位、功能及业主需求，通用设计和差异化设计相结合，合理确定系统集成方案、材料设备选型，实现系统和设备的最优性价比，以技术方案的系统最优开展设计优化；

（5）积极推广采用新技术、新工艺、新材料、新设备及信息化、智能化手段，以提升质量效益；

（6）设计优化应综合考虑设计、采购、施工、运营维护全生命周期成本。

3. 工程总承包项目设计优化的内容

设计方案优化在项目履约成本控制和实施工期控制方面扮演着重要角色。一般而言，项目地下工程设计方案的优化潜力大于地上工程，地上机电工程设计方案的优化潜力又大于地上建筑工程。通过设计方案优化对工程施工进度和履约成本能产生重大影响的主要部位有桩基工程、地下基础工程、主体建筑结构工程、主体建筑整体布置、重要系统设备的选型配置和建筑主材设计等，这些部位都是应用"价值工程"理论进行降本增效的重点研究对象。为了将各专业主体设计方案的优化工作做细、做实，充分调动设计人员的积极性，工程总承包商可从以下几个方面进行优化：

（1）从设计分包合同支付结构上布局。设计分包合同中宜约定将设计分包合同价格的一部分作为奖金，由工程总承包商直接用于对设计进度、设计质量和设计方案优化作出较大贡献的设计人员的奖励，提升设计人员积极性。

（2）聘请专家团队对项目的重大设计方案进行把关。收集重大设计方案优化依据，论证其可行性。在设计方案报送前的内控会审中，专家与设计人员进行充分沟通与讨论，确保项目最终实施的重大方案为最优。

（3）对于特殊复杂设计方案，在测定预算成本基础上，工程总承包商应鼓励设计部门进行方案优化与创新。如优化后的设计方案通过业主方批准，可对成本节约部分实施分成奖励。

（4）涉及重要设备的选型配置，可咨询不同知名厂家技术人员意见，进行比较分析，并采纳其合理化建议。

4. 工程总承包项目设计优化的思路

（1）风险识别与评估

结合项目特点，分析已批复的初步设计遗留的技术风险和投资风险，对项目技术、投资及社会等风险进行评估，研究提出规避风险的应对策略，对采取应对措施后的风险进行评价，为开展施工图优化设计提供指导意见，并实施动态管理，满足施工图设计进度要求。

根据影响安全、质量、工期、投资等方面的风险大小、重要程度，提出风险等级划分建议（重大、重要、主要、一般），并将所有风险列入设计优化实施内容。针对不同的风险等级，确定设计需要达到的合适深度。设计优化成果需进行残余风险评估，经评审后确定优化设计实施方案。

（2）细化完善设计方案

在风险识别、评估的基础上，对设计优化措施等进行核对、细化和补充。在保证方案合理的基础上，对专业间接口、施工方案的安全性、施工组织的合理性以及设备选型、造价指标的合理选取等进行细化设计。设计向施工、采购、运维延伸，围绕加快进度、降低工程风险及投资、减少施工难度，优选出技术先进、经济合理、施工可行的设计方案。

（3）设计、采购、施工深度融合，运维理念前移

设计、采购、施工相结合，进一步将运维理念前移，打破传统的被动处理施工现场问题的模式，充分发挥工程总承包模式下各部门高效沟通、协调的优势，提前主动对专业接口、施工工艺和工法等内容进行深入研究，既促进设计与施工融合、设计与采购融合、采购与施工融合，又便于现场安全施工，避免后期返工，造成时间和资源浪费。

6.5.2 工程总承包项目设计变更

1. 工程总承包项目设计变更的含义

设计变更是指项目自初步设计批准之日起至竣工验收通过后正式交付使用之日止，对已批准的初步设计文件、技术设计文件或施工图设计文件所进行的修改、完善、优化等活动。工程总承包项目的设计变更一般是指在项目实施阶段（包括设计阶段和施工阶段），对原设计文件中已确定的规范、尺寸、材料、建设标准、技术、规格和工程量进行改变。引起设计变更的指令既包括业主直接下达的变更指令，也包括经业主批准的由监理人下达的变更指令。

在工程总承包项目中，变更是不可避免的。几乎所有工程项目的设计方案和工程范围等都可能与其最初的设定有所差别。产生这种差别的原因可能是由于政令变化、技术革新、地质异常、特殊材料不可得或合同签订后设计方案进行了进一步的优化。设计变更关系到设计阶段乃至整个项目的进度、质量和投资控制，为了减少损失，设计变更应尽量提前。例如，在项目设计阶段变更，则只需要修改图纸，其他费用尚未发生，损失有限；在采购阶段变更，不仅需要修改图纸，设备、材料等也需要重新采购；在施工阶段变更，已施工的工程还需拆除，势必造成更大的损失。因此，工程总承包项目的设计变更管理十分重要，为了将设计变更的影响降到最低，应尽可能把设计变更控制在设计初期。

工程总承包项目常见的项目设计变更有以下四种情况：第一，在设计交底会上，经业主和工程总承包商提出，各方研究同意改变施工图的做法；第二，工程开工后，业主提出要求改变某些施工方法，或增减某些具体工程项目等引发设计变更；第三，在施工过程中，设计部门发现一些原设计未预料到的具体情况，需要进行处理而导致设计变更；第四，在施工过程中，由于工程总承包商在施工技术、资源市场方面与原设计存在冲突而引起的设计变更。

2. 工程总承包项目设计变更的流程

由于设计变更发起的主体不同，设计变更可以分为业主发起的设计变更和工程总承包商发起的设计变更两类。

（1）业主发起的设计变更流程

业主发起的设计变更的一般流程如图6-4所示。

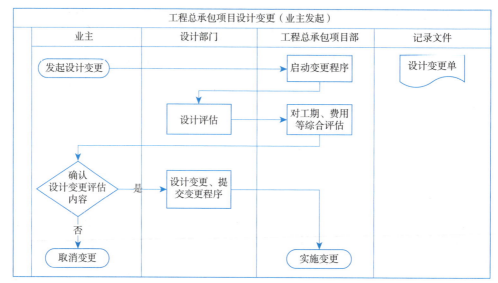

图6-4 业主发起的设计变更流程图

（2）工程总承包商发起的设计变更流程

工程总承包商发起的设计变更的一般流程如图6-5所示。

由于工程总承包项目管理尚缺乏统一的工程变更管理规范标准，不同的工程总承包项目在执行个性化变更设计管理办法的基础上，应针对工程总承包商与业主之间存在的变更必要性、费用承担问题等争议事项开展积极沟通，避免因意见分歧造成延误工期等问题。同时，项目各参与主体应在工程总承包项目的具体实践中总结经验，持续改进，以形成适应项目质量、成本、进度目标控制的设计变更管理办法。

3. 工程总承包项目设计变更的影响

通常，设计变更会对项目的进度、成本和质量产生不同程度的影响，具体包括以下方面：

（1）工程总承包项目设计变更对项目成本的影响

工程项目采用工程总承包管理模式可以提高工作效率，减少协调工作量。同时工程总承包商将会承担更多的责任和风险，为了降低风险，获得更多的利润，工程总承包商可能会通过设计变更的方式来增加利润，就业主而言，则会导致项目成本的增加。同时，设计变更导致工程返工时，由于变更程序不规范等，可能存在业主与工程总承

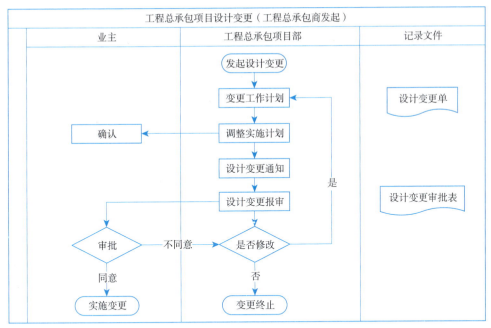

图 6-5　工程总承包商发起的设计变更流程图

包商之间互相推卸责任的情况,影响工程费用的最终结算。在实际中,设计变更是造成工程项目成本增加的重要原因。

(2)工程总承包项目设计变更对项目进度的影响

对原有设计进行变更,可能会改变原设计的施工工艺,施工程序等,增加施工工艺的复杂程度,进而影响项目进度:一方面,设计修改工作本身需要时间;另一方面,施工难度的增加导致项目所需施工时间延长。另外,若在施工阶段发生设计变更,需要拆除已建成的部分时,很可能导致工期延误。

(3)工程总承包项目设计变更对项目质量的影响

提出设计变更的出发点在于弥补原设计文件存在的问题和缺陷,提升设计的科学性、合理性,使设计与采购、施工现场实际情况更相符,规避因设计方案和工程实际存在偏差而引发的质量问题,有效确保项目质量。然而,由于设计和施工的衔接不充分,在设计变更的过程中可能出现新的质量问题。例如,在某建设项目钢筋混凝土剪力墙的施工过程中,施工人员按照原设计方案进行施工,已将管线全部埋设到位,由于发生设计变更,需要调整各种线路的安装方式,造成预埋管线发生外露的情况,最终对项目的抗震能力造成了影响。针对这类情况,工程总承包商应充分发挥其设计、施工一体化优势,尽可能规避因设计、施工协调不善导致的质量问题,有效实施设计变更。

4. 工程总承包项目设计变更产生的原因

(1)外部原因

对于工程总承包项目而言,外部原因是指工程总承包商以外的因素,涉及业主、监理方等相关主体,同时包括宏观环境变动、现场实际情况发生变化等因素。明确影响设计变更的外部因素有利于工程总承包商审视所面临的机遇和风险，从而对设计工作和各部门的组织协调进行优化，控制设计变更，从而保证项目的顺利进展。

1）业主需求变动

业主对整个工程项目的实施起主导作用，业主需求和期望的改变，轻则造成设计内容的更改变动，重则颠覆原有的设计思路和理念。常见的由于业主需求变动导致设计变更的情况包括：第一，业主对局部设计作出临时更改。例如，原设计文件中外立面的材料为瓷砖，业主出于对项目美观性的考虑决定使用木材对外立面进行装饰从而导致设计变更。第二，业主改变建筑物的用途或扩大或缩小设计范围，可能导致原设计被推翻，发生大规模的设计变更。第三，业主的商业方向或战略调整。例如在项目推进过程中受环保政策的约束，在项目实施过程中可能通过发起设计变更，追加附属环保设施，以减少污染，履行保护环境的社会责任。通常，由于业主自身需求因素导致的设计变更，业主往往会综合考虑自身经济利益并承担主要责任。对于工程总承包商而言，应重视与业主的前期沟通，建立顺畅的沟通渠道，确保通过设计变更准确、充分地满足业主需求。

2）现场条件发生变化

现场条件发生变化也是设计变更的常见原因之一。项目设计的重要参考依据是工程地质勘察报告。由于前期勘察工作的不准确或不完整，实际施工时可能发现新的不利地质条件，如出现地下流沙层或软弱地质带等，必然引起设计变更的发生。

3）宏观环境变化

经济周期、宏观经济政策和市场需求等客观环境因素变化会通过影响项目决策，从而间接导致设计变更。一方面，在经济不景气或行业形势低迷的时期，市场需求疲软、政府审批困难和信贷收紧直接影响业主方的投资决策。例如，某钢铁项目由于市场低迷和缺乏相关政策、信贷支持，业主将原计划建设的 $5000m^3$ 高炉改为 $3500m^3$ 高炉。高炉容积的变化会导致工艺参数的一系列变化，如果此时设计工作已经开展，将会引发大量设计变更。另一方面，市场供给短缺将会导致原材料、设备临时更换，从而导致设计变更。

（2）内部原因

内部原因可看做工程总承包商内部导致设计变更的因素，可从设计施工部门进行分析。

1）设计部门

设计部门是负责设计工作和参与设计变更的主体。从设计部门分析设计变更产生的原因，是提高设计文件质量、减少设计变更的突破口。

首先，设计人员设计能力不足，相关专业知识匮乏，导致设计深度不够和图面表述不清晰。这些问题不仅会引发设计变更，影响工程造价，严重者可能导致工程事故。其次，设计人员的图纸设计经验和技术服务经验关系到其能否准确地关注到影响图纸质量的关键点，从而降低图面错误率。如果设计人员的图纸设计经验不足，现场技术服务次数少，则很难准确把握施工现场的需求，导致设计变更频发。再次，设计部门整体上对政府法规、行业规范、市政要求、设计标准等缺乏与时俱进的认识，也可能导致设计理念落后，设计文件不合规等问题，造成后期的设计变更。最后，设计部门内部的设计流程不合理引起设计变更。例如，设计部门为了保证工期，草率确定图纸即后组织各部门进行图纸会审，这种做法看似赢得了时间，实则埋下了设计变更的隐患；又如，部分设计部门在设计验证环节采用三级审核制度，本意是设置多重保障，把控图纸质量，实质上却由于责任分散而削弱了审核效果，使得设计文件中的问题难以得到及时的发现和修正。这类仅考虑短期利益的行为也是后续发生设计变更的重要原因。

2）施工部门

设计文件是施工的依据，在施工过程中发生的许多原设计未预料到的情况，往往需要通过设计变更解决。例如，在工程项目的管道安装过程中，由于设备位置的调整，导致在原设计标高处无法安装管道，需要改变原设计管道的走向或标高。此外，由于现场施工条件不成熟、施工人员技术有限或资源不可得等原因，施工部门认为有必要进行设计变更，采用其他材料来代替原设计文件中的材料。

6.6 设计与采购施工的信息共享

工程总承包项目的核心管理理念就是充分利用工程总承包商的资源，变外部被动控制为内部自主沟通，协同作战，实现设计、采购、施工深度交叉融合，高效发挥三者优势，并形成互补功能，最大限度地减少工作中的盲区和模糊不清的界面，简化管理层次，提高工作效率。

6.6.1 设计与采购的信息共享

工程总承包项目的设计经理应主动和采购经理进行信息交流，找出工程的特点、难点及关注点，并确保设计与采购之间的协调，避免因信息沟通失误而引起采购错误。设计经理对采购经理的配合和协调工作包括：

1. 设计部门通过工程总承包合同（包括合同技术附件）了解项目业主对设备、材料的需求标准，编制采购技术文件；

2. 通过项目设计执行计划将采购有关的长周期设备、关键设备、一般设备和材料在相应的设计阶段分期分批提出采购要求，在初步设计阶段对一些长周期、价格昂贵的设备进行预询价和技术谈判；

3. 设计经理应协助采购经理编制项目采购策略和采购总体计划，参加采购谈判和竞争性谈判工作；

4. 提出设备、材料采购的请购单及询价技术文件；

5. 负责对制造厂商的报价提出技术评价意见,签署技术协议;

6. 参加厂商协调会,参与技术澄清和协商;

7. 对制造厂商图纸的审查、确认和返回;

8. 在设备制造过程中,协助采购经理处理有关设计、技术问题;

9. 必要时参与关键设备和材料的检验工作;

10. 设计文件交付时间应满足采购进度要求;

11. 评估设计变更对采购进度的影响。

6.6.2 设计与施工的信息共享

设计应具有可施工性,以确保施工的顺利进行和工程质量。设计经理对施工经理的配合和协调工作包括:

1. 初步设计文件应满足主要设备和材料订货以及编制施工图设计文件的需要;施工图设计文件应满足设备、材料采购,非标准设备制作和施工以及试运行的需要;

2. 对采用新材料、新设备、新工艺、新技术或特殊结构的项目,应评审新技术、新工艺的成熟性,新设备、新材料、特殊结构的可靠性,并提出保证工程质量和施工安全的措施和要求;

3. 设计部门应进行设计交底,说明设计意图,解释设计文件,明确设计计划对施工的技术、质量、安全和标准等要求,必要时由施工经理组织图纸会审;

4. 应对设计文件进行可施工性分析;

5. 设计文件交付时间应满足施工进度要求;

6. 设计部门应依据合同约定,承担施工和试运行阶段的技术支持和服务,及时处理现场有关设计问题及参加施工过程中的质量事故处理;

7. 评估设计变更对施工进度的影响。

设计与施工协同服务的具体内容见表 6-1。

设计与施工协同服务具体内容　　　　表 6-1

序号	协同服务活动	配合内容
1	图纸交底	设计经理解释设计意图及施工内容,并负责进行技术交底
2	图纸会审	组织业主、监理、设计、施工部门等相关人员参加图纸会审,在开工前解决图纸中存在的问题,形成图纸会审记录资料
3	基础验收	设计部门及勘察单位相关负责人参加基础分部工程验收
4	主体验收	设计部门负责人参加主体分部工程参加主体分段验收
5	竣工验收	设计部门负责人参加工程竣工验收
6	业主、监理例会	在工程施工实施期间,设计部门出席由业主和监理召开的例行会议
7	总包协调会	在工程施工实施期间,设计部门出席由工程总承包商召开的协调会,解决工程总承包范围内的设计和施工相关问题

续表

序号	协同服务活动	配合内容
8	总包专题会	在工程实施期间,设计出席由工程总承包商召开的设计、技术、质量、安全等问题的分析、专项方案论证等专题会议,提出设计方意见
9	深化设计	施工翻样图、预留预埋深化图、复杂结构空间关系图、机电综合排布图、装饰施工排版图
		基坑支护设计、钢结构深化设计、幕墙深化设计、装饰装修深化设计、智能会议深化设计、泛光工程深化设计、厨房工程深化设计、楼顶LOGO工程深化设计、热力站工程深化设计、擦窗机工程深化设计、庭院景观绿化工程深化设计、弱电深化设计、机械停车深化设计、变配电深化设计
		热力外线、有线电视外线、网络电信外线、电力外线、天然气外线、自来水外线、雨污水管道道路
10	建立BIM模型	建立项目建筑信息模型(BIM),建筑全寿命周期(设计、采购施工、试运行)实现可视化、协调性、模拟性、优化性和可出图性,实现信息资源共享
11	设计变更	基于方案设计的变更
		基于施工图设计的变更

6.7 本章小结

本章详细介绍了工程总承包项目设计管理的相关内容,梳理了工程总承包项目设计管理的具体工作,包括设计管理方案策划、设计执行计划的编制、设计实施、设计控制与限额设计、设计优化与变更管理,以及设计与采购、施工的接口关系和信息共享。总体而言,设计管理是工程总承包管理中复杂且关键的环节,要求设计人员具备全面的能力和素质,进行科学的方案策划,编制设计执行计划,按照设计执行计划推进设计的实施,在整个过程中严格实施限额设计、控制设计变更,充分发挥设计在工程总承包管理中的引领作用。

思考题

1. 简述工程总承包项目设计管理的主要内容。
2. 分析我国现阶段工程总承包项目的设计管理存在的问题。
3. 简述工程总承包项目设计管理方案策划的主要内容。
4. 什么是限额设计?为什么要进行限额设计?
5. 什么是设计优化?设计优化与设计变更的联系和区别是什么?
6. 分析工程总承包项目发生设计变更的原因。

7

项目采购管理

【教学提示】

项目采购工作在工程总承包模式下发挥着重要的作用,是承接设计和施工工作的中心环节。一方面,工程设计的方案和结果最终要通过材料和设备的采购来实现,采购过程中发生的成本、采购的物资的质量最终影响着设计方案的实现程度。另一方面,采购为施工环节提供基本的原材料,在很大程度上决定了施工的质量。本章主要介绍了采购管理方案策划、采购发包与招标管理、询价管理、供应商选择与管理、采购合同管理、采购控制以及采购接口管理等关键环节。

【教学要求】

本章应重点掌握工程总承包模式下项目采购管理的关键环节的组成,以及每一个环节中的管理内容和管理要点。

7.1 采购管理方案策划

7.1.1 采购管理方案策划的概念

项目采购是指为了完成某一特定的工程建设项目，从项目系统外部获取货物、土建工程和咨询服务的完整采办过程。其中，货物采购是指购买项目建设所需的投入物（例如，机械、设备、材料等）以及与之相关的服务；土建工程采购是指通过招标或其他方式选择工程承包单位及与其相关的服务；咨询服务采购主要指聘请咨询公司或咨询专家为项目建设提供专业意见的服务。由以上定义可知，广义的采购，包括设备、材料的采购和设计、施工及劳务采购。本章所表述的采购是指设备、材料的采购，而把设计、施工及劳务采购称为项目分包。

采购管理方案策划指项目整个物资采购工作的总体安排，具体包括采购的内容、采购的方式、时间安排、相互衔接以及组织协调等。在工程总承包管理的模式下，设计、采购、施工工作有序深度交叉，对于项目采购工作的系统性要求更高。因此，在采购工作开始之前，制定完善的采购管理方案策划就显得尤为重要。

7.1.2 采购管理方案策划的内容

工程总承包商需要首先对自身的组织资源和目标等进行充分分析，同时对采购市场进行深入调研。在此基础上确定是否需要采购、如何采购、采购多少、何时采购等问题。具体来说：

1. 是否需要采购

总承包商可以选择外购、自制和租赁三种途径来获取工程项目所需要的物资。进行采购管理方案策划的第一步是需要对此进行选择。一般来说，在进行采购管理方案策划时，原材料和初级品等消耗性物品主要面临着外购还是自制的选择；资本性设备，例如重型机械等，主要面临着租赁还是购买的选择。

2. 如何采购

确定如何采购首先需要确定的是总承包商自己采购还是将采购工作外包。如果将采购工作委托给第三方，能够充分发挥竞争优势，且节省采购的时间和成本，获得委托前不能获得的效益，则更适合将采购工作外包。通常来说，如果采购活动的关联性大、协同性高则不宜外包。在确定了是否自己采购之后，需要进一步确定采购方式。采购方式主要有招标采购和非招标采购两种。

其中，招标采购又可以分为无限竞争性公开招标和有限竞争性的邀请招标。对受客观条件限制和不易形成竞争局面的项目，还可以采取协商议标。非招标采购又可以分为询价采购、直接采购、定向采购、单一来源采购。

3. 采购多少、何时采购

决定采购数量和实践的主要依据是进度计划和工程量清单等详细项目资料。按照采购管理的基本原则，需要通过确定合理的进货批量和时间，使得存货的总成本最低。

7.1.3 采购管理方案策划的依据

（1）项目范围说明。范围说明书规定了项目的边界，提供了在采购管理方案策划过程中必须考虑的要求和策略等重要条件。

（2）项目最终成果说明。项目最终成果说明提供了需要考虑的技术问题和注意事项等重要资料。

（3）工作分解结构。工作分解结构阐明了项目各要素之间及其与项目可交付成果之间的关系。

（4）采购活动所需的资源。总承包商在采购活动开始之前应评估所需的资源，以支持采购活动的顺利开展，具体包括人员、时间、物资、专业知识等多种有形和无形的资源。

（5）市场状况。采购管理方案策划的过程必须考虑市场上现有何种货物可以购买、以何价格从何处购买等。

（6）其他计划成果。采购管理方案策划过程中必须考虑有哪些其他计划成果可以利用。通常应加以考虑的其他计划成果包括：项目进度计划、活动费用估算、质量管理计划、合同管理计划等。

7.1.4 采购管理方案策划的成果

经过系统化的采购管理方案策划形成的采购管理计划将为后续采购管理提供全程的指导。采购管理计划应具体包括：

（1）项目概况：主要对项目的基本情况进行介绍，明确项目的总体时间、质量和成本控制目标。

（2）采购管理计划编制依据及采购工作的基本原则：依据项目基本资料确定采购工作开展的基本原则，确保后续采购工作有章可循。

（3）采购工作范围和内容：规定采购工作的边界，为总承包商内部的采购工作管理以及对供应商的管理开展提供指导。

（4）采购岗位设置及其主要职责：通过明确的岗位职责划分和工作流程规定，规范总承包商内部的采购管理，确保采购工作有条不紊的开展。

（5）采购进度的主要控制目标和要求和措施：明确采购工作开展的基本时间线，以及实现这些目标和要求的保障措施。采购进度应满足整体项目进度的要求。

（6）采购费用控制的主要目标、要求和措施：采购工作本身也需要占用一定的资源，产生相应的成本。应通过必要的措施进行合理决策，将采购费用控制在合理范围之内。

（7）采购质量控制的主要目标、要求和措施：将项目总体的质量目标进行分解，明确具体的单项采购工作需实现的质量目标，并辅以必要的保障措施来实现目标要求。

（8）长周期设备和特殊材料等专项采购执行计划：对于部分特殊的材料设备需制定专项采购计划，以保证整体采购工作目标的顺利实现。

（9）催交、检验、运输和材料控制计划：采购管理计划执行的过程中，需总承包商辅以多重控制手段以确保实际的采购工作按照计划进行，如发现偏差，应予以及时的干预和纠正。

（10）采购协调程序：采购工作涉及多个组织之间的协调与沟通，应提前对协调沟通程序进行明确规定，确保各方的高效协调沟通。

（11）特殊采购事项的处理原则：由于建设工程项目一次性的特点，采购工作往往具有不确定性，在实际采购的过程中会发生诸如变更等特殊事项。总承包商应提前对特殊采购事项进行预估，规定特殊事项的处理原则。

7.2 供应商的选择与管理

总承包商应对货物、材料和设备的采购过程实施严格控制，以确保最终采购的物资满足合同要求和工程使用要求。为此，采购发包单位需根据项目的技术规格、质量要求、供应商的供货能力、价格、售后服务和供货来源等要求，并基于供应商的资质、能力和业绩等，确定并实施供应商评价、选择、控制。

7.2.1 供应商的评价与选择

总承包商应对供应商进行全面、系统和准确地评估。通常来讲，对供应商进行评价时应从物资质量、供货价格、相关采购费用、交付的及时性和服务质量等方面入手。同时，还需要根据具体行业和项目特征确定的各项评价因素，构建综合评价体系。特别地，对于重要物资的供应商的考察，可以采取对供应商进行体系审核、现场实地考察等形式确定。

通常来说，合格的供应商的评价标准应包括商务、技术和质量保证三方面内容：

（1）具有相应的资质、独立法人资格和业绩要求；

（2）有能力满足产品技术要求；

（3）有能力满足产品质量要求；

（4）符合质量、职业健康安全、环境健康体系要求；

（5）具有良好的信誉和财务状况；

（6）有能力保证按照合同要求准时交货；

（7）有良好的售后服务体系；

（8）未发生质量、安全、环境事故；

（9）未申请破产。

7.2.2 对供应商的管理

在完成对供应商的综合评价之后，选定了符合要求的供应商来提供工程项目所需的物资。总承包商还需要对供应商进行持续的管理，以确保供应商的供货状态可控，能够满足项目建设的总体目标要求。

总承包商可以利用行业信息简报、竞争性商业情报，以及同业伙伴和行业供应商的反馈等多种正式或非正式的机制对供应商的管理、技术、商誉等方面进行监控和跟踪。同时，依据采购合同，严格监控合同的履行情况，以确保外部提供的物资不会对项目总体的质量及交付进度产生不利影响。为此，总承包商应：

（1）明确规定对供应商提供的过程、产品和服务实施控制的要求；

（2）监控供应商供货的过程，确保供应商提供的过程、产品对能够稳定地满足项目的要求，并且满足适用的法律法规要求；

（3）确定必要的验证或其他活动，包括评审/审查/批准、质量验评/验收/测试/检验/试验/批准等，以确保供应商提供的过程、产品和服务满足项目及采购发包单位的相关要求。

7.2.3 供应商的后评价

总承包商应建立完善的供应商后评价制度，在项目结束后对其进行后评价。通过后评价，逐步建立起采购发包单位对供应商的内部评价系统，为后续长期采购工作服务。对于有重大欺诈、履约状况不佳的供应商，要列入"黑名单"，不允许其进入后续项目的采购环节。通常来说，后评价内容应包括：

（1）产品的质量以及供货的进度；

（2）合同履行能力，包括提供产品的能力和及时性；

（3）采购现场与总承包商的配合情况，包括沟通、协调、反馈等；

（4）售后服务的态度和及时性；

（5）解决问题或处理突发状况的能力；

（6）质量、职业健康安全和环境保护管理的绩效等。

7.3 采购合同管理

合同管理是整个采购活动中的重要组成部分。合同的基本作用是约定双方的责任和行为、降低交易成本，分担市场风险和建立良好的经济激励机制。在工程总承包项目中，总承包商与供应商建立以项目和合同为中心的管理流程。双方签订合同之后，一切权利义务关系都需要按照合同的约定进行。供货的进度、质量和成本目标也都是通过合同条款来约定的。因此，如何通过合同管理实现预期的目标并解决项目采购过程中出现的各种问题，是采购合同管理的重要内容。

7.3.1 采购合同管理概述

采购合同是平等主体的自然人、法人及其他组织之间设立、变更、终止民事权利义务的意思，表示一致的协议。采购合同一般具有以下法律特征：

（1）是平等主体的自然人、法人和其他组织所实施的一种民事法律行为；

（2）以设立、变更或终止民事权利义务关系为目的；

（3）是当事人意思表示一致的协议。

采购合同管理是保证供应商的实际工作满足合同要求的过程。在同时使用多个供应商的项目上，采购合同管理工作还需要管理各供应商之间的联系。

设备和材料的采购合同管理的内容主要是根据项目的目标要求做好质量、进度、成本三大控制。三大控制之间有着复杂微妙的对立统一的关系，互相制约，又互相影响。因此，在采购合同管理中要树立全周期和全方位管理的观念、系统观念，加强防范管理风险，严格控制合同费用，有效控制实际采购工作的成本和进度，协调好质量、进度和成本控制，实现合同管理的效果。

7.3.2 采购合同进度管理

采用工程总承包建设模式的项目往往是资金密集型的较大规模的投资项目，如果延期，造成的损失非常巨大。设备和材料采购合同的输出是施工的最重要的先决条件之一，设备和材料的供应及其配套文件的交付进度直接影响到下游施工工作的开展。因此，制定合理而严密的进度计划，避免因交货期紧张而增加费用，避免因紧急采购而使采购活动失去竞争性，避免因交货延期而影响整体工程进度就显得十分重要。采购合同进度管理主要包括进度计划和进度控制两大部分。

1. 进度计划

合同中必须详细规定合理的物资采购进度计划，包括各类工程管理文件、材料和设备及其配套的技术文件的交付时间，设立合理的、可考核的且富有挑战性的里程碑，通过合同条款设计支付和奖罚机制来控制进度。合同条款中应列出主要系统设备材料清单，对于大宗材料，如采用分批交货方式，还要规定具体的交货批次和时间。此外，还应在合同文件专门章节中，详细规定里程碑定义，规定各类技术文件的定义和内容深度要求，以免在后续合同执行过程中产生争议。

2. 进度控制

在合同的执行环节中，进度控制的主要任务是按照合同要求进行规范工作，如沟通问题、处理变更和应付突发事件等，并在关键的时间节点进行必要的监督和检查。检查的目的是比较实际情况与计划差异，以确定当前的状态。具体来说：

（1）可以通过交付物资的质量情况，变更记录等检查合同执行是否正常。如果确认必须对有关进度进行控制，就要及时采取行动。例如，如果出现合同延期的情况，需要通过增加投入、改变现有工作方法等进行及时的调整，防止风险后移，同时要全面评估对时间、质量、成本和风险等方面的影响。

（2）设备采购的控制点主要在采购或制造进度和质量问题。大宗材料种类和规格繁多，其进度管理要求复杂，需要更细致的工作，需要更科学地使用 PDCA（计划 Plan，执行 Do，检查 Check，行动 Action）循环的分析方法。每台设备或每批材料的按时交货对于保证项目整体进度都至关重要。因此，在采购合同中，除了严格规定进度条款和违约罚金外，还应规定具体的合同进度控制措施。例如，要求供应商在规定的时间节点按照已确定的进度计划对实际进度进行控制和评估，特别要控制里程碑的实现情况；要根据供应物资金额大小及材料运输、交付等复杂程度，要求供应商按照规定的时间间隔提交物资供应进度等。

7.3.3 采购合同质量管理

采购合同的质量管理包括产品质量和工作质量两部分。产品质量是指合同的交付物——设备或材料的质量，它需要符合合同技术规范书和相关质量条款的要求。工作质量则是指供应商为了保证产品质量所从事的工作的水平和完善程度，例如，供应商提供的售后服务，以及供应商在采购现场与总承包商的沟通协调情况等。它能够反映合同的实施过程对产品质量的保证程度。这两方面中任何一项未达到预期的水平都会对工程产生不利影响。

对设备和材料采购合同的质量管理通常是通过质量保证和质量控制来实现。质量保证体系是供应商评价的重要内容，中标的设备和材料供应商通常应已经具有完善的质量保证体系。总承包商应在合同质量保证管理条款中要求供应商建立适用于所采购设备和材料的质量计划、制定专门的工作程序和规范文件、做好质量记录和相关文件。在质量控制方面，应该通过质量计划中设立的报告点、见证点和停工待检点等进行控制，保证最终产品的质量，保证发货到现场的设备和材料质量满足合同约定的标准。

7.3.4 采购合同成本管理

采购合同成本管理是项目核心控制内容之一。在采购合同管理阶段做好成本管理和控制，能够降低整个项目的直接和间接成本费用。

工程物资的采购是按照前后制约关系和工程整体进度来确定供货的逻辑顺序。因此，按照工程的总体进度计划来确定货物的采购和到货，减少不必要的货物存储或停工待料的情况是实现成本管理和控制目标的关键所在。总承包商应对项目所需物资进行充分的分析，建立并尽可能优化采购成本模型，仔细地核算项目采购成本的发生时间和间隔，合理安排资金，尽可能降低自身的现金流压力，实现现金流入和流出之间的平衡，并通过合同支付控制供应商的合同执行程度，保证其按照合同要求履行自己的义务。

由于合同采购成本通常通过采购合同的支付而发生，因此对采购合同成本控制的最重要的方式就是合同的支付控制。支付控制的前提是建立合理的资金支付计划，控制好合同的支付节奏，对支付申请严格把关，做到合同货物的制造或者交货进度能够和支付进度匹配。此外，在主要设备和国际合同的支付上，还可以考虑利用信用证和出口信贷（根据采购设备材料的具体情况）以减少资金的占用，实现一定程度的延期付款和卖方融资，提高项目资金的适用效率。

7.4 采购控制

7.4.1 催交与检验

采购发包单位根据设备、材料的重要性划分催交与检验等级，制定催交与检验计划，明确检查内容和主要控制点，并组织实施。催交人员应按照规定编制催交状态报告，审查供应商的制造进度计划，并进行检查和控制，对催交过程中发现的偏差提出解决方案。

检验人员负责制定项目总体检验计划，确定检验方式以及出厂前检验或驻场监造的要求，应按照规定编制驻厂监造检验报告或者出厂检验报告。对于有特殊要求的设备和材料，可与有相应资格和能力的第三方检验单位签订检验合同，委托其进行检验。采购组检验人员应根据合同约定对第三方的检验工作实施监督和控制。

7.4.2 运输与交付

总承包商应依据合同约定的交货条件制定设备、材料运输计划，并组织实施。对于超限和有特殊要求的设备、危险品运输，应制定专项运输方案，可委托专业的运输机构承担运输。对于国际运输，应依据采购合同约定、国际公约和惯例进行，做好办理报关、商检及保险等手续。设备、材料运至指定地点后，接收人员应对照送货单进行清点，签收时应注明到货状态及其完整性，填写接收报告并归档。

7.4.3 仓储管理

总承包商应制定出入库管理制度，设备、材料正式入库前，依据合同规定进行开箱检验，检验合格的设备材料按照规定办理出入库手续，建立物资动态明细台账。所有物资应注明货位、档案编号和标识码等。仓库管理员要及时登账，定期核对，确保账物相符。应建立和实施物资发放制度，依据批准的领料申请单发放设备、材料，办理物资出库交接手续。

7.5 采购与设计施工过程的接口管理

7.5.1 设计、采购、施工之间的逻辑关系

采购工作在工程总承包模式下发挥着重要的作用，在设计、采购和施工之间的逻辑关系中处于承上启下的中心位置。

在工程总承包模式下，设计、采购和施工有序地深度交叉。具体来说，将采购纳入设计程序，设计工作结束时，采购的询价工作也基本完成，在很大程度上节省了项目工期。此外，在工程总承包模式下的项目管理工作中将设计阶段和采购工作相融合，确保在设计中就确定了工程使用的全部大宗设备和材料。这样就能在深化设计完成时大致明确整个项目的建造成本，让总承包商对项目的总成本做到心中有数，并在合理的范围内，及时调整设计方案，更好地控制项目成本。

土建施工安装的输入主要为采购环节的输出，它需要使用通过采购环节获得的原材料，需要安装所采购的设备和大型机械。因此，采购过程中发生的成本、采购的设备和材料的质量最终会影响设计蓝图的实现程度。在工程总承包模式下，项目的设计、采购和施工之间的逻辑关系如图 7-1 所示：

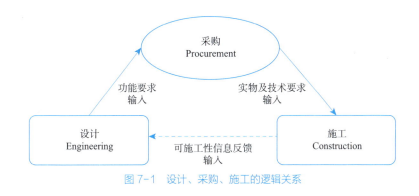

图 7-1 设计、采购、施工的逻辑关系

7.5.2 采购与设计的接口管理

在采用工程总承包的工程项目中，设计单位需要提供项目所需设备和材料的详细技术参数和规格，对于部分大宗设备，还可能需要其为供应商提供制造所需的详细图纸。因此，详细设计在采购阶段发挥着重要作用。如果设计环节出现问题，例如设计深度不够、专业协调不到位、出图时间延迟、设备制造图或技术说明书错误、供货范围不清晰等，都会对采购活动的及时性和准确性产生不良影响。特别对于一些非标设备的采购，设计和采购之间的接口管理更为复杂。

为更好地衔接设计和采购，在工作中应明确定义设计工作的输出，包括各种设计所需的接口，保证设备和材料采购活动的相关方及时更新信息。除了增强总承包商和

设计单位的协调与沟通之外，还要注意监督和评价设计单位和非标设备及大宗材料供应商之间的沟通，实现接口顺畅，防止出现严重的设计成果交付延期和设备制造过程中因设计变更或图纸参数未及时更新造成的重复工作和质量问题以及可能产生的进度和成本问题。

7.5.3 采购与施工的接口管理

在项目实施过程中，经常可能出现现场变更、施工进度延期、部分工序提前施工等要求，可能会造成设备选型变更、交货延期或提前，造成合同管理计划、资金计划等连锁反应，会造成总承包商的工作被动或某些合同管理工作的重复，从而发生额外的费用。因此，总承包商还应对采购与施工工作的接口管理予以重视。

现场施工、安装和调试工作具有较大的不可预见性，经常会发生延期或者提前完工的情况。对于采用新设备和新技术的部分工程项目，还可能出现因不熟悉设备造成的安装延期、设备损坏或不能达到安装质量要求的情况。由于施工和安装环节多位于项目管理工作的后端，又由于工程中质量问题通常后移的影响，该环节出现的问题将会极大地影响工程进度和质量。因此，在实际工作中，应尽可能地扩大采购与施工的接口，让土建施工相关人员尽早地了解采购工作的关键信息，尽可能将设备材料采购和土建施工的接口提前管理。同时，从可施工性的角度为上游的采购工作提供指导建议。

要对下列主要内容的接口实施重点控制：

（1）施工现场对于所有设备和材料的接收及开箱检验；
（2）施工过程中发现与设备、材料质量有关问题的处理对施工进度的影响；
（3）评估采购变更对施工进度的影响。

7.5.4 集成性信息系统的构建

随着信息化技术的发展和应用，总承包商有必要构建集成性的信息系统将设计、采购和施工中的数据进行对接，使得三部分工作实现信息共享。具体来说，要严格材料管理，将设备和工程大宗材料的设计量、采购量、交货量、到货量、库存量、实际安装完成量和结余量进行跟踪和预测，严格控制超消耗和再供货。使用数据库进行分析和预测，减少浪费或供货中断的现象发生，使设计、采购、施工工作紧密衔接，最终实现从物资管理到信息管理的转变，实现材料设备等物资在三项工作之间的高效流转，实现动态平衡控制。

7.6 本章小结

采购管理是工程项目管理中重要的组成部分，项目的物资采购主要需要做好供应商的管理、合同管理以及采购发包单位的组织内部管理三方面的工作。具体采购工作能否顺利开展，主要受到物资性质、供应商、总承包商的管理能力以及采购环境等多方面因素的影响。从总承包商的视角出发，应在充分调研内外部条件的基础上制定全面的采购策划方案，全方位地加强对供应商的管理，加强合同签订后的项目管理工作和合同执行工作，优化总承包商的内部工作流程及实施物资采购分析，建立严格和科学的采购管理控制程序。

思考题

1. 什么是采购管理方案策划？采购管理方案策划包括哪些内容？
2. 在工程总承包模式下，总承包商进行采购招标的方式有哪几种？
3. 总承包商在选择供应商时应遵循的基本评价标准有哪些？
4. 简述采购合同进度管理的主要内容。
5. 简述采购合同质量管理的主要内容及管理要点。
6. 简述采购合同成本管理的管理要点。
7. 简述如何实现采购控制。
8. 在工程总承包模式下，设计、采购、施工之间有着怎样的逻辑关系？

8

项目施工管理

【教学提示】

项目施工管理是确保项目顺利完成的关键因素之一。准确理解项目施工管理的基本概念和内容，对于后续课程的学习至关重要。项目施工管理有助于提高工程效率，减少成本超支风险，并最大限度地减少项目延误的可能性。通过有效的项目施工管理，项目团队能够更好地协作，资源得以充分优化，施工进度能够得到严密监控，从而提高工程的整体质量和可交付性。因此，深入理解项目施工管理的基本内容至关重要。

【教学要求】

本章的教学旨在帮助学生深入理解项目施工管理的核心要点。学生将着重掌握以下内容：施工管理规划、施工现场管理、工程变更管理、技术装备管理、项目资源管理、公共关系管理、施工与设计采购信息共享。通过本章的案例研究，学生将有机会深入理解施工管理方法如何在实际工程项目中应用，并探讨如何将新一代信息技术融入新型的施工管理模式中。

8.1 施工管理规划

施工管理规划是对工程总承包项目施工过程中的各种管理职能工作、各种管理过程以及各种管理要素进行完整的、全面的整体计划。本节将从施工管理规划的作用、类型、内容等方面进行详细地介绍，并提供优化施工管理规划的相关措施，以提高施工管理的质量与效率。

8.1.1 施工管理规划概述

1. 施工管理规划的作用

施工管理规划对施工全过程的有效管理具有重要作用，其目的就是确定施工管理的目标、依据、内容、组织、资源、方法、程序和控制措施，以保证施工管理的正常进行和项目成功。施工管理规划的作用体现在以下几个方面：

（1）研究和制订施工管理目标。施工管理规划的首要目的是确定施工管理的目标，施工管理采用目标管理方法。目标对施工管理的各个方面具有规定性。

（2）规划实施施工项目目标管理的组织、程序和方法，落实组织责任。

1）施工组织是施工管理机能的源泉、施工管理的载体。用施工管理规划做好施工项目组织规划，为施工管理的成功提供了最基本的保证。

2）程序是工作的步骤，是规律，是使施工管理有秩序地进行的保证。施工管理规划必须把施工管理的程序规划得科学、合理、有效。

3）施工管理规划要从大量可用方法中进行优选，以便选用最适用的、最有效的方法。不同的项目管理专业任务，需要使用不同的适用专业管理方法。

4）施工管理规划要落实主要管理人员的责任，包括施工经理、施工副经理、技术负责人，以及各种专业管理任务（包括进度、质量、成本、安全、沟通、风险、人力资源、采购与合同、信息等）的管理组织的管理责任。

（3）施工管理规划相当于相应施工项目的管理规范，在施工管理过程中落实执行。施工管理规划制定后，在整个施工管理过程中就要严格遵照执行。

（4）作为对施工经理及其管理团队考核的依据之一。由于施工管理规划在工程总承包项目实施过程中存在上述不可缺少的作用，对施工管理的成功起到决定性作用，因此，它必须作为施工经理及其管理团队的考核依据，从而给施工管理规划的执行者以强有力的促进和激励作用。

2. 施工管理规划的类型

施工管理规划包括两种：一种是施工管理规划大纲，是由企业管理层在投标之前编制的，旨在作为投标依据，满足投标文件要求及签订合同要求的管理规划文件。另一种是施工管理实施规划，是由工程总承包项目经理在开工之前主持编制的，旨在指导工程总承包项目施工阶段管理的计划文件。

规划大纲由企业管理层在投标之前编制的旨在作为投标依据，满足招标文件要求及签订合同要求的文件。实施规划是在开工前，由项目经理主持编制的，旨在指导施工经理在施工阶段管理的文件。两者关系密切，后者依据前者进行编制，对前者确定的目标和决策作出更具体的安排，以指导施工阶段的项目管理。

8.1.2 施工管理规划主要内容

1. 施工管理规划大纲

（1）施工管理规划大纲的编制程序

《建设工程项目管理规范》GB/T 50326—2017 第 4.2.2 条规定了项目管理规划大纲的 7 步编制程序，如图 8-1 所示。

图 8-1　项目管理规划大纲的编制程序

这个程序中，关键程序是第⑥步——编制项目目标计划和资源计划。前面的 5 步都是为它服务的，最后一步是例行管理手续。工程总承包企业编制施工管理规划也应该遵照这个程序。

（2）施工管理规划大纲的内容

1）项目概况。项目概况包括项目范围描述、项目实施条件分析和项目施工管理基本要求等。

第一，项目基本情况描述包括：投资规模、工程规模、使用功能、工程结构与构造、建设地点、基本的建设条件（合同条件、场地条件、法规条件、资源条件）等。项目的基本情况可以用一些数据指标描述。

第二，项目实施条件分析包括：发包人条件，相关市场条件，自然条件，政治、法律和社会条件，现场条件，招标条件等。这些资料来自于环境调查和发包人在招标过程中可能提供的资料。

第三，项目施工管理基本要求包括：法规要求、政治要求、政策要求、组织要求、管理模式要求、管理条件要求、管理理念要求、管理环境要求、有关支持性要求等。

2）项目施工范围管理规划。项目施工范围管理规划要通过工作分解结构图实现，并对分解的各单元进行编码及编码说明。既要对项目施工的过程范围进行描述，又要对项目施工的最终可交付成果进行描述。项目施工管理规划大纲的项目工作结构分解可以粗略一些。

3）项目施工管理目标规划。项目施工管理的目标通常包括两个部分：一是合同要求的目标。合同规定的项目目标是必须实现的，否则必须接受合同或法律规定的处罚。二是工程总承包企业自身要完成的目标。项目管理目标规划应明确进度、质量、职业健康安全与环境、成本等的总目标，并进行可能的分解。

项目施工管理的目标应尽可能定量描述，是可执行的、可分解的，在项目施工过程中可以用目标进行控制，在项目结束后可以用目标对施工经理及其管理团队进行考核。项目的目标水平应通过努力能够实现，不切实际的过高目标会使施工管理团队失去努力的信心；过低会使项目失去优化的可能，企业经营效益会降低。

4）项目施工管理组织规划。项目施工管理组织规划应包括施工管理组织结构形式，组织构架图，施工经理、施工管理职能部门、主要成员人选，拟建立的规章制度等。

项目施工组织规划应符合企业的项目组织策略，有利于项目施工管理的运作。

在项目施工管理规划大纲中，需明确施工经理、施工技术负责人等的人选，并让他们尽早介入项目的投标过程。这不仅是为了中标的要求，而且能够保证项目施工管理的连续性。

5）项目施工成本管理规划。企业应提出完成项目施工任务的预算和成本计划。成本计划应包括项目的施工总成本目标，按照主要成本项目进行成本分解的子目标，保证成本目标实现的技术、组织、经济和合同措施。

成本目标的确定应反映如下因素的要求：任务的范围、特点、性质；招标文件规定的责任；环境条件；完成任务的实施方案。成本计划目标应留有一定的余地，并有一定的浮动区间，以便激发生产和管理者的积极性。成本目标是企业投标报价的基础，将来又会作为对项目施工经理及其管理团队的成本目标责任和考核奖励的依据。它应反映实际开支，所以在确定成本目标时不应考虑组织的经营战略。

6）项目施工进度管理规划。项目施工进度管理规划应包括施工进度的管理体系、管理依据、管理程序、管理计划、管理实施和控制、管理协调等内容的规划。具体应说明总工期目标、总工期目标的分解，主要的里程碑事件及主要工程活动的进度计划安排、施工进度计划表，并应规划出保证施工进度目标实现的组织、经济、技术、合同措施。总工期目标与总进度计划不仅应符合招标人在招标文件中提出的总工期要求，还应考虑到各种环境条件的制约、工程的规模和复杂程度、组织的资源投入强度。

在制订施工总进度计划时应参考已完成的当地同类项目的实际进度状况。施工进度计划可采用横道图或网络图等形式，并注明主要的里程碑事件和关键线路。

7）项目施工质量管理规划。项目施工质量管理规划包括项目施工质量目标以及为保证该质量目标实现的项目施工管理工作方案、质量管理体系、质量保证措施、质量控制活动等。质量目标应符合招标文件规定的质量标准，应符合法律、法规、规范的要求，应体现企业的质量追求。

8）项目职业健康安全与环境管理规划。项目职业健康安全与环境保护规划包括具有战略性和针对性的安全技术措施计划和环境保护措施计划，以及对危险源进行的辨识及其粗略控制方法。

9）项目采购与资源管理规划。项目采购规划要识别与采购有关的资源和过程，包括：采购什么，何时采购，询价，评价并确定参加投标的分包人，分包合同结构策划，采购文件的内容和编写等。项目资源管理规划包括识别、估算、分配相关资源，安排资源使用进度，进行资源控制的策划等。

10）项目施工信息管理规划。项目施工信息管理规划的内容包括：施工信息管理体系的建立，信息流的设计，信息收集、处理、储存、调用等的构思，软件和硬件的获得及投资等。它服务于项目的施工过程管理。

11）项目施工沟通管理规划。项目施工沟通管理规划的内容包括：项目施工的沟通关系，项目施工沟通体系，项目施工沟通网络，项目施工的沟通方式和渠道，项目施工沟通计划，项目施工沟通依据，项目施工沟通障碍与冲突管理方式，项目施工协调的原则和方式等。

12）项目施工风险管理规划。应根据工程的实际情况对项目施工的主要风险因素作出预测，并提出相应的对策措施，提出施工风险管理的主要原则。项目施工管理规划大纲阶段对施工风险的考虑较为宏观，应着眼于市场、合同、发包人资信等。

13）项目施工收尾管理规划。项目施工收尾管理规划包括：施工成果验收和移交，工程结算，项目审计，文件归档，项目施工管理总结等。项目施工管理规划大纲应作出预测和原则性安排。这个阶段涉及问题较多，不能面面俱到，但是重点问题不能忽略。

2. 施工管理实施规划

（1）施工管理实施规划的编制程序

施工管理实施规划的编制程序，如图 8-2 所示。

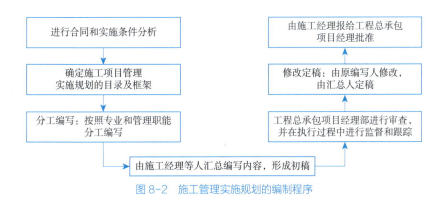

图 8-2 施工管理实施规划的编制程序

（2）施工管理实施规划的编制内容

1）项目概况。应在施工管理规划大纲项目概况的基础上，根据项目实施的需要进一步细化。具体包括：项目特点具体描述；项目预算费用和合同费用；项目规模及主要施工任务量；项目用途及具体使用要求；工程结构与构造；地上、地下层数；具体建设地点和占地面积；合同结构图、主要合同目标；现场情况——水、电、暖气、煤气、通信、道路情况；劳动力、材料、设备、构件供应情况，资金供应情况，说明主要项目范围的工作清单、任务分工、项目管理组织体系及主要目标。

2）施工部署。其内容包括：项目的质量、进度、成本及安全总目标；拟投入的最高人数和平均人数；分包计划；劳务供应计划；物资供应计划；表示施工项目范围的项目专业工作（包）表的划分及施工顺序安排等。

3）施工组织方案。组织方案内容包括：项目的工作结构图、组织结构图、合同结构图、编码结构图、重点工作流程图、任务分工表、职能分工表，并进行必要的说明；合同所规定的项目范围与项目管理责任；施工经理及其管理团队的人员安排（主要由项目的规模和管理任务决定）；项目管理总体工作流程；施工管理团队各部门的责任矩阵；工程分包策略和分包方案、材料供应方案、设备供应方案；新设置的制度一览表；引用企业已有制度一览表。

4）施工方案。施工方案应对各单位工程、分部分项工程的施工方法作出说明，包括进行安全施工设计。

5）进度计划。进度计划包括进度图、进度表、进度说明，与进度计划相应的人力计划、材料计划、机械设备计划、大型机具计划及相应的说明。进度图应能反映出工艺关系和组织关系，其他内容也要尽量详细具体，以便于操作。进度计划应合理分级，即注意使每份计划的范围大小适中，不要使计划范围过大或过小，也不要只用一份计划包含所有的内容。

6）质量计划。质量计划应确定下列内容：质量目标和要求；质量管理组织和职责；所需的过程、文件和资源；产品（或过程）所要求的评审、验证、确认、监视、检验和试验活动，以及接收准则；记录的要求；所采取的措施。

7）职业健康安全与环境管理计划。职业健康安全与环境管理计划，是在施工管理规划大纲中职业健康安全与环境管理规划的基础上细化下列内容：项目的职业健康安全管理点；识别危险源，判别其风险等级；制订安全技术措施计划；制订安全检查计划；根据污染情况制订防治污染、保护环境计划。

8）成本计划。成本计划是在项目目标规划的基础上，结合进度计划、成本管理措施、市场信息、企业的成本战略和策略，具体确定主要费用项目的成本数量以及降低成本的数量，确定成本控制措施与方法，确定成本核算体系，为施工经理及其管理团队实施项目管理目标责任书提出实施方案和方向。

9）资源需求计划。

第一，资源需求计划的编制首先要用预算的办法得到资源需要量，列出资源计划矩阵，然后结合进度计划进行编制，列出资源数据表，画出资源横道图、资源负荷图和资源累积曲线图。

第二，资源供应计划。资源供应计划是进度计划的支持性计划，满足资源需求。施工管理实施规划应分类编制资源供应计划，包括：劳动力的招雇、调遣、培训计划；材料采购订货、运输、进场、储存计划；设备采购订货、运输、进出场、维护保养计划；周转材料供应采购、租赁、运输、保管计划；预制品订货和供应计划；大型工具、器具供应计划等。

10）风险管理计划。施工项目风险管理计划应包括：项目施工过程中可能出现的风险因素清单；各种风险出现的可能性（概率）以及如果出现将会造成的损失估计；对各种风险作出确认，并确定风险控制重点；对主要风险提出防范措施；落实风险管理责任人。

11）信息管理计划。应包括：项目管理的信息需求种类、信息流程、信息来源和传递途径、信息管理人员的职责和工作程序。

12）项目施工沟通管理计划。应包括：项目的沟通方式和途径、信息的使用权限规定、沟通障碍与冲突管理计划、项目协调方法。

13）项目收尾管理计划。应主要包括：项目收尾计划、结算计划、文件归档计划和项目创新总结计划。

14）项目施工现场平面布置图。应包括：在现场范围内现存的永久性建筑；拟建的永久性建筑；永久性道路和临时道路；垂直运输机械；临时设施，包括办公室、仓库、配电房、宿舍、料场、搅拌站等；水电管网；平面布置图说明等。

15）项目施工目标控制措施。针对工程的具体情况，每一项目标的控制措施均应从组织、经济、技术、合同、法规等方面考虑，务求可行、有效。包括：保证进度目标的措施；保证质量目标的措施；保证安全目标的措施；保证成本目标的措施；保证季节性施工的措施；保护环境的措施等。

8.2 施工现场管理

建筑物在建造过程中往往会涉及多个工作环节，包括场地布置、基础施工、结构施工等多项工作。而这些工作环节的环境地点统称为工程施工现场。

为达成工程质量、进度和成本等目标，需要以科学合理的方式组织施工活动，通过优化资源配置和调度来提升整体效率，其水平高低直接影响到工程施工质量和效率，同时也关系到整个项目的综合效益。而在所有工程项目施工中，施工现场管理是重中之重，涵盖材料、机械、安全、档案等内容，因此也成为工程总承包项目管理的核心。

8.2.1 施工现场管理概述

为充分发挥施工现场管理在项目施工现场管理中的作用，需要事先结合项目工程的建设要求和现场实际情况，明确管理的基本原则。在此基础上，对施工现场管理进行优化和改进，以提升整个工程项目的建设质量和效益水平。

1. 进行科学合理的规划

在工程项目施工过程中，为了符合工程管理要求和标准，避免盲目开工或者停工等情况，在进行施工前，需要进行充分的调查研究，并根据实际需求制定详细方案。

2. 保证部门之间的协调合作

在项目启动前，需要明确划分各个部门的职责和任务，确保每个部门都清楚自己的工作职责以及与其他部门的关联。在工程建设中实现明确的分工和责任落实，有助于提高工程建设的效率和质量。

3. 将安全生产视为重要原则

在建筑工程建设过程中，要强化对施工现场情况的管理和控制，严格执行与安全生产相关的工作，以预防潜在的安全隐患问题。

8.2.2 施工现场材料管理

1. 施工现场材料管理主要内容

在施工现场，对于各类项目所需材料的管理，覆盖了从进入施工现场直至施工结束并清理现场的整个过程，这全部纳入施工现场材料管理的范畴。施工项目现场材料管理的核心内容包含了以下主要方面：

（1）施工现场材料前期准备

前期的准备工作是指施工之前进行的材料准备过程，其中材料员需要详细了解项目的整体设计，这从而制定出材料购买方案。这一阶段是整个材料管理工作的基础环节，对整个施工过程产生重要影响。

在项目开始前，工程部门和计划部门需要向物资部门提供材料总需求计划，随后根据施工图纸和进度，物资部门制定加工周期内的加工制品计划。物资部门在与供应商订货时，必须明确要求供应商提供发货单据、材质证明和合格证。

（2）施工现场材料验收管理

材料验收是材料管理环节中必不可少的一环，是基于施工进度和技术需求的。其核心在于需要根据施工进度和合同规定，对采购的材料进行验证。经过验收的材料方可投入使用。

为确保工程的质量和数量，材料进场时必须备有进货计划、送货单、质量保证书，以便进行材料数量和质量的验收。在验证材料的数量和质量时，对于具有明确验证技术要求的，需要按要求进行验证。对于没有明确验证要求且符合下列条件者，可以采取抽查的方法。项目材料管理的关键在于执行标准化，规范化和程序化，管理精细化才能实现。

（3）施工现场材料储存管理

在施工现场材料储存管理中，必须遵循各种材料的管理制度，强化对现场施工材料的规范管理。为保护这些材料，需要采取一系列措施，如防火、防盗、防雨等安全措施，以防止材料腐化或损坏。同时，要根据平面布置图和堆放规定，合理安排施工现场材料的摆放位置，并采取适当的保管措施。

（4）施工现场材料使用管理

对于实施定额管理的工程材料，需要进行限额领发，领料时材料人员必须认真填写领料单，明确注明材料用途的具体部位。此外，在使用过程中要进行追踪和清验。进场材料需要进行检查并造册登记，领用量必须根据施工进度来确定。下料这一阶段是材料控制的重点。库管人员应定期清点库存，并在使用后对各类材料进行分类堆放，特别是对防潮品、易燃品等施工材料，在堆放时必须采取适当的保管措施。

2. 施工现场材料计划管理策略

（1）科学合理地进行材料预算，加强对材料采购程序的管理

要在施工项目中有效管理材料，首先需要进行科学合理的材料预算。在项目预算中，应区分各部门所需材料，并根据施工时间和规定选择适用材料。这样可以保证合理的材料预算，同时确保项目进度、质量和成本的最大化。

要在施工项目中有效管理材料，还需要加强对材料采购程序的管理。为有效管理土建施工现场材料，必须严格遵循采购程序规范，确保材料采购过程的规范化，以保证后续施工能够顺利进行，从而确保工程项目的进度和质量。

（2）严格管理和控制材料的使用

在工程项目建设过程中，建设单位普遍面临材料浪费、破坏和丢失等问题。为有效防止这些问题的发生，必须加强项目施工材料的管理和控制，确保材料使用的规范性。在工程项目完成后，需要全面检查施工现场，核实是否有遗漏材料。这些举措有助于减少浪费、破坏和丢失现象，从而有效优化材料管理。

（3）采用信息技术管理施工材料

在信息技术不断发展的背景下，其应用已经深入各个行业领域，包括材料管理。鉴于材料管理的复杂性，信息技术的运用可简化这一工作流程。通过信息技术管理材料，提高材料管理效率。这种方式能够明显有效地管理成本，为项目管理带来益处。

8.2.3 施工现场机械管理

1. 施工现场机械管理流程

工程总承包企业对机械设备的管理工作涵盖从装备到使用中的维修、保养和改造等各方面。在现代工程总承包企业中，机械化施工已普遍实现，机械设备成为施工现

场的关键设施。因此，企业需对机械设备实施严格管理，以延长设备使用寿命，从而借助机械设备缩短工程施工周期。

机械设备管理的主要流程包括以下几方面：首先，在竞标阶段，工程总承包企业需向建设单位提供施工组织设计和施工计划中所需的机械设备相关信息，随后按照具体管理方案做好准备工作，以确保施工安全和经济性。其次，根据施工机械设备的性能，选择适合现场施工的机械设备，以便合理安排后续施工流程。另外，工程总承包企业应安排专业技术人员定期对机械设备进行保养和维修，使其保持最佳工作状态。

2. 施工现场机械管理策略

（1）建立健全的机械设备管理组织架构和流程

在项目施工之前，需要搭建机械设备管理组织架构，明确总负责人，用来负责全场设备的正常运行。同时，成立维修组和电工组，负责机械设备的日常保养和检修，设立专门的设备管理员，确保设备的安全和正常运行。

施工现场的机械设备管理人员需要严格执行上级颁发的规定与定额标准，根据工程项目的施工特点来制定详细的施工计划。在信息化时代，将信息化管理方式应用于施工现场的机械设备管理中，以此满足更高效的管理需求。

（2）完善机械设备管理制度

为了确保施工现场的机械设备管理，工程总承包企业应制定明确的交接班管理制度。需要安排专门负责机械设备管理的人员，对设备运行进行巡视，并记录运行情况。此外，责任应落实到部门和个人，以确保机械设备检查到位，及时发现并解决问题。机械设备管理部门需要记录设备的使用情况、养护以及损坏维修情况，为后续的使用和维护提供依据。在机械设备工作前，应进行机械测试，以确保设备能够正常工作。工作完成后，应及时检查机械设备，进行养护工作。

（3）加强施工机械设备管理人员的培训

机械设备的使用年限和操作人员的使用有很大的关系，提高设备使用人员的水平能有效延长设备的使用时间。因此，在项目施工前需要对机械设备管理人员做好岗前培训，并进行定时的考核，才能确保避免在施工现场出现误操作的情况，减少因管理不当等原因带来延迟施工等不良影响。

8.2.4 施工现场安全管理

1. 施工现场安全管理概念

施工安全管理是通过管理手段和一系列措施来确保施工过程中施工人员的生命安全和财产安全，并旨在预防和减少事故的发生。尽管建筑行业在科技方面取得了快速进展，各大工程总承包企业不断升级技术以提高核心竞争力，然而，建筑行业工作人员面临的死亡风险仍然是其他行业的2.5倍。因此，在施工过程中，不论是管理层还是基层员工,都必须深刻理解安全施工的理念,将安全置于所有施工活动的首要位置,并随时采取必要的安全防范措施。这是确保工程项目安全和顺利进行的关键。

随着城市化进程的不断推进,建筑行业也处于蓬勃发展的时期,智慧工地的概念也应运而生并崭露头角,其核心思想是运用各种现代计算机技术与装备,提升施工现场的管理效能。因此,通过智慧工地平台能够将BIM、物联网等先进技术与施工过程相融合,进一步推动工地管理的智能化,有助于完善施工安全管理体系,从而提高整体安全管理水平。

2. 智慧工地在施工现场安全管理中的应用

根据施工期间安全管理要求,典型的以BIM技术为基础的智慧工地施工安全管理系统如图8-3所示。通过这个系统,可以更好地进行施工现场安全管理。

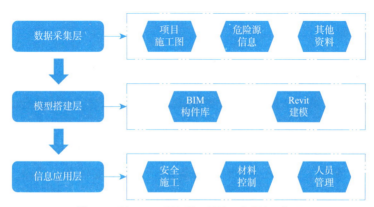

图8-3 基于BIM的智慧工地施工安全管理体系

(1)主要技术

1)无线射频技术

无线射频技术利用手持设备、智能芯片和信息管理平台,为现场管理人员提供了更便捷的方式来发现施工现场的安全隐患。该技术的应用主要体现在需要监控的位置,例如施工电子设备、机械设备和施工人员身上安装智能芯片。通过这项技术,安全管理人员无需一直待在施工现场,而是可以通过手持设备扫描智能芯片,收集各种监控信息,然后立即分析这些信息,了解施工现场是否出现异常情况。该技术使得管理人员能够更加便捷地进行监督工作也可提高施工现场管理的效率。

2)虚拟技术

虚拟技术,即虚拟现实(VR)技术,为安全教育工作提供了更多元化的方式。具体而言,VR技术能够模拟施工现场,结合其他计算机技术构建出逼真的三维模型,以展示真实的施工场景,使人仿佛置身其中。在实际施工阶段,各种安全事故和潜在隐患时有发生,而利用VR技术,可以首先模拟这些安全隐患。体验者可以通过佩戴VR

设备的方式完全融入虚拟场景，观看模拟的安全隐患场景，如高处坠落或建筑物坍塌等情景。借助 VR 技术，可以提高施工人员在实际工作中的安全意识，并将这些意识付诸实际行动中。这种技术能够加强施工人员对潜在风险的感知，并有助于更好地采取防范措施。

3）BIM 技术

BIM 技术通过创建三维模型的方式，有助于整合施工现场的各种信息。相比其他方法，BIM 技术在解决施工现场问题时更直观，同时也能够使施工方案更加合理。应用 BIM 技术，可以创建并呈现三维模型，通过模拟和验证安全布局，以科学可靠的方式分析施工现场的安全装置。这有助于明确安全评估的等级，并提升现场安全管理的水平。在建立安全设施方面，必须确保合理性和规范性，BIM 技术可以用于建模，以预防质量问题的发生。对于施工现场的潜在危险区域，BIM 技术还可以改进安全管理计划，提高安全装置布局的科学性，以确保物资在现场的安全性。

（2）应用层面

1）安全施工

在施工现场，通常会有大量的设备，为了确保这些设备的正常运行，可以考虑在设备上安装防碰撞系统。一旦设备之间的距离超过安全标准，系统就会立即启动警报，从而提高设备的安全性，实现安全施工的目标。

2）材料控制与设备监管

在工程建设阶段，管理大量材料和设备是一个重要的任务。然而，在施工现场，如果材料存放不当导致变质，或者设备遭到盗窃等问题，都可能导致工程经济损失。智慧工地利用物联网和大数据技术，可以实现对采购、存放和使用等各个环节的跟踪和记录。这使得管理人员能够更轻松地监督和统计材料和设备的管理情况，提高管理的便捷性。

3）人员管理

劳务实名制可以采用多种方式，如人脸识别和身份证识别，对施工人员进行考勤记录，同时也能够查询他们的相关信息。人脸识别技术能够以视频形式进行智能分析，为管理人员提供实时信息，为科学决策提供依据。此外，当施工人员接近工地的危险源时，系统会自动发送警告信息，管理人员也会第一时间通知相关施工人员，以预防潜在的安全事故。这种系统可以有效提高工地的安全性和管理效率。

8.2.5 施工现场档案管理

1. 档案管理概念

工程档案是指在工程建设过程中产生的各种客观记录和资料，涵盖了工程项目从规划、设计、施工到竣工验收等不同阶段的信息。这些资料包括但不限于规划方案、施工图纸、变更记录、竣工文件、质量安全文件、验收材料等，以多种形式存在，如文字记录、统计表格、设计图纸、照片、三维模型、声音和影像等。与传统办公档案相比，工程档案更加多元化、内容更加丰富，具有较高的专业性和技术性。

在数字化和信息化的时代背景下，信息化技术的应用在各个领域变得越来越广泛。在档案管理中，通过利用计算机技术和信息化管理系统，将工程档案进行数字化管理，可以显著提高工程档案管理的效率和质量。这一举措对于提升档案管理水平具有重要作用。

2. 档案管理信息化全生命周期流程

工程档案管理信息化系统的核心要素是全生命周期的档案管理，支持档案的全过程管理，包括档案的收集、著录、检索利用、统计维护，以及最终的销毁等环节。这一系统实现了流程的全程记录，有效地防止了篡改风险，同时也使得档案的查询变得智能化和数字化。信息化档案全生命周期管理流程如图8-4所示。

图 8-4　信息化档案全生命周期管理流程图

3. 区块链技术在档案管理中的应用

（1）有助于实现工程档案数据资源的安全性保护

区块链技术结合了加密算法、分布式数据存储和共识机制等多种技术，以实现档案信息的同步记录，将时间、序列和信息等关键数据一并登记，并将这些数据存储在不同的分布式节点上。最重要的是，一旦信息被记录，就无法再对已存储的档案信息进行修改。此外，通过不断优化加密算法，可以确保存储的档案数据不仅不可修改，还无法被伪造，从而保障了工程档案信息的绝对不可篡改性。

（2）确保工程档案数据资源的真实性、可靠性、完整性

档案信息的搜集通常由各个单位的资料员执行，但这容易引发信息的不一致性问题。区块链技术运用时间戳的原理，记录文件的创建时间，当应用于档案管理时，可以为档案数据添加时间维度。这一举措有助于确保档案数据的真实性。在文件传输和存储的过程中，区块链技术以全方位和全周期的方式来保障档案数据资源的可靠性和完整性。

（3）有利于实现工程档案信息的可追溯性

传统的中心化管理模式存在着对纸质和数字档案的数据丢失和被窃取的风险。而区块链的去中心化模式则提供了解决这一信任问题的方法。在区块链中，一旦数据被

添加到链上，就无法被修改，但可以查询和追溯各个区块存储的数据信息。这意味着任何节点上的信息访问和修改都可以追溯，有助于确保档案信息的可追溯性。

8.2.6 路桥龙锦花园项目施工现场管理案例

1. 工程概况

路桥龙锦花园坐落在太原市，位于龙锦街南侧，大运东路东侧，唐槐路西侧，南环北路北侧，正对着太原五中新校区的正门。该项目周边拥有众多便利设施，包括机场、高铁站、医院、商圈等，交通非常方便。总用地面积达到146276.02m^2，总建筑面积为478721.47m^2，分为东、西两个地块。

8-1 路桥龙锦花园项目施工现场管理

2. 智慧工地管理系统总体框架

智慧工地是一个复杂化系统。以物联网、云计算等为核心的信息技术的支持以保证正常运转；功能需求包含施工现场监督、信息化管理等，以满足智慧工地的技术目标和需求；施工现场人员、机械、材料和安全管理对功能需求的实现起到了指导作用，总体框架如图8-5所示。

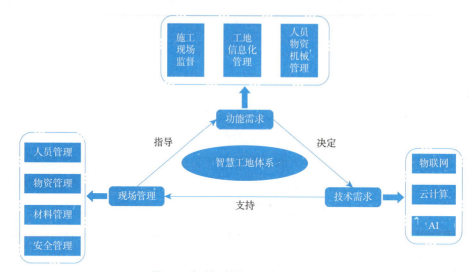

图8-5 智慧工地管理系统总体框架图

3. 智慧工地在施工现场管理中的运用和实施

（1）人员管理

项目建立了人员管理系统，该系统在项目的从业人员管理方面发挥了积极作用。同时，项目现场还配置了出入控制系统，采用了人脸识别和指纹识别技术进行实名认证通行，以满足住房和城乡建设部关于劳务实名制管理的要求，门禁系统工作流程如图8-6所示。此外，项目人员的安全帽内嵌有RFID芯片，可有效显示人员的位置信息，

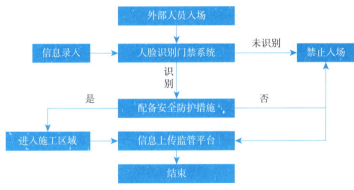

图 8-6 智慧工地技术门禁系统工作流程图

实现对现场人员的实时管理。这使得项目管理人员能够清楚了解到现场人员的分布和工作情况，有利于施工现场人员的管理。

（2）机械设备管理

项目建立了设备管理系统，其工作流程图如图 8-7 所示。该系统具备实时监控设备状态的功能，因此能够实现对设备实时数据的统计和分析，同时还具备安全预警功能。此外，在机械设备的关键部位安装了传感器，这些传感器能够将设备运行数据实时传输到监控系统，经过系统的分析和预警处理，从而显著提升了设备的使用安全性。

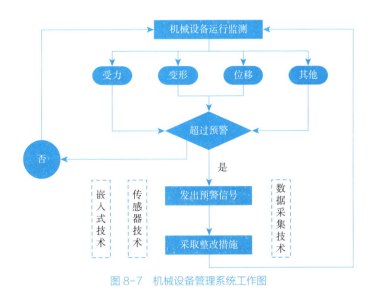

图 8-7 机械设备管理系统工作图

（3）安全管理

项目建立了针对各个施工阶段的智能监控系统，同时还包括气候环境和现场的预警体系，如图 8-8 所示。这一系统能够精准地识别和判断不安全行为和潜在的安全隐患，并及时发出警示以制止这些行为，具备实时监控、定时监控、动态监控和数据存储等多种功能。

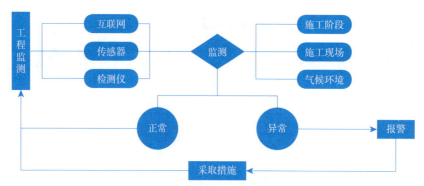

图 8-8　工程安全管理监测图

8.3　工程变更管理

工程变更管理是工程总承包项目施工管理中的重要环节。它涉及对材料、工艺、功能等方面的变更进行评估、决策、实施和监控，确保项目按时高质量完成，并应对变化和不确定性。

在本节概述中，介绍了工程变更管理的背景和意义。工程项目中的变更大多源自政策变化、社会环境演变或业主需求变更。通过有效的工程变更管理，可以全面控制变更，确保项目持续、高质、高效进行。在流程和规定中，介绍了变更管理的具体流程和相关规定。变更管理流程包括变更的提出、评估、决策、实施和监控等步骤。变更提出是对原施工方案或设计的修改请求，而评估阶段考虑了变更的可行性、影响范围和风险因素。变更的批准和实施确保变更正确执行并进行监控。规定规范了工程变更管理的流程、变更申请和评估、变更决策机制、合同和法律依据，以及变更文档和记录等。

8.3.1　工程变更管理概述

1. 工程变更管理的概念

工程变更管理是指在已经正式投入施工的工程项目中，对其进行的变更管理。这些变更可以涉及多个方面，如材料、工艺、功能、构造、尺寸、技术指标、工程数量以及施工方法等。工程变更的原因多种多样，其中包括国家政策变化、社会环境变化以及业主的主观要求变更等。通过有效的工程变更管理，可以实现对工程项目进行全方位的变更控制。

2. 工程变更管理的背景和意义

在工程项目建设中，不确定因素逐渐增多，因此工程变更管理在工程总承包项目管理中扮演着越来越重要的角色。工程总承包项目涉及多个参与主体，包括工程开发商和工程总承包商等，而这也给工程变更管理带来了一定的挑战。工程变更管理的背景是工程项目建设过程中需求的动态变化以及外部环境的不稳定性。例如，新的政策法规会要求进行材料或工艺的变更，或者业主会根据市场需求作出变更要求。因此，工程变更管理的意义在于对这些变化进行管控，确保工程项目能够持续高质量、高效率地进行。

工程变更管理的挑战在于需要综合考虑多个因素。首先，在变更中要合理规划和安排，以避免对项目进度的重大影响。其次，严格控制变更的材料和工艺，确保工程质量不会受损。最后，需要进行成本评估和管理，以保证投资效益的实现。这三个核心点是：规划和安排变更、质量控制、成本评估和管理。通过合理执行这些核心点，可以有效应对工程变更带来的挑战。

工程变更管理对于工程项目的顺利进行具有重要意义。通过加强工程变更管理，能够更好地应对项目中的变化和不确定性，确保工程项目能够按时按质完成。有效的工程变更管理有助于提高工程项目的管理水平。

8.3.2 工程变更管理流程

工程变更流程是一个系统而复杂的过程，用于管理和控制在已经正式投入施工的工程项目中可能发生的变更。涉及多个环节和步骤，以确保变更的合理性、可行性和对工程项目的影响加以控制。工程变更流程主要包括变更提出、变更评估、变更批准、变更实施和监控等环节。各个环节的责任方和环节之间的关系如图 8-9 所示。

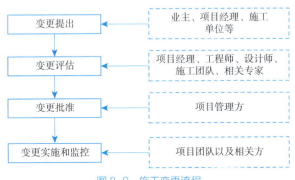

图 8-9　施工变更流程

1. 变更的提出

工程变更的提出是相关人员（如业主、项目经理、施工分包单位等）根据实际情况和需要，提出对原施工方案或设计进行修改的请求。工程变更的类别可以根据不同的角度进行分类，常见的工程变更类别有以下几类：

（1）设计变更：包括对工程设计方案的修改或调整，例如更改结构设计、电气设计等。

（2）材料变更：涉及更换原设计中规定的某些材料，例如更换建筑材料、设备材料等。

（3）工艺变更：涉及施工工艺或施工方法的调整，例如对施工顺序的改变、采用新的施工技术等。

（4）功能变更：包括对工程功能或用途的调整或改变，例如将某个空间改建成其他用途的空间。

（5）规格变更：对施工要求或标准进行修改或调整，例如改变某个材料的规格要求、工程质量标准等。

（6）非工程变更：涉及工程边界范围以外的调整，例如项目管理范围的变更、工程时间进度的调整等。

需要注意的是，工程变更的类别会因不同的项目和具体情况而有所差异。在实际施工过程中，需要对变更进行评估和管理，确保变更的合理性、可行性和影响范围的控制。

项目相关方在需要进行变更时，应由相关负责人向项目管理方或设计方提交工程变更申请，用于提出对原设计或施工方案进行修改的需求。通常，变更申请应包括以下内容：

（1）变更原因：明确说明导致变更的原因，例如设计问题、施工问题、工程需求变更等。

（2）变更内容：详细描述需要进行的变更内容，包括具体修改的工程部分、设计要素、材料、工艺等。

（3）影响分析：分析变更所带来的影响，包括工期、成本、质量、安全等方面的变化。

（4）技术支持：提供相应的技术依据和支持材料，以证明变更的合理性和可行性。

（5）预估成本：估算变更引起的额外成本，并给出相应的费用预算。

（6）时间安排：提供变更完成的预计时间及对整体工期的影响评估。

（7）相关签字：申请人及相关负责人的签字确认，表示同意并支持变更申请。

变更申请需要及时提交，并经过相关方的评审和批准。在审批通过后，方可对施工方案或设计方案进行相应的修改。

2. 变更的评估

工程变更的评估是指对施工过程中提出的变更请求进行综合评估和决策的过程。它旨在评估变更对工程项目的可行性、影响范围和风险，并根据评估结果做出相应的决策。

工程变更的评估包括以下内容：

（1）技术可行性评估：评估变更是否在技术上可行，包括结构、设计、施工方法、工艺等方面的可行性。

（2）经济性评估：评估变更对工程成本的影响，包括材料、人工、设备等费用的变化，以及变更后的工期对项目经济效益的影响。

（3）工期影响评估：评估变更对工程进度计划的影响，包括变更对原工期的延误程度、对其他工序的影响等。

（4）质量影响评估：评估变更对工程质量的影响，包括结构安全性、工程功能的实现程度等。

（5）安全性评估：评估变更对工程施工安全的影响，包括施工工艺安全、现场环境安全等方面的考虑。

（6）管理影响评估：评估变更对项目整体管理的影响，包括工程合同、合作关系、项目组织等方面的调整。

通过综合评估变更的可行性和影响，利益相关方能作出决策，确定是否接受变更申请，并相应地调整工程方案、进度计划和合同条款等。评估过程需要有专业的技术人员和项目管理人员参与，并根据实际情况进行具体的量化和定性分析。

工程变更评估根据内容，评估责任通常由项目管理方和相关专业人员共同承担。具体负责评估的人员和部门按照角色分类如下：

（1）业主方

业主方作为项目的总体负责人，负责协调和监控整个工程总承包过程，并在变更申请时负责对工程变更进行评估。

（2）工程总承包方

①项目部工程部门：在施工过程中负责实际的工程实施和技术指导，提供技术支持和专业判断，在变更评估中负责评估工程变更的可行性和影响。

②施工经理团队：包括施工管理人员和现场工人等，在变更评估中提供实际操作的建议和意见，评估工程变更对工程进度和施工方法的影响。

③设计经理团队：负责评估变更是否符合设计要求，是否影响工程质量和安全。

（3）监理方：负责监督施工过程的合规性和质量，对工程变更进行评估并提供监理意见。

根据具体的施工项目和变更性质，不同项目需要借助部分其他专业人员的意见和建议，如结构工程师、土木工程师、安全专家等。这些不同角色的人员和部门按照业主方、工程总承包方和监理方进行分类，在工程变更评估中共同承担责任，以确保工程变更的安全性、合规性和工程质量的达标。业主方通常要协调和组织以上人员，确保工程变更评估的全面性和准确性。同时，工程总承包方也要积极参与评估过程，提供必要的项目信息和数据，以便评估人员能够作出准确的评估和决策。

3. 变更的批准

工程变更的批准是指在进行评估和决策之后，确认变更请求是否被接受。根据变更评估结果和讨论意见，由业主方负责批准或拒绝变更申请。

变更批准的决策应该基于充分的评估和合同约定，并需要经过相关方的审批和确认，这是确保项目成功的关键。在面临工程变更时，必须意识到变更决策的重要性，它不仅影响项目的目标和成果，还会对项目的成本、进度、质量和风险产生深远的影响。

特别在重大项目中，政府在变更批准过程中起到重要作用。政府部门审查、评估和决策变更申请，确保其符合法律法规和政策要求。政府参与变更评估，综合考虑项目特点、预算限制、公共利益等因素，作出决策。决策过程权衡各种利益、风险，保障透明公正。政府要监督变更实施，确保按批准要求进行，并提供指导和支持。政府在变更批准中承担责任，确保项目合规性、公共利益和各方利益平衡。政府方与项目业主方、其他利益相关者合作，推动项目成功实施。

在批准决策后，业主方应向相关方书面通知变更决策结果，并进行相应的工程文档和合同变更，确保所有相关方了解变更的决策结果。

4. 变更的实施与监控

工程变更的实施和监控是确保变更得以正确执行、控制和跟踪其影响的重要过程。以下是工程变更实施和监控的一般步骤和注意事项：

（1）实施变更计划：根据批准的变更决策，工程总承包项目经理部需要编制详细的变更计划，包括工程方案、资源调配、进度调整等。变更计划应与原始工程计划相协调，确保变更的顺利实施。

（2）资源管理：变更的实施可能需要调整相关的资源，如人力、材料、设备等。工程总承包项目经理部应确保所需资源的充足性，协调调配和管理这些资源，以支持变更的实施。

（3）实施过程控制：在实施变更的过程中，工程总承包项目经理部需要对变更进行严格的控制和管理。包括确保按照变更计划进行任务分配和执行，监督施工质量，管理工程进度和成本，并与原始设计和合同要求进行比对。

（4）质量控制：变更的实施需要重点关注施工质量。工程总承包项目经理部应制定质量控制计划，包括监测和检查变更工作的质量，并与相关方进行质量验收，确保变更的质量符合要求。

（5）进度管理：变更可能会对工程进度产生影响，工程总承包项目经理部需要对进度进行监控和调整。通过制定详细的进度计划、跟踪变更工作的完成情况、及时识别和解决进度延误等方法，确保变更与整体工程进度的协调。

（6）成本影响控制：变更会对工程成本产生影响，工程总承包项目经理部需要进行成本管理和控制。确保变更工作的成本控制在合理范围内，并与原始预算进行比对和控制，控制变更带来的成本影响可接受。

（7）变更文档和记录：在变更的实施过程中，工程总承包项目经理部应详细记录变更的实施情况、所采取的措施和控制，以及变更工作的结果和影响。这对于后续的审计和追溯非常重要。

（8）监控与沟通：项目业主方和工程总承包方应保持良好的沟通和监控机制，定期进行进度汇报、成本预测和风险评估等，就已实施及计划变更进行实时监控和跟踪，并及时调整和协调。

通过有效的实施和监控措施，变更可以得到精确的执行，并确保对工程质量、进度和成本的控制。这有助于维护项目目标的一致性，并最大程度地减少变更带来的风险和影响。

8.3.3 工程变更管理的规定

工程变更管理的规定可以根据具体的组织和项目情况有所不同，在具体指定时可以根据项目类型、规模、地域等方面的不同适当调整。基本而言，需要包括以下几个方面的规定：

（1）变更管理流程：明确变更管理的整体流程，包括变更的提出、评估、决策、实施和监控等各个环节。该流程应包括责任人、参与方、文件流转和审批程序等具体细节。

（2）变更申请和评估：规定变更申请的提交方式和要求，明确所需提供的申请材料和信息。同时，制定变更评估的准则、指标和标准，确保评估过程的一致性和公正性。

（3）变更决策机制：规定变更决策的方式和参与方，明确决策所需的审批层级和程序。确保决策的合理性和透明性，并确保所有相关方的参与和共识。

（4）合同和法律依据：确定变更管理的合同和法律依据，包括合同条款、工程变更条款等。确保变更管理符合合同约定和法律法规的规定，并明确相关方的权益和责任。

（5）变更文档和记录：要求对所有变更进行详细的文档记录，包括变更申请、评估报告、决策确认、变更指令等。这些记录应清晰、准确，并便于后续的追溯和审计。

（6）资源和成本控制：规定变更管理对资源和成本的影响控制，包括资源调配、变更造成的成本估算和控制等。确保变更的实施不会对整体项目造成不可接受的经济负面影响。

（7）变更通知和沟通：制定变更通知和沟通的要求，包括通知范围、内容、方式和频率等。确保及时、准确地向相关方传达变更决策和实施的信息。

（8）变更审查和验收：规定变更的审查和验收程序，包括对变更工程的质量、安全、进度等方面进行评估和确认。确保变更的符合相关标准和规定，并满足项目要求和期望。

这些规定的目的是确保工程变更的管理过程规范、有序，并在合同和法律约束下进行。通过制定明确的规定，可以有效地管理变更，最大限度地降低项目风险，并保证项目的成功实施。

8.4 技术装备管理

技术装备管理是指对企业或组织所拥有的技术装备进行有效的规划、组织、协调和控制的一系列管理活动。它涵盖了技术装备的选购、维护、更新、处置等方面。

技术装备管理旨在实现技术装备的优化运行和最大化价值。通过合理的管理，企业能够确保技术装备的正常运转，并根据实际需求进行有效的调整和升级。技术装备管理还包括对装备的周期性维护、保养和修复，以延长其使用寿命并保持其性能和可靠性。本节将从技术装备管理的重要性、现状、类型、要点、流程等内容进行详细的介绍，总结智能化技术装备管理系统的特点，并提供了一个系统案例，让学生深入理解智能化技术装备管理系统的原理。

8.4.1 技术装备管理的概述

1. 技术装备管理的重要性

技术装备管理在现代企业中扮演着重要的角色，具有以下几个方面的重要性：

（1）生产效率提升：通过科学管理技术装备，企业能够提高生产效率，实现生产过程的高效流畅。有效的技术装备管理可以减少生产中的停机时间和故障率，提高生产线的稳定性和产量的可靠性。

（2）质量控制保障：技术装备管理可以帮助企业提高产品质量的一致性和稳定性。通过定期的维护保养和精确的调试，技术装备可以保持在最佳性能状态，减少产品生产过程中的误差和缺陷。

（3）成本控制优化：合理管理技术装备可以有效控制企业的运营成本。通过定期维护、优化零部件的使用和能源的有效利用，企业能够降低维修和更换成本，并减少因运营故障而导致的生产中断和损失。

（4）安全风险防范：技术装备管理可帮助企业预防和管理潜在的安全风险。通过设立安全标准和操作规程、进行安全培训和定期检查，企业可以确保技术装备的使用符合安全要求，减少事故发生的可能性。

2. 技术装备管理的现状

目前，技术装备管理面临着一些挑战和问题。随着技术的快速发展，企业需要不断适应和更新技术装备管理的方法和策略。以下是当前技术装备管理的一些现状：

（1）技术更新速度加快：新技术的不断涌现使得技术装备的更新周期变得更短。企业需要及时评估和采纳新技术，以保持竞争力和提升生产效率。

（2）数据驱动的管理需求增加：随着大数据和人工智能的应用，技术装备管理需要更多地依赖数据分析和预测模型，以实现智能化的运营和维护。

（3）环境保护要求提高：随着环境保护意识增强，技术装备管理需要考虑节能、低碳和环境友好等方面的因素，以满足环境保护要求。

（4）人力和技能需求提升：技术装备管理需要具备专业知识和技能的人员，对技术人才的需求提出了更高的要求；同时，培训和知识传承也变得更为重要。

为应对这些挑战，企业需要不断创新和改进技术装备管理的方法。通过引入智能化技术和管理工具，加强与供应商和专业机构的合作，企业可以提高技术装备管理的效率和水平，实现持续的改进和创新。

8.4.2 技术装备管理的主要内容

1. 技术装备的种类

技术装备的种类非常丰富，涵盖了多个领域和行业。不同种类的技术装备在管理上有着各自的特点和要求，需要针对性地进行规划和操作，以确保它们能够有效地支持企业的运作。以下是一些常见的技术装备种类：

（1）生产设备：包括机械设备、工具和仪器等，在施工中用于加工、制造和装配产品。

（2）信息设备：包括计算机、服务器、网络设备等，用于数据存储、处理和传输，支持企业的信息化建设。

（3）检测和测量设备：包括传感器、仪器仪表等，用于监测和测量生产过程中的各种参数和指标。

（4）运输设备：包括起重机械、搬运设备、车辆等，用于物料运输和货物配送。

（5）办公设备：包括电脑、打印机、传真机等，用于日常办公和管理工作。

（6）自动化设备：如机器人、自动化生产线和计算机控制系统等，用于提高生产效率和降低人工成本。

（7）医疗设备：如医疗影像设备、手术器械等，用于医疗诊断和治疗。

（8）能源设备：如发电机组、能源储备设备和能源分配系统等，用于能源的生产和管理。

除了前述的技术装备种类，还有一些新兴和创新的技术装备正在逐渐应用于各行各业。以下是一些创新的技术装备种类：

（1）智能设备：随着人工智能和物联网的发展，智能设备越来越受到关注。例如，智能工厂中的自动化机器人、可穿戴设备和智能传感器等，能够实时监测和控制生产过程。图 8-10 展示了部分智能瓷砖铺贴机器人。

（2）3D 打印设备：3D 打印技术的广泛应用使得 3D 打印设备成为重要的技术装备。通过使用特定材料层层堆积，可以实现复杂零部件的快速制造和原型设计，如图 8-11 所示。

（3）虚拟现实设备：虚拟现实设备已经在娱乐、培训和仿真领域得到广泛应用。例如，虚拟现实头戴式显示器、手柄和传感器等，可以提供沉浸式的体验和交互性。

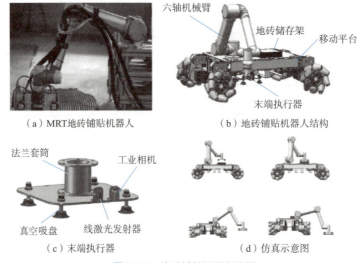

图 8-10 瓷砖铺贴机器人示例

图 8-11 可移动、现场打印的机器人式建筑 3D 打印机[①]　图 8-12 应用虚拟现实设备进行虚拟漫游施工示例[②]

近年来也在建筑行业得到了越来越广泛的应用，在成本控制、安全管理等多个方面有巨大优势。图 8-12 展示的是应用虚拟现实设备进行虚拟漫游施工。

（4）新能源设备：新能源技术的推广和应用带来了一系列新的技术装备，如太阳能发电设备、风能发电设备和能源储存系统等，有助于实现清洁能源和可持续发展。

这些新兴技术装备的应用为企业带来了广阔的前景和全新的可能性。它们不仅为企业带来了更高的生产效率和产品质量，还为企业在市场竞争中赢得先机提供了机会。然而，由于这些技术装备的引入，企业也面临着新的挑战和变革的需求。

不同种类的技术装备拥有各自的管理特点和要求。企业需要有针对性地进行装备规划和操作，以保证技术装备的顺利运行和最大化的效益。通过合理管理和持续创新，企业能够获得技术装备的优势，实现生产效率和质量的提升，从而在竞争激烈的市场中保持领先地位。

---

① 中国 3D 打印互动媒体平台
② 品茗 BIM

2. 技术装备管理的要点

为了确保技术装备能够发挥最大的效益，企业需要采取一系列关键的管理要点。这些要点涵盖了从选择装备到数据管理的各个方面，其中包括装备选购、装备维护、装备更新、装备处置以及数据管理等。

（1）装备选购：在选择技术装备时，要考虑企业的实际需求、预算限制和技术趋势。与供应商进行充分的沟通和协商，评估装备的性能、质量和可靠性，以选择最适合企业需求的装备。

（2）装备维护：定期的维护保养是保证技术装备正常运行的关键。这包括制定维护计划、定期检查和保养，及时更换磨损部件和进行预防性维护。同时，培训维护人员，确保其熟悉操作规程和维护流程。

（3）装备更新：随着技术的不断发展，及时更新技术装备可以提高生产效率和产品质量。通过定期关注新技术和市场趋势，评估现有装备的性能和充分利用率，及时决定是否进行更新和升级。

（4）装备处置：对于报废或废弃的技术装备，需要进行合理的处置。这包括制定废弃处理计划，遵守环境和法律法规的要求，确保装备的安全处理和环保回收。

（5）数据管理：技术装备管理还需要进行数据的搜集、分析和管理。通过建立设备档案，记录关键参数和维护历史，可以得到对装备状况和性能的全面了解，从而进行更精细化的管理和决策。

由于先进技术装备的不断涌现，技术装备管理经历了重大变革。除了前述提到的技术装备管理要点，新兴技术装备的不断升级和演进也对技术装备管理带来了新挑战，提出了新要求：

（1）数据驱动的决策：技术装备管理需要利用数据分析和决策支持工具，从大量的数据中提取有价值的信息，帮助进行决策和优化管理策略。通过实时监控和数据分析，可以预测故障、优化生产流程和资源配置。

（2）风险管理：对于关键技术装备，风险管理是非常重要的。企业需要识别和评估技术装备所面临的各种风险，制定相应的风险应对和应急计划。这包括故障修复计划、备件储备和紧急维修服务的准备。

（3）技术创新和研发：技术装备管理需要与技术创新和研发紧密结合。企业应追踪最新的技术趋势和发展，积极参与研发项目，争取在技术装备领域保持竞争优势。

（4）知识管理和人才培养：技术装备管理需要建立知识库和培养专业人才。通过记录和分享经验教训、培训和知识传承，可以提高企业对技术装备的理解和应用能力。

技术装备管理的要点包括了从装备选购到数据管理的多个方面，涉及战略决策、操作计划和技术支持等不同层面。在日趋竞争激烈的市场环境中，通过灵活的管理方法和持续的技术更新，企业能够更好地应对挑战和机遇。充分利用数据驱动的决策、风险管理、技术创新和人才培养等工具和策略，企业可以在技术装备管理方面取得更好的效果，并不断提升自身的竞争力。通过巧妙地整合这些要点，并根据企业的具体情况进行有针对性的操作，企业将能够更有效地管理技术装备，实现更高的生产效率、更优质的产品和更可持续的业务增长。

3. 技术装备管理的流程

在当前科技日新月异的时代，创新的管理流程可以帮助企业更好地适应市场变化和技术进步。以下是技术装备管理流程：

（1）规划阶段：在规划阶段，企业可以采用前瞻性的技术预测和市场趋势分析。通过利用数据驱动的预测模型和人工智能算法，企业可以辨识出新兴技术和趋势，从而为未来的技术装备规划提供更准确和有远见的决策依据。此外，企业还可以开展技术创新研究，探索未来颠覆性技术的潜力，以引领行业的发展趋势。

（2）采购阶段：在采购阶段，企业可以考虑采用众包和开放式创新的方式。通过与外部创新伙伴合作，例如创业公司、高校科研机构等，企业可以获得更具创新性和前瞻性的技术装备解决方案。同时，采用开放式创新模式可以促进知识交流和技术合作，实现技术装备的功能性和性能的跨越式提升。

（3）安装调试阶段：在安装调试阶段，企业可以采用虚拟现实和仿真技术进行更为精确和全面的模拟。通过建立虚拟装备模型和仿真环境，企业可以进行多维度的测试和优化，从而降低实际安装调试的风险和成本。此外，还可以结合人工智能与大数据技术，分析海量实验数据，持续优化技术装备的运行参数和可靠性。

（4）使用与维护阶段：在使用与维护阶段，企业可以引入先进的远程监控和预测维护技术。通过联网技术和传感器的广泛应用，企业可以实现远程实时监测技术装备的运行状态和健康状况，为维护决策提供实时数据支持。同时，结合机器学习和人工智能算法，企业可以构建智能预测模型，实现故障预警和维护计划的智能化管理。

（5）更新和处置阶段：对于技术装备的更新和处置，企业可以考虑采用可持续性的循环经济和共享经济模式。通过设计模块化和可升级的技术装备，企业可以延长装备的使用寿命，并降低资源和能源的浪费。同时，企业还可以积极参与技术装备共享平台，通过共享和再利用现有装备，减少资源消耗，实现经济效益和环境效益的双赢。

通过持续的创新和灵活的管理方法，企业可以不断优化技术装备管理的流程，并实现更高效、更智能的技术装备运用。在全球科技进步和竞争日益激烈的背景下，创新的技术装备管理成为企业保持竞争优势和实现可持续发展的关键。

8.4.3 智能化技术装备管理系统

1. 智能化技术装备管理系统内涵

为了提高技术装备管理的效率和精度，智能化技术装备管理系统应运而生。这种系统利用物联网、大数据、人工智能等技术，实现对技术装备的监控、预测和分析，能够提供实时的状态监测、故障预警和管理决策支持，进一步优化技术装备管理的流程和效果。智能化技术装备管理系统具有以下特点：

（1）实时监测：通过物联网技术，将各个技术装备连接到网络中，实时监测装备的工作状态、运行参数和运行环境等信息。可以通过传感器和数据采集设备获取数据，并将其发送到系统进行处理和分析。

（2）智能分析：利用人工智能和大数据分析技术，对装备监测数据进行智能分析和建模。通过对大量的数据进行挖掘和分析，可以发现潜在的故障风险、性能下降指标等，提前预警并采取相应的措施。

（3）预测维护：基于智能分析的结果，系统可以进行故障预测和维护计划的制定。通过建立故障预测模型，系统可以根据装备的历史数据和工况状态，预测未来可能出现的故障，并提前采取维护措施，以避免生产中断和维修成本的增加。

（4）优化决策：系统可以根据产能需求、能源消耗、维修成本等因素，进行装备的优化决策。通过对装备运行数据进行分析和建模，系统可以优化生产计划、调整装备参数，实现最佳的生产效率和能源利用效率。

（5）信息共享：智能化技术装备管理系统可以实现企业内部各个部门之间的信息共享和协作。通过共享装备的实时数据和分析结果，不同部门可以更好地协同工作，实现装备管理的整体优化。

智能化技术装备管理系统可以提高企业的装备管理效率和生产效率，减少生产故障和停机时间，降低维修成本。它为企业提供了一个智能化和可持续发展的装备管理解决方案，有助于企业在竞争激烈的市场中保持竞争优势。

2. 应用案例——某智能化施工管理平台

某智能化施工管理平台综合运用了物联网技术、大数据分析、人工智能等先进技术，通过实时数据采集、信息传输和智能决策，实现全面、精细、高效的施工管理。

主要功能：

（1）项目管理：通过系统化的项目管理模块，实现对施工资源的全面管控。可对工程项目进行分阶段管理，并监控施工进度、质量、安全等关键指标，提供实时的数据分析和预警功能。

（2）进度管理：提供全面的进度管理功能，包括施工进度计划的制定与跟踪、工期管控、关键节点的监控等。系统可以实时展示当前施工进度和计划进度的对比，及时发现偏差并采取相应措施。

（3）资源管理：通过系统的资源管理模块，实现对现场资源的统一调度和监控。包括人力、机械设备、材料等资源的分配与跟踪，提高资源利用效率，确保施工进度的顺利进行。

（4）质量管理：系统提供全面的质量管理功能，从施工过程的每一个环节进行监控和控制，确保施工质量符合相关标准和要求。可以实时采集质量数据、进行质量评估,并提供质量分析和改进意见。

(5)安全管理:系统集成了安全管理模块,包括安全监控、隐患排查和事故预警等功能。可以实时监测现场安全状况,及时发现和处理安全隐患,提高施工工人的人身安全保障水平。

通过该智能化施工管理平台的应用,可以实现施工全过程的数字化管理和智能化决策,提高工程建设的效率和质量,降低施工风险,推动建筑行业的现代化发展。

(6)设备管理:系统设备管理模块负责对施工现场的设备进行统一管理和监控,确保设备的正常运行和高效利用。

设备管理模块的主要功能包括:

1)设备档案管理:对各类设备进行登记和录入,建立设备档案,包括设备基本信息、规格参数、维护保养记录等,方便后续的管理和查询。

2)设备调度和分配:根据施工进度和需求,对设备进行合理调度和分配,确保设备能够按时到位,并满足施工的需要。

3)设备监控:通过物联网、传感器等技术,实时监控设备的运行状态、工作时间、耗能情况等数据。系统可以自动化地检测设备故障和异常,并提供相应的预警和报警机制。

4)维护保养管理:设备管理模块可以定期提醒设备的维护保养工作,包括定期检查、设备保养、维修等。同时,还可记录和分析设备的维修记录,提供设备维修。

5)设备报废处理:对于老化、故障无法修复或不再使用的设备,系统提供设备报废管理功能,包括报废申请、审核、报废流程跟踪等。

通过该智能化施工管理平台的设备管理模块,可以实现对施工现场设备的全面管理,提高设备利用率、降低设备故障率,进而提升施工效率和质量。同时,系统还可为设备管理提供数据分析和决策支持,帮助优化设备配置和资源调度,提升项目管理水平。

8.5 项目资源管理

项目资源管理即各生产要素的管理。项目的生产要素是指生产力作用于工程项目的各有关要素,通常是指投入工程总承包项目的人力资源、材料、机械设备、技术和资金等诸要素,是完成工程总承包任务的重要手段,也是工程总承包项目管理目标得以实现的重要保证。

在工程总承包项目管理过程中,为了取得各阶段目标和最终目标,在进行各项工作时,必须加强项目资源管理。项目资源管理的主体是以项目经理为首的项目经理部,管理的客体是与设计、采购、施工活动相关的各生产要素。因此,要加强对工程总承包项目的资源管理,就必须对工程项目各生产要素进行分析与研究。

8.5.1 项目资源管理的概述

1. 项目资源管理的重要性

项目资源管理即对项目所需的人力、材料、机械、技术、资金等资源所进行的计划、组织、指挥、协调和控制等活动，从而节约资源，达到降低工程成本的目的。

资源作为工程实施的必不可少的前提条件，它们的费用一般占工程总费用的80%以上，如果资源不能保证，任何考虑得再周密的工期计划也不能实行。

在工程总承包项目管理过程中，由于资源的配置组合不当往往会给项目造成很大的损失，例如由于供应不及时造成工程活动不能正常进行，整个工程停工或不能及时开工，不仅浪费时间，还会造成窝工，增加施工成本。此外，还由于不能经济地使用资源或不能获取更为廉价的资源，也将造成成本的增加。由于未能采购符合规定的材料，使材料或工程报废，或采购超量、采购过早造成浪费、造成仓库费用增加等。

综上所述，加强项目资源管理在现代项目施工管理中具有非常重要的意义。

2. 项目资源管理的程序

项目资源管理的全过程应包括项目资源的计划、配置、控制和处置。项目资源管理应遵循下列程序：

（1）按合同要求，编制资源配置计划，确定投入资源的数量与时间。

（2）根据资源配置计划，做好各种资源的供应工作。

（3）根据各种资源的特性，采取科学的措施，进行有效组合，合理投入，动态调控。

（4）对资源投入和使用情况进行定期分析，找出问题，总结经验并持续改进。

在工程实施阶段有：工程变更及洽商，技术措施，技术检验，材料及半成品的试验与检测，技术问题处理，规范、规程的贯彻与实施以及季节性施工技术措施等。

8.5.2 项目资源管理的主要内容

1. 人力资源管理

人力资源管理在项目整个资源管理中占有重要地位，从经济角度看，人是生产力要素中的决定因素。在社会生产过程中，处于主导地位，因此，这里所指的人力资源应当是广义的人力资源，它包括管理层和操作层。只有加强了这两方面的管理，把它们的积极性充分调动起来，才能很好地去掌握手中的材料、设备、资金，把一项项工程做得尽善尽美。

人力资源管理的主要内容包括以下几方面：

（1）人力资源的招收、培训、录用和调配；劳务单位和专业单位的选择和招标；

（2）科学合理地组织劳动力，节约使用劳动力；

（3）制定、实施、完善、稳定劳动定额和定员；

（4）改善劳动条件，保证职工在生产中的安全与健康；

（5）加强劳动纪律，开展劳动竞赛，提高劳动生产效率；

（6）对劳动者进行考核，以便对其进行奖惩。

2. 材料管理

材料管理就是项目对施工生产过程中所需要的各种材料的计划、订购、运输、储备、发放和使用所进行的一系列组织与管理工作。做好这些物资管理工作，有利于企业合理使用和节约材料，加速资金周转，降低工程成本，增加企业的盈利，保证并提高建筑产品质量。

对工程项目材料的管理，主要是指在材料计划的基础上，对材料的采购、供应、保管和使用进行组织和管理，其具体内容包括材料定额的制定管理、材料计划的编制、材料的库存管理、材料的订货采购、材料的组织运输、材料的仓库管理、材料的现场管理、材料的成本管理等方面。

3. 机械设备管理

随着建筑业的发展，建筑工业化、机械化的水平正在不断地提高，以机械设备施工代替繁重的体力劳动已经日益显著，而且机械、设备的数量、型号、种类还在不断增多，在施工中所起的作用也越来越大，因此加强对施工机械设备的管理也日益重要。

机械设备管理的内容，主要包括机械设备的合理装备、选择、使用、维护和修理等。对机械设备的合理装备应以"技术上先进、经济上合理、生产上适用"为原则，既要保证施工的需要，又要使每台机械设备能发挥最大效率，以获得更高的经济效益。选择机械设备时，应进行技术和经济条件的对比和分析，以确保选择的合理性。

项目施工过程中，应当正确、合理地使用机械设备，保持其良好的工作性能，减轻机械磨损，延长机械使用寿命，如机械设备出现磨损或损坏，应及时修理。此外，还应注意机械设备的保养和更新。

4. 技术管理

技术管理，是项目经理对所承包工程的各项技术活动和施工技术的各项内容进行计划、组织、指挥、协调和控制的总称，总而言之就是对工程项目进行科学管理。

工程项目的施工是一种复杂的多工种操作的综合过程、其技术管理所包括的内容也较多，其主要内容包括：

技术准备阶段："三结合"设计，图纸的熟悉审查及会审，设计交底，编制施工组织设计及技术交底。

技术开发活动：科学研究、技术改造、技术革新、新技术试验以及技术培训等。

此外，还有技术装备、技术情报、技术文件、技术资料、技术档案、技术标准和技术责任制等，这些也属于工程项目技术管理的范畴。

5. 资金管理

和其他任何行业的企业一样，工程总承包企业在运作过程中也离不开资金。人们常常把资金比作为企业的血液,这是十分恰当的。抓好资金管理,把有限的资金运用到关键的地方,加快资金的流动,促进施工,降低成本,因此资金管理具有十分重要的意义。

工程项目资金管理的内容主要包括资金筹集、资金使用、资金的回收和分配等,此外,施工项目资金运动、施工项目资金的预测和对比、项目资金计划等,也是工程项目资金管理的重要方面。

由于资金运动存在着客观的资金运动规律,且不以人们的意志为转移,因此只有掌握和认识资金运动规律,合理组织资金运动,才能加速物质运动,提高经济效益,达到更好的管理效果。

8.5.3 北京大兴国际机场项目资源智慧管理案例

北京大兴国际机场施工期间,智慧建造水平发展迅速,建立了基于 BIM、互联网、物联网、云计算等先进技术的智慧平台,融合 BIM 数据、GIS 数据及物联网数据,在人员管理、机械管理、设备管理、成本管理等方面取得良好效果,对项目资源进行了智能化管理,如图 8-13 所示。

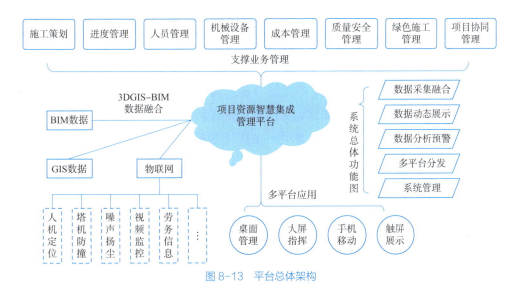

图 8-13 平台总体架构

1. 劳务实名制管理系统

北京大兴国际机场航站楼项目施工量巨大,高峰期日均用工量 8000 人左右。安全隐患多,后勤保障难度大。为确保施工安全生产,本项目引进智能化的劳务实名制管理系统,管理落实到每个参施人员。本系统结合物联网技术,对工人进出施工现场、生活区等进行全面智能化管控,提高管理人员工作效率。同时满足管理人员通过远程监控视频实时监控生产现场,大大降低项目劳务用工风险。此外,该项目创新使用

"诸英台"劳务通手环，该手环可以作为工人日常考勤、入场教育及班前教育、日常消费的工具，使安全之星评选与工人的日常生产生活相结合，使实名制落地。

2. 物资管理

本工程物资用量庞大，若采用传统的物资管理流程，则会出现造成物资账务效率较低的问题。针对此问题，项目引入物资称重计量管控系统。在材料过磅时，本系统可以拍摄视频、照片等影像资料，并上传到系统数据库。在材料进场的计划数量与实际数量不符时，系统还可以进行对比分析并且自动报警。

3. 机械设备管理

由于本工程体量巨大，地下结构施工中有多达 21 台塔式起重机同时作业，且跟标段相连，项目部通过在塔式起重机上安装防碰撞系统，通过实时采集塔式起重机高度、幅度信息，能够快速、准确地判断塔式起重机群内多台塔式起重机的实时状态并实现群塔防碰撞功能。

8.6 本章小结

施工管理规划代表着全面的项目管理计划，其目标是确保施工项目的圆满成功。这一计划贯穿项目全过程，覆盖了诸多关键领域，包括质量、成本、进度以及安全等方面的管理。这一规划包含了两个主要组成部分，分别是大纲和实施规划。为了提高施工管理的效率和质量，减少潜在风险，以确保项目成功交付，可采用一系列优化策略促进施工管理规划更好地实施。因此，在施工现场，需要严格按照规定对材料、机械、安全和档案进行管理，以确保施工的顺利进行。此外，为了与时俱进，可以考虑整合新兴技术，如区块链和智慧工地等。这些技术不仅提高了管理的效率，还有助于减少成本和风险，提高工程的质量和可持续性。同时，工程变更的原因多种多样，也涉及诸多方面，在整个工程项目中有很重要的地位。工程变更有严格的流程和规定，包括提出、评估、批准、实施和监控等流程。在每一个流程中都有对应的规定，这也是进行工程变更管理的基础。此外，技术装备管理旨在高效规划、协调，并控制技术装备的一系列关键活动，包括选购、维护、更新和处置。其核心目标是优化技术装备运行，最大化产出价值。当前，企业需要应对技术更新速度加快、数据驱动管理需求增加、环境保护要求提高以及人力和技能需求提升等挑战。智能化技术装备管理系统提供实时监测、智能分析、预测维护、优化决策和信息共享等功能，为企业提供了一个先进的装备管理解决方案，有助于提高生产效率和竞争优势。而项目资源管理的核心在于高效协调和控制人力、材料、机械设备、技术和资金等要素，以确保工程项目的成功完成。通过应用智慧管理平台，如 BIM 和物联网，项目资源管理变得更加智能和高效，为大型项目提供了强大的支持。这种综合性的管理方法是现代项目管理中至关重要的一环，能够降低成本、提高效率，为项目的成功实现提供坚实的保障。

思考题

1. 施工管理规划中的"施工管理大纲"和"施工管理实施规划"的主要区别是什么?

2. 请简述智慧工地如何应用于施工现场安全管理。

3. 请根据本小节的内容,探讨在进行具体施工变更时应注意哪些具体细节或因素?

4. 当进行项目资源管理时,哪个步骤是资源管理程序的一部分?

9

项目技术管理

【教学提示】

本章从总承包管理角度介绍了项目技术管理相关概念、知识体系,重点介绍了技术管理组织和实施方法。

【教学要求】

通过本章教学应使学生了解项目技术管理与项目管理的关系;了解项目技术管理的主要制度和主要内容;掌握项目技术管理组织与实施方法。

9.1 项目技术管理概述

9.1.1 项目技术管理与项目系统管理的关系

项目管理是项目的管理者,在有限的资源约束下,为满足或超越项目有关各方对项目的要求与期望,运用系统的观点、方法和理论,所开展的各种计划、组织、领导、控制等方面的活动。项目管理需要技术先行,技术工作贯穿项目管理工作的始终,是项目管理的重要基础性工作,是其他各项管理工作的支撑与纽带。

项目技术管理是项目实施(部分项目从前期就开始介入)的过程中,对各项技术活动过程和技术工作的各种要素进行科学管理的总称。所涉及的技术要素包括:技术人才、技术规程、技术制度、技术装备、技术信息、技术资料、技术档案等。

9.1.2 项目技术管理的主要目的

项目技术管理的任务是在工程项目实施过程(设计、采购、施工)中,运用管理职能(即计划、组织、指挥、协调和调控),正确贯彻国家的技术政策和上级(公司、业主)主管部门的技术工作要求,科学组织各项技术工作,建立良好的技术管理秩序,确保设计、材料供应、施工总分包单位建造与管理过程符合技术规范、规程的要求,使各项技术管理工作制度化、标准化、规范化,并严格按照所规定的制度和程序监督执行,以保证高质量地按期完成该工程项目,达到技术、经济、质量与进度的统一,最终实现工程项目达到备案验收条件。

9.1.3 项目技术管理的主要内容

工程总承包项目技术管理由工程总承包项目部技术管理及分包单位内部技术管理组成。工程总承包项目部技术管理重点体现在多方技术协调与标准管理、总分包施工方案管理、多方设计协调与变更管理、图纸会审、工程技术文件编制审批、工程资料管理等多方面内容,其基本架构如图9-1所示。

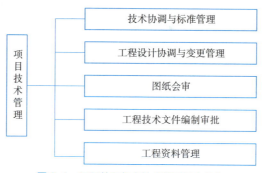

图9-1 工程总承包方技术管理基本架构

9.2 技术管理在项目各阶段的基本内容

9.2.1 设计阶段技术管理

（1）设计阶段技术管理总体内容

1）设计需求计划

由工程总承包项目部总工程师、设计经理及设计分包商管理人员搜集项目相关资料，编制项目设计需求计划，提交工程总承包项目部审核及业主批准。

2）编制设计工作总计划

由工程总承包项目部总工程师、设计经理及设计分包商管理人员根据设计需求计划、项目总进度计划及设计分包商资源情况，编制设计工作总计划，提交工程总承包项目部审核及业主批准。

3）编制设计工作节点计划

由工程总承包项目部总工程师、设计经理及设计分包商管理人员根据设计工作总计划，项目总进度计划、招采计划等编制本项目设计工作节点计划，报工程总承包项目部审核批准。

（2）方案设计阶段技术管理内容

1）编制方案设计任务书

由工程总承包项目部总工程师、设计经理及设计分包商管理人员编制方案设计任务书。

2）方案设计初稿

工程总承包项目部总工程师、设计经理及设计分包商管理人员组织设计分包商编制方案设计，进行过程动态跟踪，形成方案设计初稿。

3）方案设计确定

由工程总承包项目部总工程师、设计经理及设计分包商管理人员组织相关部门进行成本估算，编制限额设计文件，形成完整的方案设计文件，定稿后办理内部会签手续。

4）编制规划报批文本

由工程总承包项目部总工程师、设计经理及设计分包商管理人员组织编制规划报批文本，经监理和业主审核同意后报政府相关部门审批。

（3）初步设计阶段技术管理内容

1）编制初步设计任务书

由工程总承包项目部总工程师、设计经理及设计分包商管理人员组织编制初步设计任务书，包括主要技术方案、设计优化、赢利点等内容，报工程总承包项目部审批。

2）形成各专业初步设计初稿

设计经理组织各设计分包商编制各专业初步设计初稿；初稿应无违反人防、消防、节能、抗震等有关设计规范和设计标准的情况。

3）成本预算

工程总承包项目部成本管理部门组织初步设计成本测算。

4）初稿审核

工程总承包项目部设计管理部门组织各相关部门对初稿进行审核，重点评审各专业设计成果内容及深度；结构、建筑、装饰设计成本控制节点及要求。

5）内部定稿评审

工程总承包项目部设计管理部门组织外部专家对初步设计内部定稿进行评审，评审重点包括：

①是否符合设计任务书和批准方案所确定的使用性质、规模、设计原则和审批意见，设计文件的深度是否达到要求；

②有无违反人防、消防、节能、抗震及其他有关设计规范和设计标准；

③总体设计中所列项目有无漏项，工艺设计及设备选型是否合理等；

④单体设计中各部分用房分配是否合理；

⑤审查结构选型、结构布置是否合理等；

⑥审查设计概算，有无超出计划投资。

6）外部评审

工程总承包项目部设计管理部门向政府相关部门报送内部评审后的初步设计文件，由政府相关部门组织专家进行评审。

（4）施工图设计阶段技术管理内容

1）编制施工图设计任务书

工程总承包项目部编制施工图设计任务书并进行会签。

2）施工图设计初稿

工程总承包项目部组织设计分包商落实批准的初步设计文件内容；同步进行成本测算，确保满足经济指标要求。

3）报审出图

工程总承包项目部组织设计分包商，按工程所在地主管部门规定出图。

4）送外审

工程总承包项目部设计管理人员将施工图报送审图机构审查。

5）施工蓝图设计出图

获得审图合格证后，出具施工蓝图。

（5）优化、深化设计阶段技术管理内容

1）确定是否自行深化、优化

根据项目深化、优化设计难度确定是否可自行优化。

2）自行深化、优化设计

根据施工需求进行深化、优化设计，深化、优化后由工程总承包项目部组织评审。

3）委托专业设计设计机构开展深化、优化设计

根据施工需求，委托专业设计机构进行深化、优化设计，深化、优化后由工程总承包项目部组织评审。

4）设计交底

工程总承包项目部组织深化、优化设计单位进行设计交底。

5）深化、优化设计效益计算

工程总承包项目部组织相关部门进行深化、优化设计效益计算。

（6）设计交付后技术管理内容

1）设计交底：在施工图交付后，设计分包商设计负责人应组织各专业负责人，对业主、施工单位、监理单位项目管理人员进行设计交底。

2）图纸会审：设计分包商应参加业主组织的图纸会审会议，并对各方提出的问题作出明确回复；

3）设计师驻场：设计分包商根据需要应派设计师提供设计驻场服务，及时有效解决施工过程中出现的和设计相关的问题，驻场设计师数量根据项目规模等具体情况而定；

4）参加工程各阶段验收：参加包括基坑验槽、主体结构验收、竣工验收等不同阶段验收工作，并提出相应意见。

9.2.2 采购阶段技术管理

在此阶段工程采购与工程施工技术管理工作存在较多关联。对于采购技术管理而言，应遵循成本效益原则、择优选择原则、质量合格原则、专业协同原则开展管理工作，主要包括：

（1）采购分类管理

根据分包工程和材料设备的采购特点及招标程序完成时间，将分供采购分为特殊类、普通类、垄断类（含业主指定类）和其他类进行管理。

（2）采购计划管理

根据项目总进度计划、施工进度计划、材料设备采购及供应周期、分包采购及供应周期、设计周期等编制总、年、月采购计划。

（3）采购技术管理

1）在编制设备材料采购进度计划时，按项目施工总进度计划要求，由采购提出所有设备材料进场时间计划方案，保障施工进度管理。

2）采购设备材料计划应明确设备材料的到货时间和数量，以及进场的时间要求等，与工程配合做好验收准备等工作。

3）运抵施工现场的原材料及成品、半成品的质量必须合格，设备材料运抵现场后采购人员应通知供货厂商人员到场与现场设备材料管理人员进行交接，根据验收标准

进行检验。对水泥、钢材、沥青、焊条、焊剂、轻骨料、防水材料、新型材料，应有合格证，进场后要复检；进口材料，应按有关规定进行复检，不合格的材料、成品、半成品不得用于工程上，应由项目技术负责人注明处理意见，去向应有记载，存入技术档案。材料进场合格证、复试合格证由材料供应部门交工程总承包项目部技术部门资料存档，并负责登记台账，纳入竣工技术资料。

4）验收出现的产品质量、缺件、缺资料等问题，应在检验记录中作详细记载。设备在安装调试过程中，出现与制造质量有关的问题，采购应及时与供货厂商联系，采取措施及时处理，配合施工质量管理。

5）及时进行工程预检技术管理是保证工程质量、防止重大质量事故的重要环节，未经预检的工程项目，不得进行下道工序施工。对项目采购的设备和材料的各种检测、试验、计量、测量工作是其中重要的工作内容。

6）项目完工后，物资管理人员应把多余物资清点统计并提交采购处理，配合施工竣工管理。

9.2.3 施工阶段的技术管理

施工阶段的技术管理工作主要包括：技术技术标准管理、图纸会审、施工组织设计与施工方案管理、技术交底与过程技术管理、技术资料整理归档管理等内容，如图9-2所示。

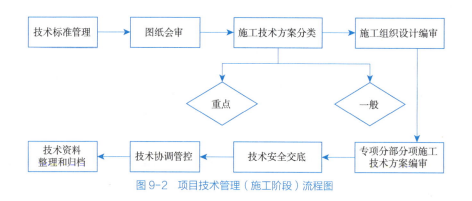

图9-2 项目技术管理（施工阶段）流程图

1. 技术标准管理

技术标准管理包括企业和项目两个层面。

企业负责现行国家、行业、地方、企业标准、规范有效版本的目录清单的发布和及时更新。

工程总承包项目部负责工程所在地的技术标准、规范的识别，建立和发布地方技术规范有效版本目录清单。统筹总包与分包单位配置适用的技术规范、规程，建立项目部技术规范配置清单，作废的标准、规范计划应及时回收销毁或加盖作废标记。

2. 图纸会审

图纸会审是指工程各参建单位在接到施工图图纸后，快速组织人员对图纸进行熟悉，将图纸中的问题及不合理处反馈给设计分包商解决的一项重要流程，图纸会审主要是由工程总承包项目部组织并且负责做好记录工作，图纸完成会审以后，工程总承包项目部协调各施工分包商单位会进一步熟悉图纸，掌握施工中可能会碰到的难点与重点问题，提前探寻问题的解决措施。

图纸会审是项目技术管理的重要组成部分，把设计图纸转变为实体结构，现场需要做很多工作。图纸会审是极其重要的一项工作，通过图纸会审，让有疑问的问题提前得到解决。由于施工环节情况复杂多变，伴随着施工进程，时常会出现新的问题，需要反复进行图纸审核，及时发现和解决问题，规避施工中的错误，以利于工程的顺利进行。

在图纸会审过程中，设计分包商需要针对所提出的具体问题作出解答。对于那些不能马上作出回复的内容，设计分包商需要发出变更通知以及修改图，使得问题能够在施工之前得以解决。施工分包商应做好记录，会审结束后整理出相关记录，由相关部门共同审核记录内容，使其成为图纸的补充文件。

3. 施工组织设计与专项方案编审

施工组织设计（施工方案）是指导单位工程施工的纲领性文件，应集中各相关部门意见，编制、审批施工组织设计，必须组织相关部门参加。工程总承包项目部负责组织编制施工组织设计，由项目部总工程师组织项目有关人员议定施工方法、措施、现场布置、设施、总进度等主要内容后，由项目部技术部门负责汇总成册，并办理上报送审。

经批准的施工组织设计，应向有关部门、施工人员和班组进行交底，明确各项工作的要求、完成时间和负责人。

对施工组织设计应实施定期检查，由项目部总工程师组织有关人员参加，对检查出的问题应及时提出整改意见，并做好记录。

4. 安全技术交底

安全技术交底应包括主要分部分项施工技术与安全措施交底。

主要分部分项施工技术交底，由施工员（工长）、安全员对作业队书面交底，特殊分部工程由项目部总工程师对施工员（工长）书面交底。有条件工程部位，可先做成样板，用实物交底。

书面交底力求简明扼要，重点交清设计意图（如结构工程应交清尺寸、标高、墙厚、分中、留洞、砂浆及砼标号、预埋件数量、位置等）、施工技术和安全措施（如配合比、工序搭接、施工段落、施工洞、成品保护、塔式起重机利用、安全架设和防护等）及工程要求等，对工艺操作规程，工艺卡等应知应会可组织单独学习。

项目技术与安全负责人对施工员、安全员所做交底记录的内容和质量，应不定期进行抽查，主要工作包括：

（1）各分项工程开工前，项目部总工程师要将工程概况、施工方法、安全技术措施等情况，向工地负责人、各施工队负责人进行详细的书面交底，并向参加施工的全体人员进行现场交底。书面交底应一式三份，项目部总工程师和工地负责人各执一份，另一份交项目部专职安全管理人员。项目部总工程师、工地负责人要分别在每一份书面交底上做交底和接受交底的签字。安全技术措施落实后，工地负责人必须请项目部总工程师指派的工程技术人员和专职安全管理人员进行验收，方准进行下一步施工。

（2）两个及以上施工队或工种配合施工时，项目部施工负责人要按工程进度定期或不定期地向各施工队或工班负责人进行交叉作业的书面安全技术交底。

（3）各施工队负责人每天要向本队的从业人员进行施工要求、作业环境的安全交底。工程量大、技术复杂、连续多天从事一项工作的要进行书面交底。

（4）各级书面的交底书，要有交接时间、交接内容、交接人签字。

（5）各级书面的交底书，要按分项工程归放在一起，以便备查。

5. 技术协调管控

技术协调管控涉及总包与不同专业分包单位间协调问题，如主体结构与外幕墙工程施工技术协调、主体结构施工与机电、装修工程施工的技术协调、机电安装与装修工程施工的技术协调、机电安装工程内部各专业协调、室内外交接处施工协调等。

施工组织设计方案一经工程总承包项目部同意，各施工分包商必须严格遵照执行。作为最后交工资料，施工组织设计、施工方案、技术交底文件应由各施工分包商指定专人管理，工程总承包项目部对所有施工分包商施工组织设计加盖"受控""有效"图章，遇到与原来施工方案不同时，工程总承包项目部将及时督促各施工分包商制定、修改或补充方案，并履行审核、审批程序。

6. 工程技术文件管理

工程技术文件管理在工程项目中具有极其重要的作用，主要体现在以下几个方面：

（1）质量控制与验收依据：工程技术文件包括设计图纸、施工计划、工程规范、材料选型、检测报告等，这些文件提供了工程质量控制的依据。在工程验收阶段，这些文件可以用来证明工程是否符合规范和标准，确保工程质量达到预期水平。

（2）施工组织与管理：工程技术文件有助于施工人员按照规范、规程组织施工。施工计划、进度表和工程图纸可以帮助施工队协调工作、遵循时间表，从而提高施工效率和质量。

（3）技术资料积累：工程技术文件是宝贵的技术资料库，记录了工程项目的历史信息。这些文件对于今后的类似项目提供了宝贵的经验教训和参考资料，有助于改进和创新。

（4）维护、改造和扩建：工程技术文件不仅对新建工程重要，也对维护、改造和扩建现有工程至关重要。它们提供了必要的技术依据，确保这些工程的安全性和可持续性。

（5）历史见证与技术交流：工程技术文件记录了工程项目的历史见证，可以用于查考工作、总结经验和进行技术交流。这有助于不断提高行业标准和实践，促进工程技术的发展。

工程技术文件和资料管理的主要内容包括以下几个方面：

（1）文件管理：包括文件的创建、编号、归档、存储、传递和销毁等工作。文件应按照一定的分类和层次进行管理，确保文件的完整性和可追溯性。

（2）资料管理：包括对工程项目相关的各种资料进行收集、整理、分类、存储和利用等工作。资料可以包括设计图纸、技术规范、施工方案、验收报告等。

（3）版本控制：对文件和资料进行版本控制，确保每个版本的变更都能被记录和追溯。版本控制可以通过文件编号、日期、修订记录等方式进行管理。

（4）文档审批流程：建立文件和资料的审批流程，确保文件和资料的准确性和合规性。审批流程可以包括文件的起草、审核、批准和发布等环节。

（5）文档安全保密：对重要的工程技术文件和资料进行安全保密措施，防止泄露和篡改。可以采用密码保护、权限控制、备份等方式进行保护。

（6）文档检索和查询：建立文档检索和查询系统，方便用户快速找到需要的文件和资料。可以通过关键词搜索、分类检索、索引等方式进行检索。

（7）文件和资料的归档和销毁：对于不再需要的文件和资料，进行归档和销毁处理。归档可以按照一定的规则和时间进行，销毁需要符合相关法规和规定。

（8）文件和资料的备份和恢复：对重要的文件和资料进行定期备份，确保数据的安全性和可恢复性。备份可以采用硬盘、云存储等方式进行。

9.3　本章小结

本章系统分析了项目技术管理与项目系统管理的关系，论述了项目技术管理的主要目的与意义，介绍了项目技术管理的主要内容；对工程总承包管理三个阶段的技术管理主要内容作了详细阐述，包括设计阶段技术管理内容、采购阶段技术管理内容和施工阶段技术管理内容。

思考题

1. 简述项目技术管理的核心管理内容和方法。

2. 设计阶段 EPC 项目技术管理主要内容有哪些？与施工和材料采购技术管理有何关系？

3. 项目采购阶段技术管理主要内容有哪些？

4. 项目施工阶段技术管理主要内容有哪些？

10

项目风险管理

【教学提示】

工程总承包项目具有无处不在的风险,风险管理是工程总承包商项目管理的基础。风险管理的目的是发挥项目参建人员的主观能动性,积极发现项目执行过程中可能存在的风险,有预见性地采取防范措施,从而有计划地减少或者避免风险发生的概率或者影响,增强项目对风险的预测与应变能力。本章介绍了项目风险管理的基本原理,并按项目发生的不同阶段对工程总承包项目各阶段风险管理的特点、目标、内容、要点及对策进行了专题阐述。

【教学要求】

本章重点掌握项目风险管理的基本原理及工程总承包项目在设计阶段、采购阶段及施工阶段风险管理的要点和对策。

10.1　项目风险管理的一般原理

项目风险管理是指在对项目风险进行识别、分析和评价框架的支持下，对项目风险应对策略作出科学的决策，同时在实施过程中进行有效的监督和控制的系统过程。项目风险管理的目标就是增加项目积极事件的发生概率和影响程度，降低项目消极事件的发生概率和影响程度，在风险成本低的条件下，使项目风险产生的总体影响达到项目利益相关者满意的水平。

风险管理作为一种管理活动是由一系列行为构成的。它描述的是一种风险管理机制，其核心过程为五个步骤：风险管理规划、风险识别、风险评估、风险应对和风险监控，如图10-1所示。

图 10-1　风险管理流程示意图

10.1.1　风险管理规划

风险管理规划是规划和设计如何进行项目风险管理的过程。该过程应该包括定义项目组织及成员风险管理的行动方案及方式，选择合适的风险管理方法，为风险管理活动提供充足的资源和时间，并确立风险评估的基础等。风险管理规划过程应在项目规划过程的早期完成，它对于能否成功进行项目风险管理、完成项目目标至关重要。

1. 风险管理规划的内容

风险管理规划决定如何进行、规划和实施项目风险管理活动，主要内容应包括：

（1）方法。确定风险管理使用的方法、工具和数据资源，这些内容可随项目阶段及风险评估情况作适当的调整。

（2）角色与职责。明确风险管理活动中领导者、支持者及参与者的角色定位、任务分工及其各自的责任。

（3）预算。分配资源，并估算风险管理所需费用，将之纳入项目费用基准。

（4）时间周期。界定项目生命周期中风险管理过程的各运行阶段、过程评价、控制和变更的周期或频率。

（5）类型级别及说明。定义并说明风险评估和风险量化的类型级别。

（6）基准。明确定义由谁以何种方式采取风险应对行动。合理的定义可作为基准衡量项目团队实施风险应对计划的有效性，并避免发生项目业主方与项目承担方对该内容理解的二义性。

（7）修改的利益相关者承受度。可在风险管理规划过程中对利益相关者的承受度进行修订，以适用于具体项目。

（8）汇报形式。规定风险管理各过程中应汇报或沟通的内容、范围、渠道及方式。汇报与沟通应包括项目团队内部之间的、项目外部与投资方之间的及其他项目利益相关者之间的汇报与沟通。

（9）跟踪。规定如何以文档的方式记录项目过程中的风险及风险管理的过程，风险管理文档可有效用于对当前项目的管理、项目的监察、经验教训的总结及日后项目的指导。

2. 风险管理规划的成果

风险管理规划的成果主要包括风险管理计划和风险应对计划等。在制订风险管理规划时，应当避免用高层管理人员的愿望代替项目现有的实际能力。

（1）风险管理计划

风险管理计划在风险管理规划中起控制作用。风险管理计划要说明如何把风险分析和管理步骤应用于项目之中。风险管理计划的的内容包括：

1）风险管理的目标、范围、组织、职责与权限、负责人；
2）项目特点与风险环境分析；
3）项目风险识别与风险分析方法、工具；
4）项目风险的应对策略；
5）项目风险可接受标准的定义；
6）项目风险管理所需资源和费用估算；
7）项目风险跟踪记录的要求。

（2）风险应对计划

风险应对计划是在风险分析的基础上制订的详细计划。不同的项目风险应对计划内容不同，但是至少包含如下内容：

1）所有风险来源的识别，以及每一来源中的风险因素；
2）关键风险的识别，以及关于这些风险对于实现项目目标所产生的影响的说明；
3）对于已识别出的关键风险因素的评估，包括从风险估计中摘录出来的发生概率以及潜在的破坏力；
4）已经考虑过的风险应对方案及其代价；
5）建议的风险应对策略，包括解决每种风险的实施计划；
6）各单独风险事件的应对计划的总体综合，以及分析各个风险耦合作用可能性之后制订出的其他风险应对计划；
7）实施应对策略所需资源的分配，包括关于费用、时间进度及技术考虑的说明；
8）风险管理的组织及其责任，是指在项目中安排风险管理组织，以及负责实施风险应对策略的人员，使之与整个项目协调；

9）开始实施风险管理的日期、时间安排和关键的里程碑；

10）成功的标准，即何时可以认为风险已被完全规避，以及待使用的监控办法；

11）跟踪、决策以及反馈的时间，包括不断修改、更新需优先考虑的风险一览表、计划和各自的结果；

12）应急计划。应急计划就是预先计划好的，一旦风险事件发生就付诸实施的行动步骤和应急措施；

13）对应急行动和应急措施提出的要求；

14）项目执行组织高层领导对风险应对计划的认同和签字。

10.1.2 风险识别

风险识别包括确定风险的来源、风险产生的条件，描述其风险特征和确定哪些风险事件有可能影响本项目，并将其记录在案。风险识别不是一次就可以完成的事，应当在项目生命周期全过程中定期进行。风险识别时，参与人员应围绕财务目标、招投标、工期、质量、安全、环保、造价，分析内外部环境，识别风险因素。识别风险至少考虑以下几方面内容：

（1）存在哪些影响目标顺利实现的风险；

（2）引起风险的主要原因；

（3）具体风险对目标的影响程度；

（4）具体风险涉及的业务范围和部门。

1. 风险识别的依据

项目风险识别的依据主要包括：

（1）风险管理计划

从项目风险管理计划中通常可以确定以下信息：

1）项目风险识别的范围；

2）信息获取的渠道和方式；

3）项目组成员在项目风险识别中的任务分工和责任分配；

4）需要重点调查的项目相关方面；

5）项目组在识别风险过程中可以应用的方法及其规范；

6）在项目风险管理过程中风险重新识别的时间、人员和内容；

7）项目风险识别结果的形式、信息通报和处理程序。

从管理上讲，项目风险管理计划是项目组进行风险识别的首要依据。

（2）项目规划

项目规划包括项目目标、任务、范围、进度计划、费用计划、资源计划、采购计划及项目承包商、业主方和其他利益相关方对项目的期望值等内容，这些都是项目风险识别的重要依据。

（3）历史资料

历史资料是项目风险识别的重要依据之一，即从本项目或其他相似项目的档案文件中，从公共信息渠道中获取对本项目有借鉴作用的风险信息。

（4）风险种类

风险种类是指那些可能对项目产生正面或负面影响的风险源。常见的风险类型有技术风险、质量风险、过程风险、管理风险、组织风险、市场风险及法律法规变更等。项目的风险种类需反映出项目所在行业及应用领域的特征，学习和掌握各类风险的特征规律，是了解和掌握风险识别的关键。

（5）制约因素与假设条件

任何项目都存在于特定的制约因素和假设条件之下。项目建议书、可行性研究报告、设计等项目计划和规划性文件一般都是在若干假设、前提条件下估计或预测出来的。这些前提和假设在项目实施期间可能成立，也可能不成立。因此，项目的前提和假设之中隐藏着不同的风险。

2. 风险识别的方法

（1）头脑风暴法

该方法借助于专家的经验，从而获得一份该项目的风险清单，以备在将来的风险评估中进一步加以分析。头脑风暴法的优点是：善于发挥相关专家和分析人员的创造性思维，从而对风险源进行全面的识别，并根据一定的标准对风险进行分类。

（2）德尔菲法

德尔菲法是以匿名的方式邀请相关专家就项目风险这一主题，达成一致的意见。该方法的特点是：将专家最初达成的意见再反馈给专家，以便进行进一步的讨论，从而在主要风险上达成一致的意见。该方法的优点是有助于减少数据方面的偏见，并避免由于个人因素对项目风险识别的结果产生不良的影响。

（3）风险核对表

风险核对表是基于之前的类比项目信息及其他相关信息编制的风险识别核对图表。核对表一般按照风险来源排列。利用核对表进行风险识别的主要优点是快而简单，缺点是受到项目可比性限制。

另外，还有因果分析法、情景分析法、访谈法、SWOT 法等。

3. 风险识别的结果

（1）风险来源表

表中应列出所有的风险。罗列应尽可能全面，不管风险事件发生的频率和可能性、收益或损失、损害或伤害有多大，都要一一列出。对于每一种风险来源，都要有文字说明。说明中一般要包括风险事件的可能后果、对预期发生时间的估计、对该来源产生的风险事件预期发生次数的估计。

（2）风险的分类或分组

风险识别之后应该将风险进行分组或分类。分类结果应便于进行风险分析的其他步骤和风险管理。例如，对于常见的建设项目可将风险按项目建议书、可行性研究、融资、设计、设备订货和施工以及运营阶段分组。

（3）风险症状

风险症状就是风险事件的各种外在表现，如苗头和征兆等。项目管理班子成员不及时交换彼此间的看法，就是项目进度出现拖延的一种症状；施工现场混乱，材料、工具随便乱丢，无人及时回收整理就是安全事故和项目质量、成本超支风险的症状。

（4）对项目管理其他方面的要求

在风险识别的过程中可能会发现项目管理中其他方面的问题，需要不断完善和改进。例如，利用项目工作分解结构识别风险时，可能会发现工作分解结构做得不够详细。因此，应该要求负责工作分解结构的成员进一步完善。

10.1.3 风险评估

风险评估是对已识别风险发生的概率及一旦发生所产生的影响进行评价，并分析风险之间的相互关系，对风险进行优先排序，确定风险对项目目标的整体影响。

1. 风险评估的内容

（1）风险事件发生的可能性大小；
（2）风险事件发生可能的结果范围和危害程度；
（3）风险事件发生预期的时间；
（4）风险事件发生的频率等。

2. 风险评估的方法

风险评估一般有定性和定量两种方法。在风险评估中，采用何种方法，取决于风险的来源、发生的概率、风险的影响程度和管理者对风险的态度。

（1）定性风险评估

1) 历史资料法。在风险条件情况基本相同的条件下，通过观察各个潜在的风险在长时期内已经发生的次数，就能估计每一可能事件发生的概率，这种估计是基于每一事件过去已经发生的频率。

2) 理论概率分布法。当管理者没有足够的历史信息和资料来确定风险事件的概率时，可根据理论上的某些概率分布来补充或修正，从而建立风险的概率分布图。常用的风险概率分布是正态分布，正态分布可以描述许多风险的概率分布，如交通事故、财产损失、加工制造的偏差等。除此之外，在风险评估中常用的理论概率分布还有离散分布、等概率分布、阶梯形分布、三角形分布和对数正态分布等。

3) 主观概率。由于建设项目的一次性和独特性，不同建设项目的风险往往存在差别。因此，项目管理者在很多情况下要根据自己的经验，去判断项目风险事件发生的概率或概率分布，这样得到的项目风险概率被称为主观概率。主观概率的大小常常根据人们长期积累的经验、对项目活动及其有关风险事件的了解而估计。

4）风险事件后果的估计。风险事故造成的损失大小要从三个方面来衡量：风险损失的性质、风险损失范围的大小和风险损失的时间分布。

（2）定量风险评估

包括访谈法、盈亏平衡分析、敏感性分析、决策树分析和非肯定型决策分析。

3. 风险评估的结果

风险评估的结果即是量化的项目风险清单。该清单综合考虑了风险发生的概率、风险后果的影响程度等因素，因此项目管理部应依此对项目风险进行排序，从而确定采取的风险应对措施以及控制措施。

（1）项目风险清单一般可包括以下内容：

1）风险发生概率的大小；

2）风险可能影响的范围；

3）对风险预期发生时间的估算；

4）风险可能产生的后果；

5）风险等级的确定。

（2）风险可分为四个等级：

1）灾难级——这类等级的风险必须立即予以排除；

2）严重级——这类风险会造成目标偏离，需要立即采取控制措施；

3）轻微级——暂时不会产生危害，但也要考虑采取应对措施；

4）忽略级——这类风险可以忽略，不采取控制措施。

10.1.4 风险应对

风险应对就是对项目风险提出处理意见和办法。在对项目进行风险识别、定性定量估计和评价之后，得到项目风险发生的概率、损失严重程度。再根据项目的要求，决定应采取什么样的措施，以达到减少风险事件发生的概率和降低损失程度的目的。

1. 风险应对过程

项目风险应对过程一般表现为根据风险识别和评价的结果，分析项目所处的外部和内部的政策、时间、资金、技术、人员、自然环境等各种条件，研究项目可利用的资源和能力，分析风险处理后应达到的目标，提出风险应对策略。该过程的主要环节如下：

（1）进一步理解确认风险识别和评价的结果；

（2）分析项目所处的外部和内部的各种条件；

（3）研究项目可用于处理各种风险的资源和能力；

（4）分析项目目标和风险处理后应达到的目标；

（5）针对不同风险，研究提出相应的风险应对策略备选方案；

（6）分析每种风险应对策略方案的必要性和可行性；

（7）在假设采取风险应对方案的情况下，再次对项目风险进行识别和评价，分析预测风险应对策略方案的效果，判断是否达到风险处理要求；

（8）权衡各方面的因素，优化选择确定应对方案；

（9）执行风险应对方案。

2. 风险应对策略

（1）规避。风险规避是指改变项目计划以消除风险或风险条件以保证项目目标的实现。项目团队不可能回避所有风险，但是可避免一些具体的风险。

（2）转移。风险转移指通过应对措施将风险的影响转移给第三方。转移风险并不是消除它，而是将其管理责任及影响转移给了第三方。风险的转移是有代价的，需要支付一定的成本（如通过买保险，将风险转移给保险公司）。但值得注意的是，有些风险是无法转移的，如组织的信誉度、政治方面的影响、组织启动该项目的商业初衷等。因此，在风险转移时要选择对该风险有管理能力的第三方进行转移。

（3）缓和。风险缓和是通过采取措施将风险降至可接受的水平。风险缓和方案包括风险前和风险后两种方式。风险前方案是在风险发生之前采取相应的措施，通过减少风险发生的概率或减少风险发生而造成的影响程度而缓和风险的；采用风险后缓和方案在风险发生之前并不采取措施，而是事先作好计划，人们知道风险一旦发生时应该如何去做，从而缓解风险发生造成的影响。一般而言，采取预防措施阻止或缓和风险发生比风险发生后再弥补其造成的损失费用要低、效果要好。

（4）接受。接受指项目团队决定不变更项目计划而是面对项目风险，接受风险事件的后果。采取接受的策略可能是因为在合理的成本下没有可行的措施，或计划无法变动。但在采取接受策略时，应对风险项进行严密的监控，以确认该风险项仍保留在可接受的限度内。

（5）积极风险或机会的发展与提高。对于积极风险或机会，可视机会对项目及组织的重要性采取相应的策略。对于组织特别希望实现的机会，可采用开拓的策略，该项策略的目标在于通过确保机会肯定实现而消除与特定积极风险相关的不确定性。直接开拓措施包括为项目分配更多的有能力的资源，以便缩短完成时间或实现超过最初预期的高质量。对于有些机会，项目组可采取提高的策略，通过促进或增强机会的成因，积极强化其触发条件，提高机会发生的概率，也可着重针对影响驱动因素等方式，提高机会的影响程度。

10.1.5 风险监控

风险监测与控制指在整个项目生命周期中，跟踪已识别的风险、监测残余风险、识别新风险和实施风险应对计划，并对其有效性进行评估的过程。

1. 风险监控的内容

风险跟踪和监控主要内容包括：

（1）风险管理计划及应对措施是否按计划实施；

（2）风险评估假设前提、适用范围等是否依然有效；

（3）风险应对措施是否达到预期效果，是否需要制定新的应对方案，即监控应对措施的有效性，确定风险控制在可接受范围内；

（4）风险是否发生变化，对风险变化趋势进行分析；

（5）某一风险征兆是否已经发生，即风险预警；

（6）先前未曾识别出来的风险是否已经发生或出现，即监控是否有新的风险出现。

2. 风险监控的任务

项目风险监控的主要任务是采取应对风险的纠正措施以及全面风险管理计划的更新。包括两个层面的工作任务：

（1）跟踪已识别风险的发展变化情况，包括在整个项目生命周期内，风险产生的条件和导致的后果变化，衡量风险减缓计划需求。

（2）根据风险的变化情况及时调整全面风险管理计划，并对已发生的风险及其产生的遗留风险和新增风险及时识别、分析，并采取适当的应对措施。对于已发生过和已解决的风险也应及时从风险监控列表中调整出去。

3. 风险监控的方法

（1）风险再评估。项目风险可能会随项目生命周期而发生变化。因此，在风险的监控过程中，要对新风险进行识别并对已识别风险进行重新评估。项目风险评估应定期进行。

（2）绩效衡量及偏差分析。可通过实现价值分析、项目偏差和趋势分析、挣值技术等分析方法，对项目总体绩效进行监控。分析的结果可以揭示项目完成时在费用与进度目标方面的潜在偏离。与基准计划的偏差可能表明威胁或机会的潜在影响。

（3）储备金分析。在项目实施过程中可能会发生一些对预算或进度应急储备金造成积极或消极影响的风险。储备金分析指在项目的任何时点将剩余的储备金金额与剩余风险量进行比较，以确定剩余的储备金是否仍旧充足。

（4）风险审计。风险审计在于检查并记录风险应对策略处理已识别风险及其根源的效力，以及风险管理过程的效力。

10.2 设计阶段风险管理

10.2.1 设计阶段风险管理的特点

《建设项目工程总承包管理规范》GB/T 50358—2017 中将设计定义为：将项目发包人要求转化为项目产品描述的过程。工程总承包模式下承包商应当按照法律规定，国家、行业和地方的规范和标准，以及《发包人要求》和合同约定完成设计工作和设计相关的其他服务，并对工程的设计负责。同时，在设计工作中将采购纳入设计程序，由设计组编制请购文件，注重与采购、施工和试运行的接口关系及要求；设计进度计划应满足设计工作的内部逻辑关系及资源分配、外部约束等条件，与工程勘察、采购、施工和试运行的进度协调一致；设计执行计划应满足合同约定的技术管理、质量管理、安全管理、费用管理等控制指标和要求。

工程总承包模式下，承包商负责设计任务并承担全部的设计风险，一方面要保证设计的质量、进度及成本目标，另一方面要关注设计与采购、施工的交叉结合。设计工作是工程总承包项目管理的核心与重点。设计所产生的文件是工程总承包项目管理中采购阶段和施工阶段的重要依据，对设计阶段风险进行有力的管控是实施项目进度控制、成本控制、质量控制的基础，直接关系到项目目标的成功实现。工程总承包模式下的设计管理必须在严格遵守国家、行业和企业标准以及业主要求的前提下，综合考虑项目总投资的控制，以及项目施工、采购的实施难度，确保工程能在合同的工期内顺利完成。

10.2.2 设计阶段风险管理的目标

设计阶段是建设工程生命周期的前期阶段，因此其风险管理的成功与否对整个工程项目的建设有着重要影响。设计阶段风险管理的目标包括：

（1）保证工程总承包合同规定的使用功能和标准，符合业主投资决策所明确的项目定位要求。

（2）保证项目的设计工作质量和设计成果质量，为工程产品质量打好基础。

（3）在质量保证的前提下，做好设计阶段的项目投资（概算造价）控制。

（4）进行设计总进度目标控制，保证设计进度和施工进度的配合。

（5）贯彻建设法律法规和各项强制性标准，执行建设项目安全、职业健康和环境保护的方针政策。

10.2.3 设计阶段风险管理的内容

1. 设计质量风险

设计质量是指在严格遵守技术标准、法规的基础上，正确处理和协调资金、资源、技术、环境条件的制约，使设计项目能更好地满足业主所需要的功能和使用价值，能充分发挥项目投资的经济效益。工程设计阶段的项目管理，其核心仍是对项目三大目标（投资、进度、质量）的控制。我国工程质量事故统计资料表明，由于设计方面的原因引起的质量事故占40.1%。因此，对设计质量严加控制，是顺利实现工程建设三大控制目标的有力措施。

（1）设计输入控制

设计输入是设计的依据和基础，是明确业主的需求、确定产品质量特性的关键，是解决模糊认识的有效途径,设计输入(包括更改和补充的内容)应形成文件,并经仔细、认真地分级评审和审批。在工程设计中,设计输入可以通过设计任务书、开工报告、设计作业指导书、设计输入表等形式出现。每个项目的各阶段设计均应规定设计输入要求,并形成文件。

设计输入要求文件通常应包含以下内容:

1)设计依据(包括业主提供的设计基础资料)。
2)据合同要求确定的设计文件质量特性,如适用性(功能特性)、可信性。
3)本项目适用的社会要求。
4)本项目特殊专业技术要求。

(2)设计输出控制

设计输出应形成文件。各设计阶段的设计输出文件的内容、深度和格式应符合以下要求:符合合同和有关法规的要求;能够对照设计输入要求进行验证和确认;满足设计文件的可追溯性要求。通用设计输出除了应满足设计输入要求外,还应包含或引用施工安装验收准则或规范;标出与建设工程的安全和正常运作有重大关系的设计特性。

工程设计输出的文件应包括设计图纸、设备表、说明书、概预算书、计算书等。针对具体的工程设计,设计文件包括投标书和报价书、预可行性研究报告、项目建议书、可行性研究报告、矿区必要的计算书。设计输出文件应满足设计输入的要求,同时还应包含引用验收标准,标出和说明与工程项目安全、正常操作、使用维修等关系重大的设计特征,对施工阶段的图纸还应满足施工和安装的需要。

2. 设计进度风险

设计进度风险控制的最终目标就是按质、按量、按时间要求提供施工图设计文件。在这个总目标下,设计进度控制还应有阶段性目标和分专业目标。

工程设计主要包括设计准备工作、初步设计、技术设计、施工图设计等阶段,为了确保设计进度控制总目标的实现,每一阶段都应有明确的进度控制目标,即:

(1)设计准备工作时间目标。设计准备工作阶段主要包括规划设计条件的确定、设计基础资料的提供以及委托设计等工作。它们都应有明确的时间目标。设计工作能否顺利进行,以及能否缩短设计周期,与设计准备工作时间目标的实现关系极大。

(2)方案设计的时间目标。

(3)扩初设计的时间目标。

(4)施工图设计的时间目标。施工图设计是工程设计的最后一个阶段,其工作进度将直接影响工程项目的施工进度,进而影响工程建设进度总目标的实现。因此,必须确定合理的施工图设计交付时间目标,确保工程建设设计进度总目标的实现,从而为工程施工的正常进行创造良好的条件。

(5)专业设计的目标。为了有效地控制工程建设的设计进度,还可以把各阶段设计进度设计进度控制的最终目标按质、按量、按时间要求提供施工图设计文件。在这个总目标下，设计进度控制还应有阶段性目标和分专业目标。

3. 设计投资风险

工程项目建设过程是一个周期长、数量大的生产消费过程，建设者在一定时间内占有的经验知识是有限的，不但常常受着科学条件和技术条件的限制，而且也受着客观过程的发展及其表现程度的限制（客观过程的方面及本质尚未充分暴露），因而不可能在工程项目伊始，就能设置一个科学的、一成不变的投资控制目标，而只能设置一个大致的投资控制目标，这就是投资估算。随着工程建设实践、认识、再实践、再认识，投资控制目标一步步清晰、准确，对项目总承包方而言，就是要在工程总承包项目投资估算的条件下，进行设计概算和施工图预算控制。

具体来讲，投资估算应是设计方案选择和进行初步设计的建设项目投资控制目标；设计概算应是进行技术设计和施工图设计的项目投资控制目标；施工图预算或建筑安装工程承包合同价则应是施工阶段控制建筑安装工程投资的目标。有机联系的阶段目标相互制约，相互补充，前者控制后者，后者补充前者，共同组成项目投资控制的目标系统。

10.2.4 设计阶段风险管理的要点

1. 发包人要求的转化

工程总承包模式下发包人要求是业主对项目的功能、目的、范围、设计及其他技术标准等方面需求的具体化要求，既是业主参加工程建设的主要依据，又是投标人参加工程投标的重要指导性文件，对工程总承包项目后续的工程设计、采购、施工等活动都起着关键性指导作用。如何正确理解发包人要求，是工程总承包项目设计工作的关键。对于发包人要求的理解主要存在以下几种情况：

（1）发包人需求不清晰

承包商在投标时常常会发现发包人提供的输入条件不全，或者因投标时间比较紧急，发包人的文件比较多，承包商往往无法理解发包人的全部要求，而忽略发包人要求中的一些条件。如果承包商未能及时与发包人澄清、确认缺少的条件，而是以自己假定的条件作为设计的基础进行投标报价，很可能导致工程实施过程中发生设计变更，进而导致项目成本高于投标报价时的估算。例如，某项目的实施建造需要控制项目所在地水体的氯离子浓度，但发包人要求中并未明确对氯离子浓度的控制要求，承包商在设计时便假定以通常的浓度标准，直到合同签订后，承包商才发现项目所在地的水体中氯离子浓度非常高，此时，承包商不得不进行设计变更，导致成本大幅度增加。

（2）发包人需求不明确

合同中业主对于项目的规模、采用的工艺、装备水平等的要求或表述不明确。例如，有些业主在合同中要求承包商最终移交的设备要达到世界先进的装备水平，这种情况下，承包商往往很难界定其出具的设计是否达到业主的要求。如果业主认为承包商的设计不符要求，那么承包商就必须修改设计图纸，或在施工过程中进行设计变更，这会极大增加承包商的成本,甚至导致项目亏损。

还可能存在一种情况,承包商的设计人员未能准确理解业主的要求,尤其是对业主招标文件中的技术文件部分认识不到位,造成承包商对招标文件的理解和业主的要求不一致。例如,某英文版本的招标文件中,要求所使用电器的开关柜是半抽屉式的,承包商根据半抽屉式的开关柜进行报价。直到承包商采购设备时,业主提出开关柜应是纯抽屉式的。在咨询项目所在地的供应商后,才获悉当地的开关柜只有纯抽屉式和开关式两种,业主招标文件中所谓的半抽屉式开关柜就是纯抽屉式。最后承包商不得不重新修改设计,增加项目设计工作的成本。

(3)发包人要求改变

发包人要求存在变化的可能性,发包人变更可能会影响到承包商正在进行的设计,但并不是所有的发包人变更,承包商都可以提出索赔。工程总承包模式下业主方发起的工程变更分为两类:一是"业主要求"改变而发生的变更,二是业主针对承包商的施工方案提出的改变要求。与传统DBB模式不同,工作范围内工程量等的变化不再构成工程变更,变更的主要来源往往为"业主要求"的改变或业主提出新的要求等。《设计—建造与交钥匙工程合同条件》最早在1.1.1.2条对业主要求的定义是:"合同中包括的对范围、标准、设计标准(如有)和施工计划的描述,以及根据合同对其所作的任何修改和修订。"在项目实施的过程中,若由于实际实施情况或业主根据监督管理需要提出的改变或要求,造成了"业主要求"的改变,业主应当承担"业主要求"改变的风险责任。承包商应基于合同中相关的设计变更规定和因设计变更而赋予的承包商的索赔权利,严格依据合同准备索赔资料,及时向业主提出索赔。

2. 发包人提供资料的审查

《建设项目工程总承包合同(示范文本)》GF—2020—0216在1.12中明确"承包人应尽早认真阅读、复核《发包人要求》以及其提供的基础资料,发现错误的,应及时书面通知发包人补正。"并在4.7.1提出"承包人应对基于发包人提交的基础资料所作出的解释和推断负责"。审查发包人提供的资料是承包人开展设计工作的基础。发包人提供的资料存在错误,或业主要求违反项目所在地的法律法规,都会直接导致承包商的设计成果错误,影响合同的顺利执行。承包人在投标前须对项目的前期勘察资料形成充分的认识,不能完全信赖发包人招标文件中的资料进行投标,要注意及时补充勘测、收集查找资料并论证,尽早发现业主要求中的错误,及时通知发包人补正。例如某科研楼项目,地质勘察工作由建设单位委托相关单位完成。总承包单位在基坑支护工程中基于建设单位提供的地勘资料组织设计单位完成了施工图纸设计,随后组织基坑分包单位编制了施工方案并获得了审批。但是在施工阶段总承包单位发现实际地质情况与地勘资料有出入,原定的护坡桩和锚杆等施工机具需要变更,工程量也需增加。

3. 设计过程管理

工程总承包项目的设计是一个多专业协作、多方沟通的复杂过程。设计工作过程中,设计面临着来自设计人员的风险、工程设计工艺不成熟、设计质量控制不当、设计进度延误、设计未充分考虑发包人需求、设计侵权风险等，这些都会对设计质量、设计进度和设计成本造成突出的影响。

（1）设计团队管理

《建设项目工程总承包合同（示范文本）》GF—2020—0216 5.1.2 中明确"承包人应保证其或其设计分包人的设计资质在合同有效期内满足法律法规、行业标准或合同约定的相关要求，并指派符合法律法规、行业标准或合同约定的资质要求并具有从事设计所必需的经验与能力的设计人员完成设计工作。承包人应保证其设计人员（包括分包人的设计人员）在合同期限内，都能按时参加发包人或工程师组织的工作会议。"因此，设计团队管理主要包含以下两个方面：

一是设计团队契合度。设计人员的配备应契合项目的特点和要求，设计团队配备不当会影响到沟通的有效性和设计成果的准确性。工程总承包商须配备具有合同规定的设计标准规范能力的设计人员，以减少设计工作障碍和因设计人员不熟悉合同采用的设计标准规范产生的不利影响。

二是设计团队稳定性。总承包项目的设计人员需要参与现场勘查工作，并不断地与业主、供应商沟通项目要求、设备参数等信息，项目后期的设计配合（包括施工期间、试车投产以及质保期的设计配合）都需要相关设计人员能够快速响应，这些都对工程总承包设计团队的稳定性提出了较高要求。

（2）设计质量管理

工程总承包模式下工程总承包单位负责设计、采购、施工，各阶段工作可交叉进行，项目的设计质量风险一般由工程总承包单位承担。设计质量管理主要目的是保证设计的安全性、合理性、经济性和设计效果，控制设计质量主要手段就是对设计工作进行全过程监控与检验，设计质量管理主要侧重在设计前期输入和过程管理，其中设计要点和交付标准是前期输入的重要文件，过程管理主要体现在图纸审核与审查中。工程总承包项目设计质量管理主要是指项目各参与方通过加强设计前准备、设计过程及设计后服务的管理，提高设计输出产品的质量水平。具体内容包括：

设计前质量管理是指预先对明确的功能、系统、设备和材料提出建议，预先对各个阶段设计深度进行明确限定。

设计中质量管理是指业主方会同其他参与方通过对设计单位的设计过程进行有效跟踪、设计全过程审查，确保图纸质量。

设计后质量管理是指通过对阶段性设计成果采取对应的验证与审批程序，保证设计在规定的范围内有序进行，提高设计成果质量。

（3）设计进度管理

设计进度安排不合理或设计单位管理不到位可能造成设计拖期的风险。总承包设计进度管理存在以下三种特点：

一是设计进度与采购、施工交叉融合，各环节协同管理难度较大。以设计为龙头的 EPC 项目总承包商，其进度管理应以设计阶段为重点，以采购为支撑，有效协调设计、采购、施工之间的衔接关系，才能充分发挥 EPC 模式的优势。当设计人员向厂商提出采购要求，厂商须及时向设计人员反馈技术资料，同时设计和施工要整合在一个团队，设计考虑施工因素，施工也要对设计提出要求，各环节交叉进行，从而提高效益。而实践中，供应商向设计人员提供技术资料的前提是收到 EPC 承包商的采购文件，设计与施工也较难完全整合。

二是承包人文件审查制度使得设计进度易受到业主方影响。《建设项目工程总承包合同（示范文本）》GF—2020—0216 5.2 规定承包人应当按照"发包人要求"约定的范围和内容及时将文件报送发包人审查同意，发包人对承包人文件审查期不超过 21 天，因承包人原因导致无法通过审查的，承包人应根据发包人的书面说明，对承包人文件进行修改后重新报送发包人审查，审查期重新起算。发包人常常会在审核期限的最后一天返回意见给承包商，且可能多次批复，造成发包人对承包人文件的审核期过长。

三是于设计工作技术复杂、涉及专业多且贯穿于工程建设项目始终，进度管理难度大。EPC 项目设计工作的实施一般由各专业设计人员或分包商共同完成，设计过程是设计各专业相互配合的过程，设计工作的推进需要以各专业设计人员互提的要求和反馈的资料作为输入条件。当设计工作缺少部分资料作为依据时，设计人员不能以此作为搁置后续工作的理由，如果等最终收到资料才开展工作的话，很可能导致设计工作无法在预定的期限内完成。

（4）设计成本管理

项目投资控制的关键在于施工前的投资决策和设计阶段，在项目作出决策后，控制项目投资的关键在于设计。工程总承包模式下的"设计、采购、施工"之间工作深度交叉，使得设计对采购、施工工作的指导性作用在整个项目的成本控制显得尤为突出。对总承包项目而言，对项目设计阶段成本的控制主要体现在两个方面：

一是对设计费用的控制。影响一个项目设计费用的因素包括很多，如设计周期、设计质量、管理水平、设计返工、项目人力资源对项目成本的影响。除此之外，总承包项目一般规模大导致设计周期长，还应对外部因素的变化作出充分的准备，从而减少其对项目成本及周期的影响。

二是对施工图设计所反映出的项目建设成本的控制，在满足项目功能质量前提下应尽可能低。既要注重设计的符合性，应在深刻领会发包人要求和运营目的的基础上，着重从施工工艺及材料使用等的角度提出建议，避免在工程实施中出现过多的变更或签证，影响项目的投资控制；又要重视设计优化，推行限额设计方法，使各专业在满足业主要求和符合国家标准的前提下，按分配的投资限额控制设计，保证总投资限额不被突破，但也应避免不合理的"设计优化"，例如"高标准设计、低标准施工"。

10.2.5　设计阶段风险管理的对策

1. 充分领会发包人要求

在投标阶段承包人应仔细审核发包人要求中的所有条件，并及时与发包人澄清、确认，避免承包人对发包人要求产生理解偏差，导致承包人的设计成果不能符合业主的预期目标。承包商在实施工程设计前，应认真做好项目的开工报告，包括设计的开工报告和各专业的开工报告。设计经理组织设计开工报告，开工报告里要详细说明项目的背景和项目的特殊性要求。每个专业的负责人组织专业开工报告时，要把相应部分的业主要求消化掉，并告知设计人员需要注意的问题。同时，加强与设计分包商的沟通，并尽量将设计分包商的付款与设计质量及工作进度相联系，加强对分包商设计图纸质量和设计进度的控制，以保证设计分包商能够落实业主要求。

2. 及时完善资料审查

承包人应尽早认真阅读、复核《发包人要求》以及其提供的基础资料，发现错误的，应及时书面通知发包人补正，按照合同约定的"变更与调整"处理。由于《发包人要求》或其提供的基础资料错误导致承包人增加费用和（或）工期延误的，承包人应及时向发包人提出费用和（或）工期延误的索赔，并可申请支付合理利润。按照法律规定确需在开工后方能提供的基础资料，因发包人原因未能在相应工程实施前的合理期限内提供，承包人也应及时提出费用和（或）工期的索赔要求。特别注意的是，国际工程合同与我国的《建设项目工程总承包合同（示范文本）》GF-2020-0216 在资料审查上存在较大差异，FIDIC 银皮书规定：承包商承担业主要求中的任何类型的错误的风险。如果业主提供的资料存在错误，而承包商未能及时发现，损失由承包商自行承担。

3. 加强设计过程管理

工程总承包商须配备符合合同规定设计标准规范能力的设计人员，尽可能固定专业负责人，了解每个设计人员的能力及未来有可能的设计负荷，与专业负责人协商选定相对稳定的设计人员，确保设计契合性和稳定性。做好文档管理工作，通过书面形式记录重要、关键的设计信息和注意事项，也能够在设计人员发生变动时尽可能地减少信息流失的风险。设计合理的薪酬体系，使设计人员的收益与项目的利益紧密联系，强化设计人员责任意识，提高设计人员设计优化的积极性。

做好设计规划和过程管理，实现设计阶段的质量、进度和成本目标。落实设计图纸审核工作，应要求审核人员签字确认，以保证当设计图纸出现问题时，能追溯到相关的责任人。在设计资料审核过程中，不仅要重视设计技术可行性的审查，还要重点审查材料选用的经济性和施工过程的合理性，保证设计质量的达成。工程总承包单位应充分发挥其协调机制的作用，一方面调动各参建单位保持密切的沟通，让各项工作尽可能交叉进行，共同优化项目整体的工期安排；另一方面有效监督设计单位的进度情况，确保设计出图的时间节点要求顺利实现。设计人员与施工人员的无缝对接，确保随时交底。设计与采购、施工深度交叉，注重设计优化和造价控制的结合，在保证项目质量的前提下，合理进行设计优化和变更，降低工程费用，提升工程效益。

4. 做好设计接口管理

为确保设计工作的顺利开展，减少设计变更，提高设计质量，工程总承包项目应注重设计与采购、施工、试运行的接口控制。工程总承包项目的设计应将采购纳入设计程序，确保设计与采购之间的协调，保证物资采购质量和工程进度；设计经理应协助采购经理编制项目采购策略和采购总体计划，协助采购经理编制采购标（包）划分计划，提供必要的技术审查支持。设计应具有可施工性，进行设计交底，说明设计意图，解释设计文件，明确设计对施工的技术、质量、安全和标准等要求，做好施工配合。设计应接收试运行提出的试运行要求，参与试运行条件的确认、试运行方案审查，对试运行进行指导和服务。

5. 配备设计责任保险

由于工程项目设计风险具有可保性，工程总承包商可以通过投保工程设计责任保险来转移风险。按照保险标的不同，工程设计责任保险分为综合年度保险、单项工程保险、多项工程保险。其中单项工程保险，是指以工程设计单位完成的一项工程设计项目可能发生的对受害人的赔偿责任作为保险标的的建设工程设计责任保险。单项工程保险的累计赔偿限额一般与项目的总造价相同，保险期限由工程总承包商与保险公司共同协商确定。

10.3 采购阶段风险管理

10.3.1 采购阶段风险管理的特点

《建设项目工程总承包管理规范》GB/T 50358—2017 中将采购定义为：为完成项目而从执行组织外部获取设备、材料和服务的过程。采购在总承包项目中具有重要地位，采购金额通常占总造价的 70% 左右，采购的质量和工期直接影响工程项目的质量、成本和进度。科学合理的采购规划对工程总承包项目管理起着重要作用。工程总承包项目的采购工作是设计和施工阶段联系的桥梁，主要工作内容包括采买、催交、检验和运输的过程。

采购要以设计阶段设计组提供的请购文件为依据，应主动与设计组紧密结合，找出工程的特点、难点及关注点，准确定义采购对象的技术要求和范围，合理确定评标的标准及办法，形成经济合理的合同价，避免信息沟通的失误而引起的采购错误。同时要加强采购费用控制，选择适当的采购方式，根据施工进度计划进行材料、设备等的采购，工程进度的编制及实施，要抓住按业主的合同要求这一主线进行展开，根据施工进度确定主要设备及材料的到货时间，然后根据主要设备及材料的到货时间及厂家供货市场情况，确定设计提供技术询价书的时间。严格执行检验制度，保证采购质量。

10.3.2 采购阶段风险管理的目标

采购作为工程总承包项目承上启下的关键环节，是实现工程设计意图、保障后续施工顺利开展的基础。工程总承包项目采购具有物资生产要求的定制化、到货位置的独特性、实效性与流动性、专业度与复杂性高、不可控因素繁多等特点。采购承包商在采购活动中需要与设计和施工方面沟通满足工程建设的需要，也要应对一些变化可能带来的风险，以保证所需设备、材料等的及时供应。

由于工程项目本身的复杂性，在施工中往往存在着许多无法预料的风险因素，如设计变更、天气变化、材料和设备不及时、供货延迟等，为了防止由于库存短缺而造成工程的暂停和工程进度的延迟，在工地上一般都会保留一定数量的存货，但大量库存的存在会给管理带来挑战，存在安全风险。若是存货过多，就可能会占用很多的资金，对资金的流动不利。库存成本居高不下，会引起工程的采购风险。同时，在工程建设项目中，由于参与的人数比较多，信息的流通程度比较高，比如工程项目的需要、工程变更等信息的交流，以及与物资供应商的物资采购等，信息交流效率的低下和信息滞后现象普遍存在，会引起工程的采购风险。

因此，采购风险管理主要存在两大目标：一是做好采购与设计的衔接，提高项目中标概率；二是做好采购与施工的衔接，降低采购成本。

10.3.3 采购阶段风险管理的内容

工程总承包项目采购风险主要表现为物资采购风险和分包服务采购风险。

1. 物资采购风险

采购物资应符合设计文件、标准、规范、相关法规及承包合同要求，如果项目部另有附加的质量要求，也应予以满足。

对于重要物资、大批量物资、新型材料以及对工程最终质量有重要影响的物资，可由企业主观部门对可供选用的供方进行逐个评价，并确定合格供方名单。

2. 分包服务风险

对各种分包服务选用的控制应根据其规模、对它控制的复杂程度区别对待。一般通过分包合同，对分包服务进行动态控制。评价及选择分包方应考虑的原则：

（1）有合法的资质，外地单位经本地专管部门核准。

（2）与本组织或其他组织合作的业绩、信誉。

（3）分包方质量管理体系对按要求如期提供稳定质量的产品的保证能力。

（4）对采购物资的样品、说明书或检验、试验结果进行评定。

10.3.4 采购阶段风险管理的要点

1. 投标报价准确性

投标报价不仅直接关系到能否中标，而且合适的标价水平还关系到能否实现中标后的利润最大化。在项目投标报价阶段，投标人需要特别注意以下两类风险：

（1）价格准确性风险

设备/材料费用占到整个项目采购成本的90%左右，一般通过询价或估价的方式获得。为了项目总体投标价格具备竞争力，就必须确保获得的价格信息能够反映项目真实的采购成本。如果选用的价格信息准确性较差，投标报价过高则会导致竞标失败，投标报价过低则会增加项目的成本超支风险，甚至最终导致项目亏损。如何在短时间内获得准确的价格信息，提高项目整体采购成本的精确性，是投标阶段采购工作的主要目标。

（2）材料和设备工程量准确性风险

设备/材料工程量清单是投标人编制投标文件的重要依据。尤其是要求固定总价的EPC总承包项目投标，设备/材料工程量清单的精准与否，直接影响投标人对于采购和施工总成本的准确测算。实践中，由于受招标人设计方案的完整性和准确性限制，设计文件中隐含的设计错误、估算错误、漏项、缺项等都有可能直接导致工程清单量偏离项目的实际需求量。

2. 采购计划的编制

采购计划是采购工作开展的源头，计划的准确度和严密性直接影响整个项目采购工作的成败。在具体的采购执行工作中，要密切注意与设计和施工之间的配合，确保设备/材料的技术条件满足设计要求、交货工期满足项目施工的进度要求。采购计划主要包括总体采购计划和采购进度计划。

项目采购总体计划编制不当，如项目采购进度和费用控制目标设置不合理、与相关干系人的沟通协调程序不合理等，容易导致采购工作的低效率和延误、采购工作与设计和施工工作的脱节等。项目采购进度计划的编制须有一定的预见性，为将来采购工作执行过程中计划的调整留有余地，如要充分考虑设计部向采购部提交请购文件的时间，厂商反馈技术资料、图纸资料和本方审查的时间，施工部要求货物交付项目现场的时间等；采购进度计划的编制还要有整体性和系统性，注意与项目设计和施工工作的衔接与配合。

3. 供应商的选择

在确定中标供应商的过程中，不能简单地以价格作为供应商选择标准。尤其是复杂的成套设备，一定要充分考虑供货商的交货时间、运输成本、现场服务和以往业绩等因素，力求做到采购综合成本的最优。供应商开发需遵循"QCDS"原则，也就是质量、成本、交付与服务。质量因素是最重要的，首先要确认供应商是否建立有一套稳定有效的质量保证体系，然后确认供应商是否具有生产所需特定产品的设备和工艺能力。其次是成本与价格，要运用价值工程的方法对所涉及的产品进行成本分析，并通过双赢的价格谈判实现成本节约。在交付方面，要确定供应商是否拥有足够的生产能力，人力资源是否充足，有没有扩大产能的潜力。除此之外，还要关注供应商的售前及售后服务的支持和可持续性。

4. 材料/设备的检验

检验就是按照主合同文本、相关技术附件、设计图纸和项目检验程序的要求，对项目所采购的设备/材料进行全过程控制，保证设备和材料的质量达到设计要求的动态管理过程。检验工作的目的就是保证供应商能够按照合同要求，提交符合规定的设备/材料以及文件、图纸资料。检验的主要原则有：主动控制，预防为主；重点监督，出厂见证；质量优先，过程控制。在实际采购过程中，如果对检验把关不严，将设备/材料的质量问题带到项目现场，其所造成的进度和费用损失要远远超过检验成本。对于采购材料/设备的验收应遵循：所检验的设备/材料符合规定的话，应签发检验认可书。如果检验不合格，应要求供货商返修，以达到合格的条件，或是在满足安全以及使用功能的前提下，有条件验收；对于所检验的设备/材料有严重问题，影响项目的安全或使用功能的，承包商应拒收并要求供货商返修以达到规定要求，或进行报废处理。

5. 现场材料的管理

现场材料管理，主要是指对到达项目现场的设备/材料进行装卸、接收检验、登记入库、材料分发、用料控制、材料盘点等。

（1）材料的验收和入库

材料入场后，库管员要会同技术员、材料员对材料的名称、规格型号、数量、材质、单价、金额进行核对清点和外观检查，同时核对合格证、材质单和说明书，核对无误、符合要求的材料办理入库手续。需要监理或业主确认的材料，材料到场要共同验收。有需要进行理化检测的要及时检测作好标记，并注意分类存放。

（2）材料的分发和用料控制

施工现场主要从量方面控制，尤其注意库管员要核实材料和施工部位相符，尽量不能代用或混用，班组领料的数量要根据材料种类、施工情况、班组情况酌情分析领用，防止丢失、损坏或者是领了临时不用。

（3）材料盘点

定期的盘点材料的采购情况和库存情况能准确的反映施工现场的施工进度情况。检查施工现场的材料使用、存放情况更能反映施工现场的项目管理水平。

10.3.5 采购阶段风险管理的对策

1. 提高询价质量

为保证能够获得足够的供应商报价，以便在价格分析汇总阶段提供可靠的评判依据，采购专业应将询价文件尽可能地发给满足询价要求的全部合格供应商，尤其是将以往项目有过良好合作记录的供应商作为询价的重点对象。在收到供应商的报价文件后，应及时组织设计和采购专业对供应商的报价质量进行综合评判分析，确认是否都满足询价的各项要求。对报价中不明确的地方，要组织相应的澄清。在设备/材料价格的汇总阶段，应该综合考虑设计和采购专业的意见，同时与以往其他项目的类似设备/材料价格做对比分析，最终确定该项设备/材料的最终投标价格。针对部分价值高的成套关键设备，甚至可以将采购工作进一步延伸细化，达到可下订单的状态，以便获得更为精确的价格信息。

2. 确保采购计划的准确度和严密性

总体采购计划侧重采购执行行方案的编制，需要结合 EPC 合同要求、业主管理规定和承包商的实际采购执行能力进行编制，一般包括以下内容：(1) 项目采购工作范围；(2) 项目采购执行策略；(3) 与业主方相关部门的沟通和业主采购文件的审查规则；(4) 项目采购的进度与费用的控制目标；(5) 项目采购资金计划；(6) 采购方式，包括招标采购、询比价采购、竞争性谈判采购、单一来源采购等方式的选择和各方式下的工作流程；(7) 采购过程文件、商务合同等的标准模板；(8) 项目供应商长名单等。采购进度计划是由项目经理负责组织编制的计划性文件，主要输入条件为施工要求设备/材料的到场时间和设计专业完成请购文件的编制时间，采购经理需要综合考虑采购周期和设备/材料的制造周期，完成采购进度计划的编制，并细化落实到每个执行节点，比如询价发出、收到供应商报价、开标、评标/商务比价、谈判、合同签署、开工会、预检会、检验会、出厂运输、达到项目现场等时间节点。

3. 合理选择供应商

为了提供有竞争力的报价，承包商要注重拓展供应商资源，对相关企业实地调研走访。对于有合作意向的供应商，应该尽早开展相应的供应商调查工作，全面评估其财务状况、装备水平、技术实力、业绩水平、履约能力，降低合同执行风险，如供应商提供的设备或材料不符合要求、供应商延迟交货或是供应商在合同执行过程中因经营失败破产而未能履约等。另外，承包商应让有合作意向的供应商尽早介入项目的投标报价过程中，鼓励供应商进行实际的现场考察，尽量在供应合同报价确定或供应合同签订前，对于不明确的事项或潜在的不确定因素进行必要的澄清。在项目中标后，及时与供应商（尤其是议价能力较强的供应商，如业主指定的供应商或者产品和技术没有替代的强势供应商）签订供应合同，尽快敲定价格，避免加价风险。在投标报价时应尽量在符合招标文件要求的前提下，考虑多家货源，同时保证所选供应商承担的工作量，以获取供应商的优惠政策，降低采购成本。一般选 3~4 家供应商为宜。

4. 明确检验标准和要求

在签订设备/材料采购合同时，就需要明确各项检验要求，确定设备/材料的检验等级。对于复杂的关键设备，在采购合同执行期间，需要召开预检验会，就各项检验工作的具体要求和安排达成一致意见，形成相应的检验试验计划。按照检验试验计划的要求，总包商需要派遣专业的检验人员参与到规定的检验试验中，对于发现的问题，可以及时要求供货商作出相应的整改。同时，这对供货商的质量管理水平也起到一定的监督和促进作用，减少供货商的侥幸心理，使其更加重视生产过程中的各个质量管控环节，保证设备和材料的各项技术参数能够满足合同的基本要求。

5. 做好物流进场规划

为降低现场材料管理风险，可采取以下应对措施：（1）依据项目施工进度的要求，合理安排设备/材料的运输时间；（2）大批量集中运输时，提前与现场材料管理人员沟通确认到货时间，以便安排足够的仓储场地和人力，开展接货准备工作；（3）加强运输前的包装检验工作，统一项目运输标识和装箱单的制作，便于现场的清点和二次分拣；（4）根据项目施工特点，配套建设相应的仓储空间，且保持一定的库存量以应对延迟供货风险。

10.4　施工阶段风险管理

10.4.1　施工阶段风险管理的特点

施工阶段是把设计文件转化为项目产品的过程。工程总承包模式下承包商承担的风险范围明显扩大，而得到补偿的机会却大大减少。FIDIC银皮书中规定，除政治风险、社会风险和不可抗力风险由业主承担，设计风险、外部自然力风险、经济风险等均由承包商承担。工程总承包商在施工阶段要加强项目成本、项目完成质量及项目进行进度的合理控制。

工程总承包项目具有规模大、投资大的特点，加之设计、采购和施工的联合承包，工程总承包面临较大的资金压力，管理跨度的增加也需要工程总承包商具有更为快速、有效的管理。工程总承包商要严格控制施工过程中各个环节的衔接，合理组织施工将工程最优化，加强成本管理以确保工程总承包商的经济效益；加强合同管理，提高施工过程中分包商和供应商的履约能力，避免产生违约风险。

10.4.2　施工阶段风险管理的目标

相对于设计和采购阶段，工程总承包模式下承包商在施工阶段面临的风险更加具体、更加细化，具备的风险防控意识也应先于实施具体施工行为。工程项目施工风险管理应当遵循一条重要原则，即"风险防控意识应先于实施具体施工行为"。在项目施工过程中，以风险损失是否发生为标准，将风险管理的目标分为损失前的风险管理目标和损失后的风险管理目标。损失前的风险管理目标就是选择经济有效的方法来减少或避免风险损失的发生，包括降低损失发生的概率和降低损失的幅度。损失后的风险管理目标是在损失一旦发生之后，尽量采取措施减少直接损失和间接损失。

10.4.3 施工过程中的合同风险管理

1. 总包合同管理

工程总承包模式下，建设单位与工程总承包单位签订工程总承包合同后，由工程总承包单位和各分包商签订分包合同，工程总承包商承担绝大部分的沟通协调工作。工程总承包项目周期长、投资大，多签订总价合同，项目招标时没有具体的工程量清单，合同范围模糊，易产生价款调整争议，总包合同条文的完备性是各方利益得以实现的保障，也是有效控制工程总包合同风险的关键所在。工程总承包合同公平性也是合同顺利履行的基础，工程总承包总包合同中的风险共担条款、损失补偿条款是公平感知的核心，构建相互信任、具有较高容忍性和灵活性的工程总包合同治理机制和规则体系。针对工程总承包项目仅发包人要求改变构成变更而导致的变更难问题，可在合同签订阶段为不确定的风险留下协商调整空间，为工程总承包合同注入柔性。严格合同审查程序，关注风险条款，及时修改合同中存在的错误、疏漏等问题。可选用建设工程争议评审制度解决总包合同纠纷，促进协同合作，降低工程纠纷解决的成本。

2. 联合体协议管理

《房屋建筑和市政基础设施项目工程总承包管理办法》（建市规〔2019〕12号）第十条规定，工程总承包单位必须具备与工程规模相适应的工程设计和施工资质，或者由具备相应资质的设计和施工单位组成联合体。在建筑市场上同时具有双资质的企业较少，承包单位通常以联合体的形式共同承揽工程项目。但企业间经营模式、管理体系和项目目标等方面的差异影响，以及联合体协议中可能存在的约定事项权责不明确、范围不清晰、管理界面复杂等问题，极易产生争议或纠纷，影响联合体间的相互协作。因此，在签订联合体协议时，应明确各参与方在商务、技术等工作范围划分，以及各参与方关键人员的到场时间与职能；尽量采用互联网技术建立多级交流协商互认平台，提高沟通效率，完善联合体权益转让、退出机制，建立纠纷裁决机制。联合体协议应明确牵头方，牵头单位要凝聚团队协作精神，维护联合体协议约束力，保障项目目标的实现。

3. 采购（分包）合同管理

在传统的DBB模式下，合同关系的核心是业主、监理工程师和承包商三者的关系。在EPC模式下，合同管理则以业主和承包商的关系为主，但承包商作为EPC的总包方，需要面对不同的分包商和供货商，其合同管理部门应对各类分包合同、采购合同等明确各自的风险分担，必要时可采用保险等方式，将风险转移至第三方。总包方应当建立分包、采购管理系统，加强对各分包采购活动节点管控。节点包括（但不限于）分包采购程序制度建设、各分包采购要求和内容制定、分包采购合同评定状态、合同的订立、合同履行监督节点和问题反馈、合同收尾、合同的后评价等。对以上控制节点的管理是否妥当可能会形成风险链条中的风险点，总包方应加强对该模块风险点的识别和控制。在较大型 EPC 项目的合同文件中，一般会设置专题、附录等对设备材料的采购进行规定，包括（但不限于）设备材料的总体范围、非特殊材料当地优先政策、采购程序和文件留存要求（检验证书、原产地证书、出厂证书、税务文件、进场检验报告等）。在永久性设备材料采购程序中，采购专题一般会要求承包商提供关键性资料和非关键性资料。其中，关键性资料中就要求总包方收集、整理供应商提交的设备材料技术标准、技术澄清，以及总包方对供应商递交的技术方案审核形成的评标纪要，并将意向供应商的评定结果一并报送业主批准；非关键性资料主要包括设备材料交付时间、交付方式、支付条件等，由总包商自行负责，业主并不需要参与。

4. 合同风险管理对策

风险分担思想能够激励合同双方努力使己方收益最大化的同时，也能有利于完成项目总体目标。工程总承包模式下设计及采购的责任一并移交给承包商，相应的风险也随之转移。工程总承包可通过在报价中增加相应的风险费，或者通过采购（分包）合同进一步将风险转移至分包商或供应商，拉长风险链条，实现风险共担。对合同管理时，需对合同条件、合同关系、合同权责等进行层层细分，并在风险点细分时寻找案例及具体条款（包括合同、规范、标准等）的支持，促进风险措施的落地。

10.4.4 施工过程中的项目风险管理

1. 质量风险管理

工程质量是一个承包企业的立足之本，对质量的控制贯穿于项目的全生命周期，从设备材料进场的样品审核与检查、试验、施工工艺的选择与实施，到设备安装试运行、项目的临时验收、缺陷修补以及工程接收。总承包模式下项目的质量控制由承包商自行负责。质量管理应遵循"预防为主"，从以往管结果转变为现今管影响工作质量的人、机、料、法、环境因素等。在设计、采购阶段，项目质量控制应当识别出总承包合同设计专题、采购专题、规范专题等专题中质量控制要点，如技术标准、工艺流程、规范、检验标准等，采取针对性的质量控制措施。除此之外，总承包实现设计、采购、施工、试运行等不同阶段的串联，形成了各个不同的工作界面，接口环节的质量直接决定了工程总承包项目质量的结果，要注重一体化质量管理，保证工程总承包项目质量目标的达成。具体控制重点如下：

（1）设计与采购工作界面的质量控制重点：

1）采购文件和询价方法；

2）报价的技术评审和供货厂商图纸的审查、确认。

（2）设计与施工工作界面的质量控制重点：

1）设计的可施工性分析和设计、施工的合理交叉；

2）设计交底或图纸会审的组织与成效；

3）设计问题的处理和设计变更对施工质量的影响。

（3）设计与试运行工作界面的质量控制重点：

1）设计及其试运行方案满足试运行的程度；

2）设计对试运行的指导与服务的适宜性。

（4）采购与试运行工作界面的质量控制重点：

设备材料有关质量问题的处理对试运行结果的影响。

（5）施工与试运行工作界面的质量控制重点：

各种设备的试运转及缺陷修复的质量。

2. 进度风险管理

工程总承包的进度管理比较复杂，其中以施工进度管理为基本代表。项目在实施过程中，由于主观和客观条件不断地变化而产生不平衡，因此必须随着情况的变化对项目进度目标及进度计划进行动态控制。进度风险管理包括进度计划控制和进度变更控制两个方面。

（1）进度计划控制

施工方的进度计划系统在各利益方的进度计划中是比较全面和复杂的，包括施工总进度计划、年度/季度/月度施工进度计划、施工准备工作计划、生产要素供应进度计划、资金收支计划等。建设工程进度计划是成系统的，相互联系和制约，在编制时既要注意其相关性，又要使相互之间保持协调，主要是：总体和部分之间的协调；控制性计划和实施性计划之间的协调；长期计划和短期计划之间的协调；各阶段计划之间的协调；工程计划和供应计划的协调；各利益方之间计划的协调等。

（2）进度变更控制

工程总承包项目进度的延误和干扰控制是一项基础性的工作。产生延误和干扰的因素可能包括：采购，资金，设计变更，施工方法，不可抗力，劳工，市场，政变，恐怖问题等。因此应该建立风险预防机制，并建立包括与劳工在内的项目相关人员的协商机制，防止非正常原因对进度的延误和干扰。由于进度延误和干扰导致进度变更情况的控制如下：

1）在项目进度需要实施赶工时，应充分评估相关风险对质量、安全、成本、环境、社会责任等的影响，并确保根据变更授权实施，否则不能随意进行进度变更。修订相应的进度计划应在规定的责任条件下实施。

2）当需要暂停项目活动时，项目部应该关注工作暂停对整体进度计划的影响，修订项目总进度计划和相关进度计划的环节。各个进度计划之间的工作界面应该严格控制。

项目阶段性进度计划工期的变更由各项目专业经理提出申请，项目控制经理负责审核批准。项目总进度计划工期的变更应由项目控制经理根据工程活动调整的时间和调整原因，向项目经理报告处理意见，项目经理综合考虑后作出相关决定。项目进度计划的变更需求应进行评估。如果必须进行调整，应由各参与方根据项目需求更改进度目标，调整相关的专业项目管理计划，以确保工程总承包项目目标系统的完整和有效。

3. 成本风险管理

进度、质量控制都会影响到成本控制，成本控制是项目管理中较敏感的一项要素。工程总承包项目涉及设计到施工的所有工作，成本管理更体现了全过程、全要素控制的特点。承包商作为成本管理工作的主体，承担了较大的风险，工程总承包项目承包商对成本风险的控制贯穿项目的全生命周期。项目施工阶段是成本的执行和体现阶段，是项目实物化的过程。在此阶段，也是成本影响因素最多的阶段，比如施工技术、工程变更、施工组织设计、施工计划安排、项目质量、施工安全等都能直接或间接地影响整个项目的成本，因此，施工阶段能否对这些影响因素进行有效控制直接影响整个项目成本。承包商应根据成本计划，按照精细化管理原则，划分职能机构，将成本管理划分到不同部门，细分"成本预算"方案，作出各部门的成本计划，参照工作分解（WBS）逐步进行成本分解（CBS），将CBS与WBS进行基础关联，使工作、成本结合在一起，保证成本目标的实现。在成本控制过程中，常见风险因素有：

（1）成本超支

目前，工程项目管理长期实施的是"粗放式"管理，项目部对成本管理不重视，工程项目的成本到底是多少，心里没底。成本的预算往往是按照中标价进行粗略的估算，项目部在进行分包的时候对成本的核算也是简单的预估，缺少详细的计划和措施来进行成本管理，造成项目的风险大大增加。项目成本核算"走过场""流于形式"的现象很普遍，有的项目甚至为了应付检查，随意篡改数据，严重影响了成本管理的准确性和科学性，产生较大的成本超支隐患。因此，承包商要在施工过程中作好成本的动态控制，及时发现并纠正成本偏差，保证成本目标的实现。

（2）设计变更

工程总承包项目中，承包商与业主签订工程总承包合同，其中能够得到价款补偿的变更一般限定为"发包人要求改变"；承包商与分包商、供应商签订传统承包合同，工程变更包括"一增一减三改变"，由承包商承担改变风险。由此可见，在总承包项目中，工程变更的风险主要集中在承包商身上。为了规避风险，承包商一方面可以通过强化设计方案，提高设计的准确度减少不必要的变更；另一方面也可通过分包合同的签订转移一部分风险。在工程实践中，如若发生变更事项，及时按照合同中规定的时间和程序提出价款补偿要求。

（3）物价波动

工程总承包模式采购的物料、设备较多，受物价波动的影响较大。在较长的工程周期内，物料的价格存在市场变化的特点，当市场价格上升，就会导致采购成本的增加。另一方面大范围的采购可能会增加运输成本及管理成本。因此，承包商要制定材料设备采购计划，及时跟踪市场行情，根据项目进展动态调整采购计划。除此之外，在签订工程总承包合同时，可根据项目情况在合同中写明物价波动风险的承担范围，实现风险合理分担。

10.4.5 施工过程中的财务风险管理

1. 财务风险分析

财务风险是指在各项财务活动中，由于内外环境及各种难以预料或无法控制的因素影响，使企业在一定时期一定范围内所获取的财务收益与预期目标发生偏离而形成的使企业蒙受经济损失的可能性。在施工过程中，承包商的财务风险主要表现为垫资承包风险、汇率金融风险、资金管理风险、材料款结算支付风险。

（1）垫资承包风险

垫资承包风险是工程总承包企业为业主的垫资由于难以预料或无法控制的因素影响而无法按时足额收回资金的风险。建筑市场上的不规范行为和建筑市场供过于求的局面，造成带资承包、垫资工程成为较为普遍的现象。同时，随着建筑市场的不断发展、投资主体的法人化程度的不断提高，许多业主在招标过程中增加了风险抵押或履约保证金的比例和数量，越来越多的业主将履约保证金由原来的银行保函改变为货币资金，由于工程总承包企业生产产品的独特性，即单位产品价值高、生产周期长等，决定了履约保证金的数额大、抵押时间长，项目履约保证金往往变成了实质上的"垫资"。此外，按比例付款和质量保证金制度又会积压一定比例的应收工程款等，因而形成了工程总承包企业的垫资承包风险。

（2）工程款拖欠风险

工程项目一般根据工程的进度支付工程款，而实际过程中，由于各种原因，业主拖欠工程款的现象比较普遍，造成承包方大量的应收账款在工程交付后，承包方没有相应的约束机制和筹码，要账比较困难，形成大量呆账，因此，工程款的拖欠有时会造成工程总承包企业资金捉襟见肘。

（3）资金管理风险

工程建设项目由于建造周期长、消耗资金大等特殊性，对资金的预算要求较高。而在项目实施过程中，会计核算也比较困难，会计信息不完整或者不真实现象非常严重，制约了项目资金的内部管理。资金在使用过程中，项目的资金流向和相应的控制制度相脱节，不能及时有效地掌握资金情况及项目工程的实施状况，不能对各个项目各个环节的资金进行有效的财务监督，缺乏控制，造成了大量资金的流失。

（4）通货膨胀风险

建筑业是耗费原材料比重较大的行业，原材料占生产成本的比重达到50%~60%。但一段时期内，原材料的价格时起时伏，特别是钢材、水泥、油料等用于施工的主材价格波动幅度更大，往往施工过程中有些原材料的价格早已不是当初投标时的预算价格，工程总承包企业为了保证正常生产，只能调整预算，但牵一发而动全身，这极易使施工生产陷入混乱。

2. 财务风险处置对策

（1）加强对投标项目的审查，防止资金紧缺现象

承包商在承揽工程总承包任务时，应设专职人员调查建设单位的资金实力、资信等方面的工作，充分了解委托方的财务状况和信誉状况，分析招标项目的资金是否到位，合同履约的时间期限及工程款的结款方式，特别是仔细考虑垫支期限及业主的偿还能力，要有所为有所不为，有的项目风险较大，宁愿放弃，减少损失，以免在施工过程中处于被动的地位。除对项目投资方（业主）的信誉及资质进行核查之外，还要对自身资金进行考核，判断企业内部是否有充足资金维持该项中标工程的实施。研究招标文件中的合同文本，对招标方在招标文件中约定的不利于工程总承包方的条款进行澄清，作出公平的调整后以文字方式明确写在正式签订的合同中，为及时收款及索赔奠定基础，杜绝可能存在的漏洞，同时注意自身履约的合法性。

（2）完善项目资金管理制度及财务制度

要彻底改变项目经理管施工不管要钱的现状，明确项目经理是收款第一责任人，建立奖惩机制；项目经理要注重对平时资料的搜集积累，做好证据收集，加快竣工结算和清欠速度，必要时运用法律手段解决。

（3）加强资金的预算与计划管理

承包商要逐步完善预算管理制度，提高预算的准确性、可操作性，逐步提高预算的刚性和权威。项目部在编制预算时，采取责任预算编制方法，各责任中心，即各施工主体根据工程实际特点先自行核定工程预算收入，确定合理的利润目标，汇总后由项目部工程预算与财务等预算管理部门核定整个项目部的工程预算收入，根据收入与成本相匹配的原则核定整个项目部的利润目标，由此形成自下而上，层层汇总的责、权、利预算体系。

（4）制定项目资金预警机制

通过制定项目资金预警机制，加强工程款及时收取，控制工程分包款、材料款等的支出，从源头上解决工程款拖欠问题。建立项目工程款预警机制要以工程合同和工程进程为依据，在工程合同签订后，要结合工程施工组织方案制订工程款收取、支付计划，制定相应的工程款登记和统计制度，并坚持以合同约定条款和工程进度作为工程款收取的基准线，低于基准线则需启动预警机制。

（5）建立严格监督和考核制度

资金管理的实质就是对各个环节现金流的监督与控制，也就是对施工生产、材料设备购置等过程的现金流采用预算管理和定额考核，实行动态监控，量化开支标准。

10.5　本章小结

　　工程总承包模式下，承包商需承担较大的工程范围和责任，风险也相应增加。工程总承包项目风险管理的好坏直接影响到工程总承包商的经济利益。工程总承包项目具有无处不在的风险，风险管理是工程总承包商项目管理的基础。工程总承包承包商应建立工程总承包项目风险管理程序。风险管理应遵循"全面管理，预防为主"的原则。工程总承包项目风险管理包括风险识别与评价、风险应对与响应、风险控制、风险工作评价等过程。工程总承包项目团队应根据风险特点明确各层次相应管理人员的风险管理责任，减少各种可能的不确定因素对工程总承包项目的影响。

思考题
1. 简述项目风险管理的基本原理。
2. 简述风险识别及风险评估的常用方法。
3. 简述风险的应对策略。
4. 简述设计阶段风险管理的要点及对策。
5. 简述采购阶段风险管理的要点及对策。
6. 简述施工阶段风险管理的内容及对策。

11

项目进度管理

【教学提示】

进度管理是工程总承包管理的重要任务之一,包括工程总承包进度计划的编制、设计进度控制、采购进度控制、施工进度控制、工程总承包进度综合管控等。

【教学要求】

本章让学生了解工程总承包进度管理的基本概念、基本过程和方法,掌握进度计划体系、计划编制方法和控制方法、进度管理的流程和职责等。通过本章的学习,让学生掌握进度管理的基本思路和方法。

11.1 进度管理概述

项目进度管理就是为了确保项目按期完成所需进行的各种管理过程，主要包括进度计划和进度控制两个环节。具体而言，进度管理是对工程项目各阶段的工作顺序及持续时间进行规划、决策、实施、检查、协调及纠偏等一系列活动的总称。

11.1.1 进度管理的目标和任务

建设工程项目的各个参与方都有进度管理的任务，但是，其进度管理的目标和时间范畴是不相同的。业主方进度管理的目标是整个工程项目的投运时间目标，其任务是规划和控制整个项目实施阶段的进度，包括控制设计准备阶段的工作进度、设计工作进度、施工进度、物资采购工作进度，以及项目动用前准备阶段的工作进度。

工程总承包进度管理的目的是通过设计、采购和施工的计划编制和过程控制以实现工程总承包的进度目标。一般而言，工程总承包方的进度目标与业主方的进度目标是一致的，是业主在合同中明确要求的，也应该是整个项目的投运目标，其管理的范围也与业主方类似，应包括设计进度、采购进度和施工进度，以及投运前准备工作的进度等。不同的是，项目实施初期的准备工作和工程总承包之前的设计工作以及总进度目标的策划与论证等进度管理工作应由业主方负责。

建设工程项目是在动态条件下实施的，因此进度管理也就必须是一个动态的管理过程，它包括进度目标的分析和论证，在收集资料和调查研究的基础上编制进度计划和进度计划的跟踪检查与调整。如只重视进度计划的编制，而不重视进度计划必要的调整，则进度目标可能无法实现。为了实现进度目标，进度管理的过程也随着项目的进展、进度计划不断调整的过程。

（1）进度目标分析和论证的目的是论证进度目标是否合理，进度目标有否可能实现。如果经过科学的论证，目标不可能实现，则必须调整目标。整个项目的总进度目标需要由业主方组织分析和论证，工程总承包方的进度目标也需要分析和论证，由工程总承包方组织。

（2）在收集资料和调查研究的基础上编制进度计划。工程总承包的进度计划包括工程总承包总进度计划、设计进度计划、采购进度计划和施工进度计划等。

（3）进度计划的跟踪检查与调整，包括定期跟踪检查所编制的进度计划执行情况，若其执行有偏差，则采取纠偏措施，并再次审视计划的合理性，视必要调整进度计划。工程总承包方要分别对其总进度计划、设计进度计划、采购进度计划和施工进度计划进行跟踪检查和调整，并进行综合管控。

工程总承包方进度管理的任务与其承包的任务和范围有关，要依据工程总承包合同对设计工作进度、采购工作进度和施工工作进度等的要求，编制较详细的工程总承包总进度计划、设计工作进度计划、采购工作进度计划和施工工作进度计划，并控制其执行。工程总承包方的设计工作进度计划、采购工作进度计划和施工工作进度计划之间应互相协调。

工程总承包方进度管理的具体工作内容包括：根据工程总承包方的总进度目标，确立资源优化配置原则，综合考虑工程任务分解、持续时间和逻辑关系，编制各个进度计划，并付诸实施；检查工程实际进展是否符合进度计划；对出现的进度偏差进行分析，采取补救措施或调整原计划，并继续实施；如此循环往复，直到工程完工、验收、投产。

进度管理的过程就是PDCA（计划—执行—检查—调整）循环的过程。其中的D（执行或实施）、C（检查）、A（调整）密不可分，可以合并称为之进度控制，即进度管理分为进度计划和进度控制两大环节。

11.1.2 进度管理的职责

进度管理的主要职责包括：
（1）进度计划管理文件的编制、修订、审核、批准；
（2）进度计划的执行、跟踪和检查、督促；
（3）进度计划和执行的接口协调、资源调度；
（4）进度数据的统计和报告、信息反馈；
（5）进度问题和风险的调查和跟踪、控制；
（6）进度计划的变更和动态调整等。

工程总承包的各方必须根据各自的工程任务范围和组织架构，确定进度管理的责任主体，将进度管理的各个职责全部落实到具体的部门和人员。

各方的进度计划文件必须经过各方主管领导审核和批准。

在编制和执行进度计划的过程中，各方应做好与工程总承包项目部进度计划归口管理部门的信息沟通和反馈工作。对可能造成重大影响的进度问题和风险，必须建立和完善工程总承包项目层面的进度管理机制。

11.1.3 进度计划体系

任何工程项目都需要编制不同对象、不同用途、不同范围的多个进度计划，形成互相联系的进度计划系统。大型项目的进度计划体系可能包括更多的层次。工程项目的业主方和参建各方都需要编制多层进度计划，工程总承包方也不例外。多层进度计划系统的建立应分阶段逐步深化，其编制过程是一个由浅入深、由粗到细的过程。多层进度计划之间要协调一致，并且形成逐级分解的关系。

进度计划体系必须做到层次清楚，职责分明，结构合理，可实现各级联动，可适应不同管理层对进度计划管理的不同要求。不同类型的工程总承包项目所采取的分级体系存在差异。

例如：针对大型房屋建筑的工程总承包，黄刚在《房屋建筑和市政基础设施项目工程总承包管理实操指引》(P184)推荐的进度计划体系有四个层级，如图11-1和表11-1所示。

又如，某核电工程总承包的进度计划系统包括六个层级。

一级进度计划即工程总体进度计划，内容包括一级里程碑，以及为实现一级里程碑的执照申请、设计、采购、土建、安装及调试各个阶段的主要关键活动，是核电工程参建各方共同的大目标，由业主组织编制和批准。

二级进度计划即工程接口与协调进度计划，是工程总承包商对核电工程各参与方之间进行进度管理的基准进度计划，内容包括二级里程碑以及为实现二级里程碑重要进度接口和关键活动。

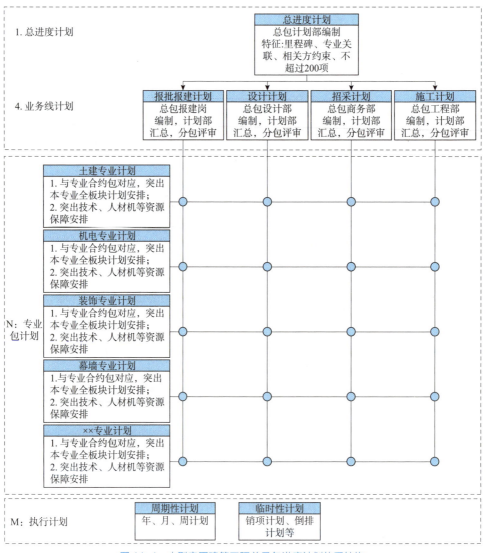

图11-1 大型房屋建筑工程总承包进度计划体系结构

大型房屋建筑工程总承包进度计划体系组成及相互关系　　　　表 11-1

计划分级	计划类型	计划组成		计划特征	计划形式	编制主体
1	总进度计划	1. 编制说明； 2. 报批报建、设计、采购、施工、验收计划		1 突出里程碑节点； 2. 突出业务板块间关联点； 3. 突出业主方配合要求； 4. 工作项不超过 200 个	总进度计划	总承包商
4	业务线计划	报批报建计划	1. 编制说明； 2. 报批报建专项计划	1. 全部报批报建（含验收）工作项、节点、所需资料清单； 2. 突出业主方配合要求； 3. 突出绿色通道办理	报批报建专项计划	总承包商
		设计计划	1. 编制说明； 2. 设计专项计划	1. 全专业设计工作项、节点； 2. 突出总包内部审核要求； 3. 突出业主方配合要求	设计专项计划	总承包商
		招采计划	1. 编制说明； 2. 招采专项计划	1. 突出预采购安排； 2. 分供方采购计划（含专业分供商、材料设备商）； 3. 包括采购、封样、加工、运输全过程； 4. 突出业主方配合要求	招采专项计划	总承包商
		施工计划	1. 编制说明； 2. 施工专项计划	1. 施工进度计划； 2. 样板计划； 3. 收尾及调试计划； 4. 突出业主方配合要求	施工专项计划	总承包商
N	专业包计划	土建专业计划 ××专业计划 ……	1. 编制说明； 2. 相应专业进度计划； 3. 资源保障计划	1. 与专业合约包对应，突出本专业全板块计划安排； 2. 突出技术、人材机等资源保障安排	1. 相应专业进度计划； 2. 资源保障计划	专业分包编制，总承包商审批
M	执行计划	年计划	1. 编制说明； 2. 年度计划	1. 突出实际工作； 2. 各专业融合	年计划	专业分包编制，总承包商审批
		月计划	1. 编制说明； 2. 月计划	突出实际工作，可与月例会报表合并	月计划	
		周计划	周计划	突出实际指导，可与周例会报表合并	周计划	
		销项计划	根据项目关键节点要求，临时编制	突出某一关键节点完成前的相关工作销项，明确责任、节点要求	销项计划	

　　三级进度计划是核电工程各参建单位按其承担工作的范围编制的总进度计划，作为合同要求的进度，它必须满足二级进度计划的要求。三级进度计划的工作内容应该详细、具体，并标识出上下游接口、各项活动之间的逻辑关系及相互的制约条件。

　　四级进度计划是施工承包商的总体管理进度计划，反映各工种、各工序之间的衔接关系及接口活动和工程量信息，是对三级计划的进一步细化，又称为 6 个月滚动计划，用于承包商指导和协调其下属施工队、厂和部门的工作计划。

五级进度计划为月度施工计划，又称为3个月滚动计划。

六级进度计划为周施工计划，又称为双周滚动计划。

可见，无论是房屋建筑，还是核电站，或是其他类型的工程，一个大型项目的工程总承包计划体系可由多个层级、多个类型的计划组成，不同层级和不同类型的计划，其功能和作用、计划组成、表现形式、编制主体、详细程度等都是不同的，并且相互之间有密切的联系。

11.1.4　进度计划的编制

编制进度计划的基本工作内容是，对建设工程活动进行分解和定义，确定各活动之间的逻辑关系，确定各活动的持续时间，对进度计划的工期进行计算，如果计算工期不能满足进度总目标要求，则需要调整各活动之间的逻辑关系和持续时间，然后再次进行计算，直到计算工期满足进度总目标的要求。

进度计划编制的具体方法和步骤请参考其他教科书，此处不再赘述。

不同层级的进度计划，其编制主体、审批主体和实施主体都是不同的。工程总承包项目的一级计划可能由业主或其委托的工程管理机构编制。二级计划则应该由工程总承包商编制，由业主审批。三级进度计划应该由设计、采购和施工的具体实施单位（部门）编制，报工程总承包管理机构批准。

11.1.5　进度控制的措施

进度控制是按照批准的进度计划进行实施，并在实施过程中进行检查和纠偏的过程。工程总承包商和各参与主体都有各自的进度控制任务，其进度控制的措施可以归纳为以下几个方面。

1. 组织措施

（1）组织是目标能否实现的决定性因素，为实现项目的进度目标，应健全项目管理的组织体系。在项目组织结构中应落实专门的工作部门和符合进度控制岗位资格的专人负责进度控制工作。根据工程项目的特点，在工程总承包项目部，尤其是大型项目的工程总承包项目部应设立独立的计划管理部门，作为进度管理的牵头部门，专职统筹计划管理和考核工作。项目规模有限时，也可以在生产或技术部门下设专职的计划管理组或计划管理岗位。

（2）明确各相关单位和各岗位在进度管理方面的职责。各相关单位除了工程总承包单位以外还有业主方及其聘请的咨询单位（含监理单位）、专业分包单位等。工程总承包单位是进度管理的责任主体，主要职责是制定工程总承包项目进度管理制度体系，编制和发布总进度计划，负责各级计划的执行、监督、调整和考核。专业分包应该在工程总承包单位的进度管理要求下，完成本专业及相关专业的进度管理，其职责是在总进度计划的要求下编制本专业进度计划，负责本专业计划的执行。业主方在进度管理工作中主要作为审批角色，其职责是制定项目总进度目标和里程碑节点，对工程总承包的进度计划执行情况进行监督。

（3）应落实进度控制的每个工作环节，包括进度目标的分析和论证、编制进度计划、定期跟踪进度计划的执行情况、采取纠偏措施，以及调整进度计划。这些工作任务和相应的管理职能应在项目管理组织设计的任务分工表和管理职能分工表中标示并落实。

（4）应编制项目进度控制的工作流程，如确定项目进度信息的收集、加工处理、反馈等流程，确定进度计划的编制、审批和调整程序等。

（5）进度控制工作包含了大量的组织和协调工作，而会议是组织和协调的重要手段，应进行有关进度控制会议的组织设计，以明确会议的类型、各类会议的主持人及参加单位和人员、各类会议的召开时间、各类会议文件的整理、分发和确认等。

2. 管理措施

（1）建设项目进度控制的管理措施涉及管理的思想、管理的方法、管理的手段、承发包模式、合同管理和风险管理等。在理顺组织的前提下，科学和严谨的管理显得十分重要。

（2）要确保各个进度计划之间的系统性和协同性，避免各种计划之间互相独立和互不联系。要重视动态控制，及时进行计划的动态调整。要对进度计划进行多方案比较和选优，体现资源的合理使用和工作面的合理安排，有利于提高建设质量、有利于文明施工和有利于合理地缩短建设周期。

（3）要用网络计划的方法编制进度计划，严谨地分析和考虑工作之间的逻辑关系，确定关键工作和关键路线以及非关键工作的时差，实现进度控制的科学化。

（4）承发包模式的选择直接关系到项目实施的组织和协调。为了实现进度目标，应选择合理的合同结构，以避免过多的合同交界面而影响工程的进展。工程物资的采购模式对进度也有直接的影响，对此应作比较分析。

（5）为实现进度目标，不但应进行进度控制，还应注意分析影响项目进度的风险，并在分析的基础上采取风险管理措施，以减少进度失控的风险量。

（6）重视信息技术（包括相应的软件、局域网、互联网以及数据处理设备）在进度控制中的应用。虽然信息技术对进度控制而言只是一种管理手段，但它的应用有利于提高进度信息处理的效率、有利于提高进度信息的透明度、有利于促进进度信息的交流和项目各参与方的协同工作。

3. 经济措施

（1）经济措施涉及资金需求计划、资金供应的条件和经济激励措施等。

（2）为确保进度目标的实现，应编制与进度计划相适应的资源需求计划（资源进度计划），包括资金需求计划和其他资源（人力和物力资源）需求计划，以反映工程实施的各时段所需要的资源。通过资源需求的分析，可发现所编制的进度计划实现的可能性，若资源条件不具备，则应调整进度计划。

（3）资金供应条件包括可能的资金总供应量、资金来源（自有资金和外来资金）以及资金供应的时间。

（4）在工程预算中可考虑加快工程进度所需要的资金，其中包括为实现进度目标将要采取的经济激励措施所需要的费用。

4. 技术措施

（1）技术措施涉及对实现进度目标有利的设计技术和施工技术的选用。

（2）不同的设计理念、设计技术路线、设计方案会对工程进度产生不同的影响，在设计工作的前期，特别是在设计方案评审和选用时，应对设计技术与工程进度的关系作分析比较。在工程进度受阻时，应分析是否存在设计技术的影响因素，为实现进度目标有无设计变更的可能性。

（3）施工方案对工程进度有直接的影响，在决策其选用时，不仅应分析技术的先进性和经济合理性，还应考虑其对进度的影响。在工程进度受阻时，应分析是否存在施工技术的影响因素，为实现进度目标有无改变施工技术、施工方法和施工机械的可能性。

11.2 设计进度控制

设计是项目的龙头，是工程的关键，大型工程项目设计直接影响工程建设的质量、进度和投资，工程各阶段的一切技术活动都离不开设计的支持，都必须有相应的设计文件作为依据。设计必须及时满足工程采购、施工、调试和投产的需要。设计进度管理是工程总承包项目进度管理的基础，是工程总承包项目进度管理的最重要环节之一。

本节主要从设计进度管理的职责与权限、设计进度计划的执行与跟踪等方面阐述设计进度控制。

11.2.1 设计进度管理的职责与权限

在工程总承包的组织中，设计单位可能是工程总承包项目的总承包人，也可能是工程总承包项目的设计分包人，也可能是工程总承包联合体成员，不论是何种组织角色，设计单位都是设计工作任务的承担者和责任人，都需要组建项目设计组，即设计单位为完成项目设计任务所设立的设计项目组织机构。项目设计组根据项目实际情况设置设计经理、设计组长及专业设计工程师等管理部门或岗位。

项目设计组是勘察设计进度管理的责任主体，设计单位设计经理是进度管理的责任人。项目设计组在进度管理方面的主要职责是，在满足工程总承包项目总进度计划和总进度目标的前提下，编制并上报勘察设计工作大纲、勘察设计工作进度计划、设计供图计划，并执行获批的勘察设计工作计划和设计供图计划；按要求提供设计成果，解决制约项目实施的设计技术问题，避免对采购和施工进度产生不利影响；接受工程总承包项目部对勘察设计进度的监督与管理。

勘察设计工作进度计划应在设计单位确定后由设计经理（项目设计组设计负责人）组织编制，勘察设计工作进度计划的编制应符合工程总承包项目总进度计划的安排，并适应项目投资及单位工程施工的需要。勘察设计工作进度计划编制完成后应报项目部审查备案。

勘察设计进度计划应包括工程总承包范围内的所有设计任务，根据工程总承包项目部编制的上一层次的项目总进度计划、设计进度计划、施工进度计划和采购进度计划的要求进行分解，编制更加详细的工作计划。勘察设计工作计划应包括设计的各个阶段、各个专业的设计内容及逻辑关系。如核电工程的设计进度计划应包括系统设计、设备设计、出版布置图、接口交换、出版技术规格书、各专业之间互提资料和条件、出版建筑作业图、出版模板图和配筋图等结构施工图、管线综合、出版安装图、图纸的会签和校审、工程文件各版次发布时间等控制点。勘察设计进度计划应标示出主要的外部设计接口和重要的进度接口，如土建工程开工日期、安装工程开始日期等。

11.2.2 设计进度计划的执行与跟踪

设计进度计划的执行由设计单位和项目设计组负责。为了保证设计进度计划的顺利执行，设计单位要对各专业配备足够的、有丰富设计经验的工程设计人员，保证设计输入和各种接口资料满足设计要求。

工程总承包项目部应严格按照合同和相关程序要求，定期检查，并在工程进展报告中反映设计进展情况。为了有效地管控设计进度，应该对设计进度进行分级跟踪和控制，结合11.1节所提出的进度控制措施，可以有针对性地采用如下的管控手段：

（1）在设计合同中明确进度里程碑，以其完成情况作为合同支付考核依据，以对工程有重要意义的设计进度目标作为奖罚点；

（2）对设计进度计划的合理性和完整性进行严格审核；

（3）定期跟踪设计进展，督促和协调设计组严格按计划开展设计；

（4）严格控制计划变更，对设计合同中所列里程碑以及经批准的设计进度计划进行调整，需经过严格的审批程序；

（5）对设计组提出的问题和请求及时给予回应和解决，对设计工作中遇到的困难提供支持和帮助；

（6）在设计进度出现延误或发现延误趋势时，通过发文、专题会或协调会等方式进行推进和协调。

在进度计划执行过程中，如果发现某项工作的工期安排不合理、无法执行或外部条件发生较大变化而影响进度计划的执行时，需要对进度计划进行变更和调整。进度计划的变更和调整应按照相关进度管理程序的要求，由项目设计组提出申请，由工程总承包项目部批准和备案。

11.3 采购进度控制

11.3.1 采购进度管理的职责与权限

工程总承包管理的组织架构与工程总承包的项目类型、规模和承包范围有关。有的工程总承包管理组织中设置有采购经理和采购部，有的则不一定设置，这与采购的材料、设备以及专业分包的数量和类型等都有关系。

对于设有采购部和采购经理的工程总承包项目部来说，往往采购任务量大，采购计划编制和控制的责任比较容易明确和落实。而对于那些采购任务量比较少的总承包项目，可能不会设置采购部和采购经理，采购计划编制和控制的责任可能留下空白，对于此类项目，同样需要明确采购进度计划编制和控制的职责，比如可以由项目部中的商务部或技术部负责。

采购进度计划职责部门的主要职责是要在满足工程总承包项目总进度计划和总进度目标的前提下，编制并上报采购清单、采购工作进度计划，并执行和控制获批的采购工作进度计划；接受工程总承包项目部对采购工作进度的监督与管理。

11.3.2 采购进度计划的编制

工程总承包管理的组织架构与工程总承包的项目类型、规模和承包范围有关。有的工程总承包管理组织中设置有采购经理和采购部，有的则不一定设置，这与采购的材料、设备以及专业分包的数量和类型等都有关系。

采购进度计划涉及所有设备和材料的采购。采购进度计划的编制不仅应符合工程总承包总进度计划的要求，还有考虑和满足设计配合、现场施工与安装、调试等方面工作的需求。

（1）满足设计配合的需要。对于部分专业化程度比较高的专业工程，大部分设计单位可能不具备专业设计能力，如房屋建筑中的装饰、燃气、变配电等。为保证各专业设计的接口协调，及时引入专业分包参与设计评审，需要提前采购引入相应的专业分包单位。

（2）满足成本测算需要。对于某些专业工程，工程总承包单位自身没有足够的经验，需要引入专业分包配合进行成本测算工作，同时参与市场主流供应商情况摸排，如电梯、厨房、舞台等专业工程，可能需要提前采购引入相应的专业分包单位。

（3）满足报批报建需要。对于部分行业管控程度较高的专业工程，如消防、人防等，因工程总承包单位的经验和资源不足，需要提前采购专业分包资源，配合开展报批报建工作。

（4）满足施工需要。对于部分专业工程，需要提前引入专业分包，以便在主体结构施工阶段进行预留预埋，从而减少后期的拆改和修补工作，如幕墙工程、大型设备运输通道预留等。

采购计划的编制，应根据工程总进度计划及设计和施工等专项计划的需要，倒排采购计划的开始时间，并预留足够的加工制造、运输等时间。

材料设备采购计划的编制，需要考虑的因素有采购方式、是否需深化设计、是否需要有关部门审批、加工周期长短等诸多因素。某项目材料设备采购计划表模板如表 11-2 所示。

材料设备采购计划表　　　　　表 11-2

序号	专业分包	采购方式	使用位置	产品名称	深化设计开始时间	深化设计完成时间	市场摸排开始时间	市场摸排完成时间	对外报审开始时间	对外报审完成时间	招标开始时间	招标完成时间	最早订货时间	生产及运输周期	最早进场时间	最早施工开始时间	最早施工完成时间	备注

采购进度计划涉及的主要活动有设备材料规格书与采购要求的准备、招标书编写、发标、收标、合同谈判及签订、下订单、设备及材料制造与发货等。

采购进度计划应该在业主或工程总承包进度计划确立的主要里程碑基础上进行编制，主要过程如下：

（1）确定项目采购工作范围、主要的设备材料清单及采购包的划分。在项目业主和工程总承包方签署的工程总承包合同或授权书或框架协议中，一般均对委托采购范围及操作方式都作了明确规定，这将作为采购工作的基本依据。

采购招评标和合同执行工作都是以采购包为基础单元开展并实施的，采购包的归类和划分是否科学、合理非常关键，它直接影响着采购过程各阶段能否顺利进行。通常情况下，要借助参考同类项目的设备分包经验，结合本项目设计、监造特点，综合考虑确定采购包的数量和具体采购物项清单。

（2）确定采购包的上下游接口时间点。应将业主进度计划或工程总承包项目进度计划中规定的采购或合同签订时间，安装进度中设备引入时间或要求的到货时间，以及设计进度中要求的设备提交资料时间，作为具体采购包的采购进度计划编制的接口时间控制点。

（3）以接口时间控制点为基准，倒排各项采购活动计划。以安装要求的到货时间为控制基准,根据同类型设备材料采购经验,依次倒排运输周期、出厂验收、厂内检测或试验、制造周期、原材料采购、设计提交资料、采购订单确认、合同生效、合同签订、收标、发标、标书编制、采购启动、源地评审、技术交流、采购技术文件或设计图纸出版等各项活动的时间间隔和计划时间。对于设备资料提交严重制约设计进度的采购包,合同签订时间要满足设计需求。

各项活动计划安排,除了综合考虑客观条件(如市场状况、地域文化影响、国家政策等)外,还需要充分估计不确定性可能引起的技术、进度风险,如商务谈判策略、招评标形式改变、供应商获取资格证、设备鉴定、不符合项处理以及自然灾害等,预留足够的计划缓冲和调整余量。

(4)采购进度计划的审查。采购进度计划编制完成后,应征求相关管理部如施工管理部和设计管理部的意见。应经过相关职责部门(如设计管理部、施工管理部等)的评审,并按规定经工程总承包项目部和业主的批准后发布和执行。

(5)采购进度计划的修订。采购进度计划发布后,如果执行过程中发现某项活动的进度安排不合理、无法执行、需补充或调整内容,就应申请对该项活动进度计划进行变更和调整。如果涉及修改、调整的范围较大,就要考虑对整个采购进度计划进行总体调整升版。但总体上,进度计划的调整和升版不宜太频繁,以免影响进度计划的严肃性和采购工作的正常进展。

11.3.3 采购进度计划的执行与跟踪

采购进度的跟踪管理是采购管理部门和责任人员的日常工作之一。在招标和评标阶段,要确保各项工作和各个环节按照计划时间表开展,对各环节出现的偏差,及时与相关方协调解决。在与供货商或分包单位签订合同时,务必在合同中明确里程碑时间目标、工作接口、进度计划管理文件、奖惩条款。在合同执行过程中,在驻设备制造厂监造人员的协助下,对供应商各个阶段工作的进展进行密切跟踪,发现问题和异常要尽快反馈和解决。

采购进度管理中,应重视供应方的进度控制。应要求供应方提供其拟采取的进度控制方法和措施、组织、程序等,包括进度活动进展的度量方法,应监督供应方认真执行其计划的进度控制方法和措施,并进行定期检查、记录和报告。某核电项目工程总承包的设备供应商月度进展报告如下:

(1)总体进展,包括当月实际进展和趋势,具体有工程设计(已出版的文件清单)、采购(订单的状态)、制造(设备发货信息);

(2)设备采购和制造的详细月底进展,详细的进展状况数据;

(3)主要的不符合项状况;

(4)合同中规定的表格和质量指数曲线;

(5)主要的纠正措施或保证合同有效执行的要求;

（6）合同的主要财务和商务状态，包括供应方的承诺、支付以及合同变更和争议等。

在进度计划执行过程中，如果发现某项工作的工期安排不合理、无法执行或外部条件发生较大变化而影响进度计划的执行时，需要对进度计划进行变更和调整。采购进度计划的变更和调整应按照相关进度管理程序的要求，可由项目设计组或项目施工组提出要求，由工程总承包项目部批准，由采购管理职责部门负责调整和变更，并由工程总承包项目部批准和备案。

11.4 施工进度控制

11.4.1 施工进度管理的职责与权限

在工程总承包的组织中，施工单位可能是工程总承包项目的总承包人，也可能是工程总承包项目的施工分包人，还可能是工程项目总承包联合体成员，不论是何种组织角色，施工单位都是施工任务的承担者和责任人，都需要组建施工项目部，作为工程总承包项目部重要且必不可少的组成部分。如果施工单位是工程总承包项目的总承包人或工程项目总承包联合体成员，则其施工项目部可能就是工程总承包项目部的施工管理部；如果施工单位是工程总承包项目的施工分包人，则工程总承包项目部必然设置施工管理部，施工单位的施工项目部将在工程总承包项目部的领导和指挥下完成施工任务。在许多情况下，施工分包人可能有多个单位，不仅可能有多个施工分包人，其中某个施工分包人还可能是由多个施工单位组建的施工联合体或合作体。在有多个施工分包人的情况下，工程总承包的施工管理部要负责对各分包人进行统筹，进行总体组织和管理。

施工项目部根据项目实际情况设置施工项目负责人（施工经理）、施工项目副经理、施工项目总工程师、各职能部门、专业工程师、技术员、质量员、安全员等管理部门或岗位。

施工管理部和施工项目部是施工进度管理的责任主体，施工管理部和施工项目部负责人（施工经理）是施工进度管理的责任人。

施工管理部和施工项目部在进度管理方面的主要职责是：

（1）建立和完善施工项目部的进度管理体系，并保证有效运行；

（2）编制并上报各级施工进度计划，工程总承包项目部批准后报监理单位审批；

（3）执行获批的施工进度计划，并开展计划统计、分析和纠偏工作，确保目标实现；

（4）组织落实施工资源、保证措施等，对进度计划实施动态控制；

（5）每月向工程总承包项目部及监理单位报送进度计划分析报告和统计报表，提供资源配置及保障措施情况；

（6）接受工程总承包项目部和监理单位对工程建设进度的监督与管理。

11.4.2 施工进度计划的编制

1. 计划编制

工程总承包项目部中的施工管理部要负责建立和完善工程总承包施工进度计划体系，按照工程总承包项目总进度计划的目标要求，编制施工总进度计划。

（1）施工进度目标应在合同中规定。在施工初期阶段，施工项目部应根据合同规定的开工日期、交（竣）工日期、总工期和实施性施工组织设计确定施工总进度目标，编制施工总体进度计划，报工程总承包项目部审查。

（2）施工总体进度计划是施工单位承担项目内容的总体安排，由施工项目部项目经理（施工经理）组织编制。

（3）开工前施工单位根据工程总承包项目部制定的项目总体进度计划按照全面有序、突出重点、适当提前、分解落实、按期完成的原则，对初步设计文件及勘察设计进度计划进行认真研究，对实际地形地质情况及施工环境进行深入现场调查了解，弄清楚工程数量及工程施工的难易程度，结合自身的施工能力、管理经验，充分考虑自然、交通、社会等因素的影响，编制可行可靠的《施工总体进度计划》，列出各主要工程项目的开工、完工时间，画出进度横道图和网络图，制定材料采购供应计划、人员配置到位计划、机械设备投入进场计划，报总承包项目部审查和备案后，交监理单位审批。

（4）施工进度计划。施工项目部结合施工总进度目标要求，按施工时段分解为阶段性进度目标，按单位分解为单项工程进度目标。各类施工进度目标必须满足工程合同规定的工期目标。同时，进度计划必须有相应的资源配置，进度计划批准后须按计划配置资源，确保计划如期实现。在施工实施阶段，施工单位应按照确定的施工进度目标编制施工进度计划；施工进度计划应根据施工条件、工艺关系、组织关系、合理施工顺序等综合因素进行编制；所确定的施工进度计划必须满足进度目标工期要求。

施工进度计划应包括设备与系统的调试进度计划。根据工程总承包项目的类型和特点，调试进度计划可作为一个独立的专项计划单独编制，可包括各系统移交时间、初步试验、管路冲洗、子系统功能试验、带介质运行试验、系统部分可用日期等。

（5）阶段性施工计划包括年度进度计划、季度进度计划、月度进度计划等。施工项目部应在前一阶段计划结束日前十天，根据上一级进度计划、前一阶段进度计划及工程实际进展情况编制，并向工程总承包项目部及监理单位提交下阶段的施工计划。

（6）各进度计划的编制需根据各分项工作的难易程度留出一定的富余量（弹性），避免实施过程中由于出现突发事件而频繁调整进度计划，还要避免过多的超出该项工作的标准工期，确保进度计划的严谨性和可执行性。

某机场T3航站楼工程施工的总进度计划如图11-2所示，包括施工准备、主楼施工、登机桥施工、关联单位穿插施工、系统调试及专项验收、竣工验收、行业验收及投产等主要过程，属于单项工程的施工计划。该计划中的各个过程还应进一步细化，如钢结构施工还可以细化为如图11-3所示的计划，钢网架施工还可以细化为如图11-4所示的计划。

上述进度计划，还可以根据需要进一步分解，适应不同目的和不同对象的需要。

2. 计划审批

施工进度计划必须由施工项目部项目经理（施工经理）签字，报工程总承包项目部审核后，经监理单位审批。

针对工程总承包项目部、监理单位、业主方的审核意见，施工项目部应对进度计划及时进行修改完善。

如工程发生重大变更或较大变更的，工程总承包项目部根据实际情况综合考虑确定是否调整施工进度计划。如确需调整的，工程总承包项目部应在批准变更设计的同

名称	工期	开始时间	完成时间	前置任务
T3航站楼工程施工总承包总进度计划	996 d	2023年1月7日	2025年11月7日	
1、主体结构施工前置手续	297 d	2023年1月7日	2023年10月30日	
2、主楼施工	830 d	2023年3月1日	2025年7月17日	
2.1主体结构施工	336 d	2023年3月1日	2024年1月30日	
2.2塔吊拆除	90 d	2023年12月2日	2024年3月17日	
2.3二次结构施工(砌体、轻钢结构)	201 d	2023年10月15日	2024年5月19日	
2.4机电工程	728 d	2023年5月23日	2025年6月28日	
2.5民航弱电工程	629 d	2023年8月28日	2025年6月26日	
2.6钢结构施工	381 d	2023年4月19日	2024年5月20日	
2.7钢网架施工	232 d	2023年8月26日	2024年4月30日	
2.8金属屋面工程	441 d	2023年5月21日	2024年8月20日	
2.9幕墙、屋面闭水	15 d	2023年6月16日	2024年6月30日	199,167FS+15 d
2.10幕墙工程	352 d	2023年5月28日	2024年5月30日	
2.11装饰装修施工	610 d	2023年9月10日	2025年6月20日	
2.12电梯、扶梯、步道施工	677 d	2023年6月30日	2025年6月15日	
2.13柜台、座椅、标识	616 d	2023年10月1日	2025年7月17日	
2.14安检及其他民航设备	522 d	2023年11月7日	2025年5月21日	
2.15行李系统	624 d	2023年8月27日	2025年6月20日	
3、登机桥施工	500 d	2023年11月26日	2025年5月18日	
4、关联单位插入时间	228 d	2023年9月1日	2024年5月2日	
5、系统调试及专项验收	164 d	2025年1月5日	2025年6月20日	
6、竣工验收	17 d	2025年7月21日	2025年8月6日	261
7、行业验收及投产	110 d	2025年7月21日	2025年11月7日	

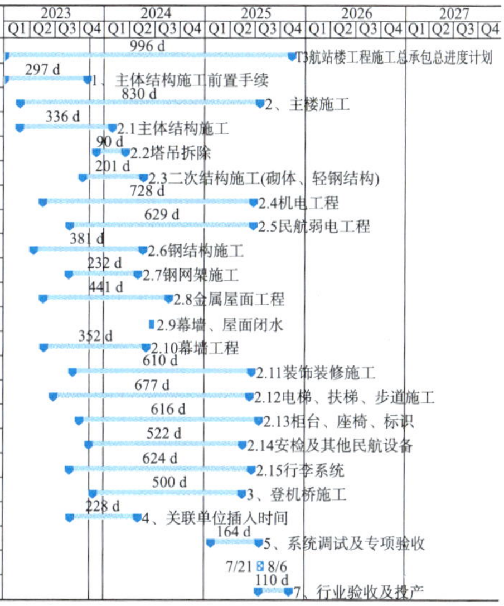

图11-2 某机场T3航站楼工程施工总进度计划

名称	工期	开始时间	完成时间	前置任务
T3航站楼工程施工总承包总进度计划	996 d	2023年1月7日	2025年11月7日	
2、主楼施工	830 d	2023年3月1日	2025年7月17日	
2.6钢结构施工	381 d	2023年4月19日	2024年5月20日	
花冠柱施工	236 d	2023年4月19日	2023年12月10日	
A区花冠柱	88 d	2023年9月14日	2023年12月10日	21FS-78 d
B区花冠柱	150 d	2023年4月19日	2023年9月15日	19FS-75 d
C区花冠柱	11 d	2023年11月20日	2023年11月30日	40FS-72 d
张拉膜雨棚	50 d	2024年4月1日	2024年5月20日	
雨棚钢结构安装	30 d	2024年4月1日	2024年4月20日	
张拉膜雨棚施工	20 d	2024年5月1日	2024年5月20日	139
登机桥固定端	227 d	2023年9月20日	2024年5月20日	
登机桥桩基	45 d	2023年11月15日	2023年12月29日	
登机桥基础	134 d	2023年9月20日	2024年1月31日	
固定端结构	93 d	2024年2月1日	2024年5月20日	143

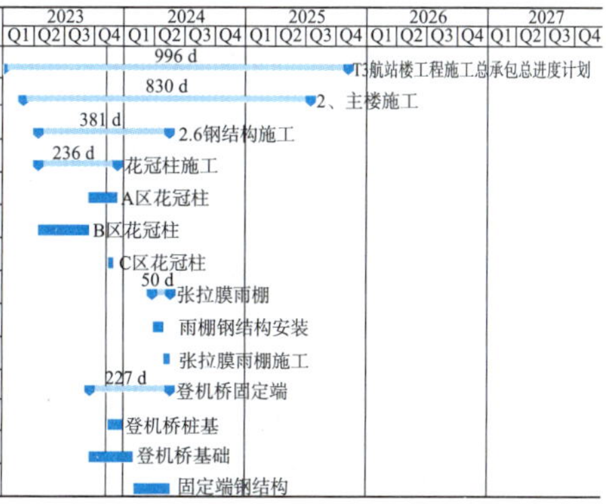

图11-3 某机场T3航站楼工程施工的钢结构施工进度计划

名称	工期	开始时间	完成时间	前置任务	2023 Q1 Q2 Q3 Q4	2024 Q1 Q2 Q3 Q4	2025 Q1 Q2 Q3 Q4	2026 Q1 Q2 Q3 Q4	2027 Q1 Q2 Q3 Q4
T3航站楼工程施工总承包总进度计划	996 d	2023年1月7日	2025年11月7日		996 d		T3航站楼工程施工总承包总进度计划		
2、主楼施工	830 d	2023年3月1日	2025年7月1日		830 d		2、主楼施工		
2.1 主体结构施工	336 d	2023年3月1日	2024年1月30日		336 d 2.1 主体结构施工				
2.7 钢网架施工	232 d	2023年8月26日	2024年4月30日		232 d 2.7 钢网架施工				
A区网架	211 d	2023年8月26日	2024年4月9日		211 d A区网架				
A5区	66 d	2023年12月1日	2024年2月4日	135FS-10 d	A5区				
A2区	157 d	2023年8月26日	2024年1月29日	36FS-82 d	A2区				
A3区	157 d	2023年8月26日	2024年1月29日	37FS-82 d	A3区				
A1区	133 d	2023年11月12日	2024年4月9日	35FS-80 d	11/12 4/9				
A4区	93 d	2023年12月22日	2024年4月9日	38FS-20 d	A4区				
B区网架	197 d	2023年9月30日	2024年4月30日		197 d B区网架				
B2区	157 d	2023年9月30日	2024年3月21日	43FS-77 d	B2区				
B1区	107 d	2023年12月29日	2024年4月30日	42FS-5 d	B1区				
B3区	110 d	2023年12月26日	2024年4月30日	44FS-5 d	B3区				
C区网架	152 d	2023年10月31日	2024年4月16日		152 d C区网架				
C4区	110 d	2023年12月12日	2024年4月16日	48FS-50 d	C4区				
C2区	94 d	2023年10月31日	2024年2月1日	46FS-31 d	C2区				
C1区	118 d	2023年12月4日	2024年4月16日	45FS-27 d	C1区				
C3区	90 d	2024年1月1日	2024年4月16日	48FS-30 d	C3区				

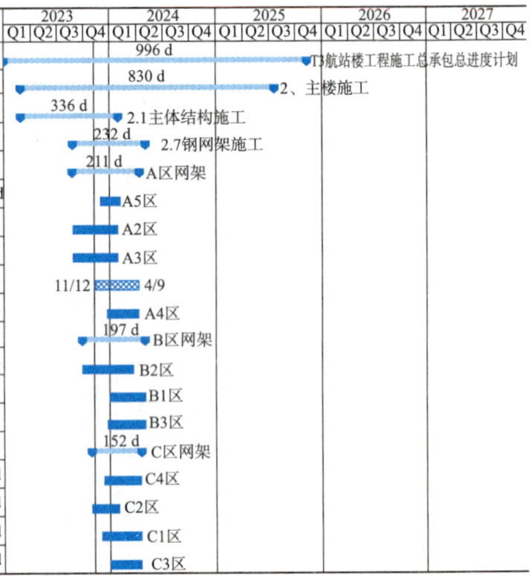

图 11-4　某机场 T3 航站楼工程施工的钢网架施工进度计划

时下达变更设计工程的施工进度计划要求，施工单位应按计划实施；如不需调整计划，工程总承包项目部不就变更工程专门下达施工进度计划要求，施工单位在原计划内完成变更工程。

阶段性或专业性进度计划的调整。阶段性和专业性进度计划作为工程总承包项目部对进度的跟踪和管控方式，可根据实际情况进行调整，工程总承包项目部要督促施工单位采取赶工措施，确保阶段性和专业性进度计划顺利实施，并在工程月报中提前预警。进度计划调整申请经监理单位批准后方可实施。

在项目进展过程中，如因项目工作范围或界面发生变化、项目审批、委托方要求等非工程总承包方原因造成项目暂停、进度提前或延后的，工程总承包项目部应及时与业主方沟通，征得业主方同意，并留下追溯证据，施工单位应及时更新数据，并随之更新调整计划。对于确需调整交付时间的，应当充分考虑委托方利益，取得业主方同意或谅解。由于政府原因、民扰等外部因素使项目无法进行时，工程总承包项目部应及时上报业主方和监理单位。

11.4.3　施工进度计划的执行与跟踪

工程总承包项目部作为工程总承包项目进度管理的第一责任人，需要严格执行已审核和批准的进度计划，确保进度计划的有效实施。工程总承包项目部应对各施工分包人的进度计划执行情况进行监督和检查，确保各施工单位履行合同。同时须汇总各单位的进度计划，督促、检查实施。出现进度滞后的情况时，需研究、采取适当的措施消除、减少不利因素对项目顺利进展的影响，最大程度地保证项目按期交工。

为了进行进度控制，工程总承包项目部应经常组织生产、计划人员跟踪检查施工实际进度情况。通常每月检查一次，特殊情况下可以每周检查一次，或者在生产调度会上由各施工负责人每月汇报进度完成情况，总承包项目管理部每月实时核对完成进度的准确性。进度检查或汇报可以参照表 11-3 进行。

进度检查表　　　　　　　　　　　　　表 11-3

工作类别	作业代码	作业名称	计划开始时间	计划完成时间	应完成进度比例	实际完成进度比例	计划执行偏差	偏差天数

施工项目部每月须以工程月报的形式向工程总承包项目部汇报工程进度；工程总承包项目部汇总整理后，一般在每月末或下月初报业主和监理单位，工程总承包项目部应确保统计数据真实、准确、计划切实可行。

为了有效地管控施工进度，应该对施工进度进行分级跟踪和控制，结合 11.1 节所提出的进度控制措施，可以有针对性地采用如下的管控手段：

（1）在施工合同中明确进度里程碑，以其完成情况作为合同支付考核依据，以对工程有重要意义的进度目标作为奖罚点；

（2）对施工进度计划的合理性和完整性进行严格审核；

（3）定期跟踪施工进展，督促和协调各施工分包人严格按计划开展施工；

（4）严格控制计划变更，对进度计划进行调整需经过严格的审批程序；

（5）对施工分包人提出的问题和请求及时给予回应和解决，对施工过程中遇到的困难提供支持和帮助；

（6）在施工进度出现延误或发现延误趋势时，通过发文、专题会或协调会等方式进行推进和协调。

在进度计划执行过程中，如果发现某项工作的工期安排不合理、无法执行或外部条件发生较大变化而影响进度计划的执行时，需要对进度计划进行变更和调整。进度计划的变更和调整应按照相关进度管理程序的要求，由施工分包人提出申请，由工程总承包项目部批准和备案。

11.5　工程总承包进度综合管控

工程总承包项目的进度综合管控就是在科学制定工程总承包项目总进度计划的基础上，对工程总承包范围内的设计、采购、施工、安装、调试、验收与移交等过程的进度进行监督、检查、协调和纠偏的综合性过程，也有人称之为进度总控（进度总控的说法似乎来源于项目总控，后者为一种新型组织模式，侧重于第三方咨询机构对项目信息的收集、加工和处理，为项目高层管理者提供决策参考。由此，为避免误解和混淆，此处不用进度总控这一说法）。

前面几节已经分别阐述了工程总承包的设计进度控制、采购进度控制和施工进度控制，以下主要围绕设计、采购和施工三大环节之间的进度接口管理、进度计划的变更管理与动态调整、量化评估与测量统计等综合性管控过程进行阐述。

11.5.1 进度接口管理

一般情况下，进度计划中各项工作的持续时间仅仅是指该工作作业活动的持续时间，不包括接口处理的时间，作业活动的持续时间可以作出较准确的计算，但是，接口处理时间则由于项目组织管理、合同关系等因素的影响而差异甚大，往往成为制约工程进度的重要因素之一。

对于工程总承包项目，可以从空间布局上划分，将其分为多个组成部分。从建设过程划分，一般将其分为设计、采购、施工（包括土建、安装、调试）等多个阶段。这些不同的组成部分和不同阶段的工作一般是由各个不同的设计单位、承包商或供应商承担，协调他们之间的进度分界点是进度管理的重点工作，这些分界点称为"进度接口"。为了保证工程总承包各组成部分和各建设阶段的工作能够紧密衔接并协调有序地进行，必须设置合理而严密的进度接口并严格管理，才能保障工程总体进度的全面推进。

例如，核电工程的进度接口既有功能接口、物理（实体）接口，又有组织接口、逻辑接口等，涉及核电项目建设过程的各方面和各阶段。影响进度接口的因素包括合同和程序规定的职责划分是否明确、技术要求的确定性、进度计划的合理性、沟通协调渠道的通畅性、企业和项目的团队文化建设等。在核电工程项目进度管理中，各建设阶段衔接过程涉及的进度接口主要包括以下内容：

（1）设计和采购之间的接口（接口成果主要体现为设备和材料技术规格书的出版）；

（2）设计和土建施工之间的接口（接口成果主要体现为建筑结构施工图、装修施工图的出版）；

（3）设计和安装施工之间的接口（接口成果主要体现为工艺设备、管道、电仪、通风、保温等专业的预制、安装施工图纸的出版）；

（4）采购和土建、安装施工之间的接口（接口成果主要体现为设备、材料采购供货计划的发布及执行）；

（5）设计和调试之间的接口（接口成果主要体现为调试大纲及相关技术文件的出版）；

（6）土建和安装施工之间的接口（接口成果主要体现为房间移交计划的发布及执行）；

（7）安装和调试之间的接口（接口成果主要体现为系统完工计划的发布及执行）；

（8）调试和运行之间的接口（接口成果主要体现为系统移交运行计划的发布及执行）。

鉴于处于核电工程建设过程中间环节的土建和安装施工阶段既是核电厂实体形成的关键阶段，又是连接设计、采购和调试、运行的桥梁阶段，因此进度接口的确定顺序通常是围绕施工阶段展开的。首先，可以根据工程总体一级进度计划编制施工阶段的二级进度计划，确定房间移交计划和系统完工计划；其次，依据房间移交计划，并结合二级进度计划的要求，确定各标高层或区域的设备、管道、电仪、通风等专业的安装开工时间；最后，根据系统完工计划，确定系统调试开始时间以及系统调试完成并移交运行的时间。综合上述三个步骤的成果，可以得到施工、调试阶段的进度接口点，进而推算出施工图纸、调试文件应出版的时间和设备、材料应到达施工现场的计划时间，由此即可参照设计、采购周期编制详细的设计、采购进度计划。

进度接口点一般为工程二级进度规定的现场施工或调试的开始或结束时间，上、下游的工作安排就可以根据进度接口确定相应的时间安排，由此保证工作的连续性和协调有序。进度接口点主要包括但不限于以下进度分界点：

（1）各厂房分标高层的土建结构施工开始日期；
（2）各厂房分标高层的房间装修开始日期；
（3）各厂房分标高层的主电缆托盘安装开始日期；
（4）各施工区域的管道安装开工日期；
（5）每台设备的安装开始日期；
（6）各厂房分标高层的通风安装开始日期；
（7）各系统电气设备安装开始日期；
（8）各系统调试开始日期；
（9）各系统调试完成日期。

11.5.2 进度计划的监控和调整

在工程总承包项目的实施过程中，不可预见事件的发生及内外部条件的变化均会对工程进度计划的实施产生影响，从而造成实际进展偏离计划进度，如果不及时调整进度计划，势必影响进度管理目标的实现。因此，必须建立有效的工程进展监测系统，采取有效的监测手段对进度计划的实施过程进行有效监控，以便及时发现问题并运用有效的进度管理措施来解决问题，确保工程总承包总体目标的实现。

在一般的建设项目中，设计、采购和施工的进展不匹配通常成为项目进度管理的普遍现象和关键问题。业主方采用工程总承包模式，其目的之一就是通过工程总承包单位对设计、采购和施工三大环节的有效集成管控，实现工程建设进度的加快以及进度目标的有效管控。在建立了科学的计划和明晰的接口管理的基础上，过程中的监控手段和方法成为必不可少的条件。

首先是监控的方法，可以针对进度计划中任一时刻的任一工作，筛选所需要的前置文件要求和设备、材料等要求，制定这些前置文件要求以及设备、材料要求的最晚需要时间，然后跟踪和监控这些前置文件的编制进展状态和材料设备的采购进展状态，通过计算机分析这些进展状态能否确保实际需要，对不能满足需要的状态发出预警，以便管理人员采取必要的措施。

要实现上述监控，在制定计划时就应该建立各项工作之间的关联关系，比如现场施工活动与设计文件之间的关系。另外，还要能够跟踪各项工作的实际进展，比如跟踪设计文件的预计出版时间，并与实际需求时间进行对比，输出对比结果。

其次是监控的手段，对大型工程项目而言，进度计划的工作项非常多，如果按上述方法对每一项工作进行跟踪监测，将涉及巨量的数据信息，因此，大型工程项目的进度监测无法依靠手工完成，必须采用计算机手段。利用计算机系统可以高效处理进度管理的数据存储、对比、统计和预警，并为有关各方提供信息共享平台，因此采用计算机手段加强对工程总承包实施过程的进度管理，解决上游条件与施工活动不匹配的问题，加大对上游工作的控制力度，为有关各方提供信息共享平台，已经成为大型工程建设过程中进度监控的重要工作。

在对工程总承包项目实施进度监控的过程中，一旦发现进度偏差，必须及时、认真地分析偏差产生的原因及其对后续工作和总工期的影响，必要时应采取合理可行的进度计划调整措施，并采取相应的组织、管理、经济和技术措施，保证调整后的进度计划的执行，确保总进度目标的实现。

根据偏差产生的原因和影响，进度计划的调整通常包括以下几个方面：

（1）调整关键线路的长度；
（2）调整非关键工作时差；
（3）增、减工作项目；
（4）调整逻辑关系；
（5）重新估计某些工作的持续时间；
（6）对资源的投入作相应调整。

对于以上调整内容，具体的调整方法如下：

（1）调整关键线路的方法

1）当关键线路的实际进度比计划进度拖后时，应在尚未完成的关键工作中，选择资源强度小或费用低的工作缩短其持续时间，并重新计算未完成部分的时间参数，将其作为一个新计划实施。

2）当关键线路的实际进度比计划进度提前时，若不拟提前工期，应选用资源占用量大或者直接费用高的后续关键工作，适当延长其持续时间，以降低其资源强度或费用；当确定要提前完成计划时，应将计划尚未完成的部分作为一个新计划，重新确定关键工作的持续时间，按新计划实施。

（2）非关键工作时差的调整方法

非关键工作时差的调整应在其时差的范围内进行，以便更充分地利用资源、降低成本或满足施工的需要。每一次调整后都必须重新计算时间参数，观察该调整对计划全局的影响。可采用以下几种调整方法：

1）将工作在其最早开始时间与最迟完成时间范围内移动；

2）延长工作的持续时间；

3）缩短工作的持续时间。

（3）增、减工作项目时的调整方法

增、减工作项目时应符合下列规定：

1）不打乱原网络计划总的逻辑关系，只对局部逻辑关系进行调整；

2）在增减工作后应重新计算时间参数，分析对原网络计划的影响。当对工期有影响时，应采取调整措施，以保证计划工期不变。

（4）调整逻辑关系

逻辑关系的调整只有当实际情况要求改变施工方法或组织方法时才可进行。调整时应避免影响原定计划工期和其他工作的顺利进行。

（5）调整工作的持续时间

当发现某些工作的原持续时间估计有误或实现条件不充分时，应重新估算其持续时间，并重新计算时间参数，尽量使原计划工期不受影响。

（6）调整资源的投入

当资源供应发生异常时，应采用资源优化方法对计划进行调整，或采取应急措施，使其对工期的影响最小。

网络计划的调整，可以定期进行，亦可根据计划检查的结果在必要时进行。

11.5.3 工程进度统计与报告

客观真实的工程进度统计数据和信息能正确反映工程项目的进展状态，进而反映工程总承包商对项目的整体组织和管理情况，反映设计、采购、施工、调试等各单位和分包商的合同执行情况，为工程总承包项目管理提供可靠信息。

项目进度报告是工程总承包项目进度管控过程和成果的集中体现，是工程总承包项目进度管控系统的重要组成部分。根据工程总承包管理的不同需要，可以采取不同的方式提供项目进度管控报告，最常见的有周报、月报、季报，还可以提供专项分析报告、项目状态分析报告以及预测报告等。

对于项目进度管控工作而言，项目进度报告通常由以下几个部分的内容组成：总体进度分析、本阶段工作完成情况、下阶段工作计划、风险及重难点事项。总体进度分析：以总进度计划为基础，根据本期进度情况和累计进度情况，分析项目总体进度的完成情况。本阶段工作完成情况：全面列举本阶段所有工作的进展情况，与计划进行对比，对滞后的相关工作分析其滞后原因。下阶段工作计划：以总进度计划为基础，根据上一周期的进度计划，合理安排下周期的进度计划。进度风险：逐条梳理有碍实现总进度计划目标或者有碍完成关键工作的风险源，对风险进行分级管控，并及时跟踪风险管控结果。重难点事项：根据本周期项目的进度情况及下周期项目的计划，梳理项目按计划实施需要解决的重点问题及难点问题，由表及里地分析重难点问题的进展情况及原因，并提出合理的解决方案。

11.6 本章小结

工程总承包项目的进度综合管控就是在科学制定工程总承包项目总进度计划的基础上，对工程总承包范围内的设计、采购、施工、安装、调试、验收与移交等过程的进度进行监督、检查、协调和纠偏的综合性过程，也称为进度总控（进度总控的说法似乎来源于项目总控，后者为一种新型组织模式，侧重于第三方咨询机构对项目信息的收集、加工和处理，为项目高层管理者提供决策参考。由此，为避免误解和混淆，此处不用进度总控这一说法）。

前面几节已经分别阐述了工程总承包的设计进度控制、采购进度控制和施工进度控制，以下主要围绕设计、采购和施工三大环节之间的进度接口管理、进度计划的变更管理与动态调整、量化评估与测量统计等综合性管控过程进行阐述。

思考题

1. 简述工程总承包进度管理的目标和任务。
2. 简述工程总承包组织内部各相关单位进度管理的职责。
3. 您认为工程总承包项目应该建立什么样的进度计划体系？
4. 简述工程总承包项目进度计划的编制方法。
5. 简述进度控制的措施。
6. 简述设计进度计划的管控方法。
7. 简述采购进度计划的编制过程。
8. 您认为工程总承包项目中的施工进度计划应该建立什么样的体系结构？
9. 什么是进度接口管理？
10. 进度计划调整的方法有哪些？

12

项目质量管理

【教学提示】

本章针对质量管理概述部分,引导学生认识质量管理的重要性,以及在不同阶段的质量控制内容和措施。本章介绍了设计、采购、施工等各个环节的质量管理内容、要点和制度保障;同时根据 EPC 项目特点,明确项目质量协同管理的关键接口和质量测量、分析、改进的重要性。

【教学要求】

了解质量计划的内容和质量控制要求,质量教育培训制度和质量管理体系的建立程序;熟悉质量管理目的,质量管理体系的文件要求和文件控制、记录控制的重要性,项目质量协同管理的接口质量控制点和质量测量、分析、改进的过程;理解质量方针和质量目标的制定原则。掌握质量计划的编制要求、依据和原则,设计质量控制相关项目管理制度和设计质量控制方向,质量管理的施工前管理、施工过程中管理、工程试验管理的要点。

12.1 质量管理概述

12.1.1 目的

项目质量管理的目的是规范项目部的质量管理工作，建立涵盖工程总承包项目全过程的质量管理体系，坚持"计划、执行、检查、处理"循环工作方法，将质量管理工作贯穿项目管理的全过程，以实现合同规定的质量目标，使用户满意。

12.1.2 质量方针和质量目标

1. 方针

项目质量管理的方针应以法律法规为依据，以先进的技术、有效的方法、严谨的作风和超前的创造性，精心设计、精心组织、精心施工并控制过程，确保最终产品的品质优良。

2. 目标

项目质量管理的目标如下：

（1）能够严格遵守相应政策措施及法律法规；项目及其涉及所有活动能够严格遵守已签订总承包合同中约定的标准、规范及要求。

（2）项目全部工程达到国家现行（或工程所在国家）的验收标准并能够满足顾客需求，交付后服务兑现率达到预期目标。

（3）严格进行施工质量控制，杜绝重大质量事故，确保项目顺利如期实现竣工交付，满足项目建成后的运营安全和使用要求。

12.1.3 质量计划编制要求、依据和原则

1. 项目质量计划的编制要求

（1）符合工程总承包合同中有关质量的规定以及业主的相关要求。

（2）符合政策、法律法规和工程项目管理的有关规定。

（3）遵照项目质量策划的内容和要求。

（4）体现从工序、分项工程、分部工程、单位工程到单项工程的过程控制，体现从资源投入到完成工程施工质量最终检验试验的全过程控制。

2. 质量计划编制依据

（1）合同中规定的产品质量特性，产品应达到的各项指标及其验收标准。

（2）项目实施计划。

（3）相关的法律、法规及技术标准、规范。

（4）质量管理体系文件及其要求。

3. 质量计划编制原则

（1）质量计划是针对项目特点及合同要求，对质量管理体系文件的必要补充，体系文件已有规定的尽量引用，要着重对具体项目及合同需要新增加的特殊质量措施，作出具体规定。

（2）质量计划应把质量目标和要求分派到有关人员，明确质量职责，做到全过程质量控制，确保项目质量。

（3）质量计划编制应简明，便于使用与控制。

12.1.4 质量计划的内容

质量计划一般由封面、批准页、目次、适用范围、引用标准、编制依据、质量目标、定义、正文、附录等部分组成。其内容如下：

（1）项目概况。

（2）项目需达到的质量目标和质量要求。

（3）编制依据。

（4）项目的质量保证和协调程序。

（5）以质量目标为基础，根据项目的工作范围和质量要求，确定项目的组织结构以及在项目的不同阶段各部门的职责、权限、工作程序、规范标准和资源的具体分配。

（6）说明本质量计划以质量体系及相应文件为依据，并列出引用文件及作业指导书，重点说明本项目特定重要活动（特殊的、新技术的管理）及控制规定等。

（7）为达到项目质量目标必须采取的其他措施，如人员资格要求以及更新检验技术、研究新的工艺方法和设备等。

（8）有关阶段适用的试验、检查、检验、验证和评审大纲。

（9）符合要求的测量方法。

（10）随项目的进展而修改和完善质量计划的程序。

12.1.5 质量管理体系的文件要求

1. 文件要求

项目质量管理体系文件由以下三个层次的文件构成：

（1）质量手册；

（2）按项目管理需要建立的程序文件；

（3）为确保项目管理体系有效运行、项目质量的有效控制所编制的质量管理作业文件，如：作业指导书、图纸、标准、技术规程等。如图12-1所示，为工程总承包项目质量体系文件框架。

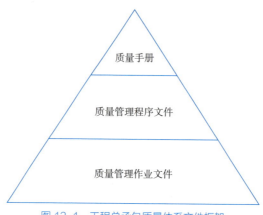

图 12-1　工程总承包质量体系文件框架

2. 文件控制

质量部对所有与质量管理体系文件运行有关和项目质量管理有关的文件都应予以控制。

3. 记录控制

为保证记录在标识、储存、保护、检索、保存和处理过程中得到控制，工程总承包项目部信息文控中心编制并组织实施记录控制程序。

需要控制的质量记录有：

（1）各参与方、部门、岗位履行质量职能的记录。

（2）不合格处理报告记录。

（3）质量事故处理报告记录。

（4）质量管理体系运行、审核有关的记录。

（5）设计、采购、施工、试运行有关的记录。

记录要符合下列要求：

（1）所有记录都要求字迹工整、清晰、不易褪色。

（2）记录内容齐全、不漏项，数据真实、可靠，签证手续完备、符合要求。

（3）质量记录必须有专人记录、专人保管、定期存档，具有可追溯性。

（4）对于在计算机内存放的质量记录，要按照计算机管理的有关规定严格执行。

（5）记录应设保存期。

（6）记录编号执行工程总承包项目部信息文控编码规定。

12.1.6　质量管理体系建立程序

1. 质量管理体系的建立过程

（1）确定项目的质量目标；

（2）识别质量管理体系所需的过程与活动；

（3）确定过程与活动的执行程序；

（4）明确职责分工和接口关系；

（5）监测、分析这些过程。

2. 质量管理体系编制顺序

质量管理体系文件的编制顺序有三种：

（1）先编制质量手册，再编写程序文件及作业文件；

（2）先编写程序文件，再编写质量手册和作业文件；

（3）先编写作业文件，然后编程序文件，最后编写质量手册。

不同的编制方法，有不同的特点，应该根据总承包项目的特点和编写人员的能力等各方面的因素来决定选用哪种方式。

3. 质量管理体系文件的编制流程

如图12-2所示，为质量管理体系文件编制流程图，详细描述了如何进行质量管理体系文件的编制，直至正式运行。

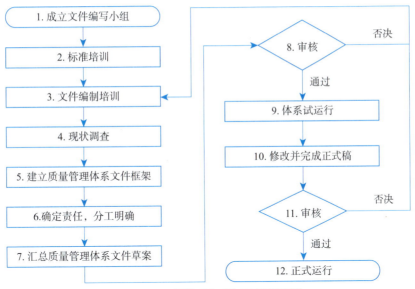

图 12-2 质量管理体系文件编制流程图

12.2 设计质量管理

设计质量管理与控制设计是工程总承包项目履约的基础和关键内容，做好项目设计阶段的质量控制，对于控制整个工程项目的质量、进度和履约成本都有重要的现实意义。

12.2.1 设计质量控制相关管理要求

（1）设计经理应组织采购、施工和试运行、顾客等项目相关人员参加设计评审，保存评审记录。

（2）设计经理应组织对设计基础数据和资料等设计输入进行检查和验证。

（3）初步设计文件应满足主要设备、材料订货和编制施工图设计或详细工程设计的需要。

（4）施工图设计应满足设备、材料采购，非标准设备制作和施工及试运行的需要。

（5）设计选用的设备、材料，应在设计文件中注明其规格、型号、性能、数量等技术指标，其质量要求应符合合同要求和现行标准规范的有关规定。

（6）设计经理按策划的安排组织设计验证、设计会签、设计评审、设计确认、设计变更。

（7）对采用新材料、新设备、新工艺、新技术或特殊结构的项目，应评审新技求、新工艺的成熟性，新设备、新材料、特殊结构的可靠性，并提出保证工程质量和施工安全的措施和要求。

（8）各阶段设计文件应根据项目设计分包商总部规定，针对不同规模项目进行分类分级管理，履行相应的审核程序。设计组须在规定时间内按审核意见修改完善并报总部技术管理部门验证，保证设计文件的质量。

（9）对于技术复杂的工程总承包项目，须由总部技术管理部门组织方案审查。

（10）设计经理应根据项目文件管理规定，收集、整理设计图纸、资料和有关记录，组织编制项目设计文件总目录并存档。

（11）设计经理应组织编制设计完工报告，将项目设计经验与教训纳入本企业知识库。

12.2.2 设计质量控制方向

工程总承包商对设计质量的管理要从人员配置开始，从管理制度建立着手，使用制度规范和约束设计人员的工作方法，并采取适当的考核机制对设计人员的阶段性成果进行考核，奖罚分明，及时兑现。总之，在给设计人员施以工作压力的同时，也要配套激发积极性的措施，达到提高设计质量的目的。

1. 明确项目设计人员和设计质量管理人员的配置要求

这是设计质量的根本保障。设计人员的水平和素质基本上决定了项目设计质量，项目管理层务必对设计人员的配置进行控制，从人员能力水平和工作经验方面进行把关。设计质量管理人员的作用是按照相关的设计依据检查设计成果，督促设计人员完善和优化设计，达到提升设计质量的目的。

设计阶段的质量控制涉及方方面面，设计质量管理人员的主要工作包括：（1）编制和审核设计任务书中有关质量控制的内容。（2）审核设计方案是否满足 EPC 合同的质量标准要求。（3）组织专家团队对重大设计方案的优化程度进行评审。（4）从质量控制角度对设计方案提出合理化建议。（5）组织以设计联络会的形式集中协调解决相关设计问题。（6）组织审核设计人员提交的初设图和施工图，并督促其根据审核意见进行补充和完善，确保上报后的一次审核通过率。（7）审核特殊专业设计的施工图样是否符合标准规定及习惯要求，如消防系统设计等。（8）及时跟踪业主审图机构反馈的审核意见，并督促设计人员按照审核意见完善和升版图样。

2. 制定各项设计管理制度，加强设计过程管控

（1）督促设计人员建立设计成果校审制度设计文件校审是对设计成果进行逐级检查和验证检查，通过对各个层次的不断审核和把关，及时解决发现的问题，确保设计满足合同规定的各项质量要求。设计文件校审应分阶段进行，且对每个阶段的设计成果尤其是最终成果进行严格校审把关，主要审核和验证计算依据的可靠性、设备提资和计算结果的准确性、论证方法的合理性、技术要求的符合性以及设计成品文件的规范程度。

（2）督促设计人员建立并做好设计文件的会签制度，设计文件的会签是保证各专业设计相互配合和正确衔接的必要手段，可以加强各专业设计人员对设计条件的理解，熟悉各设计接口界限和原则，减少因沟通不足而导致的设计错误或遗漏。

（3）贯彻执行施工图样会审制度施工图会审的目的，一方面是使项目技术管理人员和施工人员提前熟悉设计图样，了解项目特点和工程量，落实施工资源配置和进场计划，找出需要解决的技术难题并研究解决方案；另一方面，是提前发现和解决施工图样中可能存在的设计问题，将其消除在萌芽之中，避免因设计图样本身的问题影响施工连续性和施工质量，这是提高设计质量的最后环节。

3. 加强重大设计方案的优化管理

设计方案的可行性和先进性是设计质量的基础，尤其是项目的主体设计方案对履约成本和履约工期起决定性作用，务必要严格把关。项目管理层要鼓励设计人员进行重大设计方案的优化创新，尤其是在初步设计阶段要多组织设计人员开展设计方案优化竞赛活动，以此激励设计人员的能动性，达到优化设计方案、提高设计质量的目的。对已批准的重大设计方案的变更管理是设计质量管理的又一重点，项目管理人员要慎重对待并及时组织进行技术论证和评估影响，确实可行后再按照原设计方案的审批程序履行相应手续。

4. 设定目标，定期对设计成果进行考核

初设和技术深化设计是项目设计质量控制的两个关键阶段，基本决定了项目的整体设计质量。项目管理人员要在这些关键阶段下达设计任务，明确设计深度、费控指标和质量标准等，分阶段对设计成果进行考核并兑现奖罚。总之，工程总承包项目的设计管理是影响项目履约全局的重要工作，无论是公司层面还是项目层面都要高度重视，要将其作为项目履约的头等大事进行部署。项目履约管理层要根据工程总承包合同要求和项目特点制定合适的设计管理办法。同时，项目管理者要正确处理工程设计质量与设计进度、施工进度、施工安全和履约成本之间的关系，不能本末倒置，更不能只顾眼前利益。对于设计管理经验不足的工程总承包商，适合采取设计咨询管理的模式，即从项目设计开始至竣工结束，全程由工程总承包商聘请的专业设计咨询人员管控设计质量。

12.2.3 设计质量控制内容

设计质量控制的内容如下：

（1）设计管理部门应建立质量管理体系，根据工程总承包项目的特点编制项目质量计划，设计管理部门及时填写规定的质量记录，按规定及时向项目部反馈设计质量信息，并负责该计划的正常运行。

（2）设计管理部门应对所有设计人员进行资格审核，并对设计阶段的项目设计策划、技术方案、设计输入文件进行审核，对设计文件进行校审与会签，控制设计输出和变更，以保证项目执行过程能够满足业主的要求，适应所承包项目的实际情况，确保项目设计计划的可实施性。

（3）整个设计过程中应按照项目质量计划的要求，定期进行质量抽查，对设计过程和产品进行质量监督，及时发现并纠正不合格产品，以保证设计产品的合格率，保证设计质量。

12.2.4 设计质量控制措施

设计质量控制措施有以下几个方面：

（1）设计评审。设计评审是对项目设计阶段成果所作的综合的、系统的检查，以评价设计结果满足要求的能力，识别问题并提出必要的措施。项目设计计划中应根据设计的成熟程度、技术复杂程度，确定设计评审的级别、方式和时机，并按程序组织各设计阶段的设计评审。设计评审过程要保留记录，并建立登记表跟踪处理状态，设计评审记录单和设计评审记录单登记表。评审时需考虑项目的可施工性、设备材料的可获得性以及是否符合 HSE 要求，如设备布置、逃生路线、员工办公及住宿区安置、危险区域隔离带等。

（2）设计验证。设计文件在输出前需要进行设计验证，设计验证是确保设计输出满足设计输入要求的重要手段。设计评审是设计验证的主要方法，除此之外，设计验证还可采用校对、审核、审定及结合设计文件的质量检查／抽查方式完成。校对人、审核人应严格按照有关规定进行设计验证，认真填写设计文件校审记录。设计人员应按校审意见进行修改。完成修改并经检查确认的设计文件才能进入下一步工作。

（3）设计确认。设计文件输出后，为了确保项目满足规定要求，应进行设计确认，该项工作应在项目设计计划中作出明确安排。设计确认方式包括：可行性研究报告，环境评价报告，方案设计审查，原则设计审批，施工图设计会审、审查等。业主、监理和设计管理部三方都应参加设计确认活动。

（4）设计成品放行、交付和交付后的服务。设计管理部要按照合同和有关文件，对设计成品的放行和交付作出规定，包括：设计成品在项目内部的交接过程；出图专用章及有关印章的使用；设计成品交付后的服务，如设计交底、施工现场服务、服务的验证和服务报告、考核与验收阶段的技术服务等。

12.3 采购质量管理

设备和材料的质量决定了工程实体的质量。采购质量管理与控制要从采购物资的技术参数、质量标准、生产过程监造和出厂性能验收等方面进行，其中技术参数选择属于设计范畴，它的优化程度取决于设计质量的水平。

采购部门应对物资设备采购的全过程进行质量管理和控制，包括采购前期的供应商资格预审、物资的生产加工过程以及采购物资的验证等。工程总承包商采购部门是采购的管理和控制部门，应编制"物资采购流程"来确保采购的货物符合采购要求，一般的工程总承包项目物资采购流程如图 12-3 所示。

12.3.1 采购质量的制度保障

采购管理制度是采购质量的保证。只有充分发挥市场优胜劣汰的生存规则，才能采购到物美价廉的合格产品，任何不符合市场规则的采购都有可能埋下风险隐患，其中就包括质量风险。目前常见的能从制度上保障采购质量的管理制度有合格供应商准入制度、公开招标竞争制度和最低标价淘汰制度或最低标价不一定中标制度。

合格供应商准入制度是目前国内众多企业采购管理的通行做法。这种管理制度不但可以提高采购效率，也是控制采购质量的一种有效手段。设备物资采购的质量控制必须从源头抓起，要对供应商的经营规模、业绩、信誉程度、资质等级、主营产品等进行详细的调查了解，掌握其基本情况后再通过竞标的方式择优选择。公开招标的主要作用是充分运用市场生存的竞争机制，优胜劣汰，真正采购到项目需要的合格产品。

目前，市场上经常出现幕后指定采购，

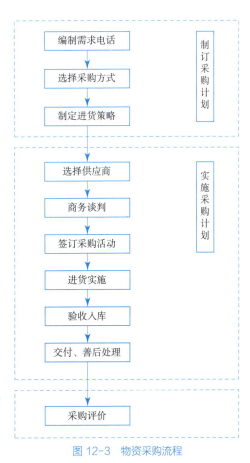

图 12-3 物资采购流程

违反了市场本应有的公平、公正的竞争规则，无法保证采购质量。低价中标是目前市场上十分普遍的一种设备物资采购方法。虽说只要技术可行，低价中标无可厚非，但部分供货商以先中标签合同为首要目的，而在执行合同时会找各种理由变更涨价或者降低质量标准。显而易见，如果这类供货商混入项目设备物资供应商中，无疑难以保证质量。

控制采购质量，应基于合同依据，在合同条款中必须明确所采购物资的质量特性要求、验收标准、验收方法以及不合格品的处理程序。合同中要明确质量违约的经济处罚，目的是促使供应商重视产品质量，保障供货质量。

为提高采购质量，工程总承包商还可在项目组织管理方面采取如下措施：

（1）强化采购职能机构，明确职责和权限，实行物资归口管理，集中统一采购。

（2）组建精干、得力和高素质的采购队伍，必要时可聘请专业团队。

（3）制定科学的采购策略并严格执行，出现偏差必须调整时，要进行市场调研和可行性论证。

12.3.2 采购前期质量控制

（1）应根据不同的采购产品对工程总承包项目实现过程的影响，以及对最终产品的影响，将物资分类。

（2）应根据物资的重要性，采购部门组织评价，拟定合格的供应商，然后根据合同约定，由业主或者自行确定供应商。对供应商的评价和选择应考察供应商单位资质、经验、履约能力、售后服务能力等，并应保持持续的跟踪评价，减少因采购导致的风险。

（3）工程总承包商采购部门负责确定采购要求，在与供应商沟通之前，确保规定的采购要求是充分和适宜的。

12.3.3 制造过程质量控制

设备物资采购合同在执行阶段的质量控制主要体现在设计提资审核、生产过程重要工序监造、产品性能测试和出厂验收等方面。

（1）设计提资审核主要集中在合同签订后的配合设计阶段，由采购技术管理人员和专业设计人员共同控制。要求供应商按照采购货物的特点建立并严格执行质量管理体系，采购部按照有关条款对各供应商的质量管理体系进行审核。

（2）设备的设计提资文件经确认后，供货厂家才能开始生产制造，此阶段是产品质量控制的关键期。对于供应商承担的质量职责，EPC总承包商项目经理部要在与供应商达成的采购合同中给予明确。另外，根据设备的重要程度和类别，EPC承包商可聘请第三方专业人员对设备的生产过程进行驻厂监造，或者安排技术质量人员定期和不定期地进厂监督检查，这是目前常见的用于设备制造过程的质量控制方式。

（3）设备监造是督促供货商及时提供满足订货合同要求的合格产品，监造范围和监造内容因设备而异。设备下料生产前主要审查设计图样、控制进场原材料和外购件的质量；设备生产过程中要控制各制造工序的质量，监督检查半成品的质量状况；设备制造完毕后进行成品验收和出厂性能测试把关等。工程总承包项目部委托驻厂监造，并授予监造人员一定的权利，以利于监督工作的正常开展，监造人员要针对加工制造的物资或设备，制定监造计划、监造实施细则并编制相应的程序以规范工作。

（4）出厂验收是工厂内对设备质量的最后一道把关。1）在采购合同中应明确物资验证方法，验证工作由采购部组织。对于境外工程项目，设备本身的质量缺陷留待施工现场处理的代价很高，因此务必要把好出厂前的验收质量关。2）根据国家、地方、行业对各种物资的规定、物资重要性的不同，确定对物资的抽样办法、检验方式、验证记录等。出厂验收人员需要具备相应的专业技能，按照订货合同的验收标准和方法，根据设备特性的不同，通过检斤、检尺、化验、试验、测量、测试、外观检查和核对说明书等方法进行检查验收。3）对验证中发现不合格品，应编制"不合格品控制规定"进行规定处理。发现不合格或不符合项时需要下发整改通知单，直到整改达标后方可出厂。

总之，设备出厂的验收过程十分重要，直接关系到后续的安装和调试工作是否顺利。因此，出厂验收务必细致、严格，不能走过场，应最大限度地将制造质量的瑕疵或者缺陷在工厂内消除。上述仅对设备物资采购质量的管理与控制方法进行了原则性介绍，采购管理人员可以根据设备特点、产品制造难易程度和市场供求关系等因素进一步拓展思路，找到最佳方法。

12.4 施工质量管理

12.4.1 施工质量控制

现场施工是形成工程实体的关键阶段，施工质量控制也是工程项目履约中质量控制的重要内容。它不仅直接关系到整个工程项目的最终质量水平，而且关系到项目建成后能否满足相关标准和工程总承包合同的考核要求。工程设计再完美，设备物资采购的质量再无暇，如果施工阶段的质量没有控制好，同样交不出满足合同要求的合格产品。

根据多个工程项目的实践经验发现，设置工序质量控制点是控制施工质量的有效方法，适用于各个专业施工的每个阶段。工序质量控制点的设置需把握一定原则，即凡是对工程项目的性能、安全、使用寿命和可靠性等有重要影响的关键部位或对下道工序质量有严重影响的关键点都需要设置。质量管理人员按照程序要求进行管控，只有每个工序质量控制点得到有效控制，整个工程项目的施工质量才有保障。

从质量控制的时间来看，可分成事前控制、事中控制和事后控制；从参与质量控制的形式和范围来看，可分成全员质量控制和全过程质量控制；从涉及的专业来看，可分为土建工程施工质量控制和机电工程施工质量控制；从工程进度来看，可分三方面进行，分别为施工前管理、施工过程中管理和工程试验管理。下面从施工前管理、施工过程中管理和工程试验管理三个维度论述施工质量的管理要点。

1. 施工前管理

在工程施工前，项目部应组织好施工技术交底工作，将质量目标、质量保证措施向相关的分包商和合作单位进行交底或培训，并根据总承包合同、相关标准及业主要求以及资料管理规程等，编制有关质量管理记录的内容、格式和流转程序，以便在项目实施过程中与各分包商和合作单位之间文件的格式统一、流转顺畅。具体如下：

（1）建立完善的质量组织机构，规定有关人员的质量职责。

（2）对施工过程中可能影响质量的各因素进行管理，包括各岗位人员能力、设备、仪表、材料、施工机械、施工方案、技术等因素。

（3）对施工工作环境、基础设施等进行质量控制。

2. 施工过程中管理

（1）项目开工前，项目部应组织分包商和合作单位将各施工过程分解，共同制定项目施工的质量控制点，并在施工过程中对质量控制点进行严密监控。

（2）工程总承包商项目部应编制产品标识和可追溯性管理规定，对进入现场的各种材料、成品、半成品及自制产品，应进行适当标识。

（3）进入施工现场的各种材料、成品、半成品必须经质量检验人员按物资检验规程进行检验合格后才可使用，工程总承包商项目部应编制产品监控和测量控制程序，对检验、测量和试验设备进行有效控制，确保其处于受控状态。在施工过程中发现的不合格品，其评审处置应按不合格品控制规定执行。

（4）项目部应要求分包商和合作单位建立施工过程中的质量管理记录，并对该记录进行标识、收集、保存、归档。

（5）在施工过程中，项目部应要求分包商和合作单位对各施工环节的质量进行监控，包括各个工序、工序之间交接、隐蔽工程等，并对重点原材料配比计量、特殊与关键工序和施工过程进行重点监控与记录，必要时可扩大材料送检范围、增加检测频率，以确保工程质量。

（6）项目部应依据施工分包商和合作单位提交的质量控制体系对其原材料检验、施工工艺选择、工序检测、劳务技能确认等工作进行监督、检查和记录。

（7）对参与项目的人员进行考核、对施工机械、设备进行检查、维修，确保能够符合施工要求。

（8）对于施工过程中出现的变更应制定相关的处理程序。

（9）应编制"施工质量事故处理规定"对发生的质量事故进行处理。

3. 工程试验管理

项目部应定期监督、检查各分包商和合作单位试验工作的具体实施。

12.5 项目质量协同管理

12.5.1 各项工作间的接口质量控制点

工作界面管理项目部应高度重视设计、采购、施工与试运行之间的界面关系，充分发挥自身优势，协调、控制和处理好各分包商和合作单位所负责工作之间的接口关系，对工作界面的质量情况实施重点控制。

1. 设计与采购

（1）请购文件的质量。请购文件由设计向采购提交，按设计文件的校审程序进行校审，并经设计经理确认。

（2）报价技术评标的结论。报价技术评标工作由设计经理组织有关专业设计负责人进行，评审结论中应明确提出评审意见。

（3）供货厂商图纸的审查、确认。供货厂商的图纸（包括先期确认图及最终确认图等）由采购人员负责催交并传递到有关专业，设计/技术人员负责审查、确认；对主要的关键设备必要时召开制造厂协调会议，设计/技术人员负责落实技术问题，采购人员负责落实商务问题。

（4）采购变更，如遇客观原因需变更，采购应及时与设计沟通，重新按以上程序实施。

2. 设计与施工

（1）施工向设计提出要求与可施工性分析的协调一致性。在设计阶段设计应满足施工提出的要求，以确保工程质量和施工的顺利进行。施工经理在对现场进行调查的基础上，向设计经理提出重大施工方案设想，保证设计与施工的协调一致。

（2）设计交底或图纸会审的组织与成效。设计经理组织设计人员进行设计交底，必要时由施工经理组织图纸会审，以保证工程的质量和施工的顺利进行。

（3）现场提出的有关设计问题的处理对施工质量的影响。无论是否在现场派驻设计代表，设计人员均应负责及时处理现场提出的有关设计问题及参加施工过程中的质量问题或事故处理。

（4）设计变更对施工质量的影响。所有设计变更，均应按变更控制程序办理，设计经理和施工经理应将变更分别归档。

3. 设计与试运行

（1）设计应满足试运行的要求。在设计阶段，工艺系统设计应考虑试运行经理提出的合理要求，以确保工程质量和试运行的顺利进行。

（2）设计组制定试运行操作指导手册及试运行方案的质量。设计组应协助试运行组工作；设计人员提供的试运行操作原则与要求的质量对编制试运行操作手册有重要影响。

（3）试运行工作由业主组织、指挥并负责及时提供试运行所需资源。设计协助试运行负责试运行的技术指导和服务，指导与服务的质量在很大程度上影响试运行的结果。

4. 采购与施工

（1）按项目进度和质量要求，采购部门对所有设备材料运抵现场的进度与质量进行跟踪与控制，以满足施工的要求。

（2）施工方需参加由采购部门组织的设备材料现场开箱检验及交接。

（3）对施工过程中出现的与设备材料质量有关的问题，采购人员应及时与供货商联系，找出原因，采取措施。

5. 采购与试运行

（1）采购过程中，试运行人员应会同采购各参与方对试运行所需设备材料及备品备件的规格、数量进行确认，以保证试运行的顺利进行。

（2）试运行过程中出现的与设备材料质量有关的问题，采购人员（合作单位或分包商）应及时与供货商联系，找出原因，采取措施。

6. 施工与试运行

（1）试运行人员应向施工各参与方提交试运行计划，使施工计划与试运行计划协调一致。

（2）施工各参与方负责组织机械设备的试运转，试运转成效对试运行产生重大影响。

（3）施工各参与方按照试运行计划组织人力并配合试运行工作，及时对试运行中出现的施工问题进行处理，排除由于施工的质量问题而引起的对试运行不利的因素。

12.5.2　质量的测量、分析和改进

1. 总则

（1）工程总承包项目部质量部门负责策划并组织实施项目的测量、分析和改进过程，确保质量管理体系的符合性和有效性。

（2）工程总承包项目部应充分收集体系审核中发现的问题，以及过程、产品测量和监控、不合格等各方面的信息和数据，并运用统计技术，分析原因，采取纠正和预防措施，以达到持续改进的目的。

2. 测量

（1）顾客满意调查

1）质量部门负责对顾客满意度的信息进行监视和测量，确保质量管理体系的有效性并明确可以改进的方面。

2）对顾客信息进行分类并收集与顾客有关的信息，包括对顾客的调查、顾客的反馈、顾客的要求、顾客的投诉等。

3）工程总承包项目部其他部门应及时将收集到的信息传递到质量部门，由质量部门负责对信息进行整理汇总，进行统计分析，得出定性或定量的结果，对于顾客不满意的问题，质量部门应组织相关部门进行原因分析，责成有关部门采取纠正或预防措施，并跟踪实施效果。

（2）内部审核

1）质量部门编制并组织实施"内部审核控制程序"，按照程序的规定进行内部审核，以确定质量管理体系是否满足标准的要求，是否有效地实施和保持。

2）在内部审核前，应按照"内部审核控制程序"的要求组织内部审核小组，编制具体的内审计划，准备工作文件和记录表格，包括：内部审核计划、检查表、不合格报告、内审报告、纠正／预防措施表、会议签到表等，在准备工作已经做好后，开始进行内部审核。

3）审核员的选择和审核任务的安排应确保审核过程的客观性、公正性和独立性。审核员不能审核自己的工作。

4）通过面谈、现场检查、查阅文件和记录、观看有关方面的工作环境和活动状况，收集证据，记录观察结果，评价与质量管理体系要求的符合程度，确定不合格项。

5）汇总全部不符合项、进行评定，总结审核结果并编写审核报告，对质量管理体系运行的情况及实现质量目标的有效性提出审核结论，并提出纠正、改进建议。

6）对于不合格项，分析不合格原因，制定纠正措施计划，经批准后实施。质量部对实施情况进行跟踪，发现问题时，及时协调解决。纠正措施完成后，对纠正措施的有效性进行验证。

7）内部审核完成后，将审核的全部记录汇总整理后交质量部，质量部门按"记录控制程序"的有关规定收集和保存。

（3）产品的监视和测量

1）质量部门编制并组织实施"产品的监视和测量控制程序"，按照程序的规定对项目全过程进行测量和监视，保证项目每一道工序使用合格产品，以确保使用的过程产品从原材料进货到项目竣工时的项目质量，达到设计和合同要求的质量标准。

2）对进场的各种材料都必须按物资检验规定进行验证，内容包括：观察材料的外观质量、产品标牌、规格、型号及数量，审核产品质量证明文件，如合格证、出厂证明、试验报告等，并进行登记、保管。

3）使用前对必须进行复检的材料要及时进行复检，未经复检或复检不合格的材料禁止投入使用。

4）施工前，施工部门制订监视和测量计划，规定监视和测量方法、评定标准、使用的设备。

5）施工过程中，必须按质量监视和测量计划的内容进行工序监视和测量。未经监视和测量的工序和过程产品，不得进入下一道工序，除非有可靠追回程序的，才可例外放行,但必须随后补作检验。放行的工序必须经主管领导批准。

6)隐蔽工程经检查符合要求后,做好隐蔽工程验收记录,经各方签字同意隐蔽后,方可进入下道工序。

7)对于需要过程试验的项目,必须经过检验合格后才能进入下道工序。

8)工程总承包项目完成合同内容后,要进行最终监视和测量,其前提是确认所有前面工序的监视和测量均已完成,且满足规定要求后方可进行最终监视和测量。

9)在产品监视和测量中发现的不合格,按工程总承包项目部"不合格品控制规定"处理。

10)对工程总承包项目进行的各阶段的监视和测量,都要按行业主管部门文件和工程总承包项目部"记录控制程序"的规定记录、收集、整理、归档。

3. 数据分析

(1)质量部门负责编制并组织实施"数据分析控制程序",确定、收集和分析相关数据以证实项目质量管理体系的适应性和有效性。这些数据包括在测量过程中得到的数据以及从其他渠道获得的数据。

(2)质量部门负责确定分析数据所使用的统计方法,对应用统计技术的人员,按有关要求进行培训,各部门根据使用要求,选用适当的统计方法,质量部门负责指导。

(3)对于收集的质量数据用适当的统计技术进行处理后,质量部门根据分析提供信息,通过这些信息可以发现问题,进而确定问题产生的原因,并采用相应的纠正/预防措施。同时,利用这些信息确定质量管理体系的适宜性和有效性,并确定改进的方向。

4. 改进

(1)工程总承包项目部应利用质量方针、质量目标、审核结果、数据分析、纠正和预防措施以及管理评审等选择改进机会,持续改进质量管理体系的有效性,以便向顾客提供稳定和满意的工程和服务。

(2)质量部门负责对日常改进活动的策划和管理,质量部门负责组织各部门进行策划,编制质量改进计划,经审核批准后组织实施。

(3)对质量管理体系运行和项目实施全过程中已发现的不合格的现象,工程总承包项目部应采取纠正措施,并对纠正的有效性进行评定,直到有效解决问题。对此,质量部门应制定并组织实施"纠正措施控制程序"。

(4)为消除产生问题潜在原因,防止发生不合格,确保质量管理体系有效运行,质量部门应制定并组织实施"预防措施控制程序",质量部门应按照规定组织其他部门分析产生潜在不合格原因,确定采取的预防措施,预防措施实施后,各部门对预防措施的实施情况及其有效性进行评价,并上报质量部门,由质量部门组织有关人员进行验证,作出验证结论,确认预防措施是否有效。

（5）采取纠正措施和实施预防措施实施记录由质量部门负责按"记录控制程序"的规定收集、保存。

（6）引起的质量管理体系文件的修改，具体按"质量文件"控制规定的规定实施。

5.质量事故处理流程

面对质量事故，首先需要监理发出《质量通知单》，然后承包人进行事故调查，分析事故原因，监理组织审查《质量缺陷调查报告》，承包人研究、制定处理方案，如果该方案通过（若该方案未通过，需要进行补充调查，提出新的方案，直至方案通过），承包人实施处理方案，承包人完成处理，自验后申请验收，监理检查、验收，最后监理提交《质量事故报告》。

质量事故处理程序如图12-4所示。

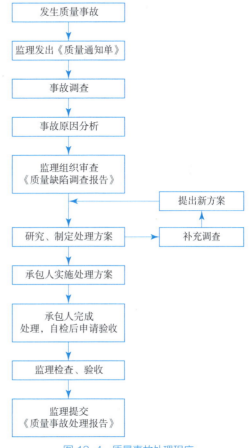

图 12-4 质量事故处理程序

12.6 本章小结

本章主要介绍了质量管理的概念和内容，包括质量计划编制要求、质量管理体系的文件要求、质量管理组织与职责、质量管理体系的建立程序等。

在设计质量管理方面，需要制定设计质量控制相关项目管理制度，明确设计质量影响因素，制定设计质量控制方向，并加强设计过程的管控和成果的考核，以提高设计质量。在采购质量管理方面，需要建立采购质量的制度保障，进行采购前期质量控制和制造过程质量控制，以确保采购材料和设备的质量。在施工质量管理方面，需要进行施工质量控制，包括施工前的管理、施工过程中的管理和工程试验管理，以保证施工质量达到要求。

此外，本章还介绍了项目质量协同管理的重要性，包括各项工作间的接口质量控制点和质量的测量、分析和改进方法。对于质量事故的处理流程也进行了说明。

通过本章的学习，我们能够了解质量管理的要求和控制措施，从而提高项目的质量水平，确保项目顺利进行。同时，也为建立和改进质量管理体系提供了指导和方法。

思考题

1. 简述质量管理的目的是什么？
2. 简述质量管理体系的文件控制和记录控制有什么作用？
3. 项目质量计划的编制要求包括哪些方面？
4. 简述设计质量管理的控制方向有哪些？
5. 采购质量前期控制的目的是什么？
6. 施工前管理的内容有哪些？
7. 机电工程施工质量管理中，焊接施工质量的要求是什么？
8. 项目质量协同管理中，设计与采购之间的接口质量控制点有哪些？
9. 质量测量、分析和改进的步骤包括哪些？
10. 质量事故处理流程中应采取哪些措施？

13

项目成本管理

【教学提示】

成本管理是总承包项目管理的一个关键方面，具体指在项目全生命周期内，对项目成本进行计划、估算、预算、监控和控制的过程，以确保项目在批准的成本预算内按时、按质、经济高效地完成既定目标。本章主要分析了工程总承包模式下各阶段的工程成本组成，以及成本管理工作的主要内容及主要措施。

【教学要求】

本章应重点掌握工程总承包模式下设计阶段的划分以及设计阶段成本规划工作的基本过程；充分理解施工阶段成本计划与控制的动态控制原理；掌握各阶段成本管理的主要措施。

13.1 成本管理概述

13.1.1 项目成本的概念

项目成本是指项目从设计到完成期间所需全部费用的总和。从项目全生命周期的角度出发,项目成本包括项目决策成本、项目启动成本、项目实施成本以及项目终结成本。从成本构成要素的角度出发,项目成本包括人力成本、材料成本、设备成本、其他成本等。

项目成本的影响因素有项目规模、管理水平、质量、工期和价格等。准确估算项目投资额,科学制订资金筹措方案,是降低项目成本、提高投资效益的重要途径。

13.1.2 项目成本管理的概念

项目成本管理是工程总承包项目管理的关键内容,具体指在项目全生命周期内,对项目成本进行规划与控制的过程,以确保项目在确定的成本预算内按时、保质、高效完成既定目标,并最大限度地提高项目效益。

在工程总承包管理实践中,项目成本管理是一个综合性的管理过程,往往面临多种挑战。不同的项目参与方都需要进行项目成本管理,从项目和企业两个层级建立项目成本管理体系,确保项目成本管理目标的顺利实现。

工程总承包商应负责组织编制项目预算,执行项目成本管理目标,实施项目成本控制,并根据项目提供的成本信息编制项目月度成本报告。工程总承包商应根据项目执行情况,提出项目整体预算调整报告。当实际成本超过预算时,应开展偏差分析,采取纠偏措施。工程总承包商应组织收集整理项目成本资料,建立清晰适用的项目成本数据库。

13.2 设计阶段成本规划与控制

13.2.1 项目设计阶段划分

建设项目一般分初步设计和施工图设计两个阶段进行;对于技术上复杂而又缺乏设计经验的项目,可以按照初步设计、技术设计和施工图设计三个阶段进行。对于特殊的大型项目,事先要进行总体设计。具体来说:

(1)初步设计是整个设计思路形成的阶段,也是成本规划和控制的重要阶段。通过初步设计可以通过对比选择确定主要的技术方案及技术经济指标来明确拟建项目的技术可行性和经济合理性。这一阶段需要编制设计总概算,运用全寿命周期成本理论,对设计方案进行价值工程分析和比选,从技术和经济的角度确定最佳设计方案。

(2)技术设计是初步设计的具体化。根据更详细的勘察资料和技术经济分析,对初步设计进行细化。同时综合考虑施工的可行性,对初步设计加以补充和修正。技术设计的详细程度要能满足确定设计方案中重大技术问题和有关实验、设备选型等方面的要求,应能根据它确定出施工图和提出设备订货明细表,这一阶段需要修正总概算。

(3)施工图设计是衔接设计工作和施工工作的重要桥梁。施工图设计的深度应能够满足设备材料的选择和确定、非标设备的设计和加工制作、施工图预算的编制以及现场施工安装的要求。

在工程总承包项目全过程成本控制中,设计阶段是决定项目成本的关键阶段,具有降低成本的巨大潜力。在设计阶段通过采取设计方案的技术经济分析、限额设计等主动控制手段,从项目整体的角度进行系统性成本规划与控制,可以使设计方案实现经济合理和技术可行的双重效果。

13.2.2 设计阶段成本规划的内容

设计阶段的成本规划是设计及后续阶段进行成本控制的基础和基准。设计阶段应按项目确定的总成本目标编制成本规划,确定不同设计阶段的成本控制目标,并按照专业和内容进行分解,用以指导具体的设计工作的开展,进行设计方案的经济性分析。

(1)投资估算是项目初步设计的成本控制目标。对投资估算进行合理分解,用以控制项目初步设计的各项工作。

(2)在初步设计阶段编制设计概算,控制设计概算不超过项目投资估算。

(3)设计概算是项目施工图设计(或技术设计)的控制目标。

(4)在技术设计阶段编制修正概算,对设计概算进行修正。

(5)在施工图设计阶段编制施工图预算,控制施工图预算不超过项目设计修正概算。

工程项目设计阶段的成本规划工作需要编制的估算、概算、预算是渐进明晰的过程,三者由粗到细、由浅到深,精确度由低到高,前者控制后者,后者补充前者。各构成要素之间的关系如图13-1所示。

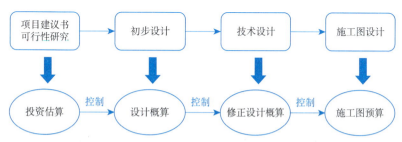

图13-1 设计阶段的成本规划工作构成要素关系

13.2.3 设计阶段的成本控制

设计阶段的成本控制是对设计过程形成的成本进行层层控制,以实现拟建项目成本控制目标。设计阶段成本控制的具体措施包括:

1. 组织措施

（1）建立并完善工程总承包商自身的设计管理部门，落实设计管理人员，确保工程总承包商相关人员参与到设计工作中，及时掌握设计相关信息，加强履行设计管理中的审查、参与、组织、协调和监督职能，编制设计阶段成本控制的详细工作流程图。

（2）外聘咨询专家或者委托咨询机构实施设计监理。

（3）实行设计招标或者设计方案竞赛，以确保设计方案的经济性与技术性。

（4）加强对于设计分包单位的监控，监督设计分包单位完善自控系统，如督促设计分包单位严格执行专业会签制度、方案审核制度等。

2. 技术措施

（1）推行限额设计；

（2）进行设计方案的比选；

（3）运用价值工程进行优化设计。

3. 经济措施

（1）编制设计费使用计划；

（2）对设计费的使用进行跟踪；

（3）根据设计方案的经济性进行奖惩。

4. 合同措施

（1）参与设计分包合同的签订与修改；

（2）跟踪设计分包合同执行，防止设计分包合同纠纷；

（3）做好与设计阶段相关的设计文件、管理文件的收集与整理工作；

（4）在设计分包合同中建立合理的激励与惩罚机制。

13.3 施工成本管理

13.3.1 施工阶段成本管理的概念与原理

工程总承包项目施工阶段的成本管理是以工程项目为对象，以既定的预算成本为基础，统筹施工各阶段、各部分的工程成本，在施工动态实施过程中科学有效地进行动态控制，确保工程顺利实施和项目总成本目标的实现。施工阶段的成本管理工作具体包括施工成本计划和施工成本控制两大内容。

施工成本计划是以货币形式编制施工项目在计划期内的生产费用、成本水平、成本降低率以及为降低成本所采取的主要措施，它是建立施工项目成本管理责任制、开展成本控制和核算的基础。

施工成本控制是指在施工过程中，根据成本计划确定的各项成本控制目标，对影响施工成本的各种因素加强管理，并采取各种有效方法和措施，将施工中实际发生的各种支出严格控制在成本计划范围内，纠正可能或已经发生的偏差，以保证项目成本目标实现。

工程项目的施工成本管理应贯穿于项目的全过程，是全面成本管理中的重要环节。不同的施工方案将导致直接工程费、措施费和企业管理费的显著差异。成本计划的编制是实现施工成本控制的重要手段。因此，其编制应建立在已经确定的施工方案的基础上，将计划成本目标逐层分解落实，为各项成本的执行提供明确的目标、控制手段和管理措施。施工成本控制可分为事先控制、事中控制（过程控制）和事后控制。在项目的施工过程中，需按动态控制原理和主动控制原理对实际施工成本的发生过程进行有效控制。

动态控制是以合同文件和成本计划为目标，以进度报告和工程变更与索赔资料为动态资料。在工程实施过程中定期地进行成本发生实际值与目标值的比较通过比较发现并找出实际支出额与成本目标之间的偏差，然后分析发生偏差的原因并采取有效措施纠偏。主动控制是指将"控制"立足于事先主动分析各种产生偏差的可能，并采取预防措施，通过快速完成"计划—动态跟踪—再计划"这个循环过程，尽量减少实际值与目标值的偏离。

施工阶段成本计划与控制的动态控制原理如图 13-2 所示。

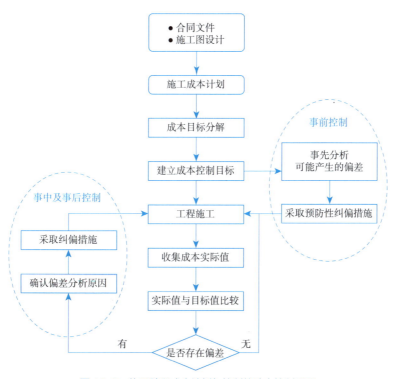

图 13-2　施工阶段成本计划与控制的动态控制原理

13.3.2　施工阶段成本管理的主要工作内容

施工阶段的成本计划与控制工作不仅受到设计阶段成本计划与控制成果质量的影响，还与该阶段的主要参与方和人员有关。在施工阶段做到相关人员"应参与，尽参与",注重加强不同参与方和人员之间的信息共享,全面控制与重点控制相结合,目标控制与过程控制相结合,以确保该阶段成本控制成果的质量。

从目前国内外的工程实践来看,以下几方面的因素对施工阶段的成本有明显的影响,从而构成了工程总承包商施工阶段成本计划与控制的主要工作内容:

(1) 施工方案的技术经济分析;
(2) 投资目标的分解与资金使用计划的编制;
(3) 工程计量与价款结算;
(4) 工程变更的控制;
(5) 索赔控制;
(6) 投资偏差分析。

13.3.3 施工阶段成本管理的主要措施

为了取得施工成本管理的理想效果,应当从多方面采取措施,具体包括:

1. 组织措施

成本控制工作只有建立在科学管理的基础之上,具备合理的管理体制,完善的规章制度,稳定的作业秩序,完整准确的信息传递,才能取得成效。组织措施是其他各类措施的前提和保障,而且一般不需要增加什么费用,运用得当可以收到良好的效果。总承包商可以采取的组织措施包括:

(1) 建立合理的项目组织结构,明确各级施工成本管理人员的任务和职能分工,实行施工阶段成本管理的责任制。
(2) 编制施工成本控制工作计划、确定合理详细的工作流程。
(3) 加强施工定额管理和施工任务单管理,控制活劳动和物化劳动的消耗;加强施工调度,避免因施工计划不周和盲目调度造成窝工损失、机械利用率降低、物料积压等而使施工成本增加。
(4) 做好施工阶段必要的技术经济分析与论证。

2. 技术措施

技术措施不仅对解决施工成本管理过程中的技术问题是不可缺少的,而且对纠正施工成本管理目标偏差,降低成本有重要的作用。施工过程中有利于成本控制的技术措施包括:

(1) 对设计变更进行技术经济分析,严格控制设计变更。
(2) 在施工过程中持续改进设计方案,挖掘成本节约潜力。
(3) 审核承包商编制的施工组织计划,对主要方案进行技术经济分析。

3. 经济措施

经济措施是最易为人们所接受和采用的措施,具体包括:

(1) 编制资金使用计划,确定和分解施工成本管理目标。

（2）对施工成本管理目标的实现进行风险分析，并依据事前控制原理，制定预防性纠偏措施。

（3）严格进行工程计量、复核工程付款账单、签发付款证书。对各种变更，及时做好增减账，及时结算工程款。

（4）在施工中进行支出跟踪控制，定期进行实际值与目标值的比较，分析偏差并随时纠偏。

（5）定期收集工程项目成本信息、已完成的任务量情况，更新建筑市场相关成本指数等数据，进行成本分析，对工程施工中的成本支出做好分析预测。

（6）对节约成本的合理化建议进行奖励。

4. 合同措施

采用合同措施控制施工成本，应贯穿从合同谈判开始到合同终结的整个管理过程。

（1）对各种合同结构模式进行分析和比较，在合同谈判时，要争取选用适合于工程规模、性质和特点的合同结构模式。

（2）施工过程中及时收集、整理有关的施工、监理、变更等工程信息资料，为正确地处理可能发生的索赔提供依据。

（3）密切关注合同执行情况。

（4）参与合同修改、补充工作，着重考虑其对成本的影响。

13.4 本章小结

成本管理是工程总承包项目管理的一个关键方面。做好工程总承包项目的基本前提是充分理解成本计划和控制的基本原理，了解项目各阶段的成本构成。在此基础上，应根据工程项目的特点和各阶段的工作性质，分析出不同阶段成本管理的工作重点，以及可采取的控制成本的主要措施。项目的成本管理是一个综合性的复杂过程，需要各方参与及信息共享，从项目和企业的不同层级建立起成本管理体系，以确保项目总体成本目标的实现。

思考题

1. 什么是项目成本？什么是项目成本管理？
2. 建设工程项目的设计阶段是如何划分的？
3. 简述项目设计阶段成本规划的主要内容，以及各构成要素之间的关系。
4. 实现设计阶段成本控制的具体措施有哪些？
6. 简述项目施工成本控制的基本原理。
7. 简述施工阶段成本管理的主要工作内容。
8. 简述施工阶段成本管理的具体措施。

14

项目职业健康、安全与环境管理

【教学提示】

本章介绍了工程总承包项目中的 HSE 管理的目的和主要任务、管理职责和 HSE 管理体系的框架和要素，重点介绍安全、职业健康和环境管理的重要性以及安全管理相关制度和措施，包括安全生产管理体系、安全教育制度、作业安全管理等；介绍职业健康管理的体系和相关制度，包括职业病预防、职业病防治措施等；着重讲解环境管理的重要性和控制措施，包括环境保护管理体系、环境因素的识别与评价等。

【教学要求】

熟悉 HSE 管理体系的文件框架和要素，了解安全生产管理的相关制度，包括安全教育、安全检查等，职业病预防和治理的措施和过程防护与管理；理解 HSE 管理的目的和主要任务、管理职责的分工，职业健康管理体系的总则、组织机构和相关制度，环境保护管理体系的目标、组织机构和责任主体；掌握安全生产管理体系的目标、法律法规、组织机构和管理职责，环境管理措施，包括水污染防治、噪声污染防治等。

14.1 一般规定

工程建设是一项劳动密集型的生产活动，施工场地狭小，施工人员众多，各工种交叉作业，机械施工与手工操作并进，高空作业多，而且施工现场又多为露天场所，环境复杂，劳动条件差，不安全、不卫生的因素多，极易引发各种疾病，产生安全事故和造成环境问题。

项目职业健康、安全与环境（Health、Safety and Environment，以下简称 HSE）管理是指对工程项目进行全面的健康安全与环境管理，这不仅关系到项目现场所有人员的健康安全，也关系到项目周围社区人群的健康安全；不仅影响到项目建设过程，也影响到项目建成后的长远发展。进行 HSE 管理的目的就是最大限度地减少人员伤亡事故，保障生命财产安全以及保护环境。

近年来工程总承包模式在国内外建筑行业得到推广和应用，项目参与人员健康、项目安全生产及其对周边环境的影响已成为工程总承包商除项目质量、进度和成本外须重点关注的方面。工程总承包模式下的 HSE 管理是一项复杂的系统工程，贯穿项目始终，需要通过建立、实施 HSE 管理体系，对健康、安全、环保进行全方位的管理，从而使得项目建设中的危险、对社会的危害、对环境的破坏下降到最低点。

目前工程总承包商在进行项目 HSE 管理的过程中普遍存在的问题是缺乏明确的 HSE 管理要求和角色定位，常常出现管理职责重叠或"以包代管"的现象。因此，工程总承包模式下亟需建立起合理科学的 HSE 管理体系，并保证其有效运行，以满足国家法律法规、项目参与人员、周围环境、业主等各方面对 HSE 管理的要求。通过营造良好的 HSE 管理氛围、提升项目参与人员 HSE 意识、落实项目各参与方 HSE 职责，坚持全员参与、重在预防、以人为本的管理原则，采用系统化、程序化、模块化和全员化的管理模式，以实现项目"零伤亡、零事故、不损害员工健康、不污染环境"的 HSE 管理目标。

14.1.1 工程总承包项目 HSE 管理体系

建立一个完善的 HSE 管理体系是做好工程总承包项目 HSE 管理的基本保障。一般而言，工程总承包项目的 HSE 管理体系可依照计划（Plan）—实施（Do）—检查（Check）—改进（Action）的模式建立，以确保 HSE 管理过程中风险识别不漏项、安全管控不失位，坚决遏制和杜绝事故发生。该体系中涵盖了七个具体组成要素：领导和承诺；方针和目标；组织机构、资源和文件；评价和风险管理；规划；实施和检测；评审和持续改进。这七项要素之间紧密相关、相互渗透，以期达到如下具体目标：

（1）识别工程总承包项目的 HSE 管理风险及要遵循的相关要求；

（2）确定工程总承包项目的 HSE 管理具体目标；

（3）策划工程总承包项目的 HSE 组织结构与职责，以及管理体系文件的结构层次；

（4）确定工程总承包项目 HSE 管理体系所需建立的过程及在项目各层次、岗位管理中的应用；

（5）确定各个过程的流程、顺序及相互之间的链接、关联、支持和制约作用；

（6）确定各个过程的准则和方法，以确保其有效运行和控制；

（7）确保获得必要、足够的资源、培训和信息，以支持、监视各个过程的运行和结果；

（8）通过各管理层次监视、测量（适用时）和分析各个过程的适用性与充分性；

（9）采取必要措施，以实现所策划的结果，或制定不同过程的控制措施，持续改进不充分、不适用的过程。

14.1.2 工程总承包项目 HSE 管理要点

1. 设计阶段 HSE 管理

设计的目的不但要确保设计成果符合国家法律法规以及国家、地方、企业等标准规范的要求，更要符合 HSE 管理体系对于健康、安全、环境的要求。应由工程总承包项目经理组织协调各专业设计人员来完成。在健康方面，设计成果在符合相关技术要求的前提下，应尽可能选取无毒无害的产品材料或对施工人员健康危害性较小的材料。在安全方面，工程设计人员应进行充分调研，确保所选用设备、材料的质量符合相关技术质量标准，保证投产后安全可靠运行，避免因设计质量问题导致安全事故的发生。在环境方面，设计人员要充分了解项目投产后正常生产情况下对环境造成的影响，同时考虑突发事件发生时项目对环境造成的危害。

2. 施工阶段 HSE 管理

施工阶段 HSE 管理的目的是确保工程施工过程中参与人员严格遵守各类职业健康、安全技术规范、环境标准及操作规程等，使 HSE 体系有效运转。在健康方面，除施工风险会影响参与人员健康外，职业病以及公共卫生防护不到位，同样会危及人身健康。例如，受限空间内焊接作业，会造成施工人员窒息或是吸入大量烟尘；食堂消杀不彻底或食材处理不当，会导致食物中毒。因此，应当通过加强职业病防治和公共卫生监督检查，杜绝此类问题发生。在安全方面，应针对项目特点将安全风险识别、风险评价、风险管控作为核心，加强 HSE 教育培训和应急演练，对重点部位加强管控、对高危作业进行全方位监督。此外，进一步明确各参建单位 HSE 工作界面的管理，使相关单位安全管理各有侧重，确保安全管理无死角。在环境方面，工程施工不可避免地会产生固液废弃物、扬尘、噪声、破坏植被等情况，若处理不当均会对当地环境造成重大影响。因此，应当编制重要环境因素清单，制定具体的防治污染和环境保护措施方案。工程总承包商应组织参与人员学习并加强监督，使具体措施落实到实际工作中，尽最大努力降低对环境的影响，杜绝环境污染事件的发生。

3. 风险辨识与控制

项目实施前必须根据项目实施计划进行整体危险源、环境影响因素及职业病危害因素的辨识与评价。同时根据项目进展情况，每月至少组织一次危险源、环境影响因素及职业病危害因素辨识评价活动，形成危险源、环境影响因素及职业病危害因素清单及其控制措施；在项目实施过程中要通过设备更新改造、人员能力培训、新技术应用、有效的运行控制、作业环境改善和适宜的防护措施来消除或降低风险；根据风险评价结果，对不可接受的风险应找出原因，并根据风险控制原则，明确相应的消除风险的控制措施。

4. 遵循法律法规和其他要求

项目要依据部门、专业等管理情况，适时辨识出本部门、专业管理时所适用的法律法规、标准规范、制度规章等条款。在此基础上，还需要进一步建立合规性评价管理程序，评价项目活动对于法律法规及其他要求的遵守情况。

5. 落实资源配置与监督

项目须为 HSE 管理体系的建立和有效运行提供必要的人力、技术、资金、专项技能、基础设施、信息平台等各类资源的保障。同时，考虑各级管理者和专家的意见，定期评审资源的适宜性，确保所提供的资源适合于项目运行过程和风险控制的需求。

6. 增强能力培训和意识培养

通过岗位能力评估、编制岗位人员培训计划等，对可能产生 HSE 风险和影响的所有岗位人员进行培训，使其具备相应的能力和意识，并胜任其本职工作。尤其是对于电工、焊工、起重工、架子工、探伤工等此类特种作业人员，还必须得到政府主管部门颁发的特殊工种上岗证，持证率 100%。在进行 HSE 培训后还需要对其进行考核，并保存相关记录。

7. 增进沟通、参与和协商

采用会议、HSE 活动、合理化建议、员工代表提案等方式，通过网络、公告栏、文件传达等途径，建立内部与外部、横向与纵向的协商沟通渠道。

对进入项目的分包商、供应商等，工程总承包商要与其依据规定程序进行协商与沟通，签订 HSE 管理协议，告知其 HSE 管理的权利和义务及要遵守的 HSE 管理规定。

此外还要接收、记录和回应来自外部的协商与沟通，对涉及 HSE 的重大危险源与重要环境影响因素信息，要进行登记、处理及上报，并记录其决定。

8. 完善绩效监测与考核

建立项目 HSE 绩效监测与管理程序以及项目 HSE 考核管理办法，对可能影响项目 HSE 的活动进行全方位监视，对管理绩效进行科学合理的测量，保证 HSE 管理得到持续改进。通过组织 HSE 绩效考核、季度检查或专项检查、设备设施检测、重大危险源与重要环境影响因素监控等，保证绩效测量和监视工作到位。

9. 做好应急准备与响应

建立项目应急准备与响应管理程序，系统地分析可预见的突发事件、识别潜在的紧急情况和事故，制定响应措施，减轻或避免其引发的伤害、疾病、财产经济损失及环境影响。编制综合应急预案和专项应急预案，成立应急组织机构，储备应急物资和装备。根据项目进度情况，适时定期组织应急演练，按时完成应急方案的评估和修订工作。

14.2 职业健康管理

14.2.1 工程总承包项目职业健康管理的内涵

工程总承包项目职业健康管理是指在工程项目的各个阶段，包括设计、采购、施工、试运行、验收等，采取一系列有组织、有计划、有针对性的措施，以保护从业人员的职业健康安全为核心目标的一系列统筹、规划活动的总称。它旨在识别、评估和控制工程项目中可能存在的职业健康风险，预防职业病的发生，提升从业人员的职业健康意识，保障从业人员的身体健康。工程总承包项目职业健康管理涵盖了多个方面，包括职业健康风险评估、预防和控制以及职业健康培训教育与健康监测等。

工程总承包项目职业健康管理的宗旨是：对整个工程项目进行全面的、全周期的管理，使项目在建设过程中的危险因素降到最低，营造良好健康的工作生活环境，这是以人为本、科学发展和可持续发展的重要体现。同时，实行职业健康管理有利于设计、采购以及施工等部门不断加强彼此合作、优化组织结构、提升工程总承包项目管理水平。

建筑行业在我国占有举足轻重的地位，建筑业属于危险性较大的行业，每年都会有关于建筑工程事故的报道，建筑工程事故影响大、范围广、损失严重，建筑产业关乎民生，建筑生产的安全性必须要足够重视。当前如何切实可行地加强工程建设项目从业者的健康安全保障，是十分紧迫的。只有职业健康管理做到位，建筑工程生产才能真正的造福于民、造富于民。

14.2.2 工程总承包项目职业健康管理计划

1. 职业健康管理计划的内涵

工程总承包项目职业健康管理计划是在工程总承包项目中制定和实施的一份文件或计划，旨在系统性地管理和保护从业人员的职业健康安全。该计划规定了在项目的各个阶段，包括设计、采购、施工、试运行、验收等，如何识别、评估和控制职业健康风险，以预防职业病的发生，并确保从业人员在工程过程中的健康与安全。

工程总承包项目职业健康管理计划通常包括：项目背景和职业健康管理目的、职业风险评估与管理、组织与责任的划分、开展培训与教育、监测与记录等。工程总承包项目职业健康管理计划的目的是确保设计、采购、施工等各部门的从业人员在整个工程过程中得到充分的职业健康保护，减少职业病和职业健康问题的发生，同时提升项目的安全性和可持续性。

2. 职业健康管理计划的主要内容

（1）项目背景和职业健康管理目的

在职业健康管理计划中，首先要明确项目的背景信息，包括工程性质、规模和施工地点等。同时，需要说明编制职业健康管理计划的目的。职业健康管理计划的首要目的是预防和减少工人在施工过程中可能遭受的职业健康风险。这包括物理、化学、生物等各种类型的危害，如噪声、粉尘、有害化学物质等。同时，编制职业健康管理计划也是为了遵循有关职业健康安全的法律法规和标准，工程总承包项目需要遵循这些法规要求，通过编制职业健康管理计划来确保合规性。此外，HSE部门编制职业健康管理计划对工人职业健康的关注体现了其社会责任感和人文关怀，有助于工程总承包单位塑造良好的企业形象，吸引和保留人才。

（2）风险评估与管理措施

在工程总承包模式中，工程总承包商及设计、采购、施工等部门应在项目职业健康负责人的指导下，针对在项目建设过程中可能面临的职业健康风险，进行全面和系统的评估，并采取相应的控制措施，确保风险得到有效管理。例如在工程建设中，通常情况下工人长时间处于露天环境中，长时间的高强度露天作业会导致中暑的风险，因此施工部门要在项目职业健康负责人的指导下针对其所负责的工作进行评估，例如监测环境温度、检查供水情况、评估遮阳设施的设置情况等，根据评估的结果采取相应的管理措施，必要时可进行施工组织设计的调整或联系设计部门进行设计变更，尽量避免在高温时间段进行户外作业。

（3）组织与责任的划分

在职业健康管理计划的实施过程中离不开设计、采购和施工以及医疗等各个部门的通力合作。因此需要明确职业健康管理的组织结构，指定职责和责任，确保各级人员的配合和协调。

具体来说，项目职业健康负责人需要在工程总承包项目经理的指导下制定职业健康管理的整体目标和计划，并委派专职人员负责职业健康管理工作，确保计划的执行；同时协调设计、采购、施工等部门经理的职业健康管理工作，为计划创造良好的执行条件；在计划的实施过程中需要提供必要的资源和支持，确保职业健康管理计划的顺利实施，并定期评估和改进职业健康管理计划。设计、采购和施工部门的职责包括在项目职业健康负责人的指导下制定职业健康管理的具体措施和方案；监督施工现场的职业健康状况，及时发现和处理问题；定期向项目职业健康负责人汇报职业健康管理工作的进展情况；协助监管部门进行职业健康检查和验收。同时，医疗卫生部门主要负责项目现场的医疗服务和救急工作，包括提供急救服务、处理职业健康事故、进行职业健康监测和体检等。

（4）培训与教育活动

工程总承包项目职业健康管理计划中的培训与教育内容应当涵盖广泛，旨在提高项目参与人员的职业健康意识，使他们能够识别和防范职业危害，采取适当的防护措施，保障自己的健康与安全。培训的对象包括设计、采购以及施工等各部门的从业人员，培训内容包括但不限于：职业健康法律和法规政策；不同职业环境中可能存在的各种职业危害；各种个体防护用品和设备的种类、使用方法和注意事项；紧急情况下的救援和急救知识。值得注意的是，培训应定期进行，以确保参与人员的职业健康知识始终保持更新和扩充，适应不断变化的工程进展，同时项目职业健康负责人应根据不断变化的实际情况，有针对性地安排培训内容。

（5）监测与记录

工程总承包项目职业健康管理计划中的监测与记录是指在工程项目的进行过程中，HSE部门或职业健康经理针对从业人员可能面临的职业健康风险和危害因素，委派职业健康管理专职人员，采取一系列的监测措施，以收集、记录和分析各部门的相关数据和信息，从而对从业人员的职业健康状况进行实时、定期的评估和监控，并制定相应的预防和干预措施，以保障从业人员的健康和安全。

职业健康安全监测工作一般内容包括：

1）职业病危害因素监测，包括化学、物理、生物等各种危害因素，以确保工作环境符合相关职业健康标准。

2）职业健康监测记录，包括体检结果、职业病危害因素暴露情况、个体防护措施的使用情况等，用于分析和评估职业健康风险。

3）职业病报告和记录，及时报告职业病病例，进行统计和分析，评估职业健康管理效果，及时调整管理措施。

4）应急响应和处理记录，包括伤害事故的调查、处理措施和预防措施等。

5）职业健康管理措施的执行情况，包括职业健康管理计划中规定的各项措施的执行情况，以及存在的问题和改进措施。

（6）紧急情况应对措施

工程总承包项目职业健康管理中的紧急情况应对措施涵盖了在突发事件或紧急情况下，为了保障从业人员的安全和健康，采取的一系列应急措施。具体内容包括：

1）事故紧急响应。当发生职业健康事故、紧急情况或突发事件时，总承包项目经理应立即启动事故应急响应机制，通知职业健康经理，迅速采取必要的措施，如停工、疏散人员等。

2）伤害事故处理。当发生紧急事故时，施工部门应协助职业健康管理部门处理事故现场，保障伤员的安全和紧急救治，确保受伤人员尽快得到合适的医疗处理和救援。

3）通知与沟通。在紧急情况下，职业健康管理部门应及时向从业人员发出警报或通知，告知危险和应急措施，保障他们的安全，同时与相关部门、医疗机构等保持沟通，协调应对措施。

4）提供个体防护设备。在项目职业健康负责人的指导下，采购部门应在设计部门设计方案的基础上，为施工部门的从业人员提供必要的个体防护装备和设备，确保从业人员在紧急情况下有必要的防护手段，如呼吸器、防护服等。

5）紧急医疗援助。在紧急情况下，项目职业健康负责人应及时联络医疗机构，获取医疗援助，并提供必要的急救和护理。

6）紧急疏散计划。项目职业健康负责人应制定项目现场的紧急疏散计划，明确疏散路线、集合地点等信息，以确保从业人员在危险情况下能够安全撤离现场。

7）事故调查分析。在紧急情况后，工程总承包项目经理和项目职业健康负责人应进行事故调查，分析事故原因，总结经验教训，并组织施工、采购以及设计部门经理对事故进行分析评价，考虑是否需要改进作业方式，或者进行设计变更，以避免类似事件再次发生。

（7）持续改进措施

工程总承包项目职业健康管理计划中的持续改进是指不断地对计划和实施过程进行评估和调整，总结计划实施过程中的经验教训，发扬成绩，克服缺点，以提高职业健康管理的效果和效益。

14.3 安全管理

工程总承包模式下，实现了工程项目建设中的各种技术、经济、管理上的一系列整合，使项目在进度、成本、质量、安全方面达到最佳组合。但是目前的工程总承包项目依然存在施工现场环境复杂、施工作业种类较多、特种设备频繁使用、施工工序交错复杂等安全管理难题，主体安全生产责任落实不到位、管理人员履职能力不足、施工人员素质差等因素时刻影响着项目的安全生产。如何缓解严峻的安全压力，做好安全管理，发挥模式优势也逐渐成为有效推进工程总承包模式的重点。

14.3.1 工程总承包项目安全管理的一般规定

1. 安全基础管理

（1）工程总承包项目须按国家相关的规定，设置安全机构，配备足够的专职安全管理人员，并在项目部发文中体现。工程总承包项目配备的专职安全管理人员须持有注册安全工程师证书或建筑施工单位专职安全管理人员考核证书（C证），具备一定的工程项目现场安全管理经验。

工程总承包项目应建立项目安全领导小组，项目部主要成员为领导小组成员，项目经理为领导小组组长，分管安全的副经理或安全环境总监为常务副组长。工程总承包项目部设安全环境部或安全环境经理，承担项目安全监管职能。

（2）为准确掌握安全生产状况，及时解决施工生产中的安全问题，工程总承包项目部应定期召开安全专题会议，项目部安全领导小组人员参加，讨论项目前期安全问题及后期安全工作重点。

（3）工程总承包项目部应及时识别项目实施过程中存在的危险源及环境因素，评价其重要程度，针对重要危险源及环境因素制定管理方案，并结合不同施工阶段危险源及环境因素的改变，重新识别危险源及环境因素，做到动态管理。

（4）工程总承包项目实施过程中，当涉及签订分包合同时，必须在合同中单列安全生产投入费用提取比例，规定支付条款及对分包单位安全条件的要求等，并与分包单位签订安全生产协议，明确相应的安全责任和义务。

2. 设计过程安全管理

（1）设计安全对工程施工、运行、维护影响巨大，设计事故属"系统偏差"，安全风险贻害无穷。设计阶段应该尽可能地发现项目中可能存在的风险，并进行分析和控制。

（2）设计阶段需充分考虑施工、制造、安装等方面的要求，接受其他相关部门对施工图设计或设备设计的质疑，协调解决交底中提出的有关设计问题。工程总承包商应与施工部门积极配合，认真组织图纸会审，在施工前尽最大可能规避风险。

（3）设计时需综合考虑对于一些风险较高、实施难度较大的内容进行优化设计，规避安全风险。

3. 施工现场安全管理

（1）施工现场布置必须符合国家、行业有关要求，开展安全文明施工。

（2）施工现场存在的重大危险源、重要环境因素及相关控制措施必须在现场张牌公示，必须悬挂醒目的安全标语。施工的危险部位和易发生事故的地段，应设警告标志牌，夜间应设红灯警示，重要部位应设警示牌照明、围栏和标志牌。

（3）对施工生产过程中的安全防护设施，应建立维护保养制度，保证设备完好，安全装置灵敏可靠，任何单位和个人不得随意拆除或弃之不用。

（4）施工工地必须执行三级安全教育规定，特种作业人员必须持证上岗，凡未经教育培训或虽经教育培训但考核不合格者，一律不得上岗作业。

4. 安全技术管理

（1）安全专项施工方案的编制是施工组织设计不可缺少的一部分，是改善劳动条件、消除事故隐患及保护员工在施工生产过程中人身安全的有力措施，是确保施工生产安全的重要手段，所有工程总承包项目都要编制安全技术措施方案。

（2）工程施工前要对作业环境、设备机具、安全防护、个人劳保用品及作业对象实行施工作业安全检查确认制，确认符合方案及相关规定后方可进入现场施工。

（3）危险性较大的分部分项工程施工前，项目部要对施工单位及作业人员进行安全技术措施交底，对施工安全提出建议，并留存相关交底记录。

14.3.2　工程总承包项目安全生产责任制

1. 项目经理安全生产职责

（1）工程总承包项目经理是项目安全生产的第一责任人。

（2）认真贯彻执行《安全生产法》，牢固树立"安全第一、预防为主、综合治理"的思想，严格执行各项规章制度，禁止违章指挥工人冒险作业。

（3）保证项目部安全生产投入用于安全设施、技术改造、劳动保护用品的配备、安全生产培训、依法参加的工伤社会保险、意外伤害险、安全检查、事故处理等方面。

（4）组织、制定项目部安全保证计划和应急救援预案并实施。

（5）严格执行安全责任制度，层层分解安全指标，确保各项安全指标的实现。

（6）定期组织安全领导小组召开安全生产会议，对施工生产中存在的安全问题制定有效措施。

（7）定期组织项目部有关人员，对生活区、办公区和施工现场进行安全检查。对查出的隐患问题和上级安检部门查出的问题，应按"定人、定时、定措施"的"三定"原则及时整改。

（8）经常对项目部员工进行安全生产和劳动纪律教育，总结交流安全生产经验，开展安全劳动竞赛活动，对员工进行劳动安全奖惩。

（9）严格现场安全管理，建立统一的标志牌，满足文明施工要求。

（10）发生伤亡事故和未遂事故必须按照事故处理的有关规定及时上报，组织抢救伤员和保护现场，按照"事故原因未查清不放过、事故责任人未受到处理不放过、事故责任人和广大群众没有受到教育不放过、事故没有制定切实可行的整改措施不放过"的"四不放过"原则对事故的责任者提出处理意见，在事故调查处理期间不得擅离职守。

（11）按规定健全安全组织机构，配备专职安全管理人员，安全员和特种作业人员必须持证上岗。

（12）严格执行劳动防护用品的发放标准，确保员工安全与健康。

（13）组织有关人员做好安全管理资料的编制、收集、整理和归档管理工作。

（14）对事故上报的准确性、真实性负责。

2. 项目总工程师安全生产职责

（1）项目总工程师对项目安全生产负技术管理责任。

（2）组织编制、会审施工组织设计、施工技术方案及危险性较大分部分项工程安全专项施工方案，对安全技术措施、防护设施进行技术把关。危险性较大分部分项工程实施前，完成安全专项方案的编制、报审流程。

（3）督促技术主管对分部分项工程进行安全技术交底。

（4）动态关注危险性较大分部分项工程实施过程中施工边界条件的变化，及时采取措施防止生产安全事故发生。

（5）针对项目应用的新材料、新工艺、新技术、新设备，编制并督促实施安全技术规程，编制特殊施工工艺的作业指导书。

（6）负责组织对涉及结构安全的试块、试件以及有关材料进行取样检测，保证检测报告真实有效。

（7）参加生产安全事故的调查，从技术上分析事故原因，提出技术鉴定意见和改进措施。

3. 安全专职负责人安全生产职责

（1）在项目经理领导下，具体负责工程项目实施过程中安全生产的策划、组织和管理。

（2）负责建立项目的危险源和环境因素清单及相应的管理方案。

（3）负责制定项目事故应急预案及专项处置方案。

（4）对项目施工的全过程进行监督，协助工程总承包项目经理开展定期和不定期的安全检查，监督检查施工部门施工现场各项安全防护措施落实情况，对查出的问题进行登记、上报，下发隐患整改通知单并督促按期整改。

（5）参加伤亡事故和未遂事件的调查、分析、处理工作，提出防范措施，并将事故、事件及时、如实地统计上报。

（6）检查各项管理方案、应急预案和组织机构、资源配备的落实情况，协助项目经理组织演练，并做好记录。

（7）监督检查分包商特种设备报装、报批、报检和特种作业人员持证上岗，以及监督检查普通机械设备安装后的自检验收手续。

（8）负责开展项目管理人员、设备供应商及基层作业工人的入场安全教育，并监督分包商开展工人三级安全教育培训。

（9）负责审查施工部门及分包商管理人员资质、安全管理制度建立情况，并指导、监督检查其专职安全员开展项目安全管理。

4. 设计经理安全生产职责

（1）掌握国家有关建筑工程设计法律法规、设计规范标准、工程强制性条文等工程设计政策文件，指导、督促各设计人员在工程设计中不出现违反国家相关政策法规的情况。

（2）对各专业设计人员进行经常性的安全思想、安全技术教育，使得设计人员在设计过程中秉持本质安全设计思想，始终以安全作为前提。

（3）在前期工程方案设计时从宏观上把控，将安全生产作为方案设计前提，确保方案、工艺安全实用。

（4）督促各设计人员在发图时将安全附属设施同步下发，不得滞后于主体工程设计。

（5）监督施工部门按照设计要求完成安全附属设施与主体工程"同时设计、同时施工、同时投入使用"的"三同时"建设，若出现安装滞后，及时向施工经理、安全经理反馈，并督促其整改。

（6）根据项目设计特点，配合施工部门制定专项安全技术方案，组织设计人员及时进行设计交底。

（7）事故发生后，派遣专业设计人员配合事故调查组进行事故调查，从专业角度分析事故可能出现的原因。

5. 采购经理安全生产职责

（1）按照一岗双责的原则，对本专业职责范围内的安全生产工作负直接责任，在管理专业工作的同时管理安全生产工作。

（2）对设备供应商进行筛选，选择有安全资质、生产许可证的单位签订采购合同。

（3）采购工作应符合有关设计文件对安全和环境的要求，对采购的设备材料和防护用品进行安全控制。

（4）采购合同条款中应明确双方设备制造、运输、安装过程中安全权利、义务，明确现场服务人员安全权利、义务，要求其入场时穿戴劳动防护用品，遵守业主、工程总承包项目部违章考核。

（5）组织对特殊产品（如特种设备、有毒有害产品）的供应单位进行实地考察，并采取有效措施进行重点监控。

（6）承压产品、有毒有害产品、重要机械设备等特殊产品的采购，应要求供应单位提供有效的安全资质、生产许可证及其他相关要求的资格证书。

（7）配合工程总承包商、施工分包商相关人员进行特种设备报装、特种设备使用证获取相关事宜。

（8）采购过程中配合专业人员对产品或服务进行检验，对不符合安全要求的产品按规定进行处置。

6. 施工经理安全生产职责

（1）协助工程总承包项目经理抓好全面安全施工生产工作，对项目现场安全生产负直接领导责任。

（2）负责组织施工生产安全防护设施的计划编制与实施。

（3）协助工程总承包项目经理组织有关人员定期对施工作业现场进行全面安全检查，对隐患问题必须按"定人、定时、定措施"的"三定"原则及时整改。

（4）协助工程总承包项目经理对安全保证计划、安全技术措施方案、上级安全部门和项目部安全领导小组提出的安全管理要求进行落实。

（5）在组织施工生产过程中，生产与安全发生矛盾时，施工生产必须服从安全，发现危及人身安全的重要隐患或紧急情况时，应立即下达停产处理的指令，严禁违章指挥、冒险作业。

（6）协助工程总承包项目经理组织开展各种安全活动，贯彻落实《安全生产法》和其他相关法律、法规、标准、规范、规程要求，积极改善劳动条件，为员工提供安全作业环境。

（7）检查、指导、支持安全管理人员的日常工作，对施工分包商生产安全情况进行检查监督。

（8）教育员工正确佩戴安全防护用品，爱护施工现场安全防护设施和安全标志。

（9）协助工程总承包项目经理对伤亡事故、险肇事故的调查、分析和处理工作，拟定改进措施，并负责整改落实，避免类似事故的重复发生。

7. 试运行负责人安全生产职责

（1）按照一岗双责的原则，对本专业职责范围内的安全生产工作负直接责任，在管理专业工作的同时管理安全生产工作。

（2）根据合同和项目计划，编制试运行管理计划，计划应包含试运行过程中有关安全管理的措施方案。

（3）制定试运行安全技术措施，对试运行参与人员进行安全技术交底，确保试运行过程中的安全。

（4）在试运行前，按照有关安全法规和规范对各单项工程组织安全验收，检查安全装置按照设计完成情况。

（5）在试运行前，检查确保各项安全急救设施完整可用。

（6）试运行过程中组织人员监控各个环节安全状况，发现不正常状态时立即组织处理并启动应急措施。

14.4 环境管理

14.4.1 概述

1. 工程项目环境问题

当今世界主要有十大全球环境问题：全球变暖及温室效应、臭氧层的耗损与破坏、生物多样性减少、酸雨蔓延、森林锐减、自然资源短缺、土地荒漠化、淡水资源危机与水污染、海洋污染、危险废物增加与转移。而工程项目与上述十大环境问题几乎都相关，在工程项目全生命周期各个阶段其环境问题是不同的，例如，项目前期阶段主要是由于环境选址不当而产生的生态破坏；项目建设阶段对于环境的影响是实质性的、全方位的，主要有大气污染、水污染、固体废弃物污染等；而项目运营维护阶段主要是能源的消耗；项目拆除阶段则是建筑垃圾的污染。

工程项目的各种环境问题是相互影响和相互作用的，例如建筑垃圾的就地掩埋会污染土壤，而经过雨水冲刷，建筑垃圾中的有毒有害物质会流入水体，造成水体污染；建筑垃圾的焚烧会产生 CO_2、SO_2 等气体进入空气，造成大气污染，引发温室效应、酸雨等问题。总体来说，工程项目的环境问题主要有以下几类：

（1）大气污染：在建筑材料生产过程中会产生大量的 CO_2、SO_2、粉尘等对大气造成污染。而在建筑材料运输过程中，各种运输设备例如载重汽车、火车、轮船等都会排放大量的废气，造成大气污染。

（2）水污染：在工程项目建设过程中，施工现场是污水排放的主要源头之一。项目建设过程中产生的污水主要包括施工污水和现场施工人员的生活污水。在项目运营过程中，废水的产生也是巨大的。例如居民楼和办公楼中会产生大量的生活废水，而在工业建设项目的运营过程中则会产生大量的生产废水。

（3）噪声污染：在建筑材料生产和运输过程中，均会产生噪声污染。在建筑材料生产过程中，大型机械的操作过程中会产生噪声污染；在运输过程中，在公路上行驶的车辆会产生噪声污染。在工程项目施工过程中也会产生噪声污染，成为施工噪声污染。施工噪声污染是指在施工过程中产生的干扰周围生活环境的声音。

（4）固体废弃物污染：工程项目造成的固体废弃物污染主要是由建筑垃圾引起的污染。建筑垃圾的种类很多，但其主要成分是混凝土块、砂土、废弃砖块、废木料、废沥青块、废金属。

（5）光污染：工程项目在其整个生命周期产生的光污染也比较严重，例如施工期的夜间施工照明和电焊、运营期的玻璃幕墙和造景灯光等都会造成光污染。

（6）资源消耗：工程项目的资源消耗主要包括三个方面，一是原材料的消耗，二是土地资源的占用，三是能源的消耗。工程项目建设需要大量的建筑材料，例如水泥、沥青、砂石、钢材等。而建筑材料生产则需要消耗大量的原材料，这些原材料的大量开采会对自然资源产生巨大的影响。工程项目建设还需要占用大量的土地，特别是耕地面积的占用造成耕地面积的减少。在工程项目建设过程中，施工现场的材料加工、机械加工以及涉及的所有运输过程中都会消耗大量的能源。

可见在项目实施的全过程中，存在着各种可能对环境造成破坏的因素。因此，在项目建设过程中，必须始终贯彻环境保护方针、树立环境保护意识、不断完善环境保护方法。

2. 工程总承包项目环境管理的内涵

工程总承包项目环境管理是减少工程环境污染的重要环节，其宗旨是预防和尽可能减少工程项目对环境的污染和破坏，运用行政、法律、经济、技术、教育等手段，按照国家的环境政策和有关法规从事开发建设活动，使工程项目实现合理布局，经济建设、城乡建设和环境建设同步规划、同步实施、同步发展，以达到经济效益、社会效益和环境效益的统一。

工程总承包项目环境管理是指环境保护部门和工程总承包商根据国家环境保护法规、各项环境管理制度，以及环境保护政策、行业政策、技术政策及专业要求等对一切工程项目依法进行的管理活动。工程总承包项目的环境管理是一项复杂的工作，不仅涉及设计、采购以及施工部门之间的合作，还需要考虑工程与所在地周边社区、自然环境的多种影响。

3. 工程总承包项目环境管理的意义

在"双碳"背景下，对工程总承包项目实施环境管理的不仅是我国贯彻可持续发展理念的重要举措，而且还具有以下意义：

（1）对工程总承包项目实施环境管理，是深化我国工程建设项目组织实施方式改革，提高工程建设管理水平，保证工程质量和投资效益，整顿和规范市场秩序的重要措施；

（2）对工程总承包项目实施环境管理，是设计、采购、施工等各参建方不断调整组织结构，增强综合实力，加快与国际工程总承包管理方式接轨的必然要求；

（3）对工程总承包项目实施环境管理，可以培养更多高素质的复合型管理人才。项目管理人员在此过程中，不断深刻理解工程总承包模式下的环境管理体系，不断提升专业水平和独立思考、分析、解决问题的能力。

14.4.2 工程总承包项目环境管理计划

1. 环境管理计划的内涵

环境管理计划是在 HSE 部门指导下由项目环保负责人编制的用以指导设计部门、采购部门、施工部门等项目相关单位，按照有关政策要求实施各项环境保护减缓措施的工作手册。该计划应简洁明了，各项环境保护减缓措施应易于实施，监测计划应有针对性，培训计划应结合具体实施机构安排，培训内容应易于理解，各项措施应落实到相关单位、相关人员，实施费用应真正落实。该计划是一份以实施为导向的工作手册，培训内容应重点针对环境保护措施的工作培训，而不是环境保护的理论培训。

2. 环境管理计划的主要内容

具体而言，工程总承包项目环境管理计划应包括下列内容：

（1）环境影响因素汇总

一般在环境管理计划中，项目环保负责人将在环境影响评价过程中预测的不利于环境和社会且必须加以缓解的影响因素进行汇总，并以文件形式分发给设计、采购、施工等部门，以便于这些部门在项目后续阶段进行参考、对照和分析。

（2）环境影响削减措施

环境管理计划中将对环境影响削减措施提出详细的设计要求，以使项目满足排放标准并符合环境要求，从而将清洁生产整合到环境管理计划中；污染治理设施的安装和运行费用是整个项目预算中非常重要的一部分，最终会体现在项目的财务可行性研究当中。所有推荐的削减措施都要列出明确的、可实现的目标，还要包括削减措施效果的量化指标，同时简单说明削减措施对应的具体影响和采取该措施时相应的条件。所有这些内容都将为工程设计、施工、采购等部门提供详细的参考依据，各部门经理结合实际情况，遵循削减措施的要求，对本部门的环境保护工作进行不断改进，同时项目环保负责人需按时监督检查各部门的工作情况。

（3）环境监测计划

环境监测是运用现代科学技术方法测取施工过程中的环境变化情况，结合环境质量数据资料进行环境变化分析的一项科学活动，是用科学的方法监视和监测反映环境质量及其变化趋势的各种数据的过程。环境监测用数据表征环境质量的变化趋势及污染的来龙去脉，它是环境保护工作的重要组成部分，是环境管理的基础。

环境监测工作的一般程序包括：项目环保负责人制定调查和采样计划，用于系统收集设计、采购和施工等部门与环境评价和项目环境管理有关的数据和信息；在调查和采样计划的指导下，设计、采购和施工等部门实施调查和采样计划；项目环保负责人对所采集的样本和数据信息进行分析，并对数据和信息进行解释；最后，项目环保负责人根据分析结果，编制监测报告并呈交给工程总承包项目经理，为环境管理提供支持。

环境监测应当具备明确的目标，项目环保负责人应在设计、采购和施工等部门的协助下，根据项目建设过程中各部门的工作特点，设计调查和采样计划，从而获得有价值的数据和信息。此外，监测计划的设计要考虑其可行性，充分取得各部门支持，并包括紧急事预案，从而保证在出现不利监测结果或趋势时能采取适当的行动。同时，项目环保负责人应经常对监测计划进行检查，以确保其适应不断变化的实际情况。

（4）公众咨询活动

环境管理计划的公众咨询活动是在环境管理计划的制定过程中，充分与项目周边地区的社区、与项目有关的政府部门以及总承包项目内的设计、采购、施工等部门进行的一系列沟通活动。具体的咨询活动要视项目和当地情况而定，但通常会包括：工程活动将开工时要通知地方社区；向地方社区和其他有关方面公布监测的结果；在特殊情况下，引入独立的第三方监督。有潜在重大不利影响的项目意向需要征求公众关于环境影响削减措施的意见，并为公众提供参与环境监测的机会，同时施工部门需制定具体的防范措施，必要时需要联系设计部门进行设计变更。在监测报告编制的最终定稿阶段，建议征询主要利益相关者的意见。例如，施工部门需要考虑施工过程中会对周边居民生活环境造成的影响，在充分考虑周边社区有关环境保护的意见之后，对施工组织设计进行合理的变更，同时，在环境保护经理的帮助下，协调设计和采购部门需要对施工过程中所用的建筑材料进行合理的选择，力求将项目对周边环境的影响降至最低。

（5）机构安排与职责

在环境管理计划中要明确以下关于机构、职责与培训方面的内容：

1）相关部门及职责

在项目筹备和实施过程中，与环境管理有关的各种机构包括地方环境保护部门、上级行政主管单位、工程总承包商、监理单位及各参建方将参与到环境管理计划中。各单位都将派出全职、合格的环境保护专职人员在项目环保负责人的领导下参与环管理活动，保证有效地实施环境管理计划。因此，在环境管理计划中要明确项目各阶段所涉及的部门及其承担的职责，为全面开展环境管理工作厘清思路。

2）机构设置与人员分工

HSE 部门应在工程总承包项目经理的要求下协助项目环保负责人设立环境管理办公室（Environmental Management Office，EMO）或其他类似机构，以领导和协调设计、采购和施工等部门实施项目环境影响削减措施和环境监测工作。为保证该机构的长期运转，环境管理办公室的工作人员应由执行机构中具有长期编制的全职人员组成。环境管理办公室的主要职责是保证削减措施和监测要求能够按照原定计划得以实施。

3）能力建设与培训

工程总承包项目环境管理应注重各部门环境管理能力建设，项目环保负责人应在 HSE 部门的要求下，为环境管理相关部门（设计、施工、采购等部门及各分包商）人员提供环境保护技术培训，致力于提高环境管理团队的整体素质。

（6）报告和审查

环境管理计划中的报告和审查旨在说明项目涉及的各方在环境状况及环境管理计划执行情况报告的编制、提交、受理、审查和批准过程中所应负的职责。这些报告应送达负责保证削减措施及时实施和承担补救措施的 HSE 部门及工程总承包项目经理手中。另外，报告的结构、内容和时间安排也要加以详细说明，以便于监督、审查和批准。

（7）工作计划

在环境管理计划中，项目环保负责人应制订明确的工作计划，详细说明环境管理计划实施人员开展相关工作时间安排，计划中要明确设计、采购和施工部门的不同职责，注重各单位之间的协调工作。

另外，在工作计划中还要明确各项目环境管理工作中对工程总承包商的要求和其应尽的职责，业主应将其纳入投标文件中，以保证中标人能够明确和履行其应尽的职责，其完成情况可以考虑与中标合同中支付条件挂钩。

（8）采购计划

工程总承包项目采购计划是在工程设计的基础上，由采购部门根据设计要求，确定需要采购的物资、设备等，并选择合适的供应商和签订采购合同的一系列工作的总称。项目应尽可能采用低污染材料及设备，这就要求设计部门在进行工程设计时需考虑到不同的材料会对项目周边环境可能造成的各种影响。在施工过程中，若发现所使用的材料或设备造成较为严重的环境污染，环境管理经理应组织施工、采购以及设计部门共同商讨解决办法，必要时需进行设计变更，选用更低污染的建筑材料。

（9）费用估算

这一部分要将环境管理计划实施的费用细化，包括实施各项措施的启动资金和经常性支出，并且要确保这一部分费用已纳入总的项目预算中。例如，在环境影响评价之前，需要估算这一部分的环境保护专家咨询费用以及报告的编制等成本；项目环保负责人需要对设计、采购、施工等部门的员工进行培训，培训费用包括培训课程的成本和员工时间；在环境管理过程中，项目环保负责人需要委派专职人员对施工现场的环境进行监测和指导，这一过程需要编制环境管理团队成本。因此，所有费用，包括设计、采购、施工、咨询服务以及运行和维护过程中的所有为满足环境管理要求的所有工作所产生的费用，都应该被计算在内。

（10）项目反馈和调整机制

项目反馈和调整机制是指环保负责人根据收集到的施工部门的环境监测结果，对项目的环境管理计划进行必要的调整和修订的程序和机制。环境问题的出现可能来自于施工部门的作业方式不当、采购部门的失职或设计部门的设计缺陷等问题，因此，项目环保负责人应对具体问题进行评估，针对环境问题要求施工部门改变生产作业方式、采购部门加强对供应商的审核或者必要的时候需进行设计变更，选用更环保的建筑材料。这属于一种反馈机制，不仅可以对环境负面影响的削减措施和监测计划进行有效评估，同时还使HSE部门对环境管理计划和项目的实施进行必要的调整和修改。

14.5 本章小结

工程总承包项目中的职业健康、安全与环境管理在近些年获得了越来越多的关注，在我国的"双碳"战略背景下，各行各业始终贯彻"绿水青山就是金山银山"的发展理念。随着建筑行业的有关政策陆续出台，HSE管理在我国的发展正逐步迈向成熟阶段。本章主要介绍了工程总承包项目职业健康、安全与环境管理的相关内容，包括计划的制订、组织机构设置、责任的划分以及管理的具体流程等。值得注意的是，在实际的工程项目活动过程中，项目职业健康、安全与环境问题往往是相互交叉地联系在一起，同时，设计、采购、施工等部门在HSE管理的过程中需要持续不断地进行沟通。因此要根据工程项目的实际情况进行具体的组织设计、职责划分等一系列管理工作，以确保项目在职业健康、安全与环境方面的综合管理得以有效实施，从而最大程度地减少风险，确保项目成功完成。总体来说，实行HSE管理不仅体现了人文主义、环保主义和社会公共道德，还可以提高企业的经济效益、改善企业形象、提高社会效益，更有利于我国的建筑业企业与国际建筑市场标准接轨，进军更广阔的国际市场。

思考题

1. 结合本章内容，简述工程总承包项目开展职业健康、安全与环境管理的意义。
2. 思考现阶段我国工程总承包项目职业健康、安全与环境管理存在的问题。
3. 工程总承包项目职业健康、安全与环境管理一般包含哪些基本要点？
4. 工程总承包项目环境管理计划主要包括哪些方面的内容？
5. 简述工程总承包项目环境影响评价的程序及内容。

15

项目分包管理

【教学提示】

分包,是指企业为了在市场竞争中保持竞争优势而采用的一种资源有限的经营管理方式。随着科技的迅猛进步,企业需要将关注点集中在核心技术上,因此必须简化管理层次,否则复杂的管理结构将成为企业发展的负担。工程项目分包管理的重点在于明确界定总包方和分包商的职责界面,以制度、行为的规范执行为基础,识别分包方能力薄弱环节、关键质量审核点、分包方管理的风险点等进行针对性的重点管控。

【教学要求】

本章让学生了解工程总承包项目分包管理的基本原理及其实践特点,掌握项目分包管理中的3个关键阶段及分包合同的管理,通过本章的学习,让学生初步了解分包管理在工程总承包项目管理中的重要性与执行策略。

15.1 项目分包方案策划

15.1.1 工程总承包模式下的项目分包概述

1. 工程总承包概述

目前，工程建设领域采用较多的两种最基本的工程总承包模式，即设计采购施工总承包（EPC）和设计施工总承包（DB）。本节以设计采购施工总承包（EPC）为对象进行阐述。

不同于设计总承包、采购总承包、施工总承包各自为营的传统模式，工程总承包致力于工程设计、采购、施工等各阶段的深度融合，是提高工程建设效率、实现建筑产业现代化和高质量发展的重要手段，其分包内容除传统施工分包外，还涉及设计分包与采购分包。

2. 项目分包

项目分包是指对中标项目实行工程总承包的单位，将其中标项目的部分非主体、非关键性工作分包给其他承包人，与其签订工程总承包合同项下的分包合同，此时中标人就成为分包合同的发包人。

为合理配置资源、降低承包风险，我国法律规定工程总承包商有权将项目分包给专业单位实施：

《建筑法》（主席令第 91 号）第二十九条规定：建筑工程总承包单位可以将承包工程中的部分工程发包给具有相应资质条件的分包单位；但是，除总承包合同中约定的分包外，必须经建设单位认可。

《招标投标法》（主席令第 21 号）第四十八条第 2 款规定，中标人按照合同约定或者经招标人同意，可以将中标项目的部分非主体、非关键性工作分包给他人完成。接受分包的人应当具备相应的资格条件，并不得再次分包。

对于工程总承包模式下的项目分包，《"十四五"建筑业发展规划》指出："支持工程总承包单位做优做强、专业承包单位做精做专"。推广工程总承包模式的一个重要任务是培育工程总承包企业及与之配套的专业分包企业，以形成良好的工程总承包下的专业化分包体系，促进社会化专业分工，工程总承包商专注于项目管理、资源配置、风险管控等综合服务，还可进一步延伸开展融资服务、运行维护服务等。

3. 项目分包方案策划工作

项目分包策划是合理进行工程分包的首要前提。项目分包策划就是针对需要分包的工程，按照策划的依据、把握策划的原则、采用合适的方法、遵循一定的程序进行分析，主要解决工作内容划分、分包方式选择、分包标准和要求、分包合同和协议、分包商管理和风险控制等相关问题，找出最优的工程分包方案，以实现期望目标的过程。

开展项目分包策划是后续工作开展的基础环节。分包策划涉及定义分包目标和范围、选择合适分包商、制定分包合同、管理分包工作进度、控制分包成本、监督分包质量等工作的规定，通过有效的分包策划可以确保分包工作与整体项目的一致性和协调性，同时可以提高整个项目的执行效率，以及对质量、成本的控制能力。分包策划在制定分包合同和选择分包商标准时，需要确保合同内容符合相关法律法规，并选择具备合法资质和经营许可的分包商；此外，分包策划时会识别潜在法律风险，如合同漏洞、违约风险、知识产权纠纷等，并采取相应措施进行防范和管理。同时，通过分包策划，可以明确项目的需求和要求，有助于从资质、经济实力、口碑评价等多角度筛选与项目匹配的分包商。合理的分包策划能够帮助优化资源利用，并在合同中明确工作范围、价格和付款方式等细节。这有助于确保成本的透明性和可控性，避免不必要的成本增加，提高项目的盈利能力。

15.1.2 工程总承包项目分包前期策划的工作基础

1. 前期工作主要参与方

展开项目分包策划前，应由工程总承包项目部相关人员形成项目分包策划小组，小组成员应包括项目负责人、工程技术人员、物资采购人员和商务人员。

项目经理应根据工程总承包合同，确立分包质量目标、工程进度目标、项目安全目标和分包承包目标，组织分包策划工作开展。工程技术人员应制定切实可行的技术方案和编制施工组织设计，为分包策划提供依据。物资设备采购人员主要负责对材料、设备的市场价格调查与分析，为分包策划提供依据。商务人员主要负责分包中的商务管理和合同管理工作，将项目质量、进度、成本、安全等目标形成合同条款保障后期工作开展。

2. 项目分包策划原则

项目分包策划的原则是指在进行工程分包时，应该遵循以下一些基本准则和指导原则：

第一，合法性原则。在项目分包前进行方案策划，需要确保方案实施在法律法规的要求范围内。当前，分包方案存在的违法行为主要包括：分包前未征得发包人同意、建设项目的主体结构违规分包、工程总承包单位将工程分包给不具有相应资质的分包单位、项目违法违规肢解分包、项目分包违反工程总承包合同相应规定等。《中华人民共和国建筑法》（主席令第 91 号）、《中华人民共和国招标投标法》（主席令第 21 号）、《建设工程质量管理条例》（国务院令第 279 号）、《房屋建筑和市政基础设施项目工程总承包管理办法》（建市规〔2019〕12 号）、《建筑工程施工发包与承包违法行为认定查处管理办法》（建市规〔2019〕1 号）等相关法律法规对此类分包违法行为有严格约定。

第二，可行性原则。策划必须基于项目内外部环境资源要素，从实际出发，不能脱离客观条件的允许，方案要可行，能够或便于操作。

第三，经济性原则。分包工作应该基于经济性原则进行，即在保证工程质量和进度的前提下，选择经济合理的分包方式和分包商，实现成本控制和效益最大化。首要考虑项目的利益，也要考虑分包商的利益；合理把握尺度，实现互利共赢。

第四，合同控制原则。分包工作应该基于合同约束原则进行，即通过合同明确分包商的权责和义务，规定工作范围、工作量、工期、报酬、质量要求等内容，确保分包工作的合法性和合规性。在合同制订过程中，充分考虑风险因素，对分包工作可能存在的风险进行评估和控制。此外，对于分包履约保证，合同中应形成对分包工作进行有效监督管理的机制，工作进度的监控、质量的检查和验收等，确保分包工作按照合同要求完成，并保证项目的整体质量和进度。

15.1.3　工程总承包项目分包方案流程及主体内容

1. 分包策划方案流程

第一，应成立策划工作小组。策划小组应由项目负责人及有经验的工程技术人员、物资采购人员和商务人员等相关人员组成，确保小组成员的专业背景和能力能够达到合理分工，从而全面了解工程分包的各个方面。

第二，是分包范围的确定。分包范围确定的步骤一般为：工程项目的单元划分—单元分析—确定单元最优组织方案—确立分包范围。依据工程分包目的，策划工作小组组织各部门进行全面讨论、分析，尤其是项目拟投入的资源状况及施工能力，确定需要并可以进行分包施工的工程。

第三，获取分包信息。有关人员应揭示分包工程的内在（工作面、工期、技术、质量、安全、成本、单价等）、外在（法律法规、主合同规定、项目掌控能力、分包商市场等）等各因素及其相互关系，并对获取的信息进行综合、分析、判断和加工。其中主要工作包括分包商初筛，确定切实可行的技术方案和编制施工组织设计，根据工程实际情况对材料、机械的市场价格进行调查，合理编制分包预算，识别和评估商务风险并制定相应管理措施。

第四，初步拟定多种分包方案。根据以往经验，按照不同标段、分包范围、分包项目类别、分包模式、分包时间等初步拟定多种分包方案。

第五，选定分包方案。对已拟定的各分包方案采用定性与定量相结合的方法，从工程技术、成本经济和施工可行性等方面进行分析比较，选定最优分包方案。

第六，进行分包合同策划。分包合同是分包管理工作的基础和依据，主要以《建设工程施工专业分包合同（示范文本）》GF—2003—0213和《建设工程施工劳务分包合同（示范文本）》GF—2003—0214为框架，结合工程实际情况进行编制。合约规划将成本、质量、进度控制任务具体转化为对合同的严格管控，实现对项目的动态有效管理，合约规划是搭建分包目标线与工程线间的桥梁和纽带。

2. 分包策划书内容

分包策划书是分包策划工作的成果文件，它可以帮助规范工程分包工作，明确各方责任和权力，控制成本和风险，提高工程质量和安全性，有效管理工程进度。

一般而言，分包策划书包含以下内容，如表15-1所示。

分包策划书内容　　　　　　　　　　　　　表15-1

序号	项目	书写内容
1	项目概况	对工程项目的背景、目标和范围进行概述，包括项目的类型、规模、地点等信息，确保分包工作与项目整体目标保持一致，也为后续决策和项目推进提供依据和参考
2	分包目的	明确分包的目的和意义，解释为什么选择进行分包工作，以及预期的效果和利益，为后续决策提供比较标准，也可以作为评估策划成果和效果的标准
3	分包原则	列出分包工作的原则和准则，包括合理、公平、透明、竞争性等原则，确保分包工作的公正性和合规性
4	分包范围	详细描述需要进行分包的工程范围，包括具体的工作内容、任务和交付物等，注意分包单元划分的要点
5	分包方式	说明分包的方式和方法，例如按劳务分包、专业分包、专业服务单项采购和物资、机械、租赁单项分包等，确保分包工作的合理性和可行性
6	分包标准	列出对分包承包商的要求和标准，包括资质要求、经验要求、技术能力要求等，确保分包承包商的能力和信誉
7	分包程序	描述分包工作的具体步骤和流程，包括招标、评标、合同签订、执行和验收等，确保分包工作按照规定的程序进行
8	合同管理	指出对分包合同的管理要点，包括合同的签订、履行、变更、索赔和解决争议等，确保合同的有效执行和风险控制
9	质量策划	说明对分包工程质量的控制要求，包括质量检查、验收标准、质量保证措施等，为后续进行质量保障工作提供依据
10	安全策划	说明对分包工程安全的管理要求，包括安全措施、培训要求、安全监督等，确保分包工程的施工安全
11	进度策划	说明对分包工程进度的管理要求，包括进度计划、进度控制、里程碑要求等，便于后期监控项目的工作进展并进行合理的资源配置
12	分包工程款策划	说明对分包工程费用的管理要求，包括支付方式、阶段性支付、索赔处理、变更管理等，同时注意分包款支付时的进度、质量和安全标准，确保履约
13	风险管理	说明对分包工作风险的管理要求，包括风险评估、风险应对措施、保险要求等，实现对分包风险的有效控制和应对
14	监督与验收	说明对分包工作的监督和验收要求，包括监督机构、监督方式、验收标准等，确保分包工作的质量和合规性
15	分包合同模板	提供分包合同的模板或参考样本，作为分包工作的合同文件。具体内容可根据项目实际情况进行调整和补充

3. 分包策划要点

（1）分包单元划分

根据工程总承包合同清单中工程任务结构确定分包单元。分包工作应该基于项目的性质、规模、工期、技术难度等因素，合理划分分包单元。注意施工区域划分和责任划分,即减少施工交叉作业、充分利用塔吊等垂直运输设备机械,避免系统间相关联分部分项工程的拆分。

(2)承包模式

根据企业实际,结合项目特点,对分包采购的风险点、亏损点和盈亏点进行识别,合理按照项目工序、减少交叉施工,保证经济性的原则下,确定承包模式,具体包含劳务分包、专业分包、专业服务单项采购和物资、机械、租赁单项采购两大类。

(3)施工线路推进策划

要考虑合理安排施工进度,保证整个项目各条线路施工进度和顺利同步推进,同时根据进度情况进行合理的资源配置,从而确保工期按时完成。施工线路推进的进度步骤:任务分解—确定任务优先级—里程碑设定—时间估算—分包商选择—交流与协商—监控和控制—合同管理。

15.2 采购分包管理

采购分包管理是工程总承包项目成功的关键,成功的采购分包管理有助于控制采购成本、减少采购风险并提高项目采购效率。

15.2.1 采购分包管理的概述

采购分包是指工程总承包商将所承包的工程项目中的采购部分依法分包给具有相应资质的承包单位,且工程总承包商与采购分包商对采购环节的工作成果向业主承担连带责任而订立签署合同。根据交易对象的不同,主要将分包定义为专业工程分包和劳务作业分包两类,其中专业工程分包是指工程总承包商将其所包工程中的专业工程部分分包给具有相应资质的分包商,劳务作业分包则指工程总承包商将其承包工程中的劳务作业部分分包给分包商完成。本节的采购分包主要指专业工程分包,不涉及劳务作业分包。

1. 采购分包管理的要求

(1)采购前期策划

对工程总承包项目应重视项目前期调研工作,结合项目所在地的资源情况、合同材料供应范围、材料质量标准规范要求等,从项目采购管理职责、部门架构、采购管理、物流运输、库房及堆场管理、分包物资管理、集中供油库、机具设备、周转材料、风险识别与应对等方面进行考虑,对各项物资采购管理进行全面详细的策划,使物资采购管理工作更有的放矢。并且,在项目实施过程中及时变更策划方案,使采购全过程更加清晰、流畅。

(2)采购过程中的质量控制

工程总承包项目采购分包主要采购成品材料、原材料、长周期设备。采购过程中如果对原材料的设计标准、成品制造、加工工艺的规范要求不熟悉,忽略供应商的资质和供应能力,将给整个项目日后的生产运行埋下极大的安全隐患,也会影响到工程质量。因此,严格把控物资采购过程中的管理工作,确保工程物资的质量过关,是保障工程项目的重要手段。

(3)物流管理

通过物流克服生产和消费等行为上的时间与空间限制,确保物资得到有效的物理性转移,是工程总承包项目履约能力的重要体现。工程总承包项目物流管理的好坏,也是提升项目运行效率、降低运行成本的关键因素。工程物流主要由运输、仓储、配送、装卸、包装、流通加工、信息处理等环节构成,应针对各环节要素进行分析、对比,从安全性、经济性和高效性等特点入手,比选风险、成本、运输周期等,最终才能形成比较科学合理的实施方案。例如在某化工建设企业俄罗斯波罗的海大型化工综合体项目的活动板房物流方案的设计中,根据活动板房的特点,进行了散货船海运、集装箱海运和铁路集装箱三种运输方案的比对和分析,项目最终采用铁路集装箱运输。

2. 采购分包管理的意义

采购分包管理在工程项目管理中占据了核心的位置,尤其在大型和复杂的工程项目中。首先,有效地管理分包商确保了按照约定的时间提供所需的材料和设备,这有助于保证整个项目的进度;其次,合理的分包管理有助于控制采购成本,使项目经理或采购部门能够得到具有竞争力的报价,进而避免不必要的费用支出;再次,采购分包管理也有助于保障分包商提供的所有设备、材料和服务都达到项目质量标准。此外,通过对分包商的严格管理,项目团队可以预见并及时处理与供应商相关的任何潜在风险,比如供货延迟、品质问题或合同纠纷。这样的管理方式还能够加强主承包商与分包商之间的合作,明确各方的职责和期望,使整个团队能够更加和谐地协同合作。与此同时,与有创新能力的分包商合作可以为项目带来新技术或最佳实践,提升项目的技术层面和整体效益。最后,明确的合同和采购流程确保了在法律和合同履行方面不会有任何问题,从而减少可能出现的纠纷或损失。

15.2.2 采购分包管理的内容

采购分包管理是现代工程项目和企业经营中的一个核心部分,尤其是在当下全球供应链日益复杂的背景下。正确的采购分包管理能确保项目按时、按质、按量完成,而不良的管理会导致工程延误、成本超支或品质低劣。

1. 采购分包商

按照广义概念,采购分包商主要包含设备、材料制造商和供应商。这些分包商往往与工程总承包商或业主建立了长期稳定的合作关系,为各种项目提供关键的设备和材料。在工程项目中,他们的作用不仅局限于提供产品,还包括提供后期的技术支持、维修、培训以及备品备件。对于许多大型项目来说,选定合适的分包商与保证项目的成功完成有着直接的关系。他们不仅确保设备和材料的质量,还可以为工程总承包商团队带来创新的技术和解决方案，帮助他们应对各种复杂的技术挑战。因此，在评估和选择分包商时，不仅要看其历史业绩和技术能力，还要考察其服务质量、响应速度和与工程总承包商的合作态度。

工程总承包商与分包商的合同关系，根据分包合同的内容分为两类：（1）设备材料采购合同，将工程永久性设备和材料的采购、安装进行分包；（2）其他服务型合同，包括咨询服务、工程调试、性能试验、试运行等工作。

2. 采购分包流程

整个采购分包需要在确保项目得到所需的资源、设备和服务的同时，控制成本、风险，并保证质量。首先，工程总承包商采购管理团队通过需求分析来明确项目的具体需求，然后进行市场调研以了解潜在分包商的能力和信誉。接着发布招标文件或询价单，并从中收到潜在分包商的技术和商务报价。在评估了这些报价、技术能力和信誉后，将选择最合适的分包商进行进一步的商务和技术谈判，最终签订合同，下达正式订单，并明确供货时间、数量和质量要求。在分包商工作期间，工程总承包商采购管理团队会持续监控其进度以确保按照合同要求进行交付，这可能涉及现场检查和质量审核。分包商完成供货或服务后，采购管理团队将进行验收并按照合同条款付款。最后，采购管理团队会对分包商的表现进行评估，并整理与分包相关的所有文件和记录，为未来的项目提供参考和备案。

采购的内容基本包括：采购前编制《单项采购计划书》；实施竞标；采购合同评审及备案；产品监造；货物催交；出厂检验（含包装检验）、检验检疫、原产地证和进出口许可证申领及贸易单证的商业认证；储运、集港、起运港报关；目的港清关；工程现场清点交接；缺陷和不合格品的处置；编制《采购动态》或《采购月报》；配合办理出口退税；采购变更等。具体采购分包流程如图15-1所示：

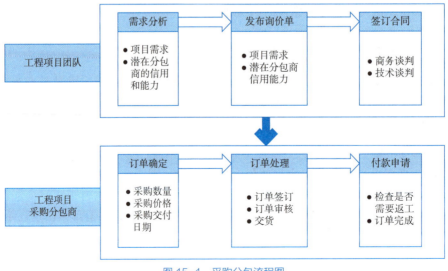

图 15-1 采购分包流程图

15.2.3 采购分包管理应用案例

1. 采购分包管理应用现状

随着建筑市场竞争的日益加剧，企业面临的利润空间正在缩小。为了适应这一挑战，建筑行业的分工越来越专业化。这种专业化的趋势实际上是为了满足社会发展对高效生产方式的要求。在这种背景下，提高竞争力的关键在于提升企业的专业技术水平。与此同时，为了应对市场的多变和激烈竞争，企业开始更加专注于自己的核心竞争力，这也预示着市场的专业化程度将进一步加强。在此背景下，采购分包管理的重要性也日益显现。

15-1　G公司采购分包管理应用案例

2. 采购分包管理应用案例

（1）G公司采购管理概况

G公司采购团队共计52人，其中战略采购组10人，战术采购组42人。2020年采购累计总金额接近9亿人民币（截至2020年12月31日来自G公司ERP系统数据统计），其中常规物料采购累计总金额约7亿人民币，分包项目采购总金额约2.5亿人民币。ERP系统料号数量超过3万个，与公司正常交易的供应商为304家，其中常规物料供应商236家，分包供应商68家。

（2）G公司采购类别

采购物料管理常采用分类管理法，也是采购部门识别重点物料降本的方向。根据G公司采购物料分类，大致分两大类，即常规物料采购和分包项目采购。

G公司采购类别如图15-2所示：

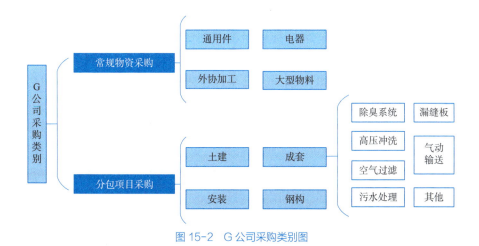

图15-2　G公司采购类别图

（3）G公司常规物料供应商的管理模式

G公司在对于常规物料供应商的管理模式主要分为战略型供应商、瓶颈型供应商、杠杆型供应商及一般供应商四类。战略型供应商是指采购金额很大，供应风险也很高的那些供应商，他们通常提供战略性的物质，对产品的质量、成本以及交货保障至关重要。战略型供应商也意味着他会牺牲短期的利益，不赚钱或者少赚钱，以此来获得与采购方长期的共赢；瓶颈型供应商是指采购金额很小，但供应风险很大的那些供应商。瓶颈型供应商也有三个显著特征，非标准件、定制的与垄断性。他们通常提供非标准件，产品的同质化程度很低，常常是定制的或者客户有特殊要求的，同时所处的供应市场形态属于垄断性的，这种垄断可能是技术性、政策性、行业性的还是资金原因所造成的。杠杆型供应商是指采购金额比较大，但供应风险很小的那些供应商。杠杆型供应商的三个显著特征，即标准件、同质化与竞争性。他们通常提供标准件，产品的同质化程度很高，同时所处供应市场形态属于竞争性的，与此同时，采购方可以有多个货源获得相同的产品，产品质量没有太大差异。一般供应商是指采购金额不大，供应风险也很低的那些供应商，他们通常提供比如办公用品与设备、备品备件、实验仪器与试剂、劳保用品、低易耗品等产品。

（4）G公司采购分包流程

第一，物料计划申请。G公司的物料计划来自两个部门，上海项目部和常州工厂物料部，采购申请需求虽不一样，但都是为项目发货服务的。物料计划申请是根据每个项目的不同需求和生产计划来制定的。为了减少库存，方便仓库理货、发货，目前都是要求供应商按照项目发货需求来送货。这样的操作，既节省了理货的时间，也有利于财务根据不同项目的发货来进行成本统计和核算。

第二，采购订单的实施。收到物料计划申请单后，采购人员只要根据计划需求，选择每行对应的供应商代码，即可完成ERP系统的订单导入。G公司对于采购订单的下单要求有明确的规定：要求采购员严格按照申请单上的行数来下单，多行相同料号的数量不可以累积到一行再下单，每个订单必须按要求备注项目编号，不同项目的采购申请不能混下，更不能汇总成一个订单来操作，否则，集中来料，会对仓库收货入库、出库理货造成一定的影响，同时也会提高仓库库存。这种下单模式，对于订单操作人员来说要求较高，订单操作频繁，大大增加了下单的次数，也增加了下单人员的工作量。但是总体评估而言，对项目的成本核算和控制还是非常有用的，对提高库存周转率也有一定的帮助。在整个采购订单实施过程中，要求采购人员对订单的数量、单价、供应商名称、交货期等一一核对清楚，若有异常情况，需要在一至二个工作日内进行反馈。如：单价和供应商的问题，需要与战略采购小组确认；数量和交货的问题，需要及时与计划部门确认，避免耽误项目施工进展。

第三，订单的审核与签订。打印采购订单，要求每个订单必须附有对应的物料计划申请。根据G公司文件审批要求，按照采购订单总金额的大小，需要得到相应级别的负责人审批签字或邮件批准，采购订单总金额小于10万，需要部门经理审核签字或邮件批准；采购订单总金额大于等于10万或小于30万，需要部门经理、亚太区高级经理、财务总监签字或邮件批准；采购订单总金额大于等于 30 万或小于 60 万，需要部门经理、亚太区高级经理、财务总监、亚太区总裁签字或邮件批准。G 公司内部审核流程完成后，统一时间到财务部门申请盖合同章，然后发送给供应商确认并盖章回传。以上步骤完成后，所有订单需要扫描上传至公司指定服务器地址进行保存，作为备案。

第四，交货管理。订单审核步骤完成后，交货管理，这是一个动态管理环节。一般来说，订单确认的时候已经与供应商确认好交货期，供应商按时交货即可。但是往往实际情况却并不那么理想。尽管 G 公司对于供应商的"准时交付"有一定考核指标，但是，在整个生产或备货期间，采购员如果不闻不问，或未定期向供应商跟踪交期情况的话，是很难把握订单能否准时交付的。

第五，订单交付完成后，最后一步就是货款安排了。订单完成交付后，供应商即可以根据订单开立发票给采购人员。采购人员收到发票后，要求在 5 个工作日完成付款申请流程。流程步骤一般包括：打印采购订单、收货单，填写付款申请，部门经理审核并签字。完成后，所有单据提交财务部门审核，合格后，放入付款计划中。G 公司对于付款日期有明确的要求，一般以每个月 20~25 号作为集中付款日。预付款或其他特殊付款要求除外。

15.3 设计分包管理

为确保核心竞争力，工程总承包商不得不将非核心工程分包出去，并采用合作管理的方式，以实现更好的发展。现代市场竞争环境以及工程设计分包的独特优势是促使工程设计分包产生的主要因素。

15.3.1 设计分包管理概述

1. 设计分包管理的定义

分包设计管理是指在工程设计的过程中，将各种不同的设计任务分配给不同的设计分包单位来执行的一种管理方式。在这个管理过程中，工程总承包商委托外部的专业公司或团队来承担部分的设计任务，以减轻自身的工作负担，同时提高设计质量和效率。这种方式有助于更好地完成复杂的工程项目。

2. 设计分包管理的核心思想

设计分包管理的核心理念在于将工程项目的设计工作分解成不同的任务或专业领域，然后将这些任务分包给相关的专业单位来执行。通常，这些专业分包单位需要拥有高水平的技术实力和专业知识人才，这样才能够更好地满足项目的设计需求。要实施和管理设计分包管理，需要通过明确的合同规定、合理的任务分配、有效的沟通与协调，以及严格的质量控制等手段来实施。

3. 设计分包管理的目标

设计分包管理的主要目标是提高设计效率、降低成本、增强企业核心竞争力。通过与外部专业公司的合作，可以借鉴其先进的设计理念、技术和经验，引入创新思维，推动设计的进步并提高工程质量。与此同时，设计分包还有助于使工程总承包商更加专注于核心任务，提高自身的管理和组织能力。

15.3.2 设计分包管理内容

1. 设计分包的类型

设计分包根据任务性质和要求可以分为专业分包和综合分包。

（1）专业分包

专业分包是将项目中某一具体专业领域的设计任务委托给专业的设计机构或团队承担的一种合作方式。这种分包形式适用于需要特定领域的专业知识和经验进行设计的情况，例如景观设计、室内设计等。

（2）综合分包

综合分包是将多个专业领域的设计任务整合后委托给综合能力较强的设计机构承担的一种协作方式。这种分包形式适用于需要综合考虑不同专业领域的设计要求，并整合各个设计要素的情况。

因此，无论是专业分包还是综合分包，在选择设计分包单位时，需要综合考虑多个因素，包括其设计经验、专业知识、相关资质和证书等。对于专业分包，分包单位应具备相应专业领域的丰富经验和专业能力。对于综合分包，分包单位需要具备整合不同专业要求的能力，能够协调各个专业领域的设计工作。此外，价格和合同条件也是选择设计分包单位时的重要考虑因素。分包单位提供的价格应合理，并且在合同中明确设计任务、交付标准、支付方式等内容。通过采取适当的设计分包形式并选择合适的分包单位，可以确保设计任务得到专业、高质量的处理，同时提高效率并降低风险。

2. 设计管理组织框架

在工程总承包项目中，工程总承包商出于对知识、经验和责任等因素的全面考虑，会聘用前期设计项目经理，约定由其牵头协调后续设计管理的各项任务。在项目执行过程中，由前期设计项目经理牵头，直接管理主体建筑设计及各专项设计所有事宜。通常，工程总承包模式下的房建项目设计管理组织架构如图 15-3 所示。

主体建筑设计总负责协助前期设计项目经理，协调管理常规专项，如室内精装修设计、幕墙专项深化设计、泛光照明专项深化设计、景观专项设计、弱电智能化专项设计、机械车位深化设计以及医疗专项深化设计。常规设计均由工程总承包商委托专业设计分包或顾问公司执行。由于室内精装修设计与其他设计分包工作有很多交叉点，因此，本节将详细探讨室内精装修专项设计的过程。

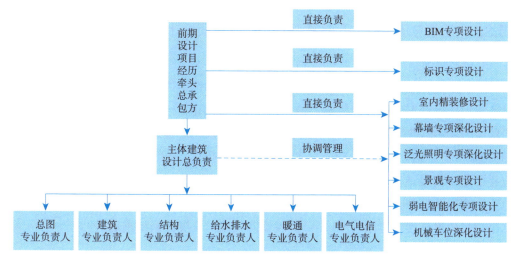

图15-3 工程总承包模式下的房建项目设计管理组织架构

室内精装修设计负责人协助前期设计项目经理,负责协调管理标识专项设计。需要特别强调的是 BIM 专项设计,该项在设计阶段,尤其是在施工图设计和医疗专项设计阶段,起到了重要作用。主要使用 BIM 提高施工蓝图和深化图的设计水平,减少各专业碰撞及各专业图纸交圈的问题。

3. 专项设计分包管理的组织实施流程

在主体建筑方案阶段,工程总承包商设计管理团队会介入,并对同类型和同等级的对标项目进行调研。基于这些调研报告,他们会制定建造标准,并经过经济专业的分析和论证,将其作为设计依据提供给主体建筑设计方。一旦主体建筑施工图通过外审,工程总承包商将负责召开设计启动协调会议,下发设计任务书,以及下发意向方案设计任务。在召开设计启动协调会议之前,工程总承包商的设计管理团队将协同主体建筑设计方和室内精装修设计方,共同拟定室内精装修的范围,明确精装修的普通区域和造型区域。

在室内精装修意向方案完成以后,工程总承包商需要组织技术经济的论证和预汇报。在意向方案阶段,工程总承包商的主要关注点是成本投入,而主体建筑设计方则关注设计风格与主体建筑的协调性。如果意向方案经过评审并获得批准,就需要组织向业主方汇报。一旦意向方案获得批准,工程总承包商将下发方案设计任务,并在方案设计任务完成后,组织第二次技术经济的论证和预汇报。在这次技术经济论证中,工程总承包商将主要关注成本限额指标,并综合考虑设计风格、平面布局和使用功能等方面。如果方案评审通过,就可以组织向业主方汇报精装修方案。一旦精装修方案获得批准,就可以下发深化设计任务。在深化设计的过程中,工程总承包商设计管理团队和室内精装修设计方可以根据项目需求协商,决定是直接进行施工图设计,还是先进行初步设计,然后再进行施工图设计。

15.3.3 工程总承包模式下 B 医院项目医疗专项设计管理案例

1. 项目概况

B 医院包括门诊室、急诊室、医技部、中心手术部、住院部以及设备机房、机动车库等各种科室。该项目由 1 栋高层医疗综合楼、1 栋单层的发热门诊楼和 5 栋多层的配套附属建筑组成，总建筑面积达 46300m^2，其中地上部分 35000m^2，地下部分 11300m^2。高层医疗综合楼的建筑高度达 39.70m，属于一类高层建筑，共九层地上和一层地下。高层医疗综合楼内包括门诊室、急诊室、医技部和住院部等。这个项目的设计使用年限为 50 年，抗震设防强度为 7 度，采用钢筋混凝土框架剪力墙结构。

15-2 工程总承包模式下 B 医院项目医疗专项设计管理要点

医院项目与一般的民用建筑工程项目有着明显的不同之处，它具有施工复杂、专业性强、涉及众多参与方、对施工要求极高等特点。近年来，随着工程总承包模式在建筑领域的广泛应用，越来越多的医院项目开始采用工程总承包模式来进行医疗专项设计管理工作。医疗专项设计在医院项目中属于难度最大、复杂程度最高的工作之一，其工作质量对于确保项目的顺利进行至关重要。

2. 医疗专项设计过程

医疗工艺涉及医疗流程与医疗设备的协调，以及相关资源的配置。医院的医疗工艺流程设计通常划分为三个层次：一级流程涵盖了医院内不同医疗功能建筑之间的流程；二级流程关注单个医疗功能建筑内各医疗单元之间的流程；而三级流程则涉及各医疗功能单元内部的流程。一级和二级流程一般由承担主体建筑设计的工程总承包商设计机构负责完成，而三级流程的设计则由专业的医疗设计单位负责。在本案例中，医疗专项设计指的是三级流程设计，由工程总承包商设计机构进行综合管理。

（1）明确医疗专项设计责任主体

鉴于医疗专项设计具备高度专业性和较高难度等特点，特别规定由工程总承包商设计机构负责医疗专项设计，而工程总承包商施工机构则负责医疗专项科室之外的装修设计。工程总承包商设计机构的职责包括医疗专项设计方案的制定和确认、医疗专项施工图的制定和审核、与工程总承包商施工机构协作以优化医疗专项设计方案，以及提供施工支持等任务。

（2）医疗专项设计内容确定原则

工程总承包商设计机构需要在常规医疗专业科室的基础上，将那些需要具备洁净度、正负压要求以及其他专业性和复杂性要求的科室纳入医疗专项设计的范畴中，以确保医疗专项设计的高度专业化和精细化。

由于本项目是二级综合医院，医疗功能单位不仅包括门诊、急诊、发热门诊等传统门诊部门，还涵盖了污水处理系统、纯水系统、物流传输系统等医疗辅助系统。

（3）医疗专项设计流程

在本案例中，在完成一级流程、二级流程设计后，当地卫健委组织院感专家对医疗工艺流程进行评审。在评审通过后，工程总承包商设计机构开始同步开展施工图设计工作和医疗专项设计工作。

医疗专项设计工作涉及四个设计方：医疗专业科室设计、污水处理系统设计、纯水系统设计和物流传输系统设计。其中，医疗专业科室设计方为专业的设计团队，其余三个医疗辅助系统的设计均非图纸强审内容，并且它们都以设备为主。

医疗专业科室的设计流程如下：①工程总承包商设计机构需要制定并完成三级流程设计方案初稿，并提交医院方审核。②在三级流程设计方案的确认过程中，需要密切与医院方沟通，因为这个方案与医院方的使用需求紧密相关。为了提高沟通效率，工程总承包商设计机构需要组织医疗专业科室设计方获取医院方的需求。在完善三级流程设计方案后，工程总承包商设计机构再次召开方案评审会议。③待三级流程设计方案确认后，工程总承包商设计机构会将其提交给工程总承包商。④待以上工作完成后，工程总承包商设计机构便可以开展医疗专项施工设计工作。

15.4　施工分包管理

施工分包管理是一种将建筑项目的工作任务按不同专业性和规模分配给不同分包商进行施工的管理方式。通过这种管理方式，可以提高施工项目的专业性、优化资源利用、降低项目风险、增加竞争性，并提高管理的灵活性。施工分包管理需要进行详细的计划和组织，并选择适合的分包商来承担任务。同时，建立良好的合作关系、精细的合同管理、持续地监督和控制，以及及时地沟通和解决问题也是施工分包管理的重要内容。

合同管理、施工顺序协调、质量控制、进度管理、沟通协调以及安全管理都是施工分包管理的关键方面。然而，施工分包管理也面临一些挑战，如合作关系、信息沟通和责任划分。为了应对这些挑战，项目方需要加强合作关系、提高沟通效率，并明确责任划分。本小节以深圳华侨城欢乐谷项目为例，对施工项目管理作了分析介绍。

15.4.1　施工分包管理概述

1. 施工分包管理的概念

施工分包管理是指将一个工程项目的工作任务，按照不同的专业性和规模分配给不同的分包商进行施工。这种管理方式已成为现代建筑施工中广泛采用的模式。

由于现代建筑项目日益复杂化和专业化，单一承包商难以胜任所有工作任务。分包管理方式可以将施工任务分解为更小的单元，由不同的专业分包商负责施工。这样可以实现资源的合理利用，提高施工效率，并确保各个专业分包商的专业性和经验得到充分发挥。

2. 施工分包管理的要求

施工分包管理需要遵循一些基本要求,以确保项目的顺利进行和高质量完成。以下是几个关于施工分包管理的要求:

(1)细致地计划与组织

在开始施工分包管理之前,需要进行充分的计划和组织工作。这包括确定项目需求、编制详细的工作计划、选择合适的分包商和制定合同等。

(2)挑选合适的分包商

选择合适的分包商是施工分包管理的核心。需要进行充分的市场调研和评估,以选择具备相关专业技能、经验丰富、信誉良好的分包商,确保其能够胜任相应的工作任务。

(3)建立良好的合作关系

与分包商建立良好的合作关系至关重要。需要进行充分的沟通和协商,明确双方的责任和权益,确保双方在合同约定的范围内进行有效的合作。

(4)精细的合同管理

施工分包管理需要建立明确的合同条款和细则,包括工作范围、工期、质量标准、支付方式等。同时,需要进行有效的合同管理,包括合同履行监督、支付管理、变更管理等。

(5)持续地监督和控制

施工分包管理需要对分包商进行持续的监督和控制。需要制定监督计划并实施,包括现场检查、质量验收、进度控制等,确保分包商按合同要求履行责任。

(6)及时地沟通和解决问题

及时沟通和解决问题是施工分包管理过程中至关重要的一环。需要建立畅通的沟通渠道,及时解决分包商和项目方之间的问题和纠纷,以确保项目顺利进行。

3. 施工分包管理的意义

施工分包管理在现代建筑业中扮演着重要角色。通过将一个项目的工作任务按专业性和规模分配给不同的分包商,提高了专业性、优化了资源利用、降低了项目风险、增加了竞争性,同时也提高了管理灵活性。这种管理方式不仅提高了施工质量和效率,而且降低了成本。因此,施工分包管理对于实现项目的顺利实施和成功交付具有重要意义。

(1)提高专业性和质量控制

施工分包管理可以将不同的工作任务分配给专业分包商,以确保每个分包商能够充分发挥其专业技能和经验。这将提高施工质量,并促进项目的成功实施。

(2)优化资源利用

通过分包管理,可以将项目任务划分为更小的单元,在各个分包商之间合理分配工作任务。这样可以更好地利用资源,提高工作效率,减少浪费,从而降低施工成本。

（3）降低项目风险

分包管理可以将项目风险分散到不同的分包商身上。这样，如果一个分包商遇到问题，其他分包商仍然可以继续施工，从而减少项目风险并提高项目的抗风险能力。

（4）增加竞争和降低成本

通过向不同的分包商竞标，可以增加竞争，降低施工成本。分包商为了获得项目，通常会提供更具竞争力的价格和条件，从而为项目节约成本。

（5）提高管理灵活性

施工分包管理使项目管理更加灵活。承包商可以将工作任务分配给合适的分包商，根据项目需要进行调整和变更，以适应不断变化的情况。

15.4.2 施工分包管理内容

1. 施工分包的类型及条件

施工分包常见的类型包括工程分包、专业分包和劳务分包。工程分包是将整个施工项目按照不同的工程范畴或工作阶段划分给不同的承包商或分包商，这些分包商负责完成特定的工程任务。专业分包则是将项目中的某个专业范畴交由专门的分包商负责完成，比如机电安装、空调系统、给水排水系统等。而劳务分包则是将某些人力资源方面的工作任务委托给外部分包商。

工程分包的条件包括分包商具备相关的工程技术和施工能力，有足够的资源和设备满足项目要求，并符合法律法规和合同的资质要求。专业分包的条件包括分包商具备特定的专业技能和经验，拥有相关的资质和执照，以及有足够的资源和设备满足专业工作要求。劳务分包的条件包括分包商能够提供足够的劳动力资源，具备临时劳动力的管理能力，同时符合劳动法规和合同要求。

在选择和合作分包商时，工程总承包商需要根据项目需求和承包商的能力进行综合评估和选择。同时，签订详细且明确的合同也很重要，以明确双方的责任和权益，有助于确保合作顺利进行。施工分包类型的选择和条件的考虑是确保项目成功实施的重要因素之一。

2. 施工分包流程

施工分包是一个重要的项目管理过程，涉及将施工项目的一部分工作委托给外部的承包商或分包商来完成。图15-4是施工分包流程图，下面结合流程图对各个步骤进行介绍与说明：

图15-4 施工分包流程图

（1）规划与准备

在这个阶段，工程总承包商需要明确项目的需求和目标，并进行项目的招投标或选择合适的承包商。同时，也需要确定适合分包的工作范围和内容。

（2）分包策划

在这个阶段，工程总承包商需要进一步划分工程范畴或专业领域，确定所需的具体分包类型。此外，还需要编制分包合同或协议，明确双方的权责和合作条件，并与分包商进行沟通和协商。

（3）分包商选择

在这个阶段，工程总承包商需要对潜在的分包商进行评估和筛选，通常会考虑分包商的经验、技术能力、资质、信誉等因素，并最终选择合适的分包商进行合同签订。

（4）实施与管理

在这个阶段，工程总承包商向分包商提供必要的信息和资源，并协调分包工作与整体项目的进度，确保分包工程与其他工程的衔接。工程总承包商还需要通过合同管理、质量控制、进度管理等手段对分包工作进行监督和管理，并与分包商保持定期的沟通和协调，解决可能出现的问题和变更。

（5）分包工程验收

在分包工程完成后，工程总承包商进行质量验收，以确保分包工程符合合同要求和标准。之后，根据实际情况进行结算与支付。

（6）售后服务

在分包工程竣工后的一段时间内，工程总承包商会跟进项目的运营和维护情况，处理分包工程可能出现的质量问题或维修需求，以确保项目的长期可持续性。

这是施工分包的整体流程，每个步骤都有其重要性和特定的管理要点。需要注意的是，实际的施工分包流程可能会因项目的不同和合同约定而有所差异。工程总承包商需要在每个阶段中与分包商保持良好的沟通和合作，并进行必要的监督和管理，以确保分包工程的顺利实施和项目的整体成功。

3. 施工分包管理的内容

施工分包管理涵盖了多个方面，其中主要包括合同管理、协调施工顺序、质量控制、进度管理、沟通协调和安全管理等，下面对主要管理内容进行简要介绍。

合同管理是施工分包管理中的重要环节。它涉及分包合同的签订和执行过程，确保合同条款明确、合理，并符合法律法规。工程总承包商需要监督分包商履行合同，包括工作范围、质量标准、安全要求和进度要求等。

协调施工顺序是为了确保分包工程和其他工程之间的协调顺序。这样可以确保施工进展的连贯性和高效性。工程总承包商需要进行工程配合的沟通和协调，避免工程冲突和延误。

质量控制是保证分包工程符合设计要求和标准的重要内容。工程总承包商需要进行质量检查和验收，纠正和处理存在的质量问题，确保分包工程达到预期的质量水平。

进度管理涉及监督分包工程的施工进度。工程总承包商需要确保工程按计划完成，同时，还要协调分包商的工作进展，解决可能影响进度的问题，以确保整体工程的顺利推进。

沟通协调是保证施工分包管理顺利进行的重要环节。工程总承包商需要与分包商进行定期沟通和协调，了解工作进展、解决问题和协商变更事项等。此外，还需要与其他相关方进行沟通和协调，包括监理单位和业主等。

安全管理是保障施工分包工程安全施工的重要内容。工程总承包商需要确保分包工程按照相关的安全标准和规定进行施工。监督和指导分包商遵守安全程序和措施，预防和控制施工安全风险。

对三种分包类型的分包内容和管理要点进行列表对比，如表15-2所示：

分包类型表　　　　　　　　　　　　　　　　　表15-2

类型	项目	分包内容	分包承包商	管理要点
工程分包	某大型商业综合体建设项目	土建工程、钢结构工程、机电安装工程	A公司负责土建工程，B公司负责钢结构工程，C公司负责机电安装工程	合同管理、进度协调、质量控制
专业分包	某高速公路建设项目	路基工程、路面工程、交通标志标线工程	A公司负责路基工程，B公司负责路面工程，C公司负责交通标志标线工程	合同管理、协调施工顺序、质量验收
劳务分包	某大型住宅小区建设项目	砌筑工、电工、水暖工	A公司负责砌筑工，B公司负责电工，C公司负责水暖工	劳务合同管理、工人培训、安全管理

15.4.3　施工分包管理的挑战与应对

1. 施工分包管理应用现状

在施工项目中，为了提高效率和专业性，工程总承包商通常会将工作分包给专业承包商。然而，施工分包管理也带来了一系列的挑战。合作关系、信息沟通和责任划分等方面的问题常常出现，给工程总承包商和分包商带来了一定的困扰。

合作关系是施工分包管理中的一个重要方面。工程总承包商和分包商之间的合作关系可能面临合作不畅、沟通不足以及利益冲突等挑战。工程总承包商需要确保与分包商之间保持良好的沟通和合作，以确保工程的顺利进行。然而，在大型工程中，涉及多个分包商，不同承包商之间的协调和配合也是一个复杂的问题。

信息沟通也是一个常见的挑战。工程总承包商和分包商之间的信息传递不及时、不准确或不全面可能导致工作进展不一致或产生误解。在大型项目中，信息流通通常非常复杂，需要确保及时、准确地传递重要的工程信息以避免问题的发生。因此，建立高效的信息沟通机制对于保证项目的顺利进行至关重要。

责任划分是施工分包管理中的另一个挑战。工程总承包商和分包商之间的责任划分可能会存在模糊或争议，导致难以追究责任。在一个复杂的施工项目中，涉及多个承包商，各方的责任范围和界限需要明确定义，以确保每个参与方都清楚其责任，并相应承担责任。

工程总承包商需要制定相应的解决方法和应对策略，以处理合作关系、加强信息沟通和明确责任划分。这样才能确保施工分包管理的顺利进行，并成功实施工程项目。

2. 施工分包管理案例

（1）案例名称：深圳华侨城欢乐谷项目

（2）概述：深圳华侨城欢乐谷是中国规模最大的主题公园之一，项目的成功实施离不开精细的施工分包管理。本案例将介绍施工分包的重要性，以及涉及的挑战和成功因素。

本案例的具体背景、分包挑战、分包情况、成功因素等请扫描右侧二维码查看。

15-3 深圳华侨城欢乐谷项目

15.5 分包合同的管理

分包合同管理是在工程项目中，工程总承包商对分包合同的履行进行管理和监督的过程。有效的分包合同管理可以确保工程分包顺利进行、合同权益得到保护，以及工程质量和进度得到控制。按照时间分类，分包合同管理主要包括：合同签订、履约管理和合同后管理三大部分。

15.5.1 分包合同的签订

分包合同签订是指在工程项目中，工程总承包商与分包单位之间达成一份正式的合同文件，明确双方在工程分包中的权益、责任、义务和约定事项的过程。分包合同的签订通常是在总包单位与分包单位达成业务合作意向后进行的重要步骤。

分包合同签订流程主要分为三大部分：合同起草、合同评审与合同用印。其流程如图 15-5 所示。

第一步为合同起草，定标后由工程总承包商使用招标文件中的分包合同文本起草分包合同；第二步是合同评审，在收到评审资料后，分包合同应由商务管理/物采购管理相关部门进行评审，根据投标策划确定的分包模式、范围、界面、工期、质量、安全、价款及支付方式、清单项的完整性对合同进行评审；第三步是合同用印，工程总承包项目部在合同审批通过后或对方用印返还后报送拟用印合同。合同用印后对合同进行归档，同时录入监理合同台账。

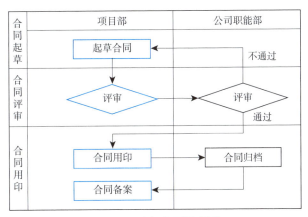

图 15-5 分包合同签订流程

分包合同签订完成后，工程总承包项目部应根据工程所在地建设行政主管部门的规定办理备案手续。需要注意的是分工合同必须签订后分包单位方能入场施工，严禁先进场后签约；此外严禁将统一分包单位的统一工作内容拆分为多份合同签约，增大履约风险。

通过分包合同的签订，工程总承包商和分包单位之间确立了法律关系，明确双方在工程分包中的权益和责任，维护了双方的合法权益，规范了工程分包关系，为工程的顺利进行提供了合同依据。

15.5.2 分包合同的履约管理

1. 分包合同交底

分包合同签订后，工程总承包项目部商务经理应组织项目相关管理人员进行分包合同一级交底，依据分包合同中相关内容，对投标确定的分包模式、施工范围、界面、工期、质量、价款、安全文明施工、违约罚款、验工计价、价格包含清单项、结算、工程款支付要求、签证结算管理办法以及双方的权利义务进行交底。

分包商进场后，工程总承包项目部商务经理应组织分包单位负责人、项目经理和合同约定授权人进行分包合同的二级交底，依据招标文件答疑、投标文件、分包合同，针对施工范围、界面、工期、质量、安全文明施工、价格包含清单内容、违约罚款、签证结算管理办法等合同要求及管理规定进行交底，交底后必须形成书面资料并保存相应交底照片，并由被交底人签字盖章。交底形式可以以集中学习的方式进行。

2. 分包合同的过程控制

（1）分包计量管理

分包计量管理是指在工程施工过程中，对工程分包单位进行计量、监督和管理的一种方式。它主要包括对分包单位的工程量计量、质量监督、工期控制以及资金支付等管理工作。通过对每个分包单位的工程量、质量和进度进行监测和控制，可以确保施工过程中各分包单位的工作按照合同要求进行，提高施工管理的效率和质量。同时，分包计量管理也有助于确保分包单位的合法权益得到保障，促进合同双方的良好合作关系。

分包计量管理流程如图15-6所示。

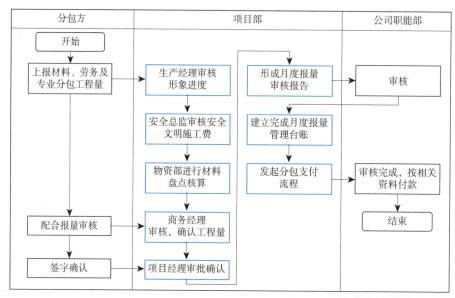

图15-6 分包计量管理流程

第一，对劳务、材料及专业分包方报量，需要有工程总承包项目商务管理部门相关人员每月定时将分包方内容报量，人工费须单列，且必须有分包方签字、盖章，在不能盖章时，分包方应委托代表人且必须取得分包单位的授权委托书，过程付款或报量单应连续编号；第二，工程总承包项目部施工经理应在收到报量后及时对分包单位本月完成的形象进度进行审核确认；第三，安全文明施工费考核，工程总承包项目部安全负责人应对分包方每月报量中的安全文明施工费，根据阅读考核情况单独计量、考核；第四，材料盘点核算，工程总承包项目物资部门应将当月各分包方领用的加工材料数量和价格进行计算汇总形成分包方领用物资明细表，强调库存、半成品盘点，签字确认后提交工程总承包项目商务管理部门，作为分包报量材料节超审核依据，超领部分按照分包合同约定过程扣除；第五，对于费用扣除，对分包方违反分包合同有关规定，造成工程总承包商经济损失及费用增加的，应及时提出处理意见，经工程总承包商项目经理签字后递交项目部商务管理负责人，在月度付款时由商务经理直接扣除；第六，对于审核确认，工程总承包项目部商务管理负责人应依据分包预算（清标）资料，结合现场进度经工程量审核，报项目经理审批。

（2）分包签证索赔管理

分包签证索赔管理是指在工程施工过程中，对分包单位提出的变更索赔要求进行管理和处理的一种方式。在工程施工中，由于各种原因，分包单位可能会遇到需要对合同进行变更的情况，例如设计变更、施工条件变更、工程量增减等。分包签证索赔管理的目的是确保分包单位的合法权益得到保护，同时维护工程的正常进行。

分包签证索赔管理流程如图 15-7 所示。

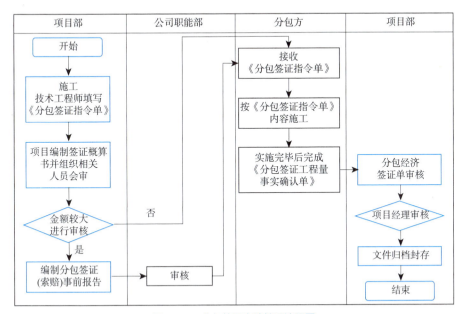

图 15-7 分包签证索赔管理流程图

领取分包签证指令单，在发生签证事项前，分包签证应由工程总承包项目部商务管理职能部门统一管理，由项目部技术工程师向商务管理职能部门领取，并负责办理签证；在发生签证索赔事项前，对于涉及金额较大的索赔事项，项目部商务管理负责人应书写分包签证（索赔）事前报告，必要时项目部相关职能部门参与过程谈判；分包商按照指令内容组织施工时，应形成指令单，实施完毕后由项目部技术工程师和商务工程师现场确认，签订分包签证工程量实施确认单；收到事实确认单后，项目部技术工程师应负责联系相关部门进行会审会签，确定签证事实，并由项目部商务管理职能部门进行分包经济签证单审核。分包索赔签证应做到月结月清，并及时存档做好月度封存。

通过分包签证索赔管理，可以确保分包单位在施工过程中的变更要求得到合理的处理和补偿，保证工程合同的公正性和合法性。

此外，预防合同违约和纠纷的发生也是至关重要的。在签订合同之前，双方应对合同进行认真审查，并明确约定双方的权益、义务和违约责任。同时，建立良好的合作关系和沟通机制，及时解决可能引发纠纷的问题，有助于降低违约和纠纷的风险。

3. 分包工程款的结算与支付

分包工程款的结算是指工程总承包商与分包单位之间按照合同约定，对分包工程的完成情况进行评估、核算和支付的过程。在工程分包中，工程总承包商会根据分包单位完成的工作量和质量,按照约定的结算方式和程序,向分包单位支付相应的工程款项。

分包工程款的结算与支付流程如图 15-8 所示。

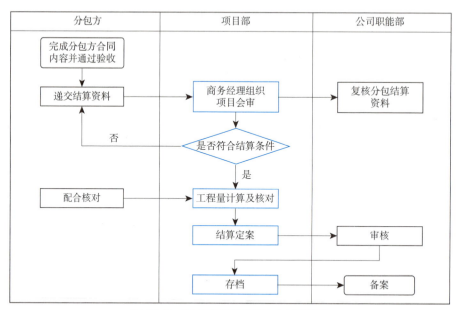

图 15-8 分包工程款的结算与支付流程图

分包工程款的结算与支付前,应进行一系列的会审。在分包项目验收合格后,项目部相关部门应根据分包方所提交的结算书对分包结算条件进行会审;在符合分包结算条件后,项目部商务部门负责人应组织相关部门对分包结算进行初审,对于不符合条件部分退回分包商,包括分包方材料、人工结算等;项目部审核完毕后,由项目部结算管理相关部门,对工程分包结算书、会审会签单等组织进行全面审核,分包商在该过程中有义务配合核对;核对完成后,经结算定案,应将核算资料及时归档,并对分包结算管理情况建立台账进行跟踪管理。

通过分包工程款的结算,可以确保分包单位按照合同要求完成工程,并得到相应的经济回报。同时,结算过程也是总包单位对分包单位工程完成情况的评估和监督机制,有助于维护工程质量和双方合作关系的稳定。

15.5.3 分包合同后管理

1. 分包合同后评价

分包合同后评价是指在分包工程完成后,工程总承包商对分包单位在合同履行过程中的表现和工程质量进行评价和总结的过程。分包合同后评价的目的是评估分包单位的综合能力和履约水平,为今后的合作提供参考和改进,有利于工程总承包商建立分包商合作信用体系。通常,分包合同后评价会从以下几个重要方面入手:

第一，工程质量评价。对分包单位完成的工程质量进行评价，包括工程的符合度、合格率、技术标准的达标程度等。这可以通过工程验收、质量抽查和客户满意度等指标进行评估。

第二，工期和进度评价。评估分包单位在工程进度和工期方面的表现，包括是否按时完成工程、提前或延迟工期、进度控制的良好程度等。

第三，商务履约评价。评价分包单位在合同履行过程中的商务行为，包括是否履行合同约定、经济管理的规范性、合同变更的处理等方面。

第四，协作和沟通评价。评估分包单位与工程总承包商之间的协作和沟通情况，包括信息传递的及时性和准确性、问题解决的效率、合作态度等。

第五，问题和纠纷处理评价。评估分包单位在合同过程中遇到问题和纠纷时的处理能力和解决效果，包括沟通协商的能力、问题解决的策略和结果等。

第六，安全和环境评价。评价分包单位在工程施工过程中的安全和环境管理表现，包括是否遵守安全规范、事故发生率、环境保护措施等。

根据评价结果，工程总承包商可以对分包单位的合作能力和质量水平有更全面的了解，为今后的合作选择提供参考，并帮助改进分包合作模式，进一步提升工程质量和项目管理水平。同时，也可以为分包单位提供反馈和指导，促进其不断提升和成长。

此外，评价结果可作为工程总承包商评估和管理分包商信用状况和履约能力的参考依据，有利于在后续项目中为工程总承包商选择合适的分包商，降低合作风险，提高项目成功率。通过分工协作、资源优化和专业化管理促进整个行业的发展。

2. 分包合同争议解决

分包合同争议解决是指在分包合同履行过程中，因合同内容、履行义务或权益分配等方面引发的争议，需要通过一定的渠道和方法进行解决。以下是几种常见的分包合同争议解决方式：

第一种，协商和谈判。争议双方可以通过直接协商和谈判的方式解决分包合同争议。双方可以坐下来，详细讨论和交流各自的观点，探讨解决方案，并努力达成双方都能接受的协议。

第二种，第三方调解。方可以选择聘请独立的第三方调解人，协助双方进行争议解决。调解人会对争议进行中立和公正的评估，并促使双方找到解决方案。调解的结果通常是一份调解协议，双方需要遵守。

第三种，仲裁。双方可以选择将争议提交给独立的仲裁机构进行仲裁。仲裁是一种非诉讼的争议解决方式，由专业的仲裁员根据事实和法律进行裁决。仲裁裁决具有强制执行力，需要双方遵守。

第四种，诉讼。如果其他方式无法解决争议或双方无法达成一致，双方可以选择诉讼的方式解决分包合同争议。在法院提起诉讼后，法院将依法审理争议，并作出裁决。诉讼是一种较为正式和费用较高的争议解决方式。

无论选择哪种解决方式，双方需要准备充分的证据，包括合同文件、付款记录、相关通信、现场记录等，以支持自己的主张。在争议解决过程中，双方应尽量保持冷静和理性，并寻求最合理和可行的解决方案，以避免进一步的经济损失和时间延误。

15.6 本章小结

本章以工程总承包项目为背景，阐述项目分包的概述和流程，特别是针对工程总承包项目下的分包前期策划的工作基础和分包方案的主体内容进行详细讲解。这些知识点有助于帮助读者全面地了解项目分包方案策划的具体细节和实际操作，从而为实际工作提供一定的参考和指导。采购分包，作为工程总承包中的关键组成部分，允许工程总承包商将某些工程项目的部分分包给具有特定资质的承包单位。这种方法的主要目标是优化资源使用、控制成本、确保项目的时间进度和质量标准得到满足。通过精细化的分包商选择和严格的流程管理，项目的价值可以进一步提高。设计分包是将工程项目的设计工作分解为多个任务，由专业设计公司或个体完成，以提高设计质量、降低成本和加快项目进度。因此，设计分包提供了更大的灵活性和创新机会，并降低了项目风险。设计分包管理需要通过明确的合同规定、合理的任务分配、有效的沟通与协调，以及严格的质量控制等手段来实施。现代建筑业中，施工分包广泛存在。施工分包管理从计划与组织、分包商、合作关系等多个角度出发，对其进行管理。施工分包主要包含工程分包、专业分包、劳务分包三种类型，三者的分包流程并无明显差异，但分包内容各有不同。分包合同管理，主要包括分包合同的签订、履约管理和后期管理。通过深入探讨这些内容，读者可以了解到分包合同管理的重要性以及相关的核心要点和实施方法，从而在实践中更加高效地管理和监控分包合同的执行过程，确保项目的顺利进行和合同的有效履约。

思考题

1. EPC 工程项目下的项目分包是指什么？为什么在 EPC 项目中需要进行分包？

2. 为什么在选择分包商时，除了评估其历史业绩和技术能力之外，还要考察其服务质量、响应速度和与主承包商的合作态度？

3. 专业分包和综合分包的区别是什么？

4. 在分包合同的履约管理中，为了确保进度、质量、安全等方面的履约，具体有哪些有效的监控和执行措施可以采取？请列举两个措施，并说明其作用。

16 项目数字化管理

【教学提示】

随着网络技术的持续发展,数字化建设水平也在持续提高,在建筑工程施工管理中,可以实现数字化管理,以保证数据管理的效率。这将极大地推动建筑工程的施工过程控制,在全工程建设中实行系统的数字化管理,还可以提高工程施工管理水平,节约人力,极大地提高施工效率。

【教学要求】

通过本章教学应使学生了解到当前工程项目管理数字化的基本内容。了解工程项目管理数字化与信息化的概念,熟悉工程项目的数字化管理与信息化管理的差别,掌握工程项目管理数字化的总体结构和运作机理,加深对数字化管理的认识。

16.1 数字化建造概述

随着科技的快速发展以及数字化技术的普及和运用,工程项目管理领域也开始迈向数字化。工程项目管理数字化产生的背景主要包括以下几点:

1. 提高管理效率

传统的工程项目管理往往依赖于手动操作和纸质文档,管理流程繁琐而低效。数字化技术可以大大提高管理效率,实现信息的快速传递、共享和协同工作。

2. 精细化管理

工程项目涉及设计、施工、验收等多个环节,数字化技术可以帮助管理者实现对各个环节的精细化管理。通过数据分析,管理者可以实时了解项目进展情况,遇到问题可以快速发现并采取针对性措施。

3. 成本和风险控制

工程项目管理数字化可以提供实时数据分析,帮助管理者对项目成本进行精确预测、控制和监督行为。同时,数字化也有助于识别和评估项目风险,保障项目进展顺利。

4. 持续优化与改进

数字化技术可以通过收集和分析项目数据,为管理者提供有关项目执行的实时反馈。这有助于管理者持续优化项目流程、提高工作效率,从而最终实现项目管理的不断改进。

5. 法规要求与行业标准

越来越多的国家和地区开始制定关于工程项目管理数字化的法规要求和行业标准,以推动建筑行业的现代化和环保发展。这为工程项目管理数字化的推广奠定了政策基础。

6. 环境保护与可持续发展

数字化技术有助于工程项目在施工过程中更有效地降低资源消耗、减少环境污染以及提高工程质量。这对于实现工程项目的绿色建设和可持续发展具有重要意义。

总之,工程项目管理数字化的提出是为了提高管理效率、项目质量、降低成本和风险、实现绿色建设与可持续发展。

16.2 工程项目管理数字化

工程项目管理信息化和工程项目管理数字化两者之间存在一定的联系和区别。它们的主要区别在于应用范围与技术手段。

工程项目管理信息化:工程项目管理信息化主要关注项目管理过程中信息的收集、整理和传输。相关技术如互联网、电子邮件、数据库和办公软件等,被用于方便地获取和存储数据,提高沟通与协作的效率。信息化主要关注将有形和无形的信息资源数字化和集中管理，以提高工程项目整体的控制水平。然而，这些技术或方法可能未能解决项目中复杂、跨学科的数字化问题，如设计、建造过程中的协同与可视化。

工程项目管理数字化：相较于信息化，工程项目管理数字化更广泛地涵盖了项目的各个阶段，包括设计、施工和运维。数字化严格依赖先进的技术与方法，例如建筑信息模型（BIM）、大数据分析、物联网和人工智能等。数字化不仅强调信息资源的整合管理，还关注从设计、施工到运维的全过程协同与实时反馈。数字化可以实现项目的可持续发展，优化能源与资源管理，最终实现建造、运维的高效与环保。

工程项目管理信息化主要关注信息沟通与管理方面的改进，而工程项目管理数字化则涵盖了更广泛的领域，从项目设计到施工和运维，都包含在其中。二者之间的关系是相辅相成的，信息化可以作为数字化的基础，而数字化则对信息化有进一步的提升和拓展。

16.2.1 工程项目管理数字化概念

数字化管理指的是在管理科学学派和决策理论学派的理论的基础上，运用计算机、通信、网络和人工智能等领域的各种最新技术，对管理对象与管理行为进行量化，将复杂多变的信息转化为可以度量的数字、数据，再为这些数据构建出合适的组合运行模式，并对其进行统一处理的过程。

数字化管理以两个技术基础为基础，一是以网络为基础的管理活动与行为；组织运用计算机技术和信息技术，构建起一个高度集成的信息共享交换网络，管理活动以网络上的信息资源和知识资源为基础，作出相应的响应。管理消息是通过网络进行感知、搜集、加工、存储、传播的。二是管理的可测性，也就是管理的活动和行为应该是标准化的，直到可以定量化，这样才能通过计算来推测、判断，进而作出决定。

16.2.2 工程项目管理数字化总体结构

建设工程数字化管理体系将业主、勘察设计单位、施工单位、监理单位、咨询单位及其他利益相关者政府部门、行业协会等各利益相关者作为服务对象，利用建设工程数字化管理门户的单一入口，全面实现了建设工程目标控制、合同管理、利益相关者管理、融资管理、协同工作、电子商务、风险管理、知识管理和设施管理等核心功能这个系统将以建设工程综合管理的数据库、知识库和模型库作为支持，为建设工程从规划决策、建设实施到运营维护的整个生命周期提供服务。建设工程数字化管理体系总体结构如图 16-1 所示。

16.2.3 工程项目管理数字化运作机理

通过建设工程数字化管理体系，项目参建各方可以在项目全寿命期实现智能的决策支持、目标的动态控制及身临其境的虚拟现实功能。

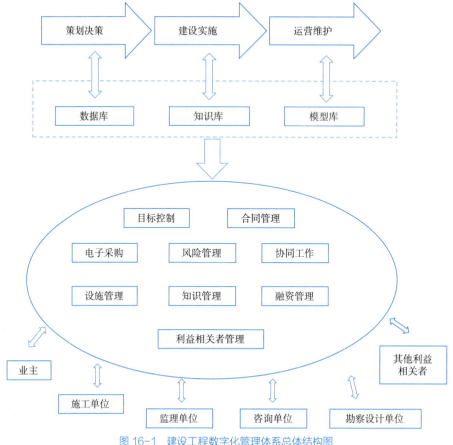

图 16-1 建设工程数字化管理体系总体结构图

1. 决策支持

在建筑工程数字化管理系统中，决策支持功能主要是通过帮助决策者利用数据、模型和知识，通过人机互动的方式来完成的。因此，可以最大限度地发挥人工智能和各种专家的优点，将定性与定量相结合，并将知识进行有效的挖掘、管理和利用，如图 16-2 所示。

（1）问题处理

问题处理对于实现决策支持功能来说是核心的。该方法主要包括四个步骤：信息收集，风险辨识，模型建立，风险分析与评估及风险处置。

（2）人机交互

人机交互式系统是指在智能决策支持系统中，与使用者进行互动的接口。用户可以通过人机交互系统来控制实际决策支持系统的运行，智能决策支持系统不仅需要用户输入必要的信息和数据，还要向用户展示运行的情况以及最终的结果。

（3）模型库管理

决策支持模型库中的模型总是以某种计算机程序形式表示的如数据、语句子程序甚至于对象等。模型库管理系统有两方面的功能：一是类似数据库管理系统表示管理

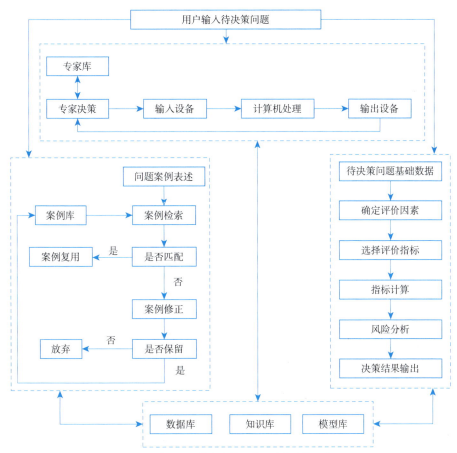

图 16-2 建设工程数字化管理体系决策支持工作原理

功能,二是模型的动态管理功能。模型库的表示管理包括模型库的建立、删除,模型字典的维护模型,添加、删除、检索、统计有关模型的各种计算机程序的维护,如源程序、执行程序等的管理和维护功能。模型库的动态管理称为运行管理,它是把模型看作一个活动的实体进行的动态管理。它的功能一是控制模型的运行模型,不但可以单独运行还可以组合运行,运行控制机构必须能够提供顺序、选择、循环等两种基本的运行控制机制;二是负责模型与数据库部件之间的联系,在模型运行时规定输入输出数据的来源及去向,并同数据库管理系统进行数据交换。

(4)知识库管理

决策支持知识库中存放的是项目领域的风险知识,包含了很多的事实及相关知识,一般以文件或数据库的形式来组织和存放,数据库的一条记录代表一个事实,以一定的组织方式进行存储。更宽泛的认识是一个有规律的问题范围。这种描述用一种量化的方式,用一种数学模型来表达,通常用方程、方法等形式来描述客观规律,我们把这种形式的知识叫作过程性知识。伴随着人工智能技术的不断发展,问题领域的规律性知识可以用定性的方式来描述,它通常会呈现为产生式规则,而在数学逻辑中的公式、微积分公式等这些精确知识之外，它通常会呈现出一种经验性知识，属于一种非精确知识，这样可以极大地提升解决问题的能力。

2. 动态控制

在项目规划、决策、规划、设计阶段，其中心工作是项目的选择、论证，在操作、维护阶段，项目主体已经完成，所以，这三个阶段的动态控制就不多做赘述了。建设工程管理数字化体系的动态控制功能，重点放在了施工阶段，也就是对成本、工期、质量、安全及环保这五大目标的动态控制上。建设工程数字化管理体系的动态控制过程要经过三次判断及四个循环，如图 16-3 所示。

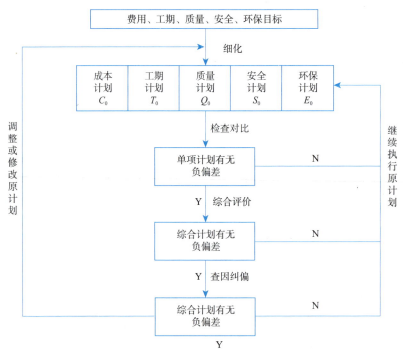

图 16-3　建设工程数字化管理体系动态控制工作原理

（1）成本控制

成本控制主要包括成本预测、成本计划、成本现场控制、成本核算、成本分析、成本考核。这些因素相互影响，共同构成了项目造价控制系统。

（2）工期控制

事前控制。事前控制是指建设工程正式施工前进行的工期控制，其具体内容包括：确定施工阶段工期控制工作的细则。编制、审核施工总工期计划。编制、审核单位工程工期计划。编制工程年度、季度、月度工期计划。

事中控制。事中控制是对建设工程施工过程中进行的控制，其具体内容包括：建立建设工程施工工期的实施系统。及时对施工工期进行检查，并做好记录，以便随时掌握实施动态。

事后控制。事后控制是指完成施工任务后的工期控制工作，它包括：及时组织工程验收、处理工程索赔、工程进度资料整理、归类、编目和建档等。

（3）质量控制

根据建设工程质量控制的特点，有效的质量控制应该是事前有预控，过程有监控的主动控制闭环系统。

事前控制。建设工程质量影响因素多，所以要根据工程的类型和特点，对工程项目质量提出事前预控措施。

过程监控。建设工程质量波动大，容易产生系统因素变异，所以应当按照预控的计划和程序，对工程项目的工序、分项工程、分部工程、单位工程和整个项目的建设全过程进行监控。

闭环控制。由于工程施工过程中，工序交接多，中间产品多，隐蔽工程多，所以建设工程质量控制必须为闭环控制，把计划与事实、检查与评定、偏离与纠正等过程，形成反馈系统，定期循环，以减少质量偏差，提高控制的精度。

主动控制。在对质量进行检查时，工程产品不能分解，而且施工也必须一次性完成，所以要对建设工程质量采取主动控制，事前进行预控，并采取相应措施，实施过程中对过程进行监控，使工程项目质量控制按照质量标准进行，即便发生偏离，纠偏措施也能使质量逼近或达到质量目标。

数据库和专家经验知识库支持的控制系统。质量控制过程中，要重复使用大量的数据，而且还需要专家的经验知识，所以要数据库和专家经验知识库来支持建设工程质量控制系统。

3. 虚拟现实

传统的策划、设计、施工及运营方案的制定及优化，是一个比较简单的流程，它将重点放在对建设工程的特点和难点的分析上，之后，再利用技术人员的经验，来制定和优化各种方案，并对其进行优化调整。这一切都是基于技术人员自身对项目的了解和经验的积累，不可能对方案进行实时的信息交流，也不能保证该方案可以将已预见到的和已出现的各种问题都解决掉。

以虚拟现实技术为基础的建筑工程数字化管理体系，是在以上传统实践的基础上，利用动态建模及可视化技术，构建出一个虚拟环境，并把相关的技术人员引入到方案制定和优化的流程中，从而构成了一个回路。设计思路如图16-4所示。

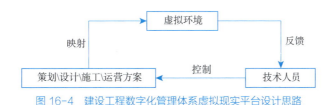

图16-4 建设工程数字化管理体系虚拟现实平台设计思路

4. 工程项目管理数字化的价值体现

数字化管理平台拥有非常多的功能，它能够实时地将与监测、设计、施工有关的各类数据和信息进行汇总、整理、分析，自动对监测数据中出现的异常状况进行分析、决策、预警，并提出相应的应急方案。利用录像技术，管理人员可以在任何时间、任何地点，对工地的建设情况进行直观的了解；同时，该系统还能对工程文件、进度数据等进行收集、汇总。

数字化管理体系中，包括了数字化管理平台和各个参与人员。在保证技术的前提下，还需要提升员工的意识，在实现的过程中，需要施工、监理、设计等多方的全方位合作，也只有这样，才能让体系顺利地运行起来。

16.3 数字化技术在工程总承包项目管理中的应用

工程总承包模式最大的特征就是设计、采购、施工管理一体化，这种方式的管理工作更加适应了现代工程总承包企业的发展需要，对提高工程总承包企业管理水平、确保工程总承包项目建造质量都有很大帮助。构建数字化管理系统，可以减少工程总承包项目管理工作的实施难度，完善的系统设计可以提高管理系统的实用价值，让数字化管理系统在工程总承包项目中发挥重要作用。

1. 智慧建造理论

智慧建造的核心为 BIM（Building Information Modeling），即建筑信息模型；作为信息化在建筑行业的直接应用，可使项目各部门之间信息达到高效的传递和共享；此外，智慧建造还包括了协同设计、移动通信、无线射频、虚拟建造、4D 项目管理、物联网等技术在工程建设中应用，从而实现工程项目建设过程的信息化、可视化、透明化、智慧化。

基于 BIM 技术，应用智慧建造理念对工程建设对象实施过程化动态集中管理，可以克服传统的区域式管理模式和信息集成技术在很多方面存在的问题，实现如信息的传递渠道、积累方式、输出更新等多方面的根本性变化（如图 16-5、图 16-6 所示）。

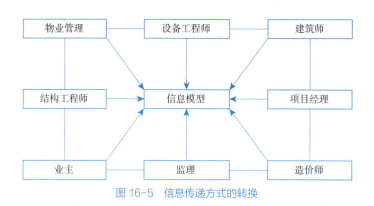

图 16-5 信息传递方式的转换

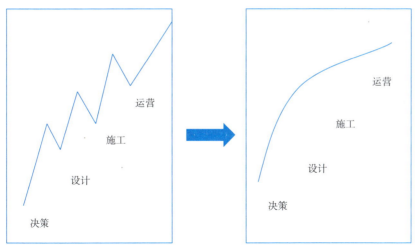

图 16-6 信息积累方式的转换

以智慧建造的核心技术——BIM 技术为例,由于一般工程建设项目的设计、采购、施工分属不同的分包商,其信息流在传递过程中存在较大的丢失,于是形成了设计 BIM、采购 BIM、施工 BIM、运营 BIM,每次都需要重新建立相应的建筑信息模型。如图 16-7 所示为采用 BIM 技术在工程建设项目中的信息流重构。

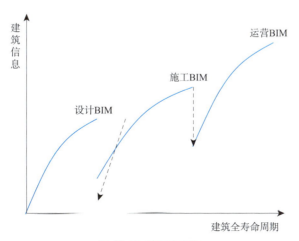

图 16-7 信息流重构

由图 16-7 可以看出,在工程建设项目的全寿命周期内,由于在各阶段的信息流重构造成了智慧建造理念的应用仍然具有一定的困难。而工程总承包项目可在工程建设项目中实现设计、采购、施工、试运营等全过程的总承包,因此在工程总承包项目中推广智慧建造技术的难度将有较大的下降,同时能够取得明显的经济效益与社会效益。

2. 工程总承包业务特点

在工程总承包项目中,牵涉的单位和人员众多,信息量庞大,如果沿用以纸质媒体为载体的传统管理模式,会导致信息传递不畅、效率低下、成本增加,从而对整个项目的进度和成本等产生一系列的影响。美国 BRICSNET 公司的一份研究报告显示，由于信息不准确所引起的花费占到了工程总花费的 3%~5%，而其中 30% 的花费是由于使用了错误或者过时的设计图而引起的；该调查也表明，在项目完成后，近 35% 的档案资料遗失或损毁。所以，在工程总承包项目中，必然要使用信息化的方法，而智能建造的本质特征就是在整个生命周期中实现信息化，也就是说，工程总承包和智能建造之间存在着自然的联系。

图 16-8 是在工程建设项目全寿命周期内的信息流构成，从图中可以看出当建设项目采用工程总承包形式时，那么建筑信息的共享性将得到极大的提高。其信息流能够通过总承包商顺利从上一个阶段传递至下一个阶段，具有理想的信息积累方式，而不需要进行信息流重构。

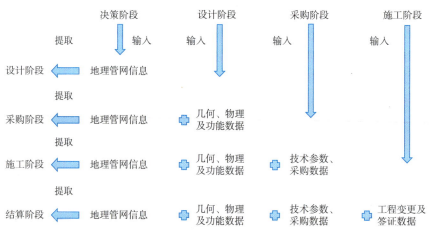

图 16-8　工程项目全寿命周期信息流构成

3. 体系构架分析

将智慧建造理论应用于工程总承包项目中，需要构建智慧建造的体系架构（如图 16-9 所示）。由于智慧建造的核心是 BIM 技术，一般该建造体系是基于 BIM 系统平台设计，主要分为数据层、模型层和应用层。

在施工过程中，BIM 技术在施工过程中的作用是不一样的。在设计阶段，以三维形式呈现的建筑信息模型，除设计自身要符合技术和经济上的合理要求之外，它的三维模型还要有高精度，低碰撞率；而在设计阶段，将 3D 模型进行扩展，并将时间因素纳入其中，就可以在施工阶段，进行 4D 虚拟建造以及施工进度模拟。

所谓 4D 虚拟建造，是在 BIM 模型基础上增加时间维度，通过动画模拟整个施工建造过程，从而规避在实际建造过程中可能存在的问题和风险，从而达到优化设计和施工方案、改善施工计划、提高设计施工质量的目标；实现建造过程和最终结果的可视化效果。图 16-10 为整个流程示意。

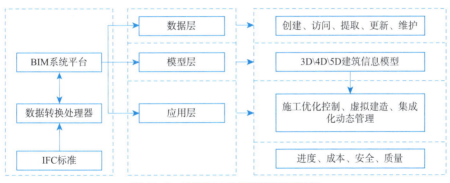

图 16-9 基于 BIM 的智慧建造体系构架

4D 进度模拟技术是将 3D BIM 模型与施工进度图进行绑定，利用软件对工程项目模拟建造，优化施工进度，分析项目的可建性。其次，3D BIM 模型可以依据模型统计工程量，精确统计施工各阶段所需的材料用量、施工人员数目。

施工准备阶段的 4D 进度模拟主要任务包括数据信息采集，4D BIM 进度模型建立和 4D BIM 模型数据处理。数据信息采集主要通过已建立的 3D BIM 模型统计各分部分项工

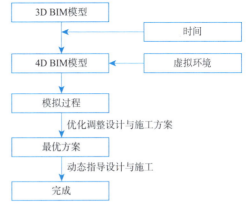

图 16-10 基于 BIM 的优化设计施工方案应用流程

程的工程量，再通过国家规范、地方定额规范或企业定额处理统计的数据，并确定相应各分部分项工程的人、材、机用量；依据 4D 进度模拟定义、要求与内容，设计施工准备阶段利用 4D BIM 模型的进度模拟流程（图 16-11），从而指导基于 BIM 技术的施工进度计划的编制与调整。

除了以上列举的在施工阶段智慧建造技术的应用范围及流程，还有众多其他的应用范围，如施工过程动态碰撞检测，进度、资源、成本动态管理等。

4. 应用策略

通过对智慧建造理论具体的运用方向进行了分析与研究，可以看出，在整个工程建设的各个阶段，其对信息化的技术有很大的需求，都需要使用不同的信息化系统或软件，包括成品软件采购、二次开发和自主开发等形式。各个系统的数据存储方式、工作形式都不一样，要想让各个工作环节的数据传递更加准确、通畅、复用率更高，就必须建立一个新的信息平台，并将管理流程进行标准化，这样才能对整个工程总承包项目中所牵涉的各类信息、数据等展开全面的实时监控和动态的统计分析，具体内容有：前期的设计图纸、材料采购，施工过程中的安全、质量管控以及人员配置等。

为此，工程总承包项目信息管理平台策划和实施过程中应始终围绕以下几个目标开展工作：

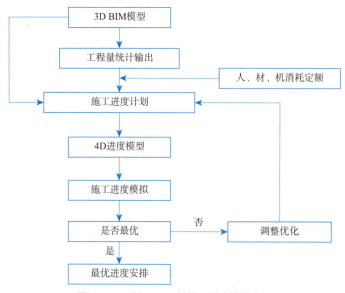

图 16-11 基于 BIM 的施工进度模拟流程

（1）建立一个多项目并行管理的平台；
（2）系统遵循完整的工程总承包项目管理业务逻辑和管理流程；
（3）逐步形成与公司自身发展相吻合的工程总承包管理体系；
（4）使系统成为公司最主要的工程总承包项目管理平台。

主要的实施步骤如下：

（1）搭建网络环境，确保信息沟通的流畅性

计算机、网络、信息技术、通讯计算机及服务器是实现信息化的最基础要素，也是信息系统的重要组成部分。在工程执行期间，必须以公司为中心，以确保与工程工地的联系畅通；而现在，先进的通信技术向人们提供了多种沟通方式，各成员之间可以通过邮件、电话、视频会议等方式进行直接交流，并通过文件共享、远程连接、监控等手段来进行数据的传递共享。同时，还采用了 VPN 业务、防火墙等技术，确保了系统的整体信息平台及通信流程的安全。图 16-12 描述了工程总承包项目管理网络拓扑方式。

（2）构建工程数据库，保障信息系统运行

一体化和智能化是工程总承包模式的发展趋势；因此，如何利用组件工程数据库来集成工程总承包项目管理中各个阶段所生成的数据是至关重要的。在各类信息管理系统中，以数据库为核心，工程数据库将各信息系统收集来的数据进行存储和管理，而信息系统则将数据库中的数据进行加工、处理和传播。工程数据库主要由 3 大部分组成，它们分别是：控制、管理和信息（图 16-13）。

（3）构建信息化平台，整合资源。

工程总承包项目管理信息化平台是实现工程总承包项目信息化管理、整合现有信息资源、打通项目经营和过程管理的有效手段（图 16-14）。

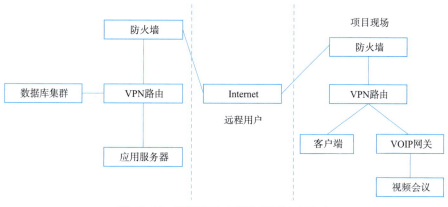

图 16-12　工程总承包项目管理网络拓扑方式

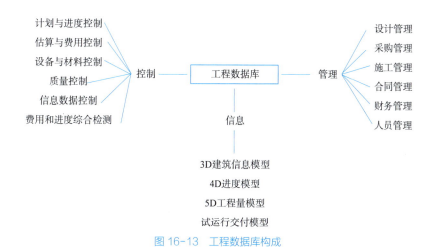

图 16-13　工程数据库构成

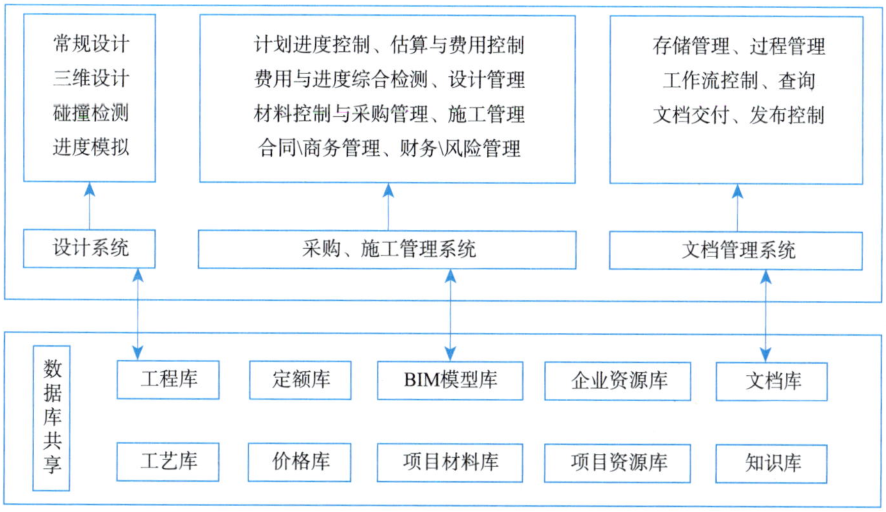

图 16-14　企业级工程总承包项目管理信息平台架构

构建企业级工程总承包管理信息化平台，可以帮助工程总承包项目的生产流程标准化；而从中长期来看，企业级工程总承包项目管理将逐渐形成标准化的运营模式，从而提高公司的管理效率。

16.4 本章小结

本章主要对工程项目管理信息化和工程项目管理数字化进行了简要介绍。在此基础上，阐述了数字化技术在工程总承包项目管理中的应用，通过这些内容的学习，掌握工程项目管理数字化的总体结构和运作机理，了解当下数字化的发展进程及发展方向。

思考题

1. 工程管理数字化属于什么范畴？
2. 工程数字化系统的主要作用是什么？
3. 智慧建造体系与传统建造有什么区别？
4. 项目协同管理构成的主要要素是哪些？
5. BIM 5D 技术的特点是什么？工程总承包采用 BIM 技术能够带来哪些效益？

17

项目合同管理

【教学提示】

工程总承包合同是将工程总承包项目各方联结在一起的纽带，合同条款约定对各方具有法律约束力，对工程总承包项目能否顺利完成影响巨大。本章介绍了国际上通用的 FIDIC EPC 合同条件，重点分析了《建设工程工程总承包合同（示范文本）》（GF—2020—0216）的构成、核心内容，并针对其中的工程总承包合同管理、变更管理、索赔管理进行了专题阐述。

【教学要求】

本章重点掌握《建设工程工程总承包合同（示范文本）》（GF—2020—0216）条款的组成、主要内容以及涉及合同管理、变更、索赔的重要条款规定。

17.1 FIDIC EPC 合同条件概述

17.1.1 FIDIC 合同条件体系

目前在国际工程中，常用的标准合同范本主要有国际咨询工程师联合会编写的 FIDIC 系列合同条件、美国建筑师学会编写的 AIA 系列合同条件、英国土木工程师学会编写的 NEC 系列合同条件等。其中应用最广的是 FIDIC 系列合同条件，许多国际性金融机构，如世界银行（WB）、亚洲开发银行（AsDB）、非洲开发银行（AfDB）等，包括我国发起设立的亚洲基础设施投资银行（AIIB），均要求在其贷款项目中使用 FIDIC 合同条件。

FIDIC 是"国际咨询工程师联合会"的法文（FEDERATION INTERNATIONALE DES INGENIEURS CONSEILS）缩写，其英文名称为 International Federation of Consulting Engineers。FIDIC 成立于 1913 年，作为一个非官方机构，其宗旨是通过编制高水平的标准文件，召开研讨会，传播工程信息，从而推动全球工程咨询行业的发展。目前有全球各地 60 多个国家和地区的成员加入了 FIDIC，我国在 1996 年正式加入。

FIDIC 合同系列条件起源自 1957 年编制的第一部 FIDIC 合同条件《土木工程施工合同条件（国际）》（第一版）。历经多年不断发展，到目前为止已形成一套较为完善的系列合同条件，其主要组成包括：

（1）2017 版三大合同条件：《施工合同条件》（Conditions of Contract for Construction）（新红皮书）、《生产设备和设计—施工合同条件》（Conditions of Contract for Plant and Design-Build）（新黄皮书）和《设计采购施工（EPC）交钥匙工程合同条件》（Conditions of Contract for EPC/Turnkey Projects）（新银皮书）。

（2）2008 版《设计施工运营合同条件》（Conditions of Contract for Design, Build and Operate Projects）（金皮书）。

（3）1999 版《简明合同格式》（Short Form of Contract）（绿皮书）。

（4）此外，FIDIC 还组织起草了《客户/咨询工程师服务协议书》《土木工程施工合同分包合同条件》《联合体承包协议》《咨询服务分包协议》《FIDIC 招标程序》等其他系列合同类文件，以及部分合同文件的适用指南。

17.1.2 FIDIC EPC 合同条件

1. FIDIC EPC 合同条件的适用

根据 FIDIC 的指南，《设计采购施工（EPC）交钥匙工程合同条件》（Conditions of Contract for EPC/Turnkey Projects）（新银皮书）适用于采用设计、采购和施工（Engineering, Procurement and Construction，简称 EPC）及交钥匙模式的工厂、基础设施或类似工程。在这种模式下，业主希望对价格和工期有更高的确定性，同时承包商承担项目的设计、采购和施工工作，并且在此过程中，业主参与度不高。

FIDIC 在 2017 版 EPC 合同条件的说明中，同时指明了不适用该合同条件的情况：

（1）如果投标人没有足够时间或资料以仔细研究和核查业主要求，或进行他们的设计、风险评估和估算；

（2）如果工程涉及相当数量的地下工程，或投标人未能调查区域内的工程（除非在特殊条款对不可预见的条件予以说明）；

（3）如果业主要严密监督或控制承包商的工作，或要审核大部分施工图纸。

FIDIC 建议，在上述三种情况下，可以使用 2017 版《生产设备和设计—施工合同条件》（Conditions of Contract for Plant and Design-Build）（新黄皮书）。

2. FIDIC EPC 合同条件构成

FIDIC EPC 合同条件包括通用条件、专用条件编写指南及附件（担保函、投标函、合同协议书和争端避免/裁决协议书格式）。通用条件包括 21 个一级条款，这些条款不允许直接修改，适用于各项目；专用条件均分为两部分：合同数据（Contract Data）和特殊条款（Particular Conditions）；附件中的担保函格式参照了国际商会见索即付保函统一规则（URDG758，2010 年修订本）。

与之前的 1999 版 FIDIC EPC 合同相比，2017 版 FIDIC EPC 合同总体结构保持不变，通用合同条件部分条款进行了调整和条款，通用合同条件条款的具体组成包括：

（1）一般规定（General Provisions）

（2）雇主（The Employer）

（3）雇主的管理（The Employer's Administration）

（4）承包商（The Contractor）

（5）设计（Design）

（6）职员和劳工（Staff and Labour）

（7）生产设备、材料和工艺（Plant, Materials and Workmanship）

（8）开工、延误和暂停（Commencement, Delays and Suspension）

（9）竣工试验（Tests on Completion）

（10）雇主的接收（Employer's Taking Over）

（11）接收后的缺陷（Defects after Taking Over）

（12）竣工后试验（Tests after Completion）

（13）变更和调整（Variations and Adjustments）

（14）合同价格和付款（Contract Price and Payment）

（15）由雇主终止（Termination by Employer）

（16）由承包商暂停和终止（Suspension and Termination by Contractor）

（17）工程照管与赔偿（Care of the Works and Indemnities）

（18）例外事件（Exceptional Events）

（19）保险（Insurance）

（20）雇主和承包商的索赔（Employer's and Contractor's Claims）

（21）争端和仲裁（Disputes and Arbitration）

自 2017 版开始，FIDIC 将合同专用条件分为两部分，A 部分为合同数据，B 部分为特殊条款，FIDIC EPC 合同也采用这种模式。A 部分由之前的"投标函附录"转变而成，B 部分的特殊条款即为以前的专用合同条件。特殊条款是针对具体工程项目对通用合同条件的修改和补充，考虑到国家和地区的法律法规的不同，项目特点和业主对合同实施的不同要求，使合同更具有针对性和可操作性。

17.1.3　FIDIC EPC 合同的主要特点

2017 版 FIDIC EPC 合同相比之前的版本，做了不少重要的调整，主要包括：

（1）坚持语言更"工程师化"，但同时 FIDIC 合同条件作为法律文件，表达上更为严谨。为此，2017 版 FIDIC EPC 合同条件增加了大量术语的定义，从 1999 版的 48 个增加到 80 个。

（2）对业主与承包商之间各自应承担的风险与责任作了更为合理的调整，同时增加了项目管理机制和争端避免机制，以适当解决 1999 版 EPC 合同条件将过多项目风险分配给承包商所导致的争议数量显著攀升的问题。

（3）与 1999 版相比，2017 版 FIDIC EPC 合同条件的通用条件在篇幅上大幅增加，融入了更多项目管理思维，相关规定更加详细和明确，更具可操作性。

（4）2017 版 FIDIC EPC 合同条件加强和拓展了工程师的地位和作用，同时强调工程师的中立性；更加强调在风险与责任分配及各项处理程序上业主和承包商的对等关系。

（5）强化和完善关于索赔和争议的管理，将 1999 版中的第 20 条【索赔、争议与仲裁】分为两个独立条款：第 20 条【索赔】和第 21 条【争议与仲裁】，且在第 21 条中将原来的"争议裁定委员会"（Dispute Adjudication Board）更名为"争议避免/裁定委员会"（Dispute Avoidance/Adjudication Board），增加了一个在委员会参与下的调解、和解环节，显示了 FIDIC 尽可能友好地解决争议的思想，更加倾向于高效地解决争议的考虑。

17.1.4　FIDIC 专用条件起草的五项黄金原则

随着 FIDIC 合同条件在业界的使用越来越广泛，出现了一些用户虽然以 FIDIC 合同条件为蓝本，但直接或通过专用条件无限制地修改通用合同条件的内容，最终形成的合同文件严重背离了 FIDIC 相应合同条件的起草原则，扰乱了行业秩序，也严重损害了 FIDIC 的声誉。因此，在发布 2017 版系列合同条件的同时，FIDIC 首次提出了专用条件起草的五项黄金原则（FIDIC Golden Principles），以提醒使用者在起草专用条件时慎重考虑。这五项原则是：

（1）合同所有参与方的职责、权利、义务、角色以及责任一般都在通用合同条件中默示，并适应项目的需求；

（2）专用条件的起草必须明确和清晰；

（3）专用条件不允许改变通用合同条件中风险与回报分配的平衡；

（4）合同中规定的各参与方履行义务的时间必须合理；

（5）所有正式的争端在提交仲裁之前必须提交 DAAB（Dispute Avoidance/Adjudication Board）取得临时性具有约束力的决定。

FIDIC 强调，通用合同条件为合同双方提供了一个基准，而专用条件的起草和对通用合同条件的修改可视为在特定情境下通过双方的博弈对基准的偏离。FIDIC 给出的五项黄金原则，力图确保在专用条件起草过程中对通用条件的风险与责任分配原则以及各项规定不发生严重的偏离。

特别提示

FIDIC 系列合同条件的官方版本均为英文版，本节所采用的中文翻译仅供参考。

17.2 《建设项目工程总承包合同》核心内容

17.2.1 《建设项目工程总承包合同（示范文本）》概述

为指导建设项目工程总承包合同当事人的签约行为，维护合同当事人的合法权益，依据《中华人民共和国民法典》《中华人民共和国建筑法》《中华人民共和国招标投标法》以及相关法律、法规，住房和城乡建设部、市场监管总局对《建设项目工程总承包合同示范文本（试行）》GF—2011—0216 进行了修订，制定了《建设项目工程总承包合同（示范文本）》GF—2020—0216（以下简称《2020 版工程总承包合同》）。

《2020 版工程总承包合同》适用于房屋建筑和市政基础设施项目工程总承包承发包活动。《2020 版工程总承包合同》为推荐使用的非强制性使用文本。合同当事人可结合建设工程具体情况，参照《2020 版工程总承包合同》订立合同，并按照法律法规和合同约定承担相应的法律责任及合同权利义务。

《2020 版工程总承包合同》由合同协议书、通用合同条件、专用合同条件三部分组成，并附有 6 个附件供合同双方选用。

1. 合同协议书

合同协议书是《2020 版工程总承包合同》中总纲性的文件，是发包人与承包人依照《民法典》《建筑法》及有关法律规定，遵循平等、自愿、公平和诚实信用的原则，就建设工程施工中最重要的事项协商一致而订立的协议。

合同协议书主要包括以下 11 个方面的内容。

（1）工程概况。主要包括工程名称、工程地点、工程审批、核准或备案文号、资金来源、工程内容和规模、工程承包范围等。

（2）合同工期。包括计划开工日期、计划开始现场施工日期、计划竣工日期、合同工期总日历天数。

（3）质量标准。

（4）签约合同价和合同价格形式。

（5）工程总承包项目经理。

（6）合同文件构成。

（7）承诺。

① 发包人承诺按照法律规定履行项目审批手续、筹集工程建设资金并按照合同约定的期限和方式支付合同价款。

② 承包人承诺按照法律规定及合同约定组织完成工程的设计、采购和施工等工作，确保工程质量和安全，不进行转包及违法分包，并在缺陷责任期及保修期内承担相应的工程维修责任。

（8）订立时间。

（9）订立地点。

（10）合同生效。

（11）合同份数。由双方协商决定。

2. 通用合同条件

通用合同条件是合同当事人根据《中华人民共和国民法典》《中华人民共和国建筑法》等法律法规的规定，就工程总承包项目的实施及相关事项，对合同当事人的权利义务作出的原则性约定。条款安排既考虑了现行法律法规对工程总承包活动的有关要求，又考虑了工程总承包项目管理的实际需要。

通用合同条件共计20条。

（1）一般约定。

（2）发包人。

（3）发包人的管理。

（4）承包人。

（5）设计。

（6）材料、工程设备。

（7）施工。

（8）工期和进度。

（9）竣工试验。

（10）验收和工程接收。

（11）缺陷责任与保修。

（12）竣工后试验。

（13）变更与调整。

（14）合同价格与支付。

（15）违约。

（16）合同解除。

（17）不可抗力。

（18）保险。

（19）索赔。

（20）争议解决。

3. 专用合同条件

专用合同条件是合同当事人根据不同建设项目的特点及具体情况，通过双方的谈判、协商对通用合同条件原则性约定细化、完善、补充、修改或另行约定的合同条件。在编写专用合同条件时，应注意以下事项：

（1）专用合同条件的编号应与相应的通用合同条件的编号一致；

（2）在专用合同条件中有横道线的地方，合同当事人可针对相应的通用合同条件进行细化、完善、补充、修改或另行约定；如无细化、完善、补充、修改或另行约定，则填写"无"或划"/"；

（3）对于在专用合同条件中未列出的通用合同条件中的条款，合同当事人根据建设项目的具体情况认为需要进行细化、完善、补充、修改或另行约定的，可在专用合同条件中，以同一条款号增加相关条款的内容。

4. 附件

《2020版工程总承包合同》的附件则是对合同当事人的权利、义务的进一步明确，并且使得合同当事人的有关工作一目了然，便于执行和管理。6个附件包括：

附件1《发包人要求》

附件2 发包人供应材料设备一览表

附件3 工程质量保修书

附件4 主要建设工程文件目录

附件5 承包人主要管理人员表

附件6 价格指数权重表

特别提示

本章主要侧重于从承包人角度讨论工程总承包合同，涉及工程总承包合同相关条款的内容，如未特别指明出处的，均出自《建设项目工程总承包合同（示范文本）》GF—2020—0216通用合同条件。根据项目实际情况，当事人可在专用条件中另行作出约定。

17.2.2　工程总承包合同文件的组成与解释顺序

除专用合同条款另有约定外，《2020版工程总承包合同》组成合同的各项文件应互相解释，互为说明。合同文件的组成与解释优先顺序如下：

（1）合同协议书；

（2）中标通知书（如果有）；

（3）投标函及投标函附录（如果有）；

（4）专用合同条件及《发包人要求》等附件；

（5）通用合同条件；

（6）承包人建议书；

（7）价格清单；

（8）双方约定的其他合同文件。

上述各项合同文件包括合同当事人就该项合同文件所作出的补充和修改，属于同一类内容的文件，应以最新签署的为准。

在合同订立及履行过程中形成的与合同有关的文件均构成合同文件组成部分，并根据其性质确定优先解释顺序。

17.2.3　工程总承包合同的词语定义

为规范合同履行，防止或减少歧义的产生，《2020版工程总承包合同》对合同中的重要词语做了定义。主要词语定义如下：

1. 合同相关定义

（1）发包人要求：指构成合同文件组成部分的名为《发包人要求》的文件，其中列明工程的目的、范围、设计与其他技术标准和要求，以及合同双方当事人约定对其所作的修改或补充。

《发包人要求》是工程总承包合同重要组成部分。《发包人要求》应尽可能清晰准确，对于可以进行定量评估的工作，《发包人要求》不仅应明确规定其产能、功能、用途、质量、环境、安全，并且要规定偏离的范围和计算方法，以及检验、试验、试运行的具体要求。对于承包人负责提供的有关设备和服务，对发包人员进行培训和提供一些消耗品等，在《发包人要求》中应一并明确规定。

（2）项目清单：是指发包人提供的载明工程总承包项目勘察费（如果有）、设计费、建筑安装工程费、设备购置费、暂估价、暂列金额和双方约定的其他费用的名称和相应数量等内容的项目明细。

（3）价格清单：指构成合同文件组成部分的由承包人按发包人提供的项目清单规定的格式和要求填写并标明价格的清单。

（4）承包人建议书：指构成合同文件组成部分的名为承包人建议书的文件。承包人建议书由承包人随投标函一起提交。

（5）其他合同文件：是指经合同当事人约定的与工程实施有关的具有合同约束力的文件或书面协议。合同当事人可以在专用合同条款中进行约定。

2. 合同当事人及其他相关方

（1）合同当事人：是指发包人和（或）承包人。

（2）发包人：是指与承包人签订合同协议书的当事人及取得该当事人资格的合法继受人。

（3）承包人：是指与发包人订立合同协议书的当事人及取得该当事人资格的合法继受人。

（4）发包人代表：是指由发包人任命并派驻工作现场，在发包人授权范围内行使发包人权利和履行发包人义务的人。

（5）工程师：是指在专用合同条件中指明的，受发包人委托按照法律规定和发包人的授权进行合同履行管理、工程监督管理等工作的法人或其他组织；该法人或其他组织应雇用一名具有相应执业资格和职业能力的自然人作为工程师代表，并授予其根据本合同代表工程师行事的权利。

（6）工程总承包项目经理：是指由承包人任命的，在承包人授权范围内负责合同履行的管理，且按照法律规定具有相应资格的项目负责人。

（7）设计负责人：是指承包人指定负责组织、指导、协调设计工作并具有相应资格的人员。

（8）采购负责人：是指承包人指定负责组织、指导、协调采购工作的人员。

（9）施工负责人：是指承包人指定负责组织、指导、协调施工工作并具有相应资格的人员。

（10）分包人：是指按照法律规定和合同约定，分包部分工程或工作，并与承包人订立分包合同的具有相应资质或资格的法人或其他组织。

3. 工程和设备

（1）工程：是指与合同协议书中工程承包范围对应的永久工程和（或）临时工程。

（2）工程实施：是指进行工程的设计、采购、施工和竣工以及对工程任何缺陷的修复。

（3）永久工程：是指按合同约定建造并移交给发包人的工程，包括工程设备。

（4）临时工程：是指为完成合同约定的永久工程所修建的各类临时性工程，不包括施工设备。

（5）单位/区段工程：是指在专用合同条件中指明特定范围的，能单独接收并使用的永久工程。

（6）工程设备：指构成永久工程的机电设备、仪器装置、运载工具及其他类似的设备和装置，包括其配件及备品、备件、易损易耗件等。

（7）施工设备：指为完成合同约定的各项工作所需的设备、器具和其他物品，不包括工程设备、临时工程和材料。

（8）临时设施：指为完成合同约定的各项工作所服务的临时性生产和生活设施。

（9）施工现场：是指用于工程施工的场所，以及在专用合同条件中指明作为施工场所组成部分的其他场所，包括永久占地和临时占地。

（10）永久占地：是指专用合同条件中指明为实施工程需永久占用的土地。

（11）临时占地：是指专用合同条件中指明为实施工程需临时占用的土地。

4. 日期和期限

（1）开始工作通知：指工程师按第 8.1.2 项【开始工作通知】的约定通知承包人开始工作的函件。

（2）开始工作日期：包括计划开始工作日期和实际开始工作日期。计划开始工作日期是指合同协议书约定的开始工作日期；实际开始工作日期是指工程师按照第 8.1 款【开始工作】约定发出的符合法律规定的开始工作通知中载明的开始工作日期。

（3）开始现场施工日期：包括计划开始现场施工日期和实际开始现场施工日期。计划开始现场施工日期是指合同协议书约定的开始现场施工日期；实际开始现场施工日期是指工程师发出的符合法律规定的开工通知中载明的开始现场施工日期。

（4）竣工日期：包括计划竣工日期和实际竣工日期。计划竣工日期是指合同协议书约定的竣工日期；实际竣工日期按照第 8.2 款【竣工日期】的约定确定。

（5）工期：是指在合同协议书约定的承包人完成合同工作所需的期限，包括按照合同约定所作的期限变更及按合同约定承包人有权取得的工期延长。

（6）缺陷责任期：是指发包人预留工程质量保证金以保证承包人履行第 11.3 款【缺陷调查】下质量缺陷责任的期限。

（7）保修期：是指承包人按照合同约定和法律规定对工程质量承担保修责任的期限，该期限自缺陷责任期起算之日起计算。

（8）基准日期：招标发包的工程以投标截止日前 28 天的日期为基准日期，直接发包的工程以合同订立日前 28 天的日期为基准日期。

（9）天：除特别指明外，均指日历天。合同中按天计算时间的，开始当天不计入，从次日开始计算。期限最后一天的截止时间为当天 24：00。

5. 合同价格和费用

（1）签约合同价：是指发包人和承包人在合同协议书中确定的总金额，包括暂估价及暂列金额等。

（2）合同价格：是指发包人用于支付承包人按照合同约定完成承包范围内全部工作的金额，包括合同履行过程中按合同约定发生的价格变化。

（3）费用：是指为履行合同所发生的或将要发生的所有合理开支，包括管理费和应分摊的其他费用，但不包括利润。

（4）人工费：是指支付给直接从事建筑安装工程施工作业的建筑工人的各项费用。

（5）暂估价：是指发包人在项目清单中给定的，用于支付必然发生但暂时不能确定价格的专业服务、材料、设备、专业工程的金额。

（6）暂列金额：是指发包人在项目清单中给定的，用于在订立协议书时尚未确定或不可预见变更的设计、施工及其所需材料、工程设备、服务等的金额，包括以计日工方式支付的金额。

（7）计日工：是指合同履行过程中，承包人完成发包人提出的零星工作或需要采用计日工计价的变更工作时，按合同中约定的单价计价的一种方式。

（8）质量保证金：是指按第14.6款【质量保证金】约定承包人用于保证其在缺陷责任期内履行缺陷修复义务的担保。

17.2.4 工程总承包合同设计方面主要内容

与传统施工承包相比，工程总承包模式的一个显著不同就是由承包商承担设计任务，因此工程总承包合同中必须有相关的条款对此加以规定。

1. 承包人的设计义务

承包人应当按照法律规定，国家、行业和地方的规范和标准，以及《发包人要求》和合同约定完成设计工作和设计相关的其他服务，并对工程的设计负责。承包人应根据工程实施的需要及时向发包人和工程师说明设计文件的意图，解释设计文件。

承包人应保证其或其设计分包人的设计资质在合同有效期内满足法律法规、行业标准或合同约定的相关要求，并指派符合法律法规、行业标准或合同约定的资质要求且具有从事设计所必需的经验与能力的设计人员完成设计工作。承包人应保证其设计人员（包括分包人的设计人员）在合同期限内，都能按时参加发包人或工程师组织的工作会议。

除合同另有约定外，承包人完成设计工作所应遵守的法律规定，以及国家、行业和地方的规范和标准，均应视为在基准日期适用的版本。基准日期之后，前述版本发生重大变化，或者有新的法律，以及国家、行业和地方的规范和标准实施的，承包人应向工程师提出遵守新规定的建议。发包人或其委托的工程师应在收到建议后7天内发出是否遵守新规定的指示。如果该项建议构成变更的，按照第13.2款【承包人的合理化建议】的约定执行。

在基准日期之后，因国家颁布新的强制性规范、标准导致承包人的费用变化的，发包人应合理调整合同价格；导致工期延误的，发包人应合理延长工期。

2. 承包人文件审查

根据《发包人要求》应当通过工程师报发包人审查同意的承包人文件，承包人应当按照《发包人要求》约定的范围和内容及时报送审查。

除专用合同条件另有约定外，自工程师收到承包人文件以及承包人的通知之日起，发包人对承包人文件审查期不超过 21 天。承包人的设计文件对于合同约定有偏离的，应在通知中说明。承包人需要修改已提交的承包人文件的，应立即通知工程师，并向工程师提交修改后的承包人文件，审查期重新起算。

发包人同意承包人文件的，应及时通知承包人，发包人不同意承包人文件的，应在审查期限内通过工程师以书面形式通知承包人，并说明不同意的具体内容和理由。

合同约定的审查期满，发包人没有作出审查结论也没有提出异议的，视为承包人文件已获发包人同意。

发包人对承包人文件的审查和同意不得被理解为对合同的修改或改变，也并不减轻或免除承包人任何的责任和义务。

3. 培训

承包人应按照《发包人要求》，对发包人的雇员或其他发包人指定的人员进行工程操作、维修或其他合同中约定的培训。合同约定接收之前进行培训的，应在第 10.1 款【竣工验收】约定的竣工验收前或试运行结束前完成培训。

4. 竣工文件

承包人应编制并及时更新反映工程实施结果的竣工记录，如实记载竣工工程的确切位置、尺寸和已实施工作的详细说明。竣工文件的形式、技术标准以及其他相关内容应按照相关法律法规、行业标准与《发包人要求》执行。竣工记录应保存在施工现场，并在竣工试验开始前，按照专用合同条件约定的份数提交给工程师。

在颁发工程接收证书之前，承包人应按照《发包人要求》的份数和形式向工程师提交相应竣工图纸，并取得工程师对尺寸、参照系统及其他有关细节的认可。工程师应按照第 5.2 款【承包人文件审查】的约定进行审查。

5. 操作和维修手册

在竣工试验开始前，承包人应向工程师提交暂行的操作和维修手册并负责及时更新，该手册应足够详细，以便发包人能够对工程设备进行操作、维修、拆卸、重新安装、调整及修理，实现《发包人要求》。同时，手册还应包含发包人未来可能需要的备品备件清单。

工程师收到承包人提交的文件后，应依据第 5.2 款【承包人文件审查】的约定对操作和维修手册进行审查，竣工试验工程中，承包人应为任何因操作和维修手册错误或遗漏引起的风险或损失承担责任。

除专用合同条件另有约定外，承包人应提交足够详细的最终操作和维修手册，以及在《发包人要求》中明确的相关操作和维修手册。

6. 承包人文件错误

承包人文件存在错误、遗漏、含混、矛盾、不充分之处或其他缺陷，无论承包人是否根据本款获得了同意，承包人均应自费对前述问题带来的缺陷和工程问题进行改正，并按照第 5.2 款【承包人文件审查】的要求，重新送工程师审查，审查日期从工程师收到文件开始重新计算。因此款原因重新提交审查文件导致的工程延误和必要费用增加由承包人承担。《发包人要求》的错误导致承包人文件错误、遗漏、含混、矛盾、不充分或其他缺陷的除外。

17.2.5 工程总承包合同材料、工程设备方面主要内容

承包人应按以下方法进行材料的加工、工程设备的采购、制造和安装，以及工程的所有其他实施作业：

（1）按照法律规定和合同约定的方法；

（2）按照公认的良好行业习惯，使用恰当、审慎、先进的方法；

（3）除专用合同条件另有规定外，应使用适当配备的实施方法、设备、设施和无危险的材料。

1. 材料和工程设备

承包人应按照专用合同条件的约定，将各项材料和工程设备的供货人及品种、技术要求、规格、数量和供货时间等报送工程师批准。承包人应向工程师提交其负责提供的材料和工程设备的质量证明文件，并根据合同约定的质量标准，对材料、工程设备质量负责。

因承包人提供的材料和工程设备不符合国家强制性标准、规范的规定或合同约定的标准、规范，所造成的质量缺陷，由承包人自费修复，竣工日期不予延长。在履行合同过程中，由于国家新颁布的强制性标准、规范，造成承包人负责提供的材料和工程设备，虽符合合同约定的标准，但不符合新颁布的强制性标准时，由承包人负责修复或重新订货，相关费用支出及导致的工期延长由发包人负责。

承包人采购的材料和工程设备由承包人妥善保管，保管费用由承包人承担。合同约定或法律规定材料和工程设备使用前必须进行检验或试验的，承包人应按工程师的指示进行检验或试验，检验或试验费用由承包人承担，不合格的不得使用。

工程师发现承包人使用不符合设计或有关标准要求的材料和工程设备时，有权要求承包人进行修复、拆除或重新采购，由此增加的费用和（或）延误的工期，由承包人承担。

2. 样品

需要承包人报送样品的材料或工程设备，样品的种类、名称、规格、数量等要求均应在专用合同条件中约定。

经工程师审批确认的样品应按约定的方法封样，封存的样品作为检验工程相关部分的标准之一。承包人在施工过程中不得使用与样品不符的材料或工程设备。

工程师对样品的审批确认仅为确认相关材料或工程设备的特征或用途，不得被理解为对合同的修改或改变，也并不减轻或免除承包人任何的责任和义务。如果封存的样品修改或改变了合同约定，合同当事人应当以书面协议予以确认。

3. 质量检查

（1）工程质量要求

工程质量标准必须符合现行国家有关工程施工质量验收规范和标准的要求。有关工程质量的特殊标准或要求由合同当事人在专用合同条件中约定。

因承包人原因造成工程质量未达到合同约定标准的，发包人有权要求承包人返工直至工程质量达到合同约定的标准为止，并由承包人承担由此增加的费用和（或）延误的工期。因发包人原因造成工程质量未达到合同约定标准的，由发包人承担由此增加的费用和（或）延误的工期，并支付承包人合理的利润。

（2）质量检查

发包人有权通过工程师或自行对全部工程内容及其施工工艺、材料和工程设备进行检查和检验。承包人应为工程师或发包人的检查和检验提供方便，包括到施工现场，或制造、加工地点，或专用合同条件约定的其他地方进行察看和查阅施工原始记录。承包人还应按工程师或发包人指示，进行施工现场的取样试验，工程复核测量和设备性能检测，提供试验样品、提交试验报告和测量成果以及工程师或发包人指示进行的其他工作。工程师或发包人的检查和检验，不免除承包人按合同约定应负的责任。

（3）隐蔽工程检查

除专用合同条件另有约定外，工程隐蔽部位经承包人自检确认具备覆盖条件的，承包人应书面通知工程师在约定的期限内检查，通知中应载明隐蔽检查的内容、时间和地点，并应附有自检记录和必要的检查资料。

工程师应按时到场并对隐蔽工程及其施工工艺、材料和工程设备进行检查。经工程师检查确认质量符合隐蔽要求，并在验收记录上签字后，承包人才能进行覆盖。经工程师检查质量不合格的，承包人应在工程师指示的时间内完成修复，并由工程师重新检查，由此增加的费用和（或）延误的工期由承包人承担。

承包人覆盖工程隐蔽部位后，工程师对质量有疑问的，可要求承包人对已覆盖的部位进行钻孔探测或揭开重新检查，承包人应遵照执行，并在检查后重新覆盖恢复原状。经检查证明工程质量符合合同要求的，由发包人承担由此增加的费用和（或）延误的工期，并支付承包人合理的利润；经检查证明工程质量不符合合同要求的，由此增加的费用和（或）延误的工期由承包人承担。

承包人未通知工程师到场检查，私自将工程隐蔽部位覆盖的，工程师有权指示承包人钻孔探测或揭开检查，无论工程隐蔽部位质量是否合格，由此增加的费用和（或）延误的工期均由承包人承担。

4. 由承包人试验和检验

承包人根据合同约定或工程师指示进行的现场材料试验，应由承包人提供试验场所、试验人员、试验设备以及其他必要的试验条件。

试验属于自检性质的，承包人可以单独取样。试验属于工程师抽检性质的，可由工程师取样，也可由承包人的试验人员在工程师的监督下取样。

工程师对承包人的试验和检验结果有异议的，或为查清承包人试验和检验成果的可靠性要求承包人重新试验和检验的，可由工程师与承包人共同进行。重新试验和检验的结果证明该项材料、工程设备或工程的质量不符合合同要求的，由此增加的费用和（或）延误的工期由承包人承担；重新试验和检验结果证明该项材料、工程设备和工程符合合同要求的，由此增加的费用和（或）延误的工期由发包人承担。

承包人应按合同约定进行现场工艺试验。对大型的现场工艺试验，发包人认为必要时，承包人应根据发包人提出的工艺试验要求，编制工艺试验措施计划，报送发包人审查。

5. 缺陷和修补

发包人可在颁发接收证书前随时指示承包人：

（1）对不符合合同要求的任何工程设备或材料进行修补，或者将其移出现场并进行更换；

（2）对不符合合同的其他工作进行修补，或者将其去除并重新实施；

（3）实施因意外、不可预见的事件或其他原因引起的、为工程的安全迫切需要的任何修补工作。

承包人应遵守上述指示，并在合理可行的情况下，根据上述指示中规定的时间完成修补工作。

17.2.6　工程总承包合同施工方面主要内容

1. 交通运输

除专用合同条件另有约定外，发包人应根据工程实施需要，负责取得出入施工现场所需的批准手续和全部权利，以及取得因工程实施所需修建道路、桥梁以及其他基础设施的权利，并承担相关手续费用和建设费用。承包人应协助发包人办理修建场内外道路、桥梁以及其他基础设施的手续。

承包人应遵守有关交通法规，严格按照道路和桥梁的限制荷载行驶，执行有关道路限速、限行、禁止超载的规定，并配合交通管理部门的监督和检查。承包人车辆外出行驶所需的场外公共道路的通行费、养路费和税款等由承包人承担。

除专用合同条件另有约定外，承包人应负责修建、维修、养护和管理施工所需的临时道路和交通设施，包括维修、养护和管理发包人提供的道路和交通设施，并承担相应费用。承包人修建的临时道路和交通设施应免费提供发包人和工程师为实现合同目的使用。

由承包人负责运输的超大件或超重件，应由承包人负责向交通管理部门办理申请手续，发包人给予协助。运输超大件或超重件所需的道路和桥梁临时加固改造费用和其他有关费用，由承包人承担，但专用合同条件另有约定的除外。

因承包人运输造成施工现场内外公共道路和桥梁损坏的,由承包人承担修复损坏的全部费用和可能引起的赔偿。

2. 施工设备和临时设施

承包人应按项目进度计划的要求,及时配置施工设备和修建临时设施。进入施工现场的承包人提供的施工设备需经工程师核查后才能投入使用。承包人更换合同约定由承包人提供的施工设备的,应报工程师批准。

承包人使用的施工设备不能满足项目进度计划和(或)质量要求时,工程师有权要求承包人增加或更换施工设备,承包人应及时增加或更换,由此增加的费用和(或)延误的工期由承包人承担。

3. 现场合作

承包人应按合同约定或发包人的指示,与发包人人员、发包人的其他承包人等人员就在现场或附近实施与工程有关的各项工作进行合作并提供适当条件,包括使用承包人设备、临时工程或进入现场等。

除专用合同条件另有约定外,如果承包人提供上述合作、条件或协调在考虑到《发包人要求》所列内容的情况下是不可预见的,则承包人有权就额外费用和合理利润从发包人处获得支付,且因此延误的工期应相应顺延。

4. 测量放线

除专用合同条件另有约定外,承包人应根据国家测绘基准、测绘系统和工程测量技术规范,按基准点(线)以及合同工程精度要求,测设施工控制网,并在专用合同条件约定的期限内,将施工控制网资料报送工程师。

承包人应负责管理施工控制网点。施工控制网点丢失或损坏的,承包人应及时修复。承包人应承担施工控制网点的管理与修复费用,并在工程竣工后将施工控制网点移交发包人。承包人负责对工程、单位/区段工程、施工部位放线,并对放线的准确性负责。

5. 现场劳动用工

承包人及其分包人招用建筑工人的,应当依法与所招用的建筑工人订立劳动合同,实行建筑工人劳动用工实名制管理,承包人应当按照有关规定开设建筑工人工资专用账户、存储工资保证金,专项用于支付和保障该工程建设项目建筑工人工资。

承包人应当在工程项目部配备劳资专管员,对分包单位劳动用工及工资发放实施监督管理。承包人拖欠建筑工人工资的,应当依法予以清偿。分包人拖欠建筑工人工资的,由承包人先行清偿,再依法进行追偿。因发包人未按照合同约定及时拨付工程款导致建筑工人工资拖欠的,发包人应当以未结清的工程款为限先行垫付被拖欠的建筑工人工资。合同当事人可在专用合同条件中约定具体的清偿事宜和违约责任。

6. 安全文明施工

承包人应当按照法律、法规和工程建设强制性标准进行设计,在设计文件中注明涉及施工安全的重点部位和环节,提出保障施工作业人员和预防安全事故的措施建议,防止因设计不合理导致生产安全事故的发生。

承包人应当按照有关规定编制安全技术措施或者专项施工方案，建立安全生产责任制度、治安保卫制度及安全生产教育培训制度，并按安全生产法律规定及合同约定履行安全职责，如实编制工程安全生产的有关记录，接受发包人、工程师及政府安全监督部门的检查与监督。

承包人应按照法律规定进行施工，开工前做好安全技术交底工作，施工过程中做好各项安全防护措施。承包人为实施合同而雇用的特殊工种的人员应受过专门的培训并已取得政府有关管理机构颁发的上岗证书。承包人应加强施工作业安全管理，特别应加强对于易燃、易爆材料、火工器材、有毒与腐蚀性材料和其他危险品的管理，以及对爆破作业和地下工程施工等危险作业的管理。

承包人在工程施工期间，应当采取措施保持施工现场平整，物料堆放整齐。工程所在地有关政府行政管理部门有特殊要求的，按照其要求执行。合同当事人对文明施工有其他要求的，可以在专用合同条件中明确。

工程实施过程中发生事故的，承包人应立即通知工程师。发包人和承包人应立即组织人员和设备进行紧急抢救和抢修，减少人员伤亡和财产损失，防止事故扩大，并保护事故现场。需要移动现场物品时，应作出标记和书面记录，妥善保管有关证据。发包人和承包人应按国家有关规定，及时如实地向有关部门报告事故发生的情况，以及正在采取的紧急措施等。

承包人应负责赔偿由于承包人原因在施工现场及其毗邻地带、履行合同工作中造成的第三者人身伤亡和财产损失。

如果上述损失是由于发包人和承包人共同原因导致的，则双方应根据过错情况按比例承担。

7. 职业健康

承包人应遵守适用的职业健康的法律和合同约定（包括对雇用、职业健康、安全、福利等方面的规定），负责现场实施过程中其人员的职业健康和保护。

8. 环境保护

承包人负责在现场施工过程中对现场周围的建筑物、构筑物、文物建筑、古树、名木，及地下管线、线缆、构筑物、文物、化石和坟墓等进行保护。因承包人未能通知发包人，并在未能得到发包人进一步指示的情况下，所造成的损害、损失、赔偿等费用增加，和（或）竣工日期延误，由承包人负责。如承包人已及时通知发包人，发包人未能及时作出指示的，所造成的损害、损失、赔偿等费用增加，和（或）竣工日期延误，由发包人负责。

承包人应采取措施，并负责控制和（或）处理现场的粉尘、废气、废水、固体废物和噪声对环境的污染和危害。因此发生的伤害、赔偿、罚款等费用增加，和（或）竣工日期延误，由承包人负责。

承包人及时或定期将施工现场残留、废弃的垃圾分类后运到发包人或当地有关行政部门指定的地点，防止对周围环境的污染及对作业的影响。承包人应当承担因其原因引起的环境污染侵权损害赔偿责任，因违反上述约定导致当地行政部门的罚款、赔偿等增加的费用，由承包人承担；因上述环境污染引起纠纷而导致暂停施工的，由此增加的费用和（或）延误的工期由承包人承担。

9. 临时性公用设施

承包人应在计划开始现场施工日期28天前或双方约定的其他时间，按专用合同条件中约定的发包人能够提供的临时用水、用电等类别，向发包人提交施工（含工程物资保管）所需的临时用水、用电等的品质、正常用量、高峰用量、使用时间和节点位置等资料。承包人自费负责计量仪器的购买、安装和维护，并依据专用合同条件中约定的单价向发包人交费，合同当事人另有约定时除外。

因承包人未能按合同约定提交上述资料，造成发包人费用增加和竣工日期延误时，由承包人负责。

10. 现场安保

承包人承担自发包人向其移交施工现场、进入占有施工现场至发包人接收单位/区段工程或（和）工程之前的现场安保责任，并负责编制相关的安保制度、责任制度和报告制度，提交给发包人。除专用合同条件另有约定外，承包人的该等义务不因其与他人共同合法占有施工现场而减免。承包人有权要求发包人负责协调他人就共同合法占有现场的安保事宜接受承包人的管理。

11. 工程照管

自开始现场施工日期起至发包人应当接收工程之日止，承包人应承担工程现场、材料、设备及承包人文件的照管和维护工作。

如部分工程于竣工验收前提前交付发包人的，则自交付之日起，该部分工程照管及维护职责由发包人承担。

如发包人及承包人进行竣工验收时尚有部分未竣工工程的，承包人应负责该未竣工工程的照管和维护工作，直至竣工后移交给发包人。

如合同解除或终止的，承包人自合同解除或终止之日起不再对工程承担照管和维护义务。

17.2.7 工程总承包合同工期和进度方面主要内容

1. 开始工作

经发包人同意后，工程师应提前7天向承包人发出经发包人签认的开始工作通知，工期自开始工作通知中载明的开始工作日期起算。

除专用合同条件另有约定外，因发包人原因造成实际开始现场施工日期迟于计划开始现场施工日期后第84天的，承包人有权提出价格调整要求，或者解除合同。发包人应当承担由此增加的费用和（或）延误的工期，并向承包人支付合理利润。

2. 竣工日期

承包人应在合同协议书约定的工期内完成合同工作。除专用合同条件另有约定外，工程的竣工日期以第 10.1 条【竣工验收】的约定为准，并在工程接收证书中写明。

因发包人原因，在工程师收到承包人竣工验收申请报告 42 天后未进行验收的，视为验收合格，实际竣工日期以提交竣工验收申请报告的日期为准，但发包人由于不可抗力不能进行验收的除外。

3. 项目实施计划

项目实施计划是依据合同和经批准的项目管理计划进行编制并用于对项目实施进行管理和控制的文件，应包含概述、总体实施方案、项目实施要点、项目初步进度计划以及合同当事人在专用合同条件中约定的其他内容。

除专用合同条件另有约定外，承包人应在合同订立后 14 天内，向工程师提交项目实施计划，工程师应在收到项目实施计划后 21 天内确认或提出修改意见。对工程师提出的合理意见和要求，承包人应自费修改完善。根据工程实施的实际情况需要修改项目实施计划的，承包人应向工程师提交修改后的项目实施计划。

4. 项目进度计划

项目进度计划应当包括设计、承包人文件提交、采购、制造、检验、运达现场、施工、安装、试验的各个阶段的预期时间以及设计和施工组织方案说明等，其编制应当符合国家法律规定和一般工程实践惯例。

承包人应按照第 8.3 款【项目实施计划】约定编制并向工程师提交项目初步进度计划，经工程师批准后实施。除专用合同条件另有约定外，工程师应在 21 天内批复或提出修改意见，否则该项目初步进度计划视为已得到批准。对工程师提出的合理意见和要求，承包人应自费修改完善。

经工程师批准的项目初步进度计划称为项目进度计划，是控制合同工程进度的依据，工程师有权按照进度计划检查工程进度情况。承包人还应根据项目进度计划，编制更为详细的分阶段或分项的进度计划，由工程师批准。

5. 进度报告

项目实施过程中，承包人应进行实际进度记录，并根据工程师的要求编制月进度报告，并提交给工程师。进度报告应包含以下主要内容：

（1）工程设计、采购、施工等各个工作内容的进展报告；

（2）工程施工方法的一般说明；

（3）当月工程实施介入的项目人员、设备和材料的预估明细报告；

（4）当月实际进度与进度计划对比分析，以及提出未来可能引起工期延误的情形，同时提出应对措施；需要修订项目进度计划的，应对项目进度计划的修订部分进行说明；

（5）承包人对于解决工期延误所提出的建议；

（6）其他与工程有关的重大事项。

6. 提前预警

任何一方应当在下列情形发生时尽快书面通知另一方：

（1）该情形可能对合同的履行或实现合同目的产生不利影响；

（2）该情形可能对工程完成后的使用产生不利影响；

（3）该情形可能导致合同价款增加；

（4）该情形可能导致整个工程或单位/区段工程的工期延长。

发包人有权要求承包人根据第13.2款【承包人的合理化建议】的约定提交变更建议，采取措施尽量避免或最小化上述情形的发生或影响。

7. 工期延误

（1）因发包人原因导致工期延误

在合同履行过程中，因下列情况导致工期延误和（或）费用增加的，由发包人承担由此延误的工期和（或）增加的费用，且发包人应支付承包人合理的利润：

1）根据第13条【变更与调整】的约定构成一项变更的；

2）发包人违反本合同约定，导致工期延误和（或）费用增加的；

3）发包人、发包人代表、工程师或发包人聘请的任意第三方造成或引起的任何延误、妨碍和阻碍；

4）发包人未能依据第6.2.1项【发包人提供的材料和工程设备】的约定提供材料和工程设备导致工期延误和（或）费用增加的；

5）因发包人原因导致的暂停施工；

6）发包人未及时履行相关合同义务，造成工期延误的其他原因。

（2）因承包人原因导致工期延误

由于承包人的原因，未能按项目进度计划完成工作，承包人应采取措施加快进度，并承担加快进度所增加的费用。

由于承包人原因造成工期延误并导致逾期竣工的，承包人应支付逾期竣工违约金。逾期竣工违约金的计算方法和最高限额在专用合同条件中约定。承包人支付逾期竣工违约金，不免除承包人完成工作及修补缺陷的义务，且发包人有权从工程进度款、竣工结算款或约定提交的履约担保中扣除相当于逾期竣工违约金的金额。

（3）行政审批迟延

合同约定范围内的工作需国家有关部门审批的，发包人和（或）承包人应按照专用合同条件约定的职责分工完成行政审批报送。因国家有关部门审批迟延造成工期延误的，竣工日期相应顺延。造成费用增加的，由双方在负责的范围内各自承担。

（4）异常恶劣的气候条件

异常恶劣的气候条件是指在施工过程中遇到的，有经验的承包人在订立合同时不可预见的，对合同履行造成实质性影响的，但尚未构成不可抗力事件的恶劣气候条件。合同当事人可以在专用合同条件中约定异常恶劣的气候条件的具体情形。

承包人应采取克服异常恶劣的气候条件的合理措施继续施工，并及时通知工程师。工程师应当及时发出指示，指示构成变更的，按第13条【变更与调整】约定办理。承包人因采取合理措施而延误的工期由发包人承担。

8. 工期提前

发包人指示承包人提前竣工且被承包人接受的，应与承包人共同协商采取加快工程进度的措施和修订项目进度计划。发包人应承担承包人由此增加的费用；发包人不得以任何理由要求承包人超过合理限度压缩工期。承包人有权不接受提前竣工的指示，工期按照合同约定执行。

承包人提出提前竣工的建议且发包人接受的，应与发包人共同协商采取加快工程进度的措施和修订项目进度计划。发包人应承担承包人由此增加的费用，并向承包人支付专用合同条件约定的相应奖励金。

9. 暂停工作

发包人认为必要时，可通过工程师向承包人发出经发包人签认的暂停工作通知，应列明暂停原因、暂停的日期及预计暂停的期限。承包人应按该通知暂停工作。

承包人因执行暂停工作通知而造成费用的增加和（或）工期延误由发包人承担，并有权要求发包人支付合理利润，但由于承包人原因造成发包人暂停工作的除外。

因承包人原因所造成部分或全部工程的暂停，承包人应采取措施尽快复工并赶上进度，由此造成费用的增加或工期延误由承包人承担。因此造成逾期竣工的，承包人应按第8.7.2项【因承包人原因导致工期延误】承担逾期竣工违约责任。

合同履行过程中发生下列情形之一的，承包人可向发包人发出通知，要求发包人采取有效措施予以纠正。发包人收到承包人通知后的28天内仍不予以纠正，承包人有权暂停施工，并通知工程师。承包人有权要求发包人延长工期和（或）增加费用，并支付合理利润：

（1）发包人拖延、拒绝批准付款申请和支付证书，或未能按合同约定支付价款，导致付款延误的；

（2）发包人未按约定履行合同其他义务导致承包人无法继续履行合同的，或者发包人明确表示暂停或实质上已暂停履行合同的。

根据第8.9.1项【由发包人暂停工作】暂停工作持续超过56天的，承包人可向发包人发出要求复工的通知。如果发包人没有在收到书面通知后28天内准许已暂停工作的全部或部分继续工作，承包人有权根据第13条【变更与调整】的约定，要求以变更方式调减受暂停影响的部分工程。发包人的暂停超过56天且暂停影响到整个工程的，承包人有权根据第16.2款【由承包人解除合同】的约定，发出解除合同的通知。

10. 复工

收到发包人的复工通知后,承包人应按通知时间复工;发包人通知的复工时间应当给予承包人必要的准备复工时间。

不论由于何种原因引起暂停工作,双方均可要求对方一同对受暂停影响的工程、工程设备和工程物资进行检查,承包人应将检查结果及需要恢复、修复的内容和估算通知发包人。

除第17条【不可抗力】另有约定外,发生的恢复、修复价款及工期延误的后果由责任方承担。

17.2.8 工程总承包合同价格与支付方面主要内容

1. 合同价格形式

除专用合同条件中另有约定外,合同为总价合同,除根据第13条【变更与调整】,以及合同中其他相关增减金额的约定进行调整外,合同价格不作调整。

(1)工程款的支付应以合同协议书约定的签约合同价格为基础,按照合同约定进行调整;

(2)承包人应支付根据法律规定或合同约定应由其支付的各项税费,除第13.7款【法律变化引起的调整】约定外,合同价格不应因任何这些税费进行调整;

(3)价格清单列出的任何数量仅为估算的工作量,不得将其视为要求承包人实施的工程的实际或准确的工作量。在价格清单中列出的任何工作量和价格数据应仅限用于变更和支付的参考资料,而不能用于其他目的。

合同约定工程的某部分按照实际完成的工程量进行支付的,应按照专用合同条件的约定进行计量和估价,并据此调整合同价格。

2. 预付款

预付款的额度和支付按照专用合同条件约定执行。预付款应当专用于承包人为合同工程的设计和工程实施购置材料、工程设备、施工设备、修建临时设施以及组织施工队伍进场等合同工作。

除专用合同条件另有约定外,预付款在进度付款中同比例扣回。在颁发工程接收证书前,提前解除合同的,尚未扣完的预付款应与合同价款一并结算。

3. 工程进度款

(1)人工费的申请

人工费应按月支付,工程师应在收到承包人人工费付款申请单以及相关资料后7天内完成审查并报送发包人,发包人应在收到后7天内完成审批并向承包人签发人工费支付证书,发包人应在人工费支付证书签发后7天内完成支付。已支付的人工费部分,发包人支付进度款时予以相应扣除。

(2)除专用合同条件另有约定外,承包人应在每月月末向工程师提交进度付款申请单，该进度付款申请单应包括下列内容：

1）截至本次付款周期内已完成工作对应的金额；

2）扣除依据本款第（1）目约定中已扣除的人工费金额；

3）根据第 13 条【变更与调整】应增加和扣减的变更金额；

4）根据第 14.2 款【预付款】约定应支付的预付款和扣减的返还预付款；

5）根据第 14.6.2 项【质量保证金的预留】约定应预留的质量保证金金额；

6）根据第 19 条【索赔】应增加和扣减的索赔金额；

7）对已签发的进度款支付证书中出现错误的修正，应在本次进度付款中支付或扣除的金额；

8）根据合同约定应增加和扣减的其他金额。

除专用合同条件另有约定外，工程师应在收到承包人进度付款申请单以及相关资料后 7 天内完成审查并报送发包人，发包人应在收到后 7 天内完成审批并向承包人签发进度款支付证书。发包人逾期（包括因工程师原因延误报送的时间）未完成审批且未提出异议的，视为已签发进度款支付证书。

除专用合同条件另有约定外，发包人应在进度款支付证书签发后 14 天内完成支付，发包人逾期支付进度款的，按照贷款市场报价利率（LPR）支付利息；逾期支付超过 56 天的，按照贷款市场报价利率（LPR）的两倍支付利息。

4. 竣工结算

除专用合同条件另有约定外，承包人应在工程竣工验收合格后 42 天内向工程师提交竣工结算申请单，并提交完整的结算资料，有关竣工结算申请单的资料清单和份数等要求由合同当事人在专用合同条件中约定。

除专用合同条件另有约定外，工程师应在收到竣工结算申请单后 14 天内完成核查并报送发包人。发包人应在收到工程师提交的经审核的竣工结算申请单后 14 天内完成审批，并由工程师向承包人签发经发包人签认的竣工付款证书。

发包人在收到承包人提交竣工结算申请书后 28 天内未完成审批且未提出异议的，视为发包人认可承包人提交的竣工结算申请单，并自发包人收到承包人提交的竣工结算申请单后第 29 天起视为已签发竣工付款证书。

除专用合同条件另有约定外，发包人应在签发竣工付款证书后的 14 天内，完成对承包人的竣工付款。发包人逾期支付的，按照贷款市场报价利率（LPR）支付违约金；逾期支付超过 56 天的，按照贷款市场报价利率（LPR）的两倍支付违约金。

5. 质量保证金

经合同当事人协商一致提供质量保证金的，应在专用合同条件中予以明确。在工程项目竣工前，承包人已经提供履约担保的，发包人不得同时要求承包人提供质量保证金。

承包人提供质量保证金有以下三种方式：

（1）提交工程质量保证担保；

（2）预留相应比例的工程款；

（3）双方约定的其他方式。

缺陷责任期内，承包人认真履行合同约定的责任，缺陷责任期满，发包人根据第11.6款【缺陷责任期终止证书】向承包人颁发缺陷责任期终止证书后，承包人可向发包人申请返还质量保证金。

发包人在接到承包人返还质量保证金申请后，应于7天内将质量保证金返还承包人，逾期未返还的，应承担违约责任。发包人在接到承包人返还质量保证金申请后7天内不予答复，视同认可承包人的返还质量保证金申请。

6. 最终结清

除专用合同条件另有约定外，承包人应在缺陷责任期终止证书颁发后7天内，按专用合同条件约定的份数向发包人提交最终结清申请单，并提供相关证明材料。

除专用合同条件另有约定外，最终结清申请单应列明质量保证金、应扣除的质量保证金、缺陷责任期内发生的增减费用。

除专用合同条件另有约定外，发包人应在收到承包人提交的最终结清申请单后14天内完成审批并向承包人颁发最终结清证书。发包人逾期未完成审批，又未提出修改意见的，视为发包人同意承包人提交的最终结清申请单，且自发包人收到承包人提交的最终结清申请单后15天起视为已颁发最终结清证书。

17.3 工程总承包项目索赔管理

17.3.1 索赔的提出

根据合同约定，任意一方认为有权得到追加/减少付款、延长缺陷责任期和（或）延长工期的，应按以下程序向对方提出索赔：

（1）索赔方应在知道或应当知道索赔事件发生后28天内，向对方递交索赔意向通知书，并说明发生索赔事件的事由；索赔方未在前述28天内发出索赔意向通知书的，丧失要求追加/减少付款、延长缺陷责任期和（或）延长工期的权利。

（2）索赔方应在发出索赔意向通知书后28天内，向对方正式递交索赔报告；索赔报告应详细说明索赔理由以及要求追加的付款金额、延长缺陷责任期和（或）延长的工期，并附必要的记录和证明材料。

（3）索赔事件具有持续影响的，索赔方应每月递交延续索赔通知，说明持续影响的实际情况和记录，列出累计的追加付款金额、延长缺陷责任期和（或）工期延长天数。

（4）在索赔事件影响结束后28天内，索赔方应向对方递交最终索赔报告，说明最终要求索赔的追加付款金额、延长缺陷责任期和（或）延长的工期，并附必要的记录和证明材料。

（5）承包人作为索赔方时，其索赔意向通知书、索赔报告及相关索赔文件应向工程师提出；发包人作为索赔方时，其索赔意向通知书、索赔报告及相关索赔文件可自行向承包人提出或由工程师向承包人提出。

17.3.2　承包人索赔的处理程序

（1）工程师收到承包人提交的索赔报告后，应及时审查索赔报告的内容、查验承包人的记录和证明材料，必要时工程师可要求承包人提交全部原始记录副本。

（2）工程师应按第 3.6 款【商定或确定】商定或确定追加的付款和（或）延长的工期，并在收到上述索赔报告或有关索赔的进一步证明材料后及时书面告知发包人，并在 42 天内，将发包人书面认可的索赔处理结果答复承包人。工程师在收到索赔报告或有关索赔的进一步证明材料后的 42 天内不予答复的，视为认可索赔。

（3）承包人接受索赔处理结果的，发包人应在作出索赔处理结果答复后 28 天内完成支付。承包人不接受索赔处理结果的，按照第 20 条【争议解决】约定处理。

17.3.3　发包人索赔的处理程序

（1）承包人收到发包人提交的索赔报告后，应及时审查索赔报告的内容、查验发包人证明材料。

（2）承包人应在收到上述索赔报告或有关索赔的进一步证明材料后 42 天内，将索赔处理结果答复发包人。承包人在收到索赔通知书或有关索赔的进一步证明材料后的 42 天内不予答复的，视为认可索赔。

（3）发包人接受索赔处理结果的，发包人可从应支付给承包人的合同价款中扣除赔付的金额或延长缺陷责任期；发包人不接受索赔处理结果的，按第 20 条【争议解决】约定处理。

17.3.4　提出索赔的期限

（1）承包人按第 14.5 款【竣工结算】约定接收竣工付款证书后，应被认为已无权再提出在合同工程接收证书颁发前所发生的任何索赔。

（2）承包人按第 14.7 款【最终结清】提交的最终结清申请单中，只限于提出工程接收证书颁发后发生的索赔。提出索赔的期限均自接受最终结清证书时终止。

17.3.5　争议解决

1. 和解

合同当事人可以就争议自行和解，自行和解达成协议的经双方签字并盖章后作为合同补充文件，双方均应遵照执行。

2. 调解

合同当事人可以就争议请求建设行政主管部门、行业协会或其他第三方进行调解，调解达成协议的，经双方签字盖章后作为合同补充文件，双方均应遵照执行。

3. 争议评审

合同当事人可以共同选择一名或三名争议评审员，组成争议评审小组。如专用合同条件未对成员人数进行约定，则应由三名成员组成。除专用合同条件另有约定外，合同当事人应当自合同订立后 28 天内，或者争议发生后 14 天内，选定争议评审员。

除专用合同条件另有约定外，争议评审员报酬由发包人和承包人各承担一半。

合同当事人协商一致，可以共同书面请求争议评审小组，就合同履行过程中可能出现争议的情况提供协助或进行非正式讨论，争议评审小组应给出公正的意见或建议。

此类协助或非正式讨论可在任何会议、施工现场视察或其他场合进行，并且除专用合同条件另有约定外，发包人和承包人均应出席。

争议评审小组在此类非正式讨论上给出的任何意见或建议，无论是口头还是书面的，对发包人和承包人不具有约束力，争议评审小组在之后的争议评审程序或决定中也不受此类意见或建议的约束。

合同当事人可在任何时间将与合同有关的任何争议共同提请争议评审小组进行评审。争议评审小组应秉持客观、公正原则，充分听取合同当事人的意见，依据相关法律、规范、标准、案例经验及商业惯例等，自收到争议评审申请报告后 14 天或争议评审小组建议并经双方同意的其他期限内作出书面决定，并说明理由。合同当事人可以在专用合同条件中对本项事项另行约定。

争议评审小组作出的书面决定经合同当事人签字确认后，对双方具有约束力，双方应遵照执行。

任何一方当事人不接受争议评审小组决定或不履行争议评审小组决定的，双方可选择采用其他争议解决方式。

任何一方当事人不接受争议评审小组的决定，并不影响暂时执行争议评审小组的决定，直到在后续的采用其他争议解决方式中对争议评审小组的决定进行了改变。

4. 仲裁或诉讼

因合同及合同有关事项产生的争议，合同当事人可以在专用合同条件中约定以下一种方式解决争议：

（1）向约定的仲裁委员会申请仲裁；

（2）向有管辖权的人民法院起诉。

5. 争议解决条款效力

合同有关争议解决的条款独立存在，合同的不生效、无效、被撤销或者终止的，不影响合同中有关争议解决条款的效力。

17.4 本章小结

工程总承包项目合同管理对于项目成败具有重要影响，为规范和促进相关市场发展和各方行为，借鉴2017版FIDIC EPC合同条件，我国编制发布了《建设项目工程总承包合同（示范文本）》GF—2020—0216，体现了我国最新的法规政策要求和工程总承包市场实践。

本章对2017版FIDIC EPC合同条件进行了简要介绍。在此基础上，本章重点阐述了《建设项目工程总承包合同（示范文本）》GF—2020—0216的构成及相关条款，包括核心条款、合同管理、变更管理、索赔管理等。通过这些条款的学习，在当前建设项目组织形式发展的背景下，建设项目工程总承包合同各方当事人可进一步明确各自的权利和义务，规范各自行为，从而保证工程总承包项目的质量和进度，提高投资收益。

思考题

1. 简述《建设项目工程总承包合同（示范文本）》GF—2020—0216的基本组成。
2. 简述《建设项目工程总承包合同（示范文本）》GF—2020—0216合同文件组成与优先解释顺序。
3. 简述《建设项目工程总承包合同（示范文本）》GF—2020—0216约定的承包人文件审查程序。
4. 简述《建设项目工程总承包合同（示范文本）》GF—2020—0216约定的隐蔽工程检查的程序和后果处理。
5. 简述《建设项目工程总承包合同（示范文本）》GF—2020—0216约定的现场劳动用工管理应遵守的相关规定。
6. 根据《建设项目工程总承包合同（示范文本）》GF—2020—0216，项目进度报告的主要内容有哪些？
7. 根据《建设项目工程总承包合同（示范文本）》GF—2020—0216，提前预警的目的与相关规定是什么？
8. 根据《建设项目工程总承包合同（示范文本）》GF—2020—0216，工程款（进度款）支付的程序和责任是什么？
9. 根据《建设项目工程总承包合同（示范文本）》GF—2020—0216，不可抗力所造成的损失应如何分担？
10. 根据《建设项目工程总承包合同（示范文本）》GF—2020—0216，承包方向发包人索赔的程序是什么？
11. 简述根据《建设项目工程总承包合同（示范文本）》GF—2020—0216，施工合同争议的解决方式有哪些？

18

项目试运行与竣工管理

【教学提示】

工程总承包项目竣工管理指在项目周期内完成了所有阶段和任务后,为确保项目在预定时间内按照质量标准完成,协调相关团队和资源,以确保项目能够顺利交付的管理工作。本章介绍了建设项目工程竣工管理的一般规定,确定了竣工工作范围和竣工管理负责人、发包方、承包方职责,介绍了项目试运行管理过程,并对项目对外竣工管理和对内竣工管理内容进行阐述。

【教学要求】

本章重点掌握项目竣工管理一般规定、项目试运行方案的编制内容,实施对外竣工管理的程序及要求。

18.1 一般规定

项目竣工是指在项目周期内完成了所有阶段和任务,达到项目目标并正式交付结果的状态。即项目的预期目标或期望输出得到实现,达到了初期的规划和设定的目标,项目产出的成果、产品或服务已经正式交付给客户或使用者,并经过验收确认。

18.1.1 竣工工作范围

项目竣工工作应由工程总承包项目经理负责。宜包括下列主要内容:
(1)依据合同约定,项目承包人向项目发包人移交最终产品、服务或成果;
(2)依据合同约定,项目承包人配合项目发起人进行竣工验收;
(3)项目结算;
(4)项目总结;
(5)项目资料归档;
(6)项目剩余物资处置;
(7)项目考核与审计;
(8)对项目分包人及供应商的后评价。

18.1.2 竣工管理负责人职责

项目竣工管理的负责人应确保项目在预定时间内按照质量标准完成,并协调相关团队和资源,以保证项目顺利交付。项目竣工管理负责人的主要职责包括:
(1)制定竣工管理计划:确定竣工目标和关键里程碑,并规划实施步骤,包括资源需求、任务分配和时间表等。
(2)监督项目进展:跟踪和监控项目的实际进展情况,确保项目按照计划进行,并及时发现和解决可能影响项目竣工的问题。
(3)协调各方资源:与建筑公司、供应商、承包商以及其他相关方合作,协调资源的安排和利用,确保项目所需的材料、设备和人力能够及时到位。
(4)管理项目团队:领导和管理项目团队,确保团队成员的工作有序进行,解决团队成员之间的协作问题,并提供必要的支持和指导。
(5)质量控制:监督项目工作的质量,确保符合预定的标准和要求,并制定相应的纠正措施来解决质量问题。
(6)风险管理:识别项目竣工过程中的潜在风险,制定相应的风险应对策略,并监控和控制风险的发生和影响。
(7)整体验收和交付:确保所有的工作任务和项目成果按照合同要求进行验收,并最终将项目交付给客户或相关方。

18.1.3 发包方工作

竣工阶段对项目发包方而言通常需要完成以下一些工作：

（1）验收项目成果：发包方需要对项目成果进行验收，确保其符合预期的要求和标准。包括检查产品或服务的功能性、质量、性能等方面。

（2）支付尾款或结算费用：若项目是按合同约定的付款方式进行的，发包方需要根据项目进展和成果的验收情况支付尾款或进行结算。

（3）归档项目文件：包括合同文件、沟通记录、报告、变更请求、验收文件等整理及归档，以备将来参考和追溯。

（4）检查保修期：发包方需要确保在保修期内按照合同和协议要求，及时向承包商报告和解决任何问题及缺陷。

（5）进行项目回顾和总结：发包方可以组织项目回顾会议或评估小组，与项目团队交流项目的整体表现、取得的成果和经验教训。

（6）关闭项目账户和资源：如果业主为项目设立了独立的账户或配置了特定的资源，业主需要妥善处理这些资源，以避免不必要的成本和风险。

18.1.4 工程总承包方工作

在项目竣工时，工程总承包方通常需要进行以下工作：

（1）完成项目交付：包括产品的制造、工程施工或服务的提供等。

（2）提交最终成果：提交的最终项目成果，包括产品、文件、报告、文档等。确保成果的可交付性和完整性。

（3）协助验收和审计：配合业主进行检查和测试，解答相关问题并提供必要的支持。工程总承包方也可能需要配合业主进行项目的审计工作，提供相关的数据和信息。

（4）整理项目文件和归档：工程总承包方需要整理和归档项目相关的文件、合同、协议、报告、记录等资料。

（5）处理变更和索赔事项：工程总承包方需要按照合同规定的程序和条款处理这些事项。

（6）进行项目总结和评估：工程总承包方可以组织项目评估会议或团队讨论，总结项目的执行情况、成果和经验教训。

（7）收尾工作和资源清理：例如清理现场、退还租赁的设备或物资，关闭临时设施等。也要妥善处理项目账户、文件和资源，确保其安全性和保密性。

18.1.5 相关政府部门工作

在项目竣工管理中，相关政府部门也同样扮演着重要的角色，他们的工作内容如下：

（1）自然资源及土地部门：负责对项目的规划审批条件落实情况的审验，确保项目符合城市规划和土地利用规划要求。对项目用途、建筑面积、土地利用、高度限制等实施情况进行核验，以确保项目最终交付成果的合规性。

（2）环保部门：负责对项目的环境影响进行评估和监管。要求项目进行环境影响评价，并审核评价报告，确保项目在环境方面符合相关标准和法规。

（3）住建部门：负责对项目设计、施工和竣工验收进行核验，检查施工工艺和质量控制情况，确保项目按照建设标准和技术规范进行施工和竣工验收。

（4）消防部门：负责对项目消防设施安装质量进行核验，确保项目消防设施、疏散通道等符合相关消防法规和标准要求。

（5）其他监管部门：负责对项目在特定行业和领域的合规性进行核验，如电力、交通等。主要审核项目的相关手续和实体质量，确保项目符合行业规范和相关政策要求。

18.2 项目试运行管理

18.2.1 试运行方案编制

项目试运行管理是指在项目竣工前对所建设的系统、设备、工程或产品进行临时性运行和测试，以验证其功能、可靠性、性能等是否符合预期要求，并为后续正式运营阶段做好准备的管理过程。

项目试运行是一个重要的环节，通过模拟实际运行环境，发现和解决可能存在的问题，提高系统稳定性和可靠性，确保项目能够顺利交付并满足用户需求。试运行方案编制包括以下内容：

（1）项目概况：简要介绍项目的背景和目的，包括项目的起因、需求和目标，对项目的整体情况进行概述，包括项目的范围、规模和关键特点。

（2）方案编制的依据与原则：试运行方案的编制应依据项目需求、计划，项目的风险评估以及资源可行性等原则，同时还需要建立完善的问题记录和反馈机制。

（3）试运行计划编制：制定试运行计划，明确试运行的目标、范围、时间和工作内容，确定试运行的具体方案和步骤。具体内容如下：

1）试运行目标：明确试运行的目标和要求，例如验证系统功能是否满足需求、评估设备的可靠性和性能等。

2）试运行范围：界定试运行的范围，包括具体测试的系统、设备或产品，以及试运行涉及的业务流程、用户群体等。

3）试运行时间安排：包括开始时间和结束时间，以及各个阶段的时间分配。

4）试运行工作内容：包括功能性测试、可靠性测试、性能测试、安全性测试等。

（4）测试环境准备：说明试运行所需的测试环境准备工作，包括硬件设备、软件系统、网络配置等。

（5）试运行人员：确定参与试运行的人员及其职责，包括试运行负责人、测试人员、技术支持人员等。

（6）试运行数据采集和记录：明确试运行过程中需要采集和记录的数据，例如测试结果、问题清单、用户反馈等。

（7）问题处理和改进措施：说明试运行过程中发现的问题处理方式和整改措施，以及问题解决的时间节点和责任人。

（8）用户培训和支持：确定用户培训的时间安排和内容，以及提供技术支持的方式和时限。

1）培训对象：指定参与试运行的人员，包括试运行负责人、测试人员、技术支持人员等。

2）培训内容：包括介绍试运行的准备工作，具体计划与步骤、生产人员的理论培训和实际模拟培训等。

3）培训形式：采用面对面培训、在线培训、视频教学等形式进行。

4）培训时间安排：包括起止日期、试运行阶段、持续时间等，使用户了解试运行的时间线和各阶段的任务。

5）培训评估：进行培训评估，收集用户对培训内容和方式的反馈，整理用户意见和建议，用于改进未来的培训计划和活动。

（9）试运行评估和总结：规划试运行评估的方法和指标，收集用户反馈和意见，并进行试运行总结和报告撰写。

（10）测试环境准备：建立试运行所需的测试环境，包括硬件设备、软件系统、网络配置等，确保试运行能够在真实的运行环境下进行。

18.2.2 项目试运行的内容

（1）功能性测试：对系统、设备或产品进行功能性测试，验证其是否满足预期的功能需求。

（2）可靠性测试：评估系统、设备或产品的可靠性，包括故障率、可用性、维修保养等方面。

（3）性能测试：测试系统、设备或产品的性能指标，验证项目交付物能否满足业务需求。

（4）兼容性测试：评估设备或产品在不同平台、不同环境下的兼容性，确保项目在各种条件下能够正常工作。

（5）安全性测试：评估设备或产品的安全性能，发现潜在的安全漏洞和风险，并采取相应的安全措施。

总之，项目试运行管理是项目竣工前的重要环节，通过临时性运行和测试，验证项目交付物的功能、可靠性、性能等，为后续正式运营做好准备。合理规划试运行计划，充分准备测试环境，注意风险管理和问题处理，与用户合作并持续改进，能够提高项目的成功交付率和用户满意度。

18.3 对外竣工管理

18.3.1 验收应具备的条件

（1）工程总承包商应完成合同约定的各项内容。
（2）有完整的技术档案和设计、采购、施工管理资料。
（3）有工程使用的主要建筑材料、构配件和设备的进场试验报告。
（4）有设计、施工、工程监理、业主等单位签署的质量合格文件。
（5）有工程总承包商签署的工程保修书。
（6）有竣工验收方案，包括验收时间、地点、验收路线、验收组名单。
（7）工程质量符合建设工程质量验收统一标准和规范规定的设计要求。

18.3.2 验收程序

竣工验收的程序包括以下几个步骤：
（1）验收通知：由业主向地方政府质量监督部门代表、监理工程师、工程总承包商代表、设计单位代表、施工单位代表等发出验收通知。
（2）现场勘察：验收人员到达工程项目现场进行勘察，了解工程项目的情况，对工程项目进行初步评估。
（3）检查验收：对工程项目进行详细的检查和评估，确定工程项目是否符合设计要求、质量标准和规范。
（4）验收记录：对验收过程进行记录，包括问题记录、处理意见、验收结论等。
（5）验收报告：编制验收报告，反映验收结果，包括验收结论、存在的问题、整改措施等。
（6）验收确认：由业主代表签署验收确认书，确认工程项目的竣工验收结果。

18.3.3 竣工验收资料

1. 竣工验收资料管理

（1）工程竣工资料的内容，必须真实反映项目管理全过程的实际，资料的形成应符合其规律性和完整性，做到图物相符、数据准确、安全可靠、手续完备、相互关联紧密。
（2）工程竣工资料的收集和管理，应根据专业分工的原则，实行科学收集，定向移交，归口管理，并符合标识、编目、查阅、保管等程序文件的要求。要做到竣工资料不损坏、不变质和不丢失，组卷时符合规定。

（3）各参建单位负责对项目移交的各种档案、资料、报表等进行妥善保管。

2. 竣工资料的基本内容

包括：（1）勘察设计文件及审查报告；（2）材料设备采购文件；（3）总体施工组织设计及单位工程施工组织设计；（4）开工报告；（5）技术交底资料；（6）原材料、成品、半成品及构配件检验合格证；（7）施工实验记录，测量记录；（8）隐蔽工程检查记录；（9）工程质量检验评定资料；（10）设计变更记录；（11）项目大事记；（12）竣工图；（13）工程结算书；（14）竣工验收单；（15）工程照片；（16）工程总承包总结等。

18.3.4 工程竣工文件的编制与归档

（1）竣工文件系指在项目建设过程中形成的，如实反映建设过程、建设项目实体状况的，具有保存利用价值的各种文件材料、图纸、录音、录像等。

（2）竣工文件的质量和数量（电子版）应满足业主（或合同）、地方政府行业主管部门等有关要求，在规定的时限内办理移交手续。

（3）应归档的各类文件资料、图纸全部收齐，各项签字盖章齐全，具有法律效力。

（4）竣工文件应真实记述和准确反映建设过程和竣工时的工程客观实际。

（5）项目各专业内容、施工资料、图纸应配套完整。竣工文件材料装订整齐、美观。

（6）工程总承包项目资料包括且不限于工程施工准备文件、施工过程文件、竣工图、竣工验收文件、项目管理文件、其他文件等，采用新工艺、新技术、新材料的工程按有关要求据实增加。

18.4 本章小结

工程总承包试运行及竣工管理是工程总承包项目管理的最终环节。是在项目周期内完成了所有阶段和任务后，为确保项目在预定时间内按照质量标准完成，通过协调相关团队和资源、整理项目资料、对照合同各项要求检查项目环节，确保项目能够顺利交付的管理工作。

本章阐述了竣工管理负责人的职责，针对不同项目参与主体，如项目竣工管理者、发包方、承包方，解析了各自的工作范围。具体介绍了项目试运行阶段方案的编制方法，包括项目竣工前对所建设的系统、设备、工程或产品进行临时性运行和测试具体内容。同时梳理了项目对外竣工管理中的验收条件、验收标准和验收要求。

思考题

1. 简述竣工管理负责人的职责内容。
2. 对于项目发包方而言,竣工验收阶段通常要完成哪些工作?
3. 在项目竣工管理中,相关政府部门也同样扮演着重要的角色,他们的工作主要包括哪些内容?试举例说明。
4. 简述项目试运行管理的含义。
5. 项目试运行方案的编制内容具体有哪些?

参考文献

[1] 孙继德. 建设项目的价值工程[M]. 北京：中国建筑工业出版社，2011.

[2] 李佩琪，綦春明，韦春昌，等. 基于BIM和物联网技术的建筑项目智慧工地施工安全管理的研究[J]. 项目管理技术，2022，20（06）：48-52.

[3] 李雪梅. 区块链技术在建设工程档案管理中的应用探讨[J]. 未来城市设计与运营，2023，（08）：82-84.

[4] 廖云艳. 工程档案信息化管理现状及未来发展策略研究[J]. 兰台内外，2023，（15）：36-38.

[5] 陈翀，李星，邱志强，等. 建筑施工机器人研究进展[J]. 建筑科学与工程学报，2022，39（04）：58-70.

[6] 万会龙，张觅媛. 中建三局一公司数智化转型之旅[J]. 中国建设信息化，2022，（18）：48-51.

[7] 雷素素，李建华，段先军，等. 北京大兴国际机场智慧工地集成平台开发与实践[J]. 施工技术，2019，48（14）：26-29.

[8] 罗剑，邓学芬. 公共关系在建设项目协同管理中应用的必要性[J]. 消费导刊，2008，（15）：120.

[9] 罗剑. 公共关系在建设项目协同管理中的应用研究[D]. 成都：西华大学，2007.

[10] 杜亚丽. 建设项目信息共享机制探索[J]. 建筑经济，2011，（10）：59-61.

[11] 胡可，吴煜祺. 基于BIM网络技术的建筑工程项目管理信息系统设计[J]. 现代电子技术，2021，44（10）：77-81.

[12] 李献谷. 浅议工程分包策划[J]. 才智，2011，（22）：32.

[13] 邓尤东. 工程总承包卓越管理系列之七：工程总承包卓越管理的职责 各司其职：发包方、总承包方、分包方职责明确[J]. 施工企业管理，2021，（07）：84-86.

[14] 张烽. 工程项目管理中分包管理模式的研究[D]. 大连：大连理工大学，2013.

[15] 侯晓莉. 国际EPC物资采购多标准视角下分包风险管理研究[D]. 天津：天津理工大学，2019.

[16] 朱燕，曹跃庆，张林振. EPC项目设计管理组织流程优化路径研究——以某医院EPC项目为例[J]. 建筑经济，2021，42（04）：28-33.

[17] 丁士昭. 工程项目管理[M]. 北京：高等教育出版社，2017.

[18] 骆汉宾. 工程项目管理信息化[M]. 北京：中国建筑工业出版社，2010.

[19] 王小龙. 建设工程数字化管理体系研究[D]. 北京：北京交通大学，2010.

[20] 苏立军. 基于BIM 5D的工程智能建造管理探究[J]. 智能建筑与智慧城市，2022，（05）：100-102.DOI：10.13655/j.cnki.ibci.2022，05.030.

[21] 刘安申. 基于BIM-5D技术的施工总承包合同管理研究[D]. 哈尔滨工业大学，2014.

[22] 吴俊. 建设工程智慧建造体系构建及实践[D]. 重庆大学，2020.DOI：10.27670/d.cnki.gcqdu.2020.000848.

[23] 房霆宸. 建筑工程数字化建造及控制平台技术研究与探索[J]. 建筑施工，2021，43（10）：2186-2188.DOI：10.14144/j.cnki.jzsg.2021.10.068.

[24] 陆学君，詹新建，杨律磊，等. 智慧建造技术在EPC项目中的应用策略研究[J]. 江苏建筑，2015，（03）：114-117.

[25] 中华人民共和国住房和城乡建设部标准定额研究所. 建设项目工程总承包管理规范：GB/T 50358—2017 [S]. 北京：中国建筑工业出版社，2017.

[26] 湖北省市场监督管理局，湖北省住房和城乡建设厅. 建设项目工程总承包计价规程：DB42/T 2071—2023[S]，2023.